"十二五"国家重点图书

中国建筑节能发展研究丛书

丛书主编 江亿

# 中国建筑节能技术辨析

林立身 主编

中国建筑工业出版社

**图书在版编目（CIP）数据**

中国建筑节能技术辨析／林立身主编．—北京：中国建筑工业出版社，2016.3

（"十二五"国家重点图书．中国建筑节能发展研究丛书／丛书主编　江亿）

ISBN 978−7−112−19024−9

Ⅰ．①中⋯　Ⅱ．①林⋯　Ⅲ．①建筑设计—节能设计—研究—中国　Ⅳ．①TU201.5

中国版本图书馆CIP数据核字（2016）第011927号

本书汇集了历年《中国建筑节能年度发展研究报告》中所涉及的各类技术的介绍与评价，其中包括对创新节能技术的介绍、对社会普遍关注的节能技术的分析和评价，也包括对很难实现真正的节能效果而现在又在社会上普遍宣传的"节能技术"的探讨。本书认为"高科技"、"创新"的技术不一定是节能技术，并且绝大多数的"节能技术"发挥其节能效果是有条件的、相对的。

全书共5章，分别对围护结构、北方城镇供暖、公共建筑、城镇住宅以及农村住宅五个领域的节能技术进行了分析和评价。

责任编辑：牛　松　齐庆梅　吉万旺　王美玲
书籍设计：京点制版
责任校对：陈晶晶　党　蕾

"十二五"国家重点图书
中国建筑节能发展研究丛书
丛书主编　江亿

**中国建筑节能技术辨析**

林立身　主编

\*

中国建筑工业出版社出版、发行（北京西郊百万庄）
各地新华书店、建筑书店经销
北京京点图文设计有限公司制版
北京顺诚彩色印刷有限公司印刷

\*

开本：787×1092毫米　1/16　印张：23½　字数：459千字
2016年3月第一版　2016年3月第一次印刷
定价：**68.00**元
ISBN 978−7−112−19024−9
　　　（28261）

# 前　言

　　《中国建筑节能年度发展研究报告》（以下简称《年度报告》）自 2007 年出版第一本，到现在已经连着出版了 9 本。每年围绕这部书的写作，我们组织了清华大学建筑节能研究中心的师生、清华其他一些单位的师生，还有全国许多单位热心于建筑节能事业的专家们一起，对我国建筑节能进展状况、问题、途径进行调查、分析、研究和探索，对实现中国建筑节能提出自己的理念，对各种争论的热点问题给出自己的观点，对建筑用能四大主要领域的节能途径提出自己的规划。这些内容在每一年的《年度报告》中陆续向社会报告，获得较大反响，对我国的建筑节能工作起到一定的推动作用。怎样才能把这套书中的研究成果更好地在相关领域推广，怎样才能使这套书对我国的建筑节能工作有更大影响？身为媒体人的齐庆梅编辑建议把这些书中的内容按照建筑节能理念思辨、建筑节能技术辨析和建筑节能最佳案例分别重组为三本书出版。按照她的建议，我们试着做了这样的再编辑工作，并与时俱进更新了一些数据，补充了新的内容，连同新近著的《中国建筑节能路线图》作为丛书（共四本）奉献给读者。

　　《中国建筑节能技术辨析》汇集了《年度报告》中涉及各类技术的介绍与评价，其中包括对一些创新的并在工程实践中证实其有效性的节能技术的介绍，包括对一些通用的和社会普遍关注的节能技术的分析和评价，也包括对我们认为很难实现真正的节能效果、而现在又在社会上到处宣传的"节能技术"的探讨。

　　一项技术是否节能其根本的标准就是看其实际使用效果。只有应用这项技术以后真正降低了运行能耗同时维持或改善了这项技术所提供的服务，则才可以称之为节能技术。反之如果实际的运行能耗反而增加，那么就很难称之为节能技术。目前有很多"高技术""创新技术"，他们可能在某些方面有所创新，但如果没有真正的降低实际能源消耗，则很难称其为节能技术。所以，应当非常留意"高科技"、"创新"的技术不一定是节能技术，反之真正的节能技术不一定必须是高科技、也不一定必须是创新技术。

　　在实际考察各项节能技术时，我们还发现了一个十分重要的现象：一项技术在某种条件下、某种使用方式下确实可以起到显著的节能效果，而换一个场合、换一种使用方式后，很可能不再节能，甚至消耗更多的能量。因此，在建筑节能领域，绝大多数的"节能技术"都是有条件的、相对的和基于使用模式的。不注意这一点，简单地复制、推广一些节能技术，很可能得不到预期效果。本书中关于太阳能生活热水的制备方法就是一个典型案例；当前在各地广泛推广的水源热泵、地源热泵也有很强的地域性，并受当地诸多具体条件的影响。

为了便于查阅，我们把全书分为5章，分别为围护结构、北方城镇供暖、公共建筑、居住建筑以及农村居住建筑。

围护结构性能是实现建筑节能的基础，近二十年来，由于国家高度重视围护结构性能的改善，我国在新型墙体、高性能玻璃等方面涌现出很多创新技术、专利和新产品。仅对外墙来说，就包括新的墙体材料、新的成型工艺、内保温、外保温、自保温以及真空墙体等。这些技术都极大地推动了整个建材产业和建筑节能事业，如果将其全部列出，就会远超出本书的篇幅容量。考虑到本书更多地是针对围护结构性能指标而非具体产品，所以就没有收入任何一项围护结构的具体技术。这并不意味围护结构在建筑节能中不重要，而只是限于篇幅和本书重点范围不同所致。在围护结构一章，本书突出介绍了各种局部通风技术和产品，这是因为目前随着新型围护结构的应用和施工工艺的提高，建筑气密性得到了极大的改善，这导致维持室内空气质量的必要通风换气量有时不能得到保障。为了改善室内空气质量，使用者只能开启外窗，这有时又会造成过量的通风换气，增加供暖能耗；也有人开始提倡安装机械通风系统，这又很可能大幅度增加通风和供暖空调能耗。怎样使房间的使用者能够根据需要有效地调节通风换气量，在需要时间实现小风量的自然通风，这在目前可能已经成为和加强墙体保温同样重要的围护结构问题。希望在此领域的科研和生产企业高度关注这一需求，研发和推广可调式房间自然通风器产品。

北方城镇供暖技术一章收入的技术项目最多，这表明这一领域节能潜力最大，也意味着未来这一领域将出现重大变革。目前北方地区仍大力推进以改变供暖与用户间的收费计量结算方式为标志的"供热改革"。这里面也涌现出涉及计量、调节、系统形式等方面的大量新技术、新方式。出于同样的原因，本书基本上没有收入涉及"热改"的相关技术，仅收入一篇"通断控制"的室温控制与热费分摊新方法。有关热改的现状、问题、技术及相关政策的调查、分析和讨论，很快将另有专著出版。本书收入的节能技术更多集中于热源。包括目前燃煤或燃气热电联产系统的进一步提效挖潜。这主要是回收现在通过冷却塔或空冷岛排放的低品位冷凝热，还有天然气排烟中低品位潜热的回收。除了热电联产，集中供热的另一个巨大的潜在热源是低品位工业余热。我国是制造业大国，工业用能的30%以上都是以100℃以下的热量形式排放掉。回收这部分热量，可以为40%以上北方城镇集中供热系统提供热源。这将极大地降低我国建筑能耗，但对集中供热行业则意味着巨大的变革。抓住这一机遇，应对这一变革，将使我国集中供热事业有大的发展和进步。

公共建筑节能领域近年来没有出现巨大的技术变革，所以在这一章仅收入相关的各类技术。公共建筑的主要运行能耗在空调系统，而空调系统提高冷机效率，减少风机电耗和降低各类水泵的电耗是公共建筑节能的重要内容。目前LED光源的出现很可能会使公共建筑的照明出现巨大变化，包括室内照明的理念和设计方法都应该做相应调整。由于目前缺少相关研究，所以未能在这本书中收入LED的技术，这是本书的遗憾。此外，一些新的功能性建筑或建筑中的功能性空间的节能，目前看来具有很大节能潜力。例如数据机房的排热，档案室文物室的环境控制等。这些场合的空调方案不同，有时会造成几倍的用能差别，为此本书对此进行了一些初步介绍。

住宅节能的主要技术大多体现在围护结构中，为此这一章收入的内容不多。主要是针对住宅中的机电系统介绍了目前的几项主要节能技术。分散的空调方式应该是今后居住建筑主要的供暖空调方式，与集中式空调系统相比，尽管其能效比略低，不一定能够提供完全满意的室内舒适性，其室外机也给外立面的美观带来一定影响。但由于其可以完全支持"部分时间、部分空间"的室内环境控制模式，与集中式空调相比，在这种使用模式下能耗可降低70%以上。本书从几个方面给出进一步提高这种分散空调方式舒适性、能效以及改善外立面环境效果的途径。希望我国的研究部门、相关企业以及设计部门能够通力合作，从产品改进到建筑设计，在相关的各个环节下功夫，使这种适合绿色生活模式的居住建筑空调方式性能更好，同时满足各种需求，从而发展成解决城镇化建设的要求、并走向世界的系统技术。与住宅相关的另一项节能技术就是生活热水的制备与提供方式。本书收入太阳能、热泵等几种生活热水制备方式和输送方式的介绍与分析。集中式太阳能生活热水的分析就表明，尽管热水制备充分利用了太阳能，但是如果在输送系统和控制方式上没有采用与使用方式相匹配的有效措施，高效的太阳能热水制备所获得的效益就很容易被低效的输送系统所抵消，从而使得最终使用者每使用一吨热水所付出的常规能源很可能高于常规电热方式消耗的电力。

农村居住建筑节能应该是我国建筑节能工作的又一个主战场。尽管目前农村建筑消耗的商品能源仅占我国建筑用能总量的约四分之一，但却是增长速度最快的建筑用能。面对新农村建设飞速发展的形势，怎样的能源系统和用能方式能够既满足新农村建设的需要又不过多消耗化石能源，这是目前摆在新农村建设者和能源工作者面前的严峻问题和挑战。建筑能源的提供方式和使用形式一定与当地的自然条件及生活方式一致，这是建筑节能工作的基本原则。我国农村状况与城镇大不相同：

有相对充足的空间、有足够的屋顶、可以提供充足的作为能源的生物质资源、有充分消纳生物质能源生成物的条件等。这些就使得农村完全可以发展出一套全新的基于生物质能源和可再生能源（太阳能、风能、小水力能）的农村建筑能源系统，再用电力、燃气等清洁商品能作为补充，摆脱依靠燃煤的局面，还青山绿水于村庄。"无煤村"应该是农村能源系统追求的最主要目标。围绕无煤村的建设，这一章介绍了一系列的关键技术。这些技术都已经被不少农村的实践案例证实，既可解决问题，又具有可操作性和易维护、宜保养的特点。希望这一章的内容对新农村建设的能源系统和奔向无煤村的实践有一定的参考作用。

本书的汇总编辑和修订工作由林立身负责，感谢他为之付出的辛勤劳动，同时也感谢本书所收入的各篇文章的作者的卓越工作。希望这本书能够为传播建筑节能技术、促进建筑节能工作起到其应有的作用。

本书出版受"十二五"国家科技计划支撑课题"建筑节能基础数据的采集与分析和数据库的建立"（2012BAJ12B01）资助，特此鸣谢。

江亿

于清华大学节能楼

2015 年 12 月 2 日

# 目 录

第1章　围护结构节能技术辨析 ·············· 1

1.1　住宅被动式设计 ·················· 1

1.2　内置百叶中空玻璃 ················ 13

1.3　屋面隔热技术 ··················· 20

1.4　自然通风风口介绍及其应用 ·········· 30

1.5　被动房技术 ···················· 34

1.6　房间自然通风器 ················· 40

第2章　北方城镇供暖节能技术辨析 ·········· 47

2.1　北京住宅建筑冬季零能耗采暖可行性 ····· 47

2.2　燃煤热电联产乏汽余热利用技术 ········ 59

2.3　燃气热电联产烟气余热利用技术 ········ 74

2.4　燃气锅炉烟气余热深度利用技术 ········ 78

2.5　热电协同供热技术 ················ 82

2.6　低品位工业余热利用技术 ············ 85

2.7　渣水取热技术 ··················· 89

2.8　热力站吸收式末端 ················ 93

2.9　楼宇式换热站应用技术 ············· 96

2.10　实现楼宇式热力站的立式吸收式换热器技术 · 102

2.11　降低回水温度的末端电热泵技术 ······· 109

2.12　长距离输送技术 ················· 112

2.13　大型集中供热网的分布式燃气调峰技术 ···· 115

2.14　以室温调控为核心的末端通断调节与热分摊技术 ··· 119

2.15　气候补偿器技术介绍 ·················································· 130

2.16　各类热泵采暖技术 ···················································· 136

2.17　太阳能加吸收式热泵供暖技术 ········································ 143

2.18　公共浴室洗澡水余热回收技术 ········································ 145

2.19　北方集中供热体制改革的研究 ········································ 148

本章参考文献 ······························································ 161


第3章　公共建筑节能技术辨析 ·············································· 163

3.1　自然通风与机械通风 ··················································· 163

3.2　空调系统末端的能耗、效率及影响因素 ································· 175

3.3　排风热回收技术应用分析 ·············································· 186

3.4　集中空调系统冷站能效分析和节能途径 ································ 198

3.5　蓄冷系统高效运行关键问题 ··········································· 207

3.6　冷冻水输配系统能耗问题分析 ········································· 215

3.7　公共建筑用热系统的效率及影响因素 ··································· 223

3.8　公共建筑照明节能 ···················································· 231

3.9　适合于大型办公建筑舒适性环境控制的温度湿度独立控制空调 ······ 237

3.10　高大空间的舒适性环境控制 ·········································· 242

3.11　数据中心的环境控制 ················································· 245

3.12　资料档案文物保管库的环境控制 ······································ 248

3.13　溶液除湿技术 ······················································· 249

3.14　间接蒸发冷却 ······················································· 255

本章参考文献 ······························································ 262

**第 4 章  城镇住宅节能技术辨析** ·········· **264**

4.1  分体空调室外机的优化布置 ·········· 264

4.2  适合于长江流域住宅的采暖空调方式 ·········· 273

4.3  太阳能生活热水系统 ·········· 281

4.4  热泵热水器 ·········· 287

4.5  地下空间照明 ·········· 299

本章参考文献 ·········· 304


**第 5 章  农村住宅节能技术辨析** ·········· **305**

5.1  建筑本体节能技术 ·········· 305

5.2  典型农村采暖用能设备 ·········· 315

5.3  新能源利用技术 ·········· 328

5.4  生态节能型农宅村落综合改善技术典型案例分析 ·········· 360

本章参考文献 ·········· 366

# 第1章 围护结构节能技术辨析

## 1.1 住宅被动式设计 ❶

在实现住宅节能的技术策略中，可以划分为两大部分：一部分是"需求最小化"策略，另一部分是"供给最优化"策略。而对需求的控制完全可以用被动式的方法来完成，"被动式设计"正是充分运用这一方法的例子。被动式设计是一种强调优先利用建筑自身而不通过机械设备系统来满足建筑环境的要求，并实现建筑节能目标的设计策略。对住宅建筑而言，被动式设计策略可以涵盖居住区布局优化、住宅单体设计和居住生活模式等几个方面，在这几个方面都有各自可以实现控制需求、实现需求最小化的措施，把这些措施有机地组合到一起，可以把住宅对能源和资源的日常需求降到最低，从而形成一个实现住宅建筑可持续目标的"被动式技术体系"。

在考虑住宅建筑的被动式设计时，可以从目标导向出发进行优化设计，如图1-1所示。考虑人在住宅中的热舒适状况以及室内光环境、空气品质，可以确立备选的被动式优化策略，包括建筑形体与空间布局优化、围护结构热工优化、遮阳、自然采光优化和自然通风优化等。

针对我国不同气候区的特点，对不同地区的住宅建筑需要找出其核心问题，再由问题提出相应的技术原理，进而将其转移为对建筑的空间、造型、立面、材料及设备的选择。

确立了核心问题之后，即可参照图

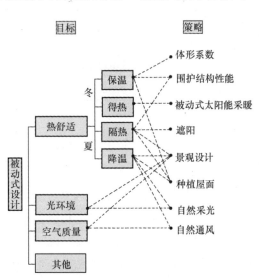

图1-1 住宅被动式设计的目标与策略分析

---

❶ 原载于《中国建筑节能年度发展研究报告2013》第5.1节，作者：林波荣。

1-2 所示的设计流程进行被动式设计优化。首先在设计初期，基于小区风环境、热环境和日照性能优化目标对居住区布局进行优化；然后考虑被动式太阳能的利用情况确定建筑朝向，同时在权衡住宅采暖、通风空调与住宅的体形及平面空间关系方面（如阳光间、阳台或露台），选择有利于改善室内热舒适和节约能源的方案。其次，在建筑构件的选择上，对于立面围护结构，需要选择合适的窗墙比、墙体材料以及玻璃材料；在遮阳构件上，需要考虑合适的遮阳形式以及遮阳板的尺寸；在屋面设计上，可以考虑是否进行屋面绿化，在南方地区还可以考虑屋顶的蒸发冷却方法。第三，在住宅建筑的自然采光方面，通过进行采光设计优化选择合适的采光设计；在通风方面，综合考虑风压通风及热压通风，对住宅进行合理的通风布局及设计。

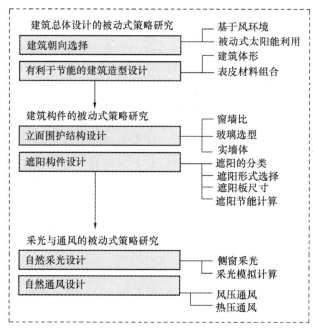

**图 1-2　被动式设计优化流程**

### 1.1.1　居住区布局优化

住宅居住区的规划设计对单体住宅节能有明显的影响。因此，住宅居住区的规划应从建筑选址、分区、建筑和道路布局走向、建筑方位朝向、建筑体形、建筑间距、冬季风主导风向、太阳辐射、绿化、建筑外部空间环境构成等方面进行综合研究，以改善居住区的微气候环境，并实现住宅节能。

合理设计居住区的建筑布局，可形成优化微气候的良好界面，建立气候"缓冲区"，对住宅节能有利。因此，居住区规划布局中要注意改善室外风环境，在冬季应避免二次强风的产生，以利于建筑防风，在夏季应避免涡旋死角的存在而影响室内的自然通风。此外，居住区规划中还应注意热岛现象的控制与改善，以及如何控制太阳辐射得热等。

住宅居住区室外空气流动情况对居住区内的微气候有着重要的影响，局部地方（尤其是高层）风速太大可能对人们的生活、行动造成不便，同时会在冬季使得冷风渗透变强，导致采暖负荷增加。例如，据测算在冬季冷风渗透造成的采暖负荷将占总采暖负荷的 1/4～1/3；并随着室外来流风速的增加成指数增加。因此冬季防风对于北方采暖地区而言就意味着降低住宅的采暖负荷。

为突出重点并介绍一些新的研究成果，本节从改善居住区风环境、热环境等几个角度介绍一些被动式技术策略。

（1）居住区总体布局与地区风向的关系

首先，住宅居住区进行规划设计时，应考虑不同地区的风向特点，即按照我国不同的风向分区进行区别对待。其基本原则可以简述如下。

1）季节变化型：风向冬夏变化一般大于135°，小于180°。在进行住宅居住区规划时，应参照该居住区所在城市的1月份、7月份的平均风向频率。

2）单盛行风向型：风向稳定，全年基本上吹一个方向上的风。进行住宅居住区规划时，应避免把住宅居住区布置在工业区的下方。

3）双主型：风向在月、年平均风玫瑰图上同时有两个盛行风向，其两个风向间夹角大于90°。例如，北京同时盛行北风和南风，其住宅布局应与季节变化型相同。

4）无主型：全年风向不定，各个方位的风向频率相当，没有一个较突出的盛行风向。在此情况下，可计算该城市的年平均合成风向风速，考虑住宅居住区的规划布置。

5）准静风型：静风频率全年平均在50%以上，有的甚至超过了75%，年平均风速仅为0.5m/s。静风以外的所谓盛行风向，其频率不到5%。根据计算的结果，污染浓度极大值出现的距离大概是烟囱高度10～20倍远的范围内，因此生活居住区应安排在这个界线以外。

（2）冬季防风的处理方法

对于严寒、寒冷地区或冬季多风地区，住宅居住区在考虑冬天防风时可采取以下具体措施：

1）利用建筑物隔阻冷风，即通过适当布置建筑物，降低风速。建筑间距在 1∶2 的范围以内，可以充分起到阻挡风速的作用，保证后排建筑不处于前排建筑尾流风的涡旋区之中，避开寒风侵袭。此外，还应利用建筑组合，将较高层建筑背向冬季寒流风向，减少寒风对中、低层建筑和庭院的影响。

2）设置风障。利用建筑物隔阻冷风，宜封闭西北向，同时合理选择封闭或半封闭周边式布局的开口方向和位置，使得建筑群的组合避风节能。可以通过设置防风墙、板、防风带之类的挡风措施来阻隔冷风。以实体围墙作为阻风措施时，应注意防止在背风面形成涡流。解决方法是在墙体上做引导气流向上穿透的百叶式孔洞，使小部分风由此流过，大部分的气流在墙顶以上的空间流过。

3）避开不利风向。我国北方城市冬季寒流主要受西伯利亚冷空气的影响，所以冬季寒流风向主要是西北风。故建筑规划中为了节能，应封闭西北向。同时合理选择封闭或半封闭周边式布局的开口方向和位置，使得建筑群的组合避风节能。

（3）改善住区夏季及过渡季通风的方法

要改善夏季、过渡季居住区室外的风环境，进而改善室内的自然通风，首先应该在朝向上尽量让房屋纵轴垂直建筑所在地区夏季的主导风向。选择了合理的建筑朝向，还必须合理规划整个住宅建筑群的布局，才能组织好室内的通风。一般建筑群的平面布局有周边式、自由式和行列式等几种。为了促进通风，建筑群布局应尽量采取行列式和自由式❶，而行列式中又以错列和斜列最佳。

居住区规划布局宜将住宅建筑净密度大的组团布置在夏季主导风向的下风向，将建筑密度小的组团布置在夏季主导风向的上风向。在立体布置方面，应采取"前低后高"和有规律的"高低错落"的处理方式。当建筑呈一字平直排开而体形较长时（超过 30m），应在前排住宅适当位置设置过街楼以加强自然通风。

根据日本学者 Ryuichiro Yoshie 等的风洞实验实测值和研究结果，在相同容积率情况下，住宅建筑的高度越高，建筑覆盖率越小，通风效果越好，1.5m 高度处平均风速越高。建筑覆盖率减少 50%，1.5m 行人高度的平均风速可提高 90%。在容积率需要保证的情况下，居住区宜向高层方向发展，降低建筑密度，提高通风效果。

居住区的迎风面积比❷是决定通风阻塞比的关键参数，而通风阻塞比与居住区组团内的平均风速有良好的相关性，是决定居住区风环境好坏的关键性参数。按迎风面积比的规定性指标要求设计，是保证居住区达到风速要求和热岛强度控制要求的基本前提。为了促进通风，居住区的建筑迎风面积比应小于或等于 0.7。

为了促进通风，应推广采用首层架空的建筑形式，在增加行人活动空间的同时，提供必要的通风可能性，提高通风性能。因此，在迎风面的居住区的围墙不应都是密实不通风的，建议围墙的可通风面积不小于 40%。当然，地块最北侧建筑出于冬季防风考虑，不宜采用首层架空形式。

从促进通风、提高小区内的平均风速比的角度，按重要性和影响大小的角度排序，建筑迎风面积比＞首层架空率＞建筑群平均高度控制＞建筑覆盖率。

---

❶ 从建筑防热的角度来看，行列式和自由式都能争取的较好的朝向，使大多数房间能够获得良好的自然通风和日照，其中又以错列式和斜列式的布局为好。

❷ 建筑物、构造物在计算风向上的迎风面积与最大可能迎风面积的比值。

（4）改善居住区夏季热环境的策略和方法

为了降低建筑小区室外热岛强度、提高室外热舒适，规划设计中常采用的经验做法有：

1）为至少 50% 的非屋面不透水表面（包括停车场、人行道和广场等）提供遮阳；或 50% 的非屋面不透水表面采用浅色、适当反射率（反射率 $\alpha$ 控制在 0.3~0.5）的地面材料。

2）屋面尽量采用适当反射率（$0.3 \leqslant \alpha < 0.6$）和低反射率的材料，建筑物表面颜色尽量为浅色。适宜条件下推荐采用植被屋顶、蓄水屋顶。

3）利用适应当地气候条件的树木、灌木和植被为非屋面不透水表面提供遮阳。

4）室外绿化应注重树木、草地等多样化手段及与水景设计的有机结合。

5）利用模拟预测分析夏季典型日的热岛强度和室外热舒适的手段比较、优化规划设计方案。

6）居住区内休憩场所宜布置在夏季的风场活跃区，景观小品宜布置在夏季的弱风区。居住区室外活动场地和人行道路地面宜有雨水渗透与蒸发能力，渗透面积比一般不低于 60%。

对于塔楼和板楼等居住区形式，改善室外热环境的经验如下：

1）塔楼居住区热环境主要受太阳辐射和通风状态两种因素的影响，塔楼居住区的点状布局对不同风向的适应性优于板楼居住区。

2）塔楼高度的升高可降低地面的辐射得热量，从而改善居住区热环境，而塔楼间距的变化对居住区热环境的影响不大。

3）在建筑高度、建筑密度与容积率三个规划指标中，建筑高度对塔楼居住区的影响最为显著，建筑密度次之，而容积率与热岛强度和平均 $SET*$❶ 无直接关联。相同容积率的前提下，高层高、低密度的布局方式可获得更好的室外热环境。

4）塔楼居住区的绿化植物根据居住区中热不舒适区域的位置进行布局，可将绿化的降温功效发挥至最佳。绿化覆盖率越高，居住区热岛强度和平均 $SET*$ 越低，居住区热环境状况越好。高绿化覆盖率的另一优势在于同一绿化布局可以兼顾不同风向下的热环境改善任务。

5）位于目标居住区上游的地块、道路以及水体会对目标居住区的热岛强度产生影响。此影响在距离边界 50~80m 以内的区域较为显著，超过这一范围后该影响显著减弱。

（5）居住区布局优化中常见问题

常见误区如下：

1）小区布局形成贯通通风风道，在冬季引风进入居住区、并使外来风速增速、

---

❶ 标准有效温度，衡量室外环境热舒适的指标，指的是理想等温环境中相对湿度为50%时，人体穿着和实际运动量相对应的服装，使得人体表面温度表面湿度和实际环境一致时的理想环境温度。

降低室外热舒适度并增加了建筑采暖负荷，造成建筑能耗增加。如图1-3和图1-4所示，我国北部某沿海城市为了争取水景，设置了宽阔的入口和住区中央绿带，未能有效阻挡冷风侵入小区，避开冬季不利风向。同时住区中央绿带周边建筑多为高层，导致了较为严重的冷风侵入。对于该小区，首先应合理选择封闭或半封闭周边式布局的开口方向和位置，使得建筑群的组合避风节能，同时结合景观在贯通通风风道设置风障，阻隔冷风。

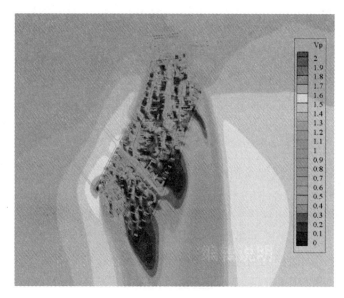

图1-3　北风向下——小区风速放大系数（来流风速为5.6m/s）

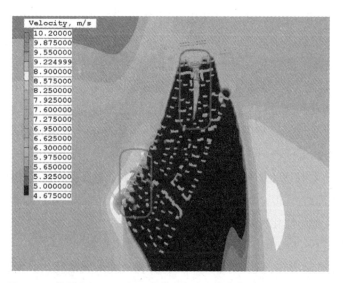

图1-4　北风向下——小区大于5m/s区域（来流风速为5.6m/s）

2）小区密度大的组团在夏季主导风向的上风向，密度小的组团在夏季主导风向的下风向，导致整个区的通风不畅；建筑高度过于规整、对齐、高度一致，阻挡了过渡季和夏季的自然通风；建筑高度南高北低，阻挡夏季与过渡季的自然通风，带来室外热舒适和冬季负荷增加；缺乏首层架空，夏季人行高度气流流动不畅通。

3）不恰当的景观设计也会对居住区微气候产生不利影响。如植物绿化过于密集，建筑不同朝向的绿化品种选择失当，在冬季阻挡日光进入房间，在夏天过密减少风的流动。夏季用来遮阴的落叶树的树枝在冬季可减少建筑需要的太阳能；而如果在建筑物南立面选择种植常绿植物，反而会减少了建筑物冬季太阳辐射，带来建筑的能耗增加；在建筑物附近种植景观乔灌木，其对太阳辐射的透过，对空气的流动影响需要在夏冬两季进行平衡分析，并不是越密越好。

### 1.1.2 住宅单体设计

住宅建筑的单体节能设计的目标是降低采暖需热量、空调需冷量，减少人工照明，提高非空调采暖情况下的室内舒适度。

为了降低采暖负荷、提高非采暖情况下的室内舒适度，需要分析一下住宅建筑采暖需热量指标 $Q_h$ 的计算公式，即 $Q_h = \Delta T \cdot (K \cdot A + C \cdot G)$。其中，$K$ 表示建筑围护结构传热系数，与建筑物保温有关，$A$ 表示建筑围护结构面积，$\Delta T$ 表示室内外平均温差，与地域有关；$C$ 为空气的比热容，$G$ 表示通风换气量，换气量越大，采暖能耗越高。两边都除以建筑体积，得到 $q = \Delta T \cdot (KF/V + CG/V) = \Delta T \cdot (K \cdot \varepsilon + C \cdot n)$，即单位体积需热量与体形系数 $\varepsilon$ 与换气次数 $n$ 有关。可以看出，降低我国住宅采暖耗热量的关键，是改善建筑围护结构的保温性能以降低建筑物冬季需热量，降低体形系数，减少换气次数，合理控制室内外温差。

对于夏季而言，空调负荷的绝大部分是太阳辐射得热，以及室内外温差负荷。考虑到我国住宅的空调制冷绝大部分都不是连续运行的，因此住宅被动式设计的关键是做好遮阳、隔热和通风设计，一方面增强围护结构的隔热性能，增强自然通风能力，改善自然通风条件下室内的热舒适，减少使用空调的时间；另一方面减少夏季太阳辐射得热量，适当提升围护结构的保温隔热性能，减少空调制冷能耗。

以下分别从体形系数、阳光厅等几个角度，介绍一下单体建筑的被动式技术策略。

（1）体形系数

体形系数的定义为单位体积的建筑外表面积。它直接反映了建筑单体的外形复杂程度。体系数越大，相同建筑体积的建筑物外表面积越大，也就是在相同条件下，如室外气象条件、室温设定、围护结构设置条件下，建筑物向室外散失的热量也就越多。减少建筑需热量是实现住宅采暖节能最根本的要求。建筑体形系数也是影响单位建筑面积采暖能耗的重要因素，在北方尽可能建造小体形系数的建筑，严格控制各种别墅和其他小体量建筑的建设，也是采暖节能的重要措施。实验证明，建筑物体形系数每增加 0.1，建筑物的累计耗热量增加 10%~20%。当围护结构保温性能达到一定程度时（体形系数与传热系数之乘积小于 0.15），降低采暖需热量的主要矛盾就转到通风换气所造成的热损失上。这时，推广可有效控制通风换气量的通风换气窗，就成为采暖节能的关键。

因此，寒冷地区的节能住宅单体外形应追求平整、简洁，如直线形、折线形和曲线形。在小区的规划设中，对住宅形式的选择不宜大规模采用单元式住宅错位拼接、不宜采用点式住宅，不宜采用点式住宅拼接。因为错位拼接和点式住宅都形成较长的外墙临空长度，增加住宅单体的体形系数，不利于节能。

对于非寒冷地区，如夏热冬冷地区、夏热冬暖地区，自然通风是减少空调使用时间，改善室内热舒适的有效策略。因为人们更乐意生活在有着较好自然通风的环境中，而不是密闭的空调环境里。因此，在建筑单体方案设计时，不仅要求建筑物单体形状利于防晒、遮阳，减少太阳辐射得热，还需考虑在室外气温低于室温时如何有效促进住宅自然通风。例如在夏季夜间，如何利用自然通风或者是围护结构本身的散热来减少空调时间，降低空调能耗。在南方地区，适当减少楼间距，首层架空，选择合适的建筑进深，都有利于住宅室内穿堂风的形成，提高非空调情况下室内热舒适，减少空调使用时间。

值得指出的是，冬季保暖与夏季遮阳、通风对建筑外形的要求在某些地方是存在矛盾的，如冬季的保温节能设计要求建筑外形尽可能的简单、紧凑，而夏季的节能设计则力求通过一些复杂的立面设计、结构设计来满足建筑物遮阳、自然通风的需求。因此，在建筑单体方案设计时，应该通过详细的建筑能耗模拟分析权衡两种设计所产生的节能效果，来确定最终的建筑单体方案。

（2）阳光间

建筑内外、庭院内外不能相互隔绝，应根据建筑用地的方位和周边环境状况，配置具有趣味的过渡空间或半户外空间。设置这样的缓冲空间，给人以宽大空间的感觉，可缓解住户的心理压力，同时还可以降低建筑热负荷。例如，中庭、阳台、露台、太阳房等开放性空间，可以让阳光、空气直接进入，同时与内部空间建立了良好的连续性。这些空间的外围护结构采用玻璃等材料，可随着季节的变化将其转化为内部空间或外部空间。这不仅实现了空间的连续性，还可起到降低建筑热负荷的作用。因此，合理的阳光间设计是将被动式太阳房理念和住宅节能设计相结合的重要环节。

被动式太阳房是指不依靠任何机械动力通过建筑围护结构本身完成吸热、蓄热、放热过程，从而实现利用太阳能采暖目的的房屋，一般而言可以直接让阳光透过窗户直接进入采暖房间，或者先照射在集热部件上，然后通过空气循环将太阳能送入室内。按照结构的不同，被动式太阳房可以分为五类：直接受益式、集热墙式、附加阳光间式、屋顶池式和卵石床蓄热式。

被动式阳光间可以认为是直接受益式太阳房或附加阳光间的一种太阳屋的空间形式。具体说，就是在南立面设置较大面积的玻璃，太阳光直接照射屋内地面、墙面或家具表面，吸收的太阳辐射能量一部分以对流的方式加热室内空气，一部分通过辐射与周围物体换热，剩下的以导热形式传入材料内部蓄存起来。在夜间或白天没有日照的时候，所蓄存的热量释放出来，使房间依然能维持一定的温度。这种方式结构简单，使用方便，但是由于窗户面积较大，夏季可能造成较大的冷负荷，同时白天光线过强容易引起眩光，并使室内温度波动较大。因此需要配置保温性能较好的玻璃、安装保温窗帘。同时需要设置遮阳构件或设计强化自然通风措施，以避免夏季冷负荷过大。而附加阳光间的形式，则是在房间的南侧有一玻璃罩着的阳光间，阳光间与主体房间由墙或窗隔开，主要用于养花或栽培，热量通过隔墙上的开口，由空气带入主体房间。但要注意由于附加式阳光间的玻璃面积较大，冬季散热较多、夏季得热过多，需要分别采取保温或隔热、通风措施。

除了单独的阳光间之外，对于冬季较为寒冷的住宅，其南向的厅或卧室，均可参照上述模式进行被动式太阳得热房的设计。如果有可能，还应适当增加南向外墙、隔墙以及楼板的蓄热性能，铺设一些卵石、青石、水体或其他的蓄热构造方式，形成蓄热构造，白天获得更多热量，蓄存起来夜间墙体释放，调节室内温度波动，改善室内热舒适。

（3）自然通风设计

住宅设计中通常希望有效利用风压来产生自然通风，因此首先要求建筑有较理想的外部风速。为此，住宅设计应着重考虑以下问题：建筑的朝向和间距、建筑群布局、建筑平、剖面形式、开口的面积与位置、门窗装置的方法及通风的构造措施等。为了促进住宅风向情况下的自然通风效果，一些具体的措施如下：

可开启外窗面积不小于房间地表面积的 5%。卧室、起居室、书房及厨房均具有与室外相通的外窗，可开启面积应不小于整窗面积的 25%。当开口宽度为开间宽度的 1/3~2/3，开口大小为地板面积的 15%~25% 时，室内通风效果最佳。

房间进深与层高的比值应满足：单侧通风的房间小于 2.5，形成穿堂风的房间小于 5。

房间开窗位置对室内自然通风也有很大的影响。由于窗扇的开启有挡风和导风的作用，所以门窗如果装置得宜，能增加通风效果。当风向入射角较大时，如果窗扇向外开启呈 90°，会阻挡风吹入室内。此时，应增大开启角度，将风引入室内。中轴旋转窗扇可以任意调节开启角度，必要时还可以拿掉，导风效果好。房间内如果需要设置隔断，可做成上下漏空的形式，或在隔断上设置中轴旋转窗，以调节室内气流，有利于房间较低的地方都能通风。

　　住宅室内空间（平、剖面）布置和不同功能房间的合理使用，也应该尽量有利于自然通风。例如，当建筑东西朝向而主导风向基本上以南向为主时，可以考虑锯齿形的平面组合或开窗方式。这时东西向外墙不开窗，起到遮阳的作用，凸出部分外墙开窗朝南，以引入主导风。当住宅南北朝向而主导风向接近东西向时，可以考虑把住宅房间分段错开，采用台阶式的平面组合，使得原来朝向不好的房间变成朝东南或者南向。

　　可以结合室外庭院、内楼梯和坡屋顶综合设计，改善住宅自然通风。如图1-5所示，建筑师在住宅室内外分别设计了一个应对夏季、过渡季主导风向的公共庭院和烟囱，来促进自然通风。南方地区住宅楼的露台、阳台，用在内隔断或外廊等处的落地窗、镂空窗、折门等，都是有利于通风的构造措施。

　　中央楼梯、坡屋顶设计则可以综合地利用风压、热压、文丘里效应促进自然通风。

　　住宅地下空间尤其是地下车库的自然通风问题需要引起重视，这可以和住宅屋顶的无动力风帽结合起来设计，解决地下车库的空气品质问题，减少风机运行时间，降低能耗。

　　（4）遮阳设计

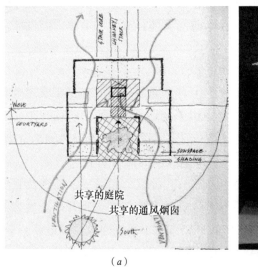

（a）　　　　　　　　　　　　　　　　（b）

**图1-5　住宅利用共享庭院及楼梯间进行自然通风**

（a）平面设计；（b）楼梯间剖面（模型）

　　遮阳的主要目的是为了夏季减少太阳辐射直接或间接进入室内，降低空调能耗，改善室内的环境。外窗、外墙和屋顶等部位均可设计遮阳。常见的遮阳产品有内遮阳、水平外遮阳、垂直外遮阳、挡板式外遮阳、外置卷帘遮阳等。各种常见遮阳产品的特点和适用性如表1-1所示。

常见遮阳产品的特点和性能　　　　　表1-1

| 遮阳形式 | 构成 | 特点 | 适用性 |
|---|---|---|---|
| 水平外遮阳 | 实心板、栅型板、百叶等 | 适宜于遮挡从窗顶上面射来的太阳光 | 低纬度地区或夏季建筑南立面 |
| 垂直外遮阳 | 实心板、栅型板、百叶等 | 适宜遮挡从窗侧面射来的阳光 | 建筑东、西方向 |
| 挡板式外遮阳 | 实心板、栅型板、镂空金属板等 | 适宜于遮挡平射过来的阳光和漫散射辐射，影响室内视线 | 建筑东、西方向和低纬度地区 |
| 外置卷帘遮阳 | 织物卷帘、金属卷帘、金属等 | 同上，体量小、外观简洁，控制灵活 | 同上 |
| 内遮阳 | 织物帘、金属百叶等 | 经济，调节灵活，方便安装和拆卸，遮阳效果不如外遮阳 | 住宅建筑 |

一般居住建筑，阳光照射时间短，而且射入房间的面积少。按国际上的惯例通常认为固定的遮阳构造成本低且维修费用低，节能效果是可靠的，而活动式遮阳因为不能保证使用者正确使用而一般不予认可，但近年来由于活动式遮阳使用上有适应季节变化的灵活性，采用活动式遮阳方案的住宅增多起来。因此，我们鼓励设计者使用固定遮阳的同时也鼓励使用活动式遮阳。

需要注意的是，遮阳板的位置安装正确与否，对房间的通风及热环境的影响较大。首先遮阳设施对房间通风有阻挡作用，资料表明，一般装有遮阳的房间，其室内风速降低22%～47%左右。室内风速的减弱程度和风向与遮阳的安装有很大关系。其次，水平遮阳板面受太阳照射后，会产生热空气上升，为了避免这股热空气被导入室内，水平遮阳板应离开墙面一定的距离安装，使大部分热空气能够沿墙面排走。

（5）建筑单体设计中的被动技术应用误区

建筑单体设计中也往往存在着一些误区，在设计实践中，最突出的是不合理的保温设计、不合理的自然通风设计、通风外墙的错误选取以及不合理的遮阳设计等。

1）保温设计存在的误区主要表现为：①认为墙体保温设计的越厚越好。在夏热冬暖或夏热冬冷地区，建筑运行过程中外围护结构不仅要兼具保温同时还应起到隔热作用。当室外温度低于室内温度时，需要增强室内散热，墙体保温设计的过厚，倒反而阻碍了室内外的传热，使室内的热量不容易散发出去，导致空调负荷增加；而且当设计的墙体保温达到一定的厚度后，保温层厚度的再增加对耗能量的减少所起的作用就非常小了。如果设计人员此时再一味地追求墙体的保温层厚度，反而会使材料成本、施工难度、运营维护等成本增加，而实际的节能效果并未得到显著的提高。②认为墙体的传热系数达到规定指标即可，而忽视墙体本身的热惰性指标，特别是夏热冬暖地区的墙体设计。③忽视建筑类型而盲目选取保温设计。针对不同的建筑类型，如住宅与公共建筑中的办公建筑、商场建筑、旅馆建筑应该采取不同的保温设计策略，需要综合考虑冬夏的采暖和空调负荷。

2）自然通风设计中的问题最主要体现在不合理的内外开口大小以及位置：在炎热地区，窗台高度高于人体坐着时的高度，在寒冷地区或者高层建筑，窗台高度反而低，使得室内的自然通风舒适度降低；错误理解建筑用窗开口率与用窗尺寸，使得建筑外窗的通风面积未能满足设计时的有效通风面积，导致室内气流量严重不足；不合理的房间隔断破坏贯穿建筑前后的穿堂风，不合理的开窗位置导致室内通风不畅，或者主要活动区没有直接处于通风路径之中，以及过大的建筑进深导致室内空气流动不畅，室内空气品质恶劣，等等。

3）不合理地使用通风外墙：住宅建筑中，在夏热冬冷和夏热冬暖地区，夏季太阳辐射强烈、炎热时间相对较长的气候条件下，采用通风外墙能够起到明显的节能和改善室内热舒适度的效果，但某些设计师对住宅建筑散热特性和当地气候特征认识不充分，在北方寒冷地区住宅建筑上采用通风外墙，以期提高建筑保温隔热效果。殊不知北方地区冬季气候寒冷，外墙保温已经足够厚，而且住宅建筑本身窗墙比不大，在室内散热量也不多的情况下，再增加通风外墙，反而会使墙体材料成本、施工难度、运营维护等成本增加，而实际的节能效果也未得到显著提高甚至由于冷桥的问题导致保温性能大大降低。更重要的是，通风外墙会带来冷桥的问题，对于寒冷和严寒地区，通风外墙会导致外墙传热系数增加 20% ~30%，而且干挂的外墙材料越重，冷桥越明显。例如北京某高性能住宅，设计传热系数是 0.3W/（$m^2 \cdot K$），但是因为通风外墙需安装金属框架外挂石材，结果实测的外墙传热系数是 0.4W/（$m^2 \cdot K$），增加了 33%，保温效果得不偿失。而对于夏热冬暖、夏热冬冷地区而言，通过设计通风外墙，特别对于东西外墙而言，可以提升夏季隔热效果 20% 左右，这时通风外墙的保温层和外墙面的空隙一般应该在 7cm 左右。

4）外遮阳设计中也存在如下一些问题：①误认为外窗遮阳系数越小越好，可减少室内太阳辐射得热：外窗的遮阳系数对住宅建筑能耗起着一定作用，尤其是在夏季，遮阳系数小能节省 20% ~30% 左右空调能耗。但对于冬季有采暖的地区，存在着在设计中普遍采用遮阳系数特别小的玻璃的误区。遮阳在夏季对降低能耗起的作用越大，在冬季就对增加能耗起的作用越大，需要从总体上寻求一个平衡点，此时对于住宅而言，应该寻求一种可变的遮阳设置，夏季遮阳，冬季打开。目前北京新居住建筑节能标准提倡的双层封闭式阳台加内遮阳的方式是一种很好的尝试，夏季封闭阳台内层，打开阳台外层，外层加装遮阳装置；冬季内外阳台都封闭，收起遮阳装置，形成阳光间，措施简单可行，节能效果优异，可以借鉴。②外窗相当于建筑的"眼睛"，是室内人员与外界大自然沟通的桥梁，选择不当遮阳形式或遮阳系数过小，会降低室内天然采光，使得室内天然采光照度不能满足需求，因此也需要从采光与遮阳两个方面综合考虑，从中寻求一个平衡点。

## 1.2 内置百叶中空玻璃 [1]

所谓内置百叶中空玻璃是将百叶帘安装在中空玻璃内，通过磁力控制闭合装置和升降装置来完成中空玻璃内的百叶升降、翻叶等功能。普通中空玻璃封闭空气间层虽然热阻较大，但通常采取窗口遮阳板、加设窗帘、百叶或采用各种镀膜玻璃等遮阳措施，而使用外百叶或窗帘遮阳，除要适应室外风压和雨水的考验外，还需经常维护和清洗，比较麻烦。内置百叶中空玻璃不仅可以解决以上问题，而且通过调节百叶状态便可达到阻隔太阳辐射入室内和调整室内采光度的双重目的，可以在不同的季节达到动态双向节能的效果，其综合节能性能将会优于很多现有的其他节能方式。

### 1.2.1 技术特征

我国南北方、东西部地区气候差异很大。在严寒地区，室内外温差大，热能损失占主导地位，外窗的保温是关键。而在夏热地区，夏季南方水平面太阳辐射强度可高达 $1000W/m^2$ 以上，强烈的太阳能辐射透过室内，将严重影响建筑室内热环境。因此，建筑用窗主要是通过降低热传导与对流，控制室内热能向室外流失，以较低的传热系数实现其保温性能。通过降低对太阳能的遮蔽，控制阳光直射的辐射导热，减小遮阳系数实现隔热。所以，玻璃窗的节能性应以传热系数 $K$ 和遮阳系数 $Sc$ 值共同进行评价。

（1）保温性能

内置百叶中空玻璃的传热系数 $K$ 为 $2.0\sim2.9W/(m^2\cdot K)$，百叶垂直状态时大大低于百叶收起状态，满足了《公共建筑节能设计标准》GB 50189—2005 中 4.2.2−1−2 表中窗墙面积比 ≤0.5 值的要求，又满足 4.2.2−2~5 中的窗墙面积比≤0.7 值的要求。

当百叶垂直状态时传热系数 $K = 2.0W/(m^2\cdot K)$；当百叶水平状态时传热系数 $K = 2.7W/(m^2\cdot K)$；当百叶收起状态时传热系数 $K = 2.9W/(m^2\cdot K)$。内置百叶中空玻璃当百叶在垂直状态的传热系数大大低于百叶收起状态时的传热系数，当窗的内外温差较大，致使中空玻璃内外的温差也较大，空气借助冷辐射和热传导作用，首先在中空玻璃的两侧产生对流，然后通过中空玻璃整体传递过去，形成能量的流

❶ 原载于《中国建筑节能年度发展研究报告2013》第5.2节，作者：孟庆林、张磊、赵立华。

失，而在中空玻璃百叶垂直状态下能够有效地降低中空玻璃内的气体对流与传导，从而降低能量的对流与传导损失，达到比中空玻璃更好的保温性能。

（2）遮阳性能

百叶中空玻璃的遮阳系数为 $Sc = 0.18 \sim 0.90$，百叶垂直状态时满足《公共建筑节能设计标准》GB 50189—2005 中有遮阳系数要求的所有地区使用。当百叶垂直状态时遮阳系数 $Sc = 0.18$，当百叶水平状态时遮阳系数 $Sc = 0.83$，当百叶收起状态 $Sc = 0.90$。百叶水平和收起状态时的遮阳系数为玻璃的遮阳系数，但当百叶垂直时遮阳系数 $Sc = 0.18$（图 1-6 ~ 图 1-8）。太阳能直接透射比为 0.16，说明了当百叶垂直状态时室内还有一定程度的可见光，能有效地阻挡夏季强烈的太阳辐射，而阻止了阳光直射到室内，改善室内的光环境，从而降低室内温度，减少建筑空调能耗。

图 1-6　百叶放下并调整为不透光角度

图 1-7　百叶放下并调整为透光模式

图 1-8　百叶卷起模式

百叶中空玻璃集保温、隔热、隔声、安全和装饰性于一身，为建筑用窗、室内装饰隔断提供一种新的多功能产品，特别是通过调整百叶角度实现传热系数和遮阳系数可控的目的，保温性能和遮阳性能适合我国各地应用。

（3）热工性能分析

由于内置百叶中空玻璃内部的百叶等部件需能够灵活运转，而且考虑到玻璃在窗框型材槽口上的安装尺寸等因素，一般玻璃总厚度在 25~35mm，且中空玻璃间层的为 20mm 左右为宜。选用一款（3+20+3）mm 的中空玻璃作为研究对象，其中玻璃均为普通透明玻璃，铝合金百叶间距为 11mm，百叶宽度为 15mm。如图 1-9 所示。

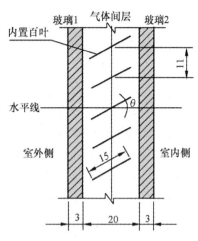

图 1-9　内置百叶中空玻璃

福建省建筑科学研究院王云新采用 Window6 软件计算上述玻璃模型，在标准的计算边界条件下，不同颜色的百叶、不同的填充气体以及不同的开启角度条件下的热工性能，并在此基础上进行热工性能影响因素分析和适应性研究。

1）百叶开启角度对热工性能的影响

内置百叶中空玻璃的工作状态一般有两种，即百叶收拢状态和百叶放下状态，而百叶放下时又分为全开（$\theta=0°$），半开（$0°<\theta<90°$）及关闭（$\theta=90°$）。图 1-10 表示了白色遮阳百叶（以下简称 A 百叶）状态与遮阳系数 $Sc$、可见光透射比 $\tau_V$ 及传热系数 $K$ 的关系。

由图 1-10 可以看出，玻璃的遮阳系数、可见光透射比均随着 A 百叶的关闭而减小，其中遮阳系数变化范围从 0.88~0.16，基本上涵盖了普通透明玻璃、吸热玻璃、热反射镀膜玻璃及 Low-E 镀膜玻璃的遮阳系数的取值范围，完全能够满足夏热冬暖地区隔热的需要，并且能够随着隔热需要进行调整，灵活方便；可见光透射比变化范围从 0.81~0.003，可

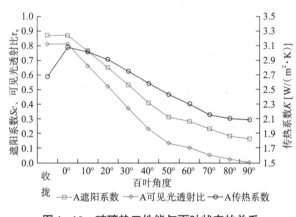

图 1-10　玻璃热工性能与百叶状态的关系

以从普通透明玻璃的透光效果变到基本不透光，这就完全能够同时满足了人体对自然光的健康需求及私密性要求。

同时，玻璃的传热系数在百叶收拢状态下为 2.68W/（m²·K）。当百叶下垂，在全开（$\theta=0°$）时为 3.07W/（m²·K），相当于（6+12A+6）mm 普通透明中空玻璃的水平，这个状态传热系数会比前一状态有所增大，这主要是由于百叶的材料为铝合金，在空气间层内部加上百叶之后，相当于在空气间层架起了"热桥"，热量会从热侧沿着百叶直接到达冷侧。随着百叶的旋转，百叶的"热桥"作用慢慢削弱，直到关闭（$\theta=90°$）状态，将间层分割成为两个空腔，使得传热的作用减到最小，传

热系数变成最小，为 2.08W/（m² · K），接近了（6Low-E+12A+6）mm 玻璃的水平，能够满足现阶段夏热冬暖地区的节能要求。

在夏热冬暖地区，结合大多数人的生活习惯，不论是公共建筑还是居住建筑，在夏天需要隔热，百叶通常是开启一定的角度，遮阳系数和可见光透射比均可根据需要进行控制调整；在冬季需要保温，百叶在白天可以收拢，不但可以获得良好的采光，还可以降低传热系数，夜晚可以完全关闭百叶，不但可以避免室外的光污染，还可以使得传热系数降到最低，具有很好的适用性。所以，综合考虑内置百叶中空玻璃的这些特点，在建筑节能设计时，宜采用遮阳系数及传热系数变化范围中的最小值作为其热工性能参数值。

2）间层气体对热工性能的影响

对 A 百叶构成的内置百叶中空玻璃，在采用氩气（Ar）和空气作为间隔层气体的条件下，其遮阳系数、可见光透射比以及传热系数的比较见图 1-11、图 1-12。

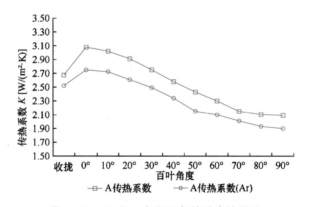

图 1-11　Sc 和 $\tau_V$ 与间层气体种类的关系

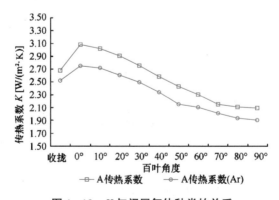

图 1-12　K 与间层气体种类的关系

从图 1-11 可以看出，在 A 百叶玻璃中，采用空气和氩气作为填充气体后，其遮阳系数曲线基本重合，主要是由于采用惰性气体后，玻璃的二次传热会受到细微影响，但其对遮阳系数产生的影响可以忽略不计；两种填充气体对可见光透射比曲线的影响也很小，两条曲线几乎完全重合。这就说明不同的填充气体对遮阳系数、可见光透射比没有影响。

图 1-12 中 A 百叶玻璃采用惰性气体后，传热系数有明显改善。从传热系数曲线来分析，填充氩气后，传热系数会降低 9% 左右，能够进一步提高其节能效果。

3）百叶颜色对热工性能的影响

除了以上的 A 百叶外，再选取两种不同颜色的百叶进行计算分析。几种百叶的参数如表 1-2 所示，分别对其在不同百叶开启状态下进行计算，得出遮阳系数 $Sc$ 与百叶颜色的关系（见图 1-13）和传热系数 $K$ 与百叶颜色的关系（见图 1-14）。

几种百叶的参数　　　　　　　　　　　　　　　　　　表 1-2

| 编　号 | 颜　色 | | 前反射 | 后反射 |
| --- | --- | --- | --- | --- |
| | 前　面 | 后　面 | | |
| A | 白色 | 白色 | 0.70 | 0.70 |
| B | 浅色 | 浅色 | 0.55 | 0.55 |
| C | 浅色 | 深色 | 0.70 | 0.40 |

在图 1-13 中，由于 C 百叶颜色介于 A 百叶、B 百叶之间，所以其曲线也在中间位置；在收拢状态时，A、B、C 百叶玻璃实际上都是普通透明中空玻璃，其遮阳系数相等；当百叶垂下后全开（$\theta = 0°$）时，A 百叶玻璃遮阳系数要优于 B 百叶玻璃，百叶旋转大约在 $\theta > 12°$ 以后，B 百叶玻璃遮阳系数要优于 A 百叶玻璃，最后在关闭（$\theta = 90°$）状态时遮阳系数数值相等。这主要

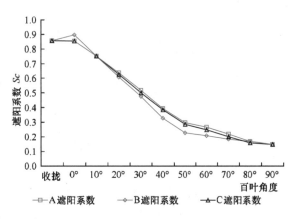

图 1-13　$Se$ 与百叶颜色的关系

是因为百叶在 $\theta < 12°$ 时，A 百叶为白色，吸收的太阳辐射能量较少，其温度会低于 B 百叶，通过"热桥"作用传入室内的热量少一些，所以遮阳系数比 B 百叶低；百叶在 $\theta > 12°$ 时，太阳光线会经过百叶多次相互间的反射传到室内，由于 B 百叶反射比较低，所以经反射到达室内的热量就少，同时由于"热桥"作用的削弱，使得遮阳系数比 A 百叶低。

虽然不同颜色百叶的遮阳系数在某些开启角度时会有所区别，但其差异并不明显，且由于其遮阳系数的可调范围是一样的，所以在使用内置百叶中空玻璃时，可以按照个人的喜好选择颜色不同的产品，其遮阳性能基本没有影响。

图 1-14 中 A、B、C 百叶玻璃的三条传热系数曲线仅在全开（$\theta = 0°$）状态时有细微差异，其余状态的传热系数基本相同，这说明百叶的颜色对内置百叶中空玻璃的传热系数没有显著影响。

因此，在夏热冬暖地区，内置百叶中空玻璃性能优越，热工性能调节范围大，完全能够满足现阶段节能要求和自然

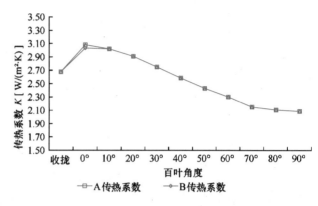

图 1-14　传热系数 $K$ 与百叶颜色的关系

采光的需要，在建筑节能设计时，宜采用遮阳系数及传热系数变化范围中的最小值作为其热工性能参数值。

内置百叶中空玻璃中选用不同的填充气体，会影响传热系数，不影响遮阳系数及可见光透射比。在内置百叶中空玻璃中，对于同一材质的百叶，采用不同的颜色对其热工性能影响不大，节能效果无明显差异。

### 1.2.2　技术适应性

一般认为，通过门窗的能量损失约占建筑能耗的 50%，通过玻璃的能量损失约占门窗能耗的 75% ~ 80%，这部分能耗中，既包括通过窗户本身的保温性能不良（传热系数 $K$ 值过大）引起的房间冷热负荷，也包括窗户遮阳性能不良导致不能有效阻隔或利用太阳辐射热而形成的房间冷、热负荷。

对于北方地区，由于冬季漫长首先重视降低窗户 $K$ 值是正确的，同时为了争取冬季充分利用太阳辐射得热，房间外窗的遮阳系数就需要提高，但目前北方地区外窗大量采用的 Low-E 玻璃外窗，有效降低了整窗的 $K$ 值，重点解决了温差作用下窗户玻璃保温的问题，但也因为 Low-E 玻璃的遮阳系数偏低且不可调节，对于冬季日照充沛的北方地区反而限制了房间的太阳辐射得热，因此这类地区的南向外窗玻璃的最佳做法是采用内置百叶多层玻璃。一方面可以通过增加玻璃层数甚至玻璃空气间层充惰性气体等措施确保窗的保温要求；另一方面可以通过调节百叶获得昼间太阳辐射热，夜间关闭百叶增加玻璃的保温功效。对于寒冷和严寒地区，在严格实施较高节能率要求的情况下，依靠内置百叶调节争取利用太阳辐射得热是性价

比较高的技术措施。需要指出的是，如果采用了3层以上的多层玻璃，内置百叶应设置在靠近室内侧的中空玻璃层内。

对于南方地区，其中华南地区的外窗主要是解决漫长的夏热季节的遮阳问题，而对窗玻璃的保温性能要求不高，此时内置百叶中空玻璃以其遮阳系数可调节作用完全可以适应这一要求；对于中部地区的外窗则既要重视外窗的夏季遮阳，也要重视冬季的保温。

因此，各地对于建筑门窗节能性能的要求不一致的是窗户的传热性能（K值），而要求一致的是遮阳性能，都要求外窗在冬季的遮阳性能低，在夏季遮阳性能高，只有可调节的遮阳装置能够满足这种季节性变化，甚至日变化、时变化的调节需要。从这一角度来看，内置百叶中空玻璃制品是适合各类气候区的一项节能产品。

### 1.2.3 应用前景

目前我国南方地区如广东、福建、江苏、上海等地近年来尝试推广采用内置遮阳中空玻璃制品（Sealed insulating glass unit with shading inside）来解决窗口遮阳可调问题，所采用的内置遮阳帘主要有百叶帘和日夜帘，但国内外大量推广的还是内置百叶中空玻璃，欧美等国家称之为 Between Blinds Glass（简称 BBG），如图 1-15 所示。

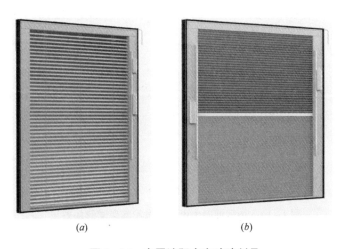

(a)　　　　　　　　　　　(b)

**图 1-15　内置遮阳中空玻璃制品**

（a）内置百叶中空玻璃；（b）内置日夜帘中空玻璃

BBG 在欧美、日本等国家已有 20 多年的应用经验，目前我国的 BBG 产能正在增加，质量水平还需要进一步加强，所执行的标准是《内置遮阳中空玻璃制品》JG/T255—2009，国际上以美国的 CMECH 为代表的一批国际品牌的产品、生产技术等也正在向我国建筑节能行业输入。预计未来的 3~5 年通过提高国内的产能和建筑节能标准对窗玻璃节能性能要求的进一步强化，内置百叶中空玻璃将会得到快速普及。

## 1.3　屋面隔热技术 ❶

南方地区，由于纬度较低，太阳辐射相当强烈。对于顶层房间而言，夏季在太阳辐射和室外气温的综合作用下，围护结构外表面在太阳辐射作用下温度高达70~80℃，屋顶作为一种建筑物外围护结构所造成的室内外传热量，大于任何一面外墙。因此，提高屋顶的隔热性能，对提高顶层房间抵抗夏季室外热作用的能力显得尤其重要，这也是减少夏季空调的耗能，改善室内热环境的一个重要措施。蒸发降温屋面、种植屋面、通风屋面是非常有效的屋面隔热措施。

### 1.3.1　蒸发降温屋面

蒸发冷却屋顶降温技术可通过如下手段实现：1）在屋顶的表面淋水、喷水；2）在屋顶的外表面贴附能够蓄水的多孔材料，利用水分在多孔材料内部迁移和表面上的蒸发消耗太阳辐射热实现屋顶降温。

图1-16所示为广州某宿舍屋顶铺设加气混凝土砌块作为蓄水多孔材料的降温效果，在晴天条件下测的外表面温度变化，与干燥的水泥屋面相比，饱和蓄水后的加气混凝土砌块表面第一天的温度降幅为10℃，第二天由于水分的减少温降效果仍能保持5℃，在南方地区的夏热季节也正是雨水丰沛时期，屋面的加气混凝土层会不断得到天然降雨的补充，从而实现持续的蒸发降温效果。

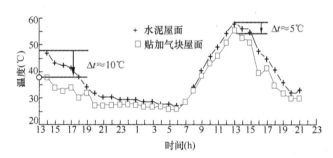

图1-16　加气混凝土砌块蒸发冷却屋顶降温效果

对于玻璃屋顶则采取淋水或喷水降温方式，特别是住宅建筑的中庭上盖的玻璃屋顶采用该技术不但可以获得显著的降温效果，还可以大大降低轻钢结构的热胀量，避免玻璃边部密封胶的开裂。

### 1.3.2　种植屋面

绿化是人类改变环境尤其是微环境的重要手段，而将绿化应用到屋顶隔热上也是一种理想的被动节能方式。在提倡可持续性发展的建筑和规划中，可推行并广泛

---

❶　原载于《中国建筑节能年度发展研究报告2013》第5.3节。作者：孟庆林，张磊，赵立华。

使用。种植屋面作为一种生态设计形式引起越来越多的研究者和设计者的注视。

佛甲草（Sedum lineare）属于蔷薇类目景天科景天属，茎高10~20cm。佛甲草在我国自然分布面很广，在阳光充足或阴湿地方都能生长。它具有耐寒、耐旱、耐高温能力强，覆土薄，节水能力强等优点，是我国南方地区建筑屋顶绿化中主要选择的草种之一。

（1）佛甲草种植屋面隔热机理分析

1）植被层的隔热作用

种植屋顶植被层与周围环境进行能量和物质的交换过程见图1-17。

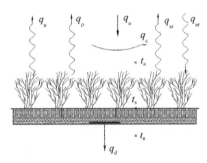

图1-17　种植屋顶植被层与周围环境进行能量和物质的交换过程

影响这些能量状况的因素有太阳入射条件、植物光学特性、植物几何结构和叶面积指数、环境温度、环境风速、空气湿度等。其中，植物的光学特性主要表现在植物对不同太阳光谱的波段的入射具有不同的吸收、反射和透射能力，对可见光的吸收率高，而对红外辐射的吸收率低。

2）种植土壤层的隔热作用

土壤本身也是一种多孔材料，人工淋雨或天然降雨以后蓄水。当受到太阳辐射和室外热空气得换热作用时，材料层中的水分逐渐迁移到材料层的上表面，随着蒸发带走大量气化潜热；同时，土壤也与周围环境进行大量的显热交换。前者所消耗的热能，有效地遏制了太阳辐射或大气高温对屋面的不利作用，达到了蒸发散热冷却屋顶的作用。同时，土壤的蓄热系数较大，热惰性指标比较高，提高了屋顶的热稳定性，使得温度峰值得以衰减和峰值延迟。

（2）佛甲草种植屋面构造做法

佛甲草屋顶绿化一般有两种做法：一种是直接在屋顶上种植；另一种是SGK佛甲草种植模块。

直接在屋顶上种植佛甲草的隔热屋面构造自下而上一般分为：抹灰层、结构层、找坡层、找平层、防水层、保护层、蓄水层、疏水层、滤水层、营养层、种植层，见图1-18。

SGK 佛甲草种植模块隔热屋面构造自下而上一般分为:抹灰层、结构层、找坡层、找平层、防水层、保护层、SGK 种植模块,见图 1-19。相关技术指标参见表 1-3、表 1-4。

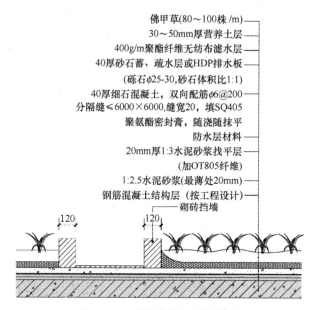

佛甲草(80～100株/m)
30～50mm厚营养土层
400g/m聚酯纤维无纺布滤水层
40厚砂石蓄、疏水层或HDP排水板
(砾石φ25-30,砂石体积比1:1)
40厚细石混凝土,双向配筋φ6@200
分隔缝≤6000×6000,缝宽20,填SQ405
聚氨酯密封膏,随浇随抹平
防水层材料
20mm厚1:3水泥砂浆找平层
(加OT805纤维)
1:2.5水泥砂浆(最薄处20mm)
钢筋混凝土结构层(按工程设计)
砌砖挡墙

图 1-18　佛甲草种植屋面构造

**营养层 / 复合种植土技术指标**　　　　　　　　　　表 1-3

| 轻　质 | 30~40kg/m² | pH 值 | 6.5~7.5 |
|---|---|---|---|
| 保水 | 体积含水率 60% | 无机物含量 | ≥98% |
| 疏松透气 | 孔隙度 70% | | |

**针叶形佛甲草技术指标**　　　　　　　　　　　表 1-4

| 极限耐寒能力 | 200 天无补水不死亡 | 生长高度 | 80~100mm |
|---|---|---|---|
| 耐热 | 耐盛夏 42℃高温 | 单株株径 | 60~80mm |
| 耐寒 | 耐—20℃严寒 | 种植密度 | 80~100 株 /m² |
| 耐瘠 | 无须施肥 | | （20~25 株 / 模块） |

（3）佛甲草种植屋面的技术特点

1）价格低。无论在建设费用还是在维护费用方面,佛甲草种植屋面都远低于屋顶花园。

2）重量轻。佛甲草种植模块使用厚度为 2~3mm 的基质,每平方米重量为 20~30kg,不积蓄雨水,可适用任何混凝土结构的平屋顶。

3）管理简单。佛甲草种植屋面具有耐旱、耐热、耐寒、耐瘠的特点,因此佛甲草种植初期加以科学的维护（半个月）之后,不需太多管理（只需除杂草和做好排水），自然声场良好。

4）季节性。冬季时，佛甲草处于枯草期，开春后萌发恢复生机。

5）根系无穿透力。佛甲草根系弱且细，扎根浅，80%的草根网状交织分布在基质内，形成草根和基质整体板块，可防止雨水冲刷基质，同时因为其根系细弱，没有穿透屋面防水层的能力，不会破坏屋面结构。

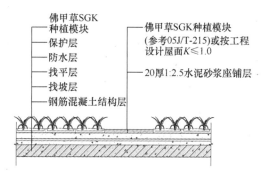

图1-19 佛甲草种植模块构造

（4）佛甲草种植屋面隔热效果分析

为研究广州地区佛甲草种植屋顶对室内的隔热效果，2007年7、8月在华南理工大学27号楼设置测点监测其室内及室外的热环境，并记录相关数据。

27号楼位于北纬23°9′22.98″，东经113°20′26.13″。北面42m处有一人工湖，南面紧邻一高约20m的山丘，西面是4层高宿舍，东面是6层教学楼，周边建筑如图1-20所示。

图1-20 27号楼周边建筑

27号楼为7层教学楼，原屋顶有做大阶砖架空隔热，后加种佛甲草植被。栽种一年，草株高约15cm。为对比原屋顶与加种了佛甲草的种植屋顶，在建筑南向屋顶清除一与七楼教室对应的植被，恢复原大阶砖屋顶。对比有种植佛甲草与没有种植佛甲草的两个教室内的热环境。测试屋顶构造如图 1-21 和图 1-22 所示。

通过对佛甲草种植屋顶和无种植屋顶的室内热环境在晴天无雨气候下自然通风、机械调风、密闭三种工况，以及雨后工况下，对室内空气温度、室内空气湿度、各构造层的温度、室内外风速的测试，得出不同室内工况下佛甲草种植屋顶与大阶砖隔热屋顶的隔热规律及隔热效果。

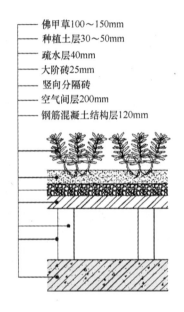

图 1-21　有种植佛甲草屋顶构造

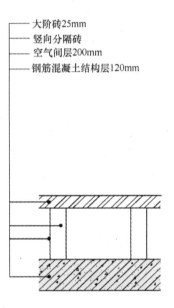

图 1-22　无种植佛甲草屋顶构造

**三种工况房间屋顶内表面温度比较（℃）**　　　　　　　　　　　　表 1-5

| | 无种植屋顶房间 | | | | 有种植屋顶房间 | | | |
|---|---|---|---|---|---|---|---|---|
| | 屋顶内表面温度 | | 房间空气温度 | | 屋顶内表面温度 | | 房间空气温度 | |
| | 全天 | 使用时间 | 全天 | 使用时间 | 全天 | 使用时间 | 全天 | 使用时间 |
| 工况一 | 31.1 | 31.6 | 31.6 | 32.5 | 30.8 | 31.2 | 40.0 | 32.5 |
| 工况二 | 30.7 | 31.3 | 31.4 | 32.5 | 29.4 | 29.7 | 31.2 | 32.3 |
| 工况三 | 32.2 | 32.4 | 33.0 | 33.5 | 30.2 | 30.3 | 32.4 | 32.8 |

由表 1-5 可看出，无论是室内空气温度还是屋顶内表面温度，有种植屋顶房间降温效果均优于无种植屋顶房间，三种工况下有种植屋顶房间的室内空气温度及屋顶内表面温度都比无种植屋顶要低。工况三（房间密闭）下的种植屋顶降温效果最好，工况二（机械调风）次之，工况一（自然通风）效果最不明显。屋顶内表面降温效

果较室内空气温度降温效果更为明显，全日平均温差在工况三可达 2.18℃，而室内空气温度效果较小，全日平均温差只有 0.84℃。三种工况下全日屋顶内表面温度降温程度均比工作时间低，原因是晚上种植屋顶的降温效果比白天要差，在工况一还出现晚上有种植屋顶房间的屋顶内表面温度比无种植屋顶房间高的情况。

### 1.3.3 通风屋面

（1）通风屋面技术介绍

我国南方地区夏季炎热多雨，当地居民通过长期的实践经验，从屋面防雨漏开始，逐渐探索出利用通风间层来降低由屋顶传入室内的热量，创造出了通风间层隔热屋面这种屋顶构造。通风屋顶在构造上分为上下两层屋面，下层屋面是主要的屋面，它满足结构上的需要，并且设有防水层。上层屋面一般采用较为轻薄的材料如大阶砖（即黏土方砖）、瓦等，这一层不仅保护了下层的防水层免受日晒和暴雨的直接冲击，减轻了温度应力对下层屋面的破坏作用，同时在上下层之间也留出了与室外相连通的空气间层，通过间层内流通的空气把传入间层内的热量带走。到了夜晚，室外气温低于室内气温，在通风屋顶间层内流通的空气可以加强上下两层的对流换热，使室内的热量通过屋面迅速向室外散去。这样，传到结构层内表面的热量就少了，内表面温度就不那么高了，其向室内辐射的影响和向室内空气传热量也就减少了。

图 1-23 为常见几种架空通风屋面的构造形式。

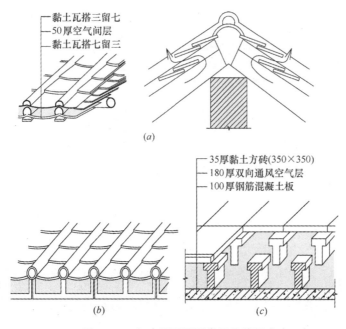

**图 1-23 架空通风屋面常见几种形式（一）**

（a）双层架空黏土瓦；（b）山型槽板上架空黏土瓦；（c）钢筋混凝土板上架空黏土方砖；

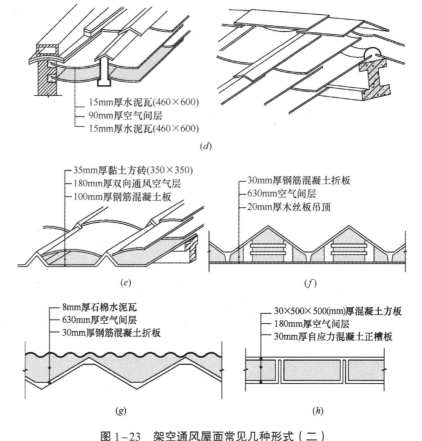

图 1-23　架空通风屋面常见几种形式（二）

（d）双层架空水泥大瓦；（e）斜槽瓦上空细蛭石水泥筒瓦；（f）钢筋混凝土折板下吊木丝板；
（g）钢筋混凝土折板上盖石棉瓦；（h）槽板上盖水泥板

　　为了更好地说明架空通风屋顶的隔热效果，现以广东地区常见的架空黏土方砖即大阶砖的通风间层屋顶，与用同样材料做成的实体层屋顶作比较，见表 1-6。表中的实测数据说明，有通风间层的屋顶内表面最高温度比铺砌黏土方砖的实体屋顶低 11.4℃，衰减倍数也大了 13.1。可见，通风间层的做法比实体层做法隔热效果要好很多。

实体和通风间层屋顶隔热效果比较　　　　　　　　　　　　　　　　表 1-6

| 屋顶做法 | 结构热阻 $\Sigma R$ | 热惰性指标 $\Sigma D$ | 总衰减值 $v$ | 外表面温度（℃） | | 内表面温度（℃） | | 室外气温（℃） | | 室外综合温度（℃） | |
|---|---|---|---|---|---|---|---|---|---|---|---|
| | | | | 最高 | 平均 | 最高 | 平均 | 最高 | 平均 | 最高 | 平均 |
| 铺砌黏土方砖 | 0.135 | 1.44 | 3.7 | 56 | 36.5 | 37.6 | 30.8 | 34 | 29.5 | 62.9 | 38.1 |
| 架空黏土方砖 | 0.11 | 1.22 | 16.8 | 49.6 | 30.9 | 26.2 | 24.7 | | | | |

（2）影响通风屋面隔热效果的因素

通风屋面的隔热效果取决于空气间层内的空气流动情况，间层内空气流动速度的大小是影响通风屋面隔热效果好坏的主要因素。研究表明：间层内的空气速度应至少达到 0.2m/s，通风屋面才有较好的隔热效果。空气流动速度越大，带走的热量越多，隔热效果就越好。当空气间层内的空气流动速度大于 0.8m/s 时再增加气流速度，隔热效果无明显的提高。

在通风屋顶设计时，为了增加间层内气流速度，增强架空通风屋顶的隔热效果，要充分考虑以下几方面因素：

1）增大空气间层进出口之间的风压差以提高间层内风速

空气间层内的空气流动情况则由间层的进出口之间的风压差决定。产生风压差的动力来自风压和热压。而风压比热压扮演更为重要的角色。同样的风力下，通风口朝向的偏角越小，间层的通风效果越好，故应尽量使通风口面向夏季的主导风向。而目前广州地区多数早期居住建筑都设置女儿墙，这极大地削弱了间层内气流的流通性，不能充分发挥架空通风屋面的隔热作用。

2）空气间层的高度

空气间层的宽度往往受结构的限制而固定，在相同宽度条件下提高空气间层的高度有利于加大通风量，但高度加大到一定程度之后，其散热效果渐趋缓慢，空气间层高度一般以 20~24cm 为宜。对于平屋顶而言，间层高度取上限为宜。通风口的形式一般情况下采用矩形截面。

3）通风间层内的空气阻力

室外空气流过空气间层时会有摩擦阻力和局部阻力。为了降低这些阻力，间层内表面不宜太粗糙，要将残留在空气间层内的砖头和泥沙清除干净。同时为了降低局部阻力，进、出风口的面积与间层横截面的面积比要大，若进、出风口有启闭装置时，应尽量加大其开口面积，并尽量使装置有利于导风，以减小局部阻力，增大间层内通风量，从而提高屋面的隔热性能。

4）通风间层内气流的组织方式

间层内气流的组织方式有：从室外进风，从室内进风，室内与室外同时进风等，而以室外进风为主要气流组织方式。为了加强风压的作用，可采用兜风檐口的做法。选择一个合理的气流组织形式，有利于改善屋面的热工性能。

（3）改善通风屋面隔热效果的措施

1）架空通风屋面与种植屋面组合

种植屋面就是对屋顶进行绿化处理，它能够改善建筑的保温隔热效果，反射、吸收太阳光辐射热，屋顶绿化还能够有效缓解"热岛效应"（据介绍，植物的蒸腾作用可以缓解热岛效应达 62%），改善建筑物气候环境，净化空气（屋顶绿化比地面绿化更容易吸收高空悬浮灰尘），降低城市噪声，能够增加城市绿化面积，提高国土资源利用率，能够改善建筑硬质景观，提高市民生活和工作环境质量等。

采用架空通风屋面与种植屋面组合的方式，不仅能有效降低屋顶内表面温度最大值，而且能改善种植屋面内表面温度夜间过高的缺陷，但这种措施增加了屋顶的自重，同时也增加了初投资和日常管理工作。

2）架空通风屋面构造的改进

夏季室外热量主要是通过日照辐射以及表面对流等方式传递到建筑表面，吸收的热量一部分通过上层板下表面以辐射方式将热量传递到下层上表面，还有一部分则以对流方式将热量传递到流动空气层中。下层表面接受到的热量一部分以辐射方式传向上层面板，一部分则以对流的形式传递到中间空气层，由流通的空气将热量带走，还有一部分则通过热传导流入室内。从屋顶的热量传递过程中可以看出，上下板间热量传递的方式主要是上下板间的辐射传热以及上下面对中间空气层的对流传热，小部分的热量是通过中间空气层的导热传递的，而其中辐射传热所占的比例是最大的，约占总传热量的70%以上，因此如何降低辐射传热成为改善该屋面热工性能的一个重要方面。

3）增强面层外表面的反射能力

屋顶外表面采用白色反射系数大的材料，减少吸收太阳辐射热，降低了外表面温度，减少了传热量，使面砖下壁面温度减低，辐射传热量就减少了，相应地也使屋顶内表面温度减低，向室内辐射传热也就减少了。如湖南省建筑设计院等单位的实测表明，刷白后屋面的降温效果显著，内表面温度最高值相差达3.6℃。

4）增大面层热阻，降低面层下表面温度

此项措施主要是在面层下表面增加一隔热层，以降低面层对结构层的辐射温度，从而减少传入室内的热量。隔热层材料选取一些导热系数较小的多孔材料，如挤塑聚苯板、膨胀珍珠岩等。而对于位置的选择，结合实验得出的结论，将其设置在面砖下表面。若在结构层外表面铺设隔热材料，虽然也能取得减少热量传入室内的效果，但却不利于结构层的夜间散热。

引用广东工学院1975年实测数据来说明隔热材料的铺放位置对屋顶隔热性能的影响，见表1-7。两屋面内表面最高温度相同，但屋面一的内表面平均温度较低，其原因就是屋面一在夜间易散热，而屋面二的隔热材料阻止了结构层夜间热量向室外传递。

屋顶通风空气层不同位置试验资料　　　　　　　　　　　　　表 1-7

| 屋顶外表面形式 | | 屋面一<br>膨胀珍珠岩在空气层上方 | 屋面二<br>膨胀珍珠岩在空气层下方 |
| --- | --- | --- | --- |
| 室外气温（℃） | 最高 | 34.4 | — |
| | 平均 | 29.5 | — |

| 屋顶外表面形式 | | 屋面一<br>膨胀珍珠岩在空气层上方 | 屋面二<br>膨胀珍珠岩在空气层下方 |
|---|---|---|---|
| 外表温度（℃） | 最高 | 65.6 | 61.0 |
| | 平均 | 37.5 | 36.4 |
| 内表温度（℃） | 最高 | 35.0 | 35.0 |
| | 平均 | 30.7 | 31.1 |
| 外表至内表衰减倍数 $v$ | | 6.5 | 6.3 |
| 外表至内表延迟时间 $\xi$ | | 3.0 | 4.0 |
| 内表最高温度出现时刻 | | 16：00 | 17：00 |

①增加通风间层的对流换热面积

可以将通风间层用水泥砂浆薄板分隔成多层，这样就可以增加同室外空气的对流换热面积，带走更多的热量，而且薄板本身也有一定的隔热能力，因此，向基层的辐射传热量减少了，延迟时间也比单腔的长了。但由于空气间层高度有限，分隔层数增多，势必使得每层空腔的高度过小，引起间层内气流不顺畅，造成屋面夜间散热能力的下降，可适当增加空腔即通风间层的高度，则隔热效果可进一步提高，但这种构造也增加了屋面的荷载，加大了结构的承受力。

表1-8是广东工学院1975年的试验数据，可以看出，增加空气层的分层，有效降低了内表面温度最大值，却增加了平均值，主要是由于空气层被分隔多层后，层高降低，层内空气不流畅，降低了结构层热量的散失。

**屋顶通风空气层分层试验资料**　　　　　　　　　　　表1-8

| 屋顶外表面形式 | | 空气间层无分层 | 将空气间层分为两层 |
|---|---|---|---|
| 室外气温（℃） | 最高 | 34.4 | 34.4 |
| | 平均 | 29.3 | 29.5 |
| 外表温度（℃） | 最高 | 58.4 | 59.1 |
| | 平均 | 35.6 | 36.6 |
| 内表温度（℃） | 最高 | 36.7 | 34.6 |
| | 平均 | 31.0 | 31.6 |
| 外表至内表衰减倍数 $v$ | | 2.0 | 7.5 |
| 外表至内表延迟时间 $\xi$ | | 1.0 | 5.0 |
| 内表最高温度出现时刻 | | 14：00 | 18：00 |

②其他措施

通风屋面一般以坡屋顶较理想，目前住宅楼很多情况以平屋顶为主，并且基于安全考虑，常在屋顶设置女儿墙，这也降低了通风屋面的隔热能力，最主要是对夜间散热影响较大。应在女儿墙的下部，正对间层的进、排风口留有通风洞，以免女儿墙挡风和降低间层通风隔热的效果，而此时若在通风洞上设置挑檐，则通风效果更理想，分析表明，带挑檐的通风屋面节能效果显著，其结论如下：

对于通风屋面，随着空气间层厚度的增加，节能率和间层内的空气流速增加。当通风屋面加上挑檐后，空气层厚度的增加对间层内空气流速影响很小，但节能率仍然渐增加。

当屋面加上挑檐后，间层内空气流速剧增，这意味着挑檐可以节省更多能耗。模拟结果显示，挑檐长度 0.2m 就足够了。

空气间层出口的挑檐并不必要，同等长度的挑檐，空气间层越厚，兜风越好。

## 1.4　自然通风风口介绍及其应用 ❶

### 1.4.1　引言

通风就是使室内外的空气进行交换，排出室内余热、余湿以及污染物，保持室内空气新鲜。依靠风机实现的机械通风噪声大，耗电多。如果能够通过建筑和围护结构的合理设计，实现自然通风，则无论是通风效果、舒适性，还是节能，都远优于机械通风。要实现有效的自然通风，通风风口是设计的关键问题之一，开口大小和流量控制是设计中需要解决的主要问题。采用普通固定窗作为自然通风进风口虽然能达到通风换气的目的，但由于其通风量的不可控性，不能调节，有时会导致不舒适的吹风感、还有可能由于过量通风而增加建筑能耗。而采用可调解的自然通风风口可以有效克服无组织通风带来的弊端。

可调解自然通风风口在欧洲已经出现很多年，并得到广泛应用，尤其是在法国，此类产品的设计和应用已经走在了世界的前列。各个国家在通风理念上的不同，对通风风口的设计和应用产生了很大影响，并发展出不同类型和不同设计原理的通风设备。例如北欧国家的通风特点是由较低室外温度决定的，因而开发出温度控制通风风口。而近年来法国和荷兰有大量新问世的产品，多是基于压力控制的通风换气风口。

### 1.4.2　自然通风风口的分类

自然通风风口根据其控制原理可分为如下几类：压力控制、温度控制、湿度控制、污染物控制。以下对这几类风口的原理进行简要介绍。

#### 1.4.2.1　压力控制通风风口

对于一般建筑而言，室内外压差由于风压和热压的作用可在 0~50Pa 范围内变化。这么大范围的压差变化会导致换气量的巨大变化，而经过精心设计的压力控制

---

❶ 原载于《中国建筑节能年度发展研究报告2009》第4.6节，作者：李晓峰。

通风风口，可以达到自然通风量不随室外风压和室内外热压差变化的效果。对于目前的产品技术水平而言，还仅仅只能做到在15Pa的压差变化范围内流量保持恒定，因此通风风口的恒流性质是有局限性的。而且对于通风控制的反应时间也是有区别的，从几秒到几分钟不等。对于控制总通风量而言，反应时间并不重要，但是反应慢的通风风口有时会导致吹风感。压力控制通风风口分为被动式和主动式两大类。

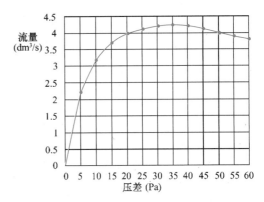

图1-24　压力控制通风风口压差与风量关系曲线

一种法国产的典型的被动式压力控制通风风口通风量随压差变化规律如图1-24所示。

其工作原理如图1-25所示：随来流风速度的不同，压力越大，弹簧片转动角度越大，使进风面积 A 变小，从而保持流量基本恒定。

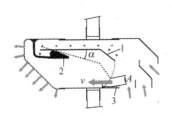

图1-25　被动式压力控制通风风口结构原理图
1—转动弹簧阀片；2—支撑杆；3—辅助调节阀片；
α—转动角度；A—过流面积

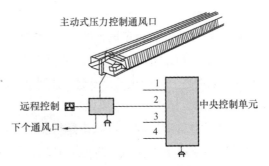

图1-26　某种主动式压力控制通风风口原理图

市场也有主动控制式通风风口产品（图1-26），这种通风装置会主动测量压差变化，据此来调节开口格栅的开度。这类通风窗的优点是流量控制准确，并可与建筑的自控系统相连，从而对整个大楼的通风口进行整体调节。其缺点为价格昂贵，约为被动式的4倍，并且每个通风口都需要一个独立的电源。

#### 1.4.2.2　温度控制通风风口

此类通风风口是根据室外温度来调节通风量，一般只适用于以热压为主要驱动力的自然通风建筑。室外温度越低时热压越大，通风风口中的双金属传感器会弯曲变形而减小通风口的开口面积，从而控制通风量保持不变（图1-27）。这种通风风口有比较严重的迟滞现象，一般与机械排风系统混合应用。因温度控制传感器价格相对较便宜，在北欧等较寒冷的地区有很好的应用前景。

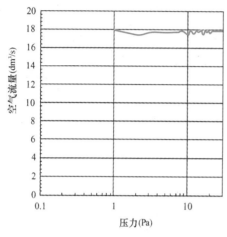

图 1-27　某种主动式压力控制通风
风口压差与风量关系实测曲线

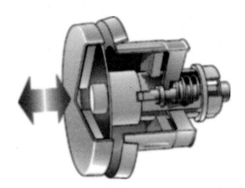

图 1-28　温度控制通风风口剖面图

英国某公司研究开发了一种利用内置传感器控制通风开口面积的家用通风器，产品剖面如图 1-28 所示。由于当地属于温和湿润的海洋性气候，一月份的平均气温约为 4~7℃，七月份 13~17℃，全年大部分时间都适合自然通风。因此该设备仅在室外温度过低时关闭，在室外温度高于 -5℃时逐渐开启，达到 10℃时开口面积达到 100%。

### 1.4.2.3　湿度控制通风风口

另一类自动控制通风风口是根据空气相对湿度变化进行控制的。湿度控制通风风口适合应用于比较潮湿的建筑中，它在潮气的去除和控制方面可达到很好的效果。图 1-29 为一法国产品的通风量控制效果曲线。

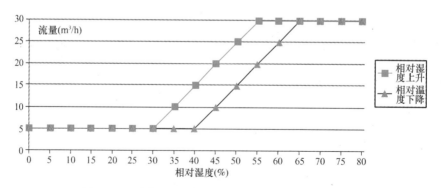

图 1-29　某典型湿度控制风口通风量与湿度关系曲线

当房间湿度低于30%时，风口处于基本关闭状态，仅保持很小的通风量。当房间内相对湿度上升时，通风窗打开，使得通风量稳定在一个较高的水平上，达到消除室内湿负荷的目的。它的控制元件是内部一个可随相对湿度变化而发生长度变化的条带，通过条带的牵引，改变通风开口面积。

#### 1.4.2.4　污染物浓度控制风口

此类产品在市场上还比较少，例如在荷兰有一家厂商有此类产品，它是通过一个混合气体传感器来监测室内污染物浓度，当室内污染物浓度达到一定量时，控制排风扇启动工作。这种通风方式是基于人员在室内活动会产生污染的原理而进行通风控制，但鉴于污染物浓度指标无法确定，这种控制方式还有许多问题尚需解决。一般控制对象为CO、$CO_2$、烟气，而这类传感器是有选择性的并且要求非常灵敏，因此其价格比较昂贵，应用较少。污染物浓度与通风量关系如图1-30所示。

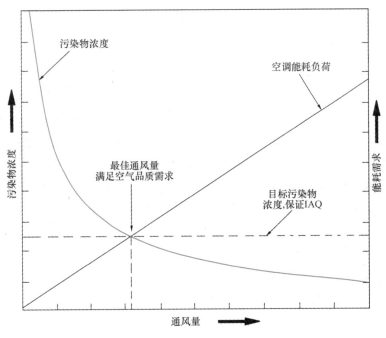

图1-30　污染物浓度与通风量关系图

### 1.4.3　自动控制通风风口的应用前景

对于固定的通风窗，换气量与室内外空气状态以及室外风速、风向有关。例如处于迎风面时，房间会有较大的换气量，当处于背风面时，就可能导致换气量不足。而采用自控通风风口就可保证在任何室外气候情况下室内较为稳定的换气量。自动控制通风风口由于能保证换气量控制在所需的范围内，相对于普通换气风口而言具有几方面的明显优势：一是可以有效改善室内舒适性，能有效地避免吹风感、闷热感等不舒适感觉的产生；二是改善室内空气品质，控制室内污染物浓度在所设定的浓度范围以下；三是节能，避免普通固定式换气窗由于过量换气导致的不必要的能耗。

自动控制通风风口虽然具有以上优点，但目前一般用于民用住宅，而且应用比例仍然较小。这主要是由于价格因素，限制了其推广和应用。一般被动式自动控制通风风口是普通换气风口价格的三倍以上，而采用主动方式进行控制的风口，其价格更是普通风口的十倍以上。但学者研究表明，用压力控制的通风设备来代替传统的机械通风系统，投资可减少三分之二。因而随着绿色建筑设计的发展，此类产品会有广阔的发展前景，并且由于这种通风设备在舒适性和节能方面的优势，有望在商业建筑中进行推广应用。

## 1.5　被动房技术 ❶

### 1.5.1　关于被动式超低能耗建筑

被动式超低能耗建筑的概念是在 20 世纪 80 年代德国低能耗建筑的基础上建立起来的，1988 年由瑞典隆德大学阿达姆森教授和德国菲斯特博士提出。被动式超低能耗建筑（以下简称"被动式建筑"）通常被称为"被动房"，即不需要设置传统的供暖和空调系统，就能够在冬季和夏季均能实现舒适室内物理环境的建筑物。

1991 年，世界上第一座被动式建筑在德国达姆施塔特市的克莱尼斯坦社区问世。该建筑在投入使用之后的二十多年里，一直在 10kWh/（m² · a）的超低供暖能耗状况下运行。1996 年，菲斯特博士组建了德国被动式建筑研究所，并在三年后，采用太阳能光热和光电利用技术提供采暖、生活热水和照明用电，建造了建设成本仅为传统建筑 107% 的住宅楼，其运行成本很低。目前，继德国乌尔姆 energon 和美国明尼苏达州 Waldsee Biohaus 等被动式建筑之后，在德国和奥地利等欧洲国家投入使用的被动式建筑已有 1000 座以上。

自 20 世纪 80 年代中期开始，我国建筑节能工作经历了快速发展，低能耗建筑技术的研究和推广受到了各界的广泛关注。到 2006 年，全国各气候区的建筑节能设计标准逐步完善，建筑节能的要求不断提高。近年来，根据不同地区的气候特征对供暖、空调和通风的要求，建筑节能技术在工程实践中得到了大量的应用推广。2010 年，住房和城乡建设部和德国交通、建设和城市发展部共同签署了《关于建筑节能与低碳生态城市建设技术合作谅解备忘录》，进一步推动了被动式建筑在中国的发展。截至目前，国内已有秦皇岛"在水一方"、哈尔滨"辰能 · 溪树庭院"、廊

---

❶　原载于《中国建筑节能年度发展研究报告2015》第4.15节，作者：刘月莉，介鹏飞。

坊威卢克斯办公楼、长兴"朗诗布鲁克"和北京"CABR 近零能耗示范楼"等被动式建筑落成并运行使用。

在已建成的被动式建筑中，多数项目的设计理念是最大限度地降低建筑物冬季的供暖能耗。目前，在欧洲国家获得被动式建筑的认证，必须满足两个必备条件：建筑物的供暖能耗（终端能源消耗）≤ 15kWh/（m²·a），建筑总能耗（电量，包括供暖、空调、通风、生活热水、照明和家电等）≤ 120kWh/（m²·a）。同时，对建筑围护结构的保温性能要求更高：外窗传热系数 ≤ 0.8W/（m²·K），外墙、屋面传热系数 ≤ 0.15W/（m²·K），并消除热桥；建筑物气密性能为在室内外压差 50Pa 下，每小时换气次数 ≤ 0.6 次。可见，提高建筑围护结构的热工性能，是实现被动式建筑的关键所在。

### 1.5.2 建筑物气密性能对建筑能耗影响的分析

目前，我国各气候分区建筑节能设计标准中，均对住宅建筑门窗幕墙的气密性作了规定，但并未对建筑物整体气密性能提出要求。而建筑物的气密性能关系到室内热环境质量和空气品质，对建筑能耗的影响至关重要。

建筑物整体气密性能与所采用外窗自身的气密性、施工安装质量以及建筑物的结构形式和建设年代有着密切的关系。如北方地区 1986 年以前开工建设的居住建筑，所用的外窗基本是传统的木窗和钢窗，气密性很差；框架结构建筑物，由于其板、柱和梁的混凝土浇筑在前，围护墙体的保温砌块填充在后，砌块与柱的连接处存在缝隙，如果施工过程未经认真封堵，运行使用中就会产生大量的空气渗漏，导致建筑物终端能耗大幅度增加。

清华大学建筑节能研究中心和中国建筑科学研究院等单位对北方地区 60 余项既有居住建筑进行了整体气密性调查。调查结果表明，由于施工质量不好和外窗存在变形等问题，我国 20 世纪 90 年代以前建成的建筑物密闭性差，门窗关闭后仍存在严重的漏风现象，换气次数可达 1.5 次/h 以上。近年来，新建建筑和既有建筑节能改造工程使用了节能门窗、采用了外墙外保温技术，建筑物整体气密性能得到显著改善，部分建筑物的换气次数可实现 0.5 次/h 以下。2014 年 1~3 月，北方两个城市居住建筑气密性能测试的结果见图 1–31。

从图 1–31 可以看出，21 栋建筑物的气密性能差别较大。在 50Pa 压差下，2014 年建造的住宅楼换气次数为 0.68 次/h，而 1986 年建造的住宅楼换气次数高达 8.22 次/h，建于 20 世纪 80 年代的住宅换气次数普遍较高。整体来看，北方地区既有居住建筑整体气密性能现状不容乐观。

如前所述，为了满足冬季室内热舒适要求所需要向建筑物内提供的热量，即为建筑供暖需热量。单位建筑面积的供暖需热量 $Q$ 可近似地描述如下：

$$Q = 8.64 \times 10^{-5} \times Z \times (SK_{\mathrm{m}} + C_{\mathrm{P}}\rho N) \times (t_{\mathrm{n}} - t_{\mathrm{e}})h \qquad （1-1）$$

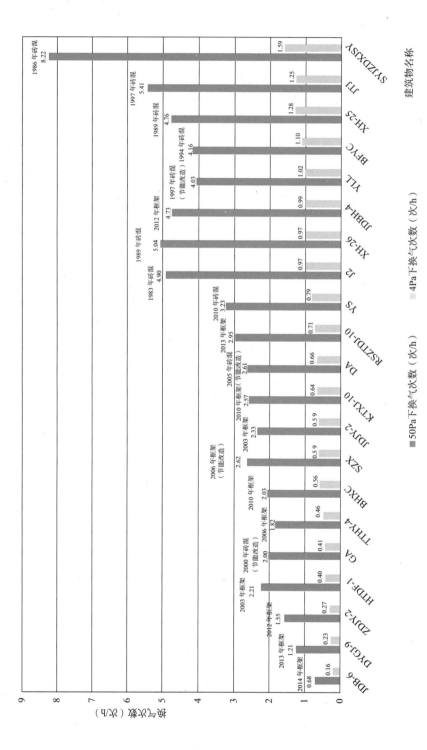

图 1-31  建筑物换气次数实测结果

式中  $Q$ ——单位建筑面积的供暖需热量，$GJ/m^2$；

　　　$t_n$ ——室内计算温度，取 18℃；

　　　$t_e$ ——采暖期室外平均温度，℃；

　　　$Z$ ——供暖天数，d；

　　　$K_m$ ——外围护结构平均传热系数，$W/(m^2 \cdot K)$；

　　　$S$ ——体形系数，$m^{-1}$；

　　　$h$ ——建筑层高，m；

　　　$C_P$ ——空气的比热容，取 $0.28Wh/(kg \cdot K)$；

　　　$\rho$ ——空气的密度，$kg/m^3$，取温度 $t_e$ 下的值；

　　　$N$ ——换气次数，$h^{-1}$。

从式（1-1）中可以看出，建筑物的供暖需热量与围护结构的传热系数和体形系数、体积和换气次数成正比的关系。也就是说，建筑方案一旦确定，建筑面积、体积、高度和体形系数就不会改变了，供暖需热量主要取决于围护结构的传热系数和换气次数。当根据建筑节能设计标准要求确定围护结构的传热系数后，换气次数的大小就决定了建筑物的能耗水平。

为此，我们选择北京市一幢高层建筑，对该建筑在不同换气次数下的供暖需热量进行模拟计算，进而分析建筑物整体气密性能对建筑能耗的影响。该建筑物总建筑面积为 $7163.46m^2$，层高为 2.95m，体形系数为 0.26，共 18 层，每层两个单元，其围护结构各部位传热系数符合北京市居住建筑节能设计（节能 65%、75%）标准的规定。设定换气次数分别为 2.0、1.5、1.0、0.5 和 0.13 次 /h❶，模拟计算得到该建筑在不同换气次数的供暖需热量。计算结果见图 1-32。

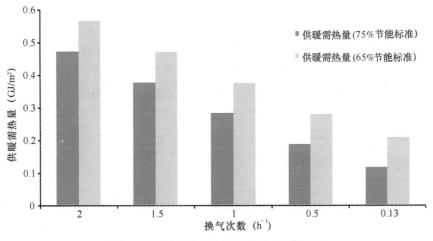

图 1-32　不同换气次数对应的供暖需热量

---

❶ 常压下换气次数为0.13次/h，约相当于50Pa下的0.6次/h。

从图 1-32 中可以看出，该建筑当围护结构各部位传热系数分别符合北京市居住建筑节能 65% 或 75% 设计标准规定时，其换气次数从 2.0 次 /h 减少到 0.5 次 /h 时，供暖需热量分别约降低 51% 和 61%；当换气次数从 0.5 次 /h 减少到 0.13 次 /h 时，供暖需热量分别降低了 25% 和 37%。可见，当换热次数达到德国被动式建筑气密性能要求时，空气渗透热损失将大幅度降低。此时，室内空气品质是在建筑围护结构气密性能好的前提下，有组织地从室外引入新风来保证，并通过有效的热回收装置回收排风中的热量，既可以保证室内足够的新风量，又可以大幅度降低由于通风换气造成的供暖需热量，实现节能的目的。

### 1.5.3 围护结构节能产品研发的新进展

为满足超低能耗建筑节能需求，科研人员与玻璃、门窗和墙体保温材料生产企业倾力协作，积极开展高性能围护结构节能产品研发，以及相应的施工技术研究。

（1）高性能外窗系统

外窗是围护结构中保温隔热性能最薄弱的建筑构件，其窗框型材、玻璃配置和五金配件的性能差异较大，加之具有开关构造，气密性差，其节能潜力巨大。

针对建筑外窗在传热和渗透热损失方面存在的问题，从外窗的传热特点入手，重点研究建筑外窗的保温技术；从玻璃保温、透光性能出发，研发真空和镀膜技术等高性能的玻璃；从兼顾气密性和隔声性能的断热铝合金、复合材料等多腔型材组成的节能窗，乃至解决保证室内空气品质配置新型通风器的节能外窗系统，与外窗系统相关的节能技术产品研发成果如下。

1）高性能玻璃

由于采用了特殊的配方和工艺，超白玻璃的铁、钴、镍等杂质含量超低，故可见光透过率可高达 91%，而紫外线透过率又较普通玻璃低；超白钢化玻璃的安全性远优于普通钢化玻璃，低铁（钴、镍）使得玻璃中的硫化镍颗粒尺寸小到不会引发自爆的程度，避免了超白钢化玻璃的自爆问题，因而超白三银可钢化 LoW-E 镀膜玻璃成为幕墙行业首选的安全性玻璃基片。超白玻璃还具有美观、无色差，采光效果好，产品最大规格可达 3660×18000（mm）的优势。目前，国产的超白玻璃有逐步占领建筑节能市场的趋势，钢化真空玻璃的生产加工工艺已趋成熟，将为被动式建筑外窗提供高保温性能的配套玻璃产品。

2）保温隔热性能优异的外窗

传热系数 ≤ 1.5W/（m²·K）的新型节能断热铝合金窗已在寒冷地区工程中推广，具有耐低温耐腐蚀的玻璃纤维增强复合材料窗产品也应用于南极科考站建筑中。传热系数 ≤ 1.0W/（m²·K）的新型节能窗产品（断热铝合金复合窗和 PVC 塑料窗）已不为鲜见。带有中置遮阳百叶的保温隔热窗和保温隔热一体化窗已在工程中应用推广。

3）多功能外窗系统

为防止细颗粒物对人体健康的影响，配置有新型通风器的节能外窗系统已研发成功。该系统的通风器包括内外循环总成、前置过滤层和高效过滤层及双向离心风机结构，其窗体下方主框架和室外窗台板与进风口一体化设计，竖向边框与窗套之间设有隐藏式出风口。如图1-33所示。高性能外窗系统在实现节能减排目标的同时，提高了建筑室内热舒适度和空气品质。

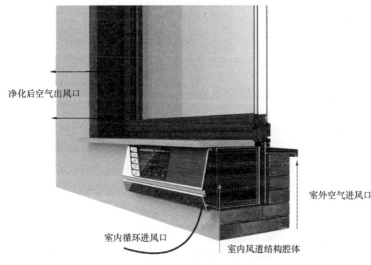

净化后空气出风口

室外空气进风口

室内循环进风口

室内风道结构腔体

**图1-33 配置通风器的节能外窗系统**

4）辅助技术措施及产品

外墙、窗框防风防雨水构造以及窗与墙体之间、玻璃与窗框之间的密封等技术措施已完善；增强防水性能的国产透气防水雨布已研制成功。

（2）真空绝热保温板

真空绝热保温板是基于真空绝热原理，采用无机纤维芯材与高阻气（铝箔等）复合薄膜，通过抽真空封装技术制作的一种高效绝热的保温材料。该产品使用二氧化硅（或含纳米级－平均粒径10~20nm粒子聚集的表面多孔、分布均匀气凝胶）、增强纤维和金属基复合吸气剂等制作芯材，再用复合薄膜材料进行封装，之后抽取真空并保持其内部真空状态。

真空绝热保温板具有热传导率低[芯材导热系数为0.006W/（m·K）]、质轻、不燃、耐腐蚀、耐老化和施工方便等特点，其薄膜表面增加粘贴强度的构造设计，确保了保温工程的寿命。目前，已批量化生产并应用于工程中。

1.5.4 小结

工程实践表明，被动式设计和精细化施工，以及科学的运行管理，是实现建筑供暖、通风和空调用能需求最小化的保障。在我国被动式建筑节能技术发展的核心问题是：如何秉承"被动优先，主动优化，经济实用"的原则，在满足建筑物所在地的气候和自然条件下，通过合理平面布局，有效利用天然采光和自然通风，提高建筑围护结构保温隔热和气密性能，采用太阳能利用技术及室内非供暖热源得热等各种被动式技术手段，进而实现建筑节能，并获得舒适的室内环境。

空气源热泵热水器在我国发展时间还不长，相对于燃气热水器和电热水器而言，其结构更复杂，价格更高，故其使用量还相对较少。随着热泵技术的进步、节能环保理念的推广以及政府推动力度的加大，热泵热水器必将成为我国大范围普及应用的家用热水制造设备。

## 1.6  房间自然通风器 ❶

人们利用自然通风来补充室内新鲜空气和保证室内空气品质是由来已久的事情，最简单的方式是开窗通风，这种自然通风形式在过渡季节具有很好的适用性。但是开窗通风时，自然通风量一般比较大，这种大换气量在采暖季及供冷季会带来负荷的过度增加，导致室温大幅降低或升高，因而并不是任何时候都适宜。同时，开窗时，受室外气象条件波动的影响，进入房间的新风量波动较大且不易控制。另一方面，当室外环境较嘈杂，污染物（如颗粒物）浓度较高，刮风下雨等不适宜开窗的天气或夜间休息时，人们都习惯将门窗关闭。而近年来，由于强调建筑节能而导致建筑密闭性增强，新风量减少，很多建筑在门窗关闭时都存在新风量不足的问题。通过对北京地区某高校宿舍夜间关窗后的 $CO_2$ 浓度的测试发现，大部分宿舍在夜间休息时关窗后 1h 浓度就已超过 1000ppm，因此在夜间休息的绝大多数时间，人都是处于一种新风不足的状态。同时，还对北京地区多户住宅密闭情况下的换气次数进行了调研，测试结果表明大部分住宅的换气次数在 $0.1 \sim 0.4h^{-1}$ 之间，其中换气次数在 $0.1 \sim 0.2h^{-1}$ 之间的数量占到了测试住宅总数的 50%。这么小的换气不仅无法满足人员对新风的基本需求，而且由于近年来住宅装修污染问题的加重，室内空气品质低劣的现象屡见不鲜，由此导致的对居民健康方面的危害以及经济方面的损失都非常巨大。因此，住宅对通风需求，特别是对密闭情况下的通风需求提出了更高的标准。

针对密闭情况下住宅新风量不足的问题，欧洲国家如法国、丹麦等相继出现了一些房间自然通风器。近年来，我国也开始引入这项技术，并针对我国的实际情况进行了相应的改进。除了这种自然通风器，国内相继推出了一些带热回收的新风机、双向通风窗等通风设备。前者是一种机械通风的设备，热回收装置虽然节约了热量，

❶ 原载于《中国建筑节能年度发展研究报告2013》第5.8节，作者：杨旭东，梁卫辉。

但是也消耗了电能，在过渡季节由于无法有效地利用新风中的免费冷量来降低室内的热负荷，只会带来更多的能耗，而且新风机一旦关闭，就失去了通风换气功能。后者的送风气流和排风气流通过中间层玻璃换热进而实现能量的回收，同时在玻璃之间的空气通道内设有贯流风机，通过风机给空气流动提供动力，因而其本质上仍是一种机械通风设备。这种通风设备当室内外温差较大时，玻璃之间的气流通道很容易出现结露甚至结霜的问题。而房间自然通风器在一定程度上改善了室内密闭情况下新风量不足的问题，相比于机械通风而言不需要动力或只需补充很小的动力，避免了能耗的过度增加，对改善室内空气品质和节能来说都有重要的意义，在供冷季及供暖季具有非常好的适用性，这里仅对这种类型的通风设备进行介绍。

（1）技术原理

房间自然通风器是安装在门框或窗框上的一个通风部件，一般由室内送风口、气流通道和室外进风口组成，有些通风器内部根据实际使用需求还装有过滤器和吸声材料。室外部分主要作用为防止雨雪和虫鸟进入室内，部分通风器的室外风口还有自动调节功能。室外新鲜空气经过气流通道，由室内送风口送入房间。室内外的风口形式可以多种多样，根据安装的形式，可以分为水平安装的房间自然通风器和垂直安装的房间自然通风器。图1-34为一个带吸声材料的水平式房间自然通风器结构示意图，部分尺寸可以根据实际的使用需求灵活调整。图1-35为垂直式的房间自然通风器，窗体高度根据实际的门或窗的尺寸而定。总体来说,水平式的房间自然通风器使用更为广泛。

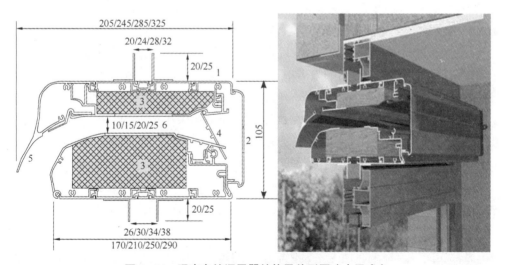

**图1-34　吸声自然通风器结构及外形图（水平式）**

1—吸声通风器外框；2—可拆卸的内部送风口；3—吸声部件；
4—内部风量控制阀；5—室外进风口；6—气流通道

房间自然通风器是通过热压或风压驱动的一种换气装置，由于不需要机械动

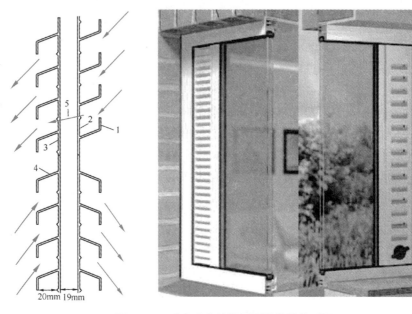

图 1-35　垂直式自然通风器结构及外形图

1—室内送风口；2—靠近室内侧风量调节格栅；3—靠近室外侧风量调节格栅；

4—室外进风口；5—气流通道

力驱动，可以实现能源的节省。热压是室内外空气的温度差引起的，这就是所谓的"烟囱效应"。由于温度差的存在，室内外密度差产生，沿着建筑物墙面的垂直方向出现压力梯度。如果室内温度高于室外，建筑物的上部将会有较高的压力，而下部存在较低的压力。当这些位置存在开口时，空气通过较低的开口进入，从上部流出。如果，室内温度低于室外温度，气流方向相反。热压的大小取决于两个开口处的高度差和室内外的空气密度差。因此，房间自然通风器在安装时就应该考虑开口本身或开口之间的高度差是否有利于热压作用下的自然通风。现在大体存在的一些安装组合形式有以下三种：1）单扇窗户（门）顶部和底部各安有水平式房间自然通风器；2）单扇窗户（门）安装垂直式房间自然通风器；3）某一窗户（门）底部安有水平式房间自然通风器，另一窗户（门）顶部安有水平式房间自然通风器。各种安装形式热压作用下的自然通风原理如图 1-36 所示。

　　对于组合 1）来说，如果送风和排风是水平的进入室内和排出室外，由于进风和排风都在同一窗扇上，加上一般住宅窗户的高度有限，很有可能使进、排气短路，即送入房间的新风量未送达房间的主体区域而直接由排风口排出，这种情况下，送入房间的新风量达不到合理的利用。可以将送风口和排风口的形式设计成送排风方向可调的形式，通过送风口和排风口格栅的导流，使气流按照如图 1-36（a）的虚线箭头流动，从而避免了送风短路的问题。组合2）与组合1）也有同样的问题，因而也可以用上述提到的方法解决。组合3）综合通过不同开口的高度差来有效的利用自然通风，不仅通风量能够得到保证，气流组织也更为合理。

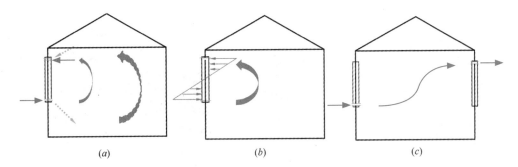

**图1-36　不同安装组合形式下热压作用下的空气流动示意图**

(*a*) 组合（1）；(*b*) 组合（2）；(*c*) 组合（3）

风压是指当风吹过建筑物时，由于建筑物的阻挡，迎风面气流受阻，静压增高；侧风面和背风面将产生局部涡流，静压降低，这样便在迎风面与背风面之间形成压力差，室内外的空气在这个压力差的作用下由压力高的一侧通风器向压力低的一侧通风器流动。压力差的大小与建筑的形式、建筑与风的夹角以及建筑周围的环境有关。由于房间自然通风器主要是补充建筑在密闭情况下的通风量，在不适宜开窗的采暖季和供冷季意义尤为明显，同时这两个时间段室内外温差相对比较大，因此应尽量在设计阶段将热压作为主要的驱动力考虑，使热压得到充分利用，而风压的波动性较热压更大，可以作为辅助的驱动力考虑。

由于自然通风的驱动力为室内外的风压和热压，因而通风量受热压和风压的影响比较大。众所周知，自然通风的驱动力（风压和热压）是持续变化的，这是自然通风的一个主要不足，在供冷季及供暖季，室内外温差一般较为恒定，因此经过房间自然通风器的风量波动主要是由于室外风压变化导致的，人们已经尝试开发出能够对应于变化的室外风速下进风量基本恒定的压力控制型通风器，它使用一个基于支点建立平衡的敏感度较高的阀门，当风压上升时开口面积关小，因而即使在风速比较大的时候，也能够通过调节自然通风器的入口格角度使进入室内的新风量基本维持不变。图1-37给出了调节的几种模式，模式一：当风压较大时，入口格栅的角度自动调小；模式二：风压继续增大时，入口格栅关闭；模式三：室内人员手动调节送风开口的角度及开闭状态。

其他类型的可控房间自然通风器分别是基于室内湿度或室外温度控制的，分别称为湿度控制型通风器和温度控制型通风器。前者是根据室内的相对湿度变化来改变开口的开度，当室内人员的数量增加时，室内的相对湿度变大，因而房间的整体通风需求增大，湿度控制型房间自然通风器通过调节流动的开度来调节风量。温度控制型房间自然通风器在北欧国家应用更加广泛，那里冬天通风的主要驱动力是由室外低温产生的热压。这类通风器利用一个双金属式温度传感器随室外温度的降低而限制流通面积。尽管这些装置的响应时间很长，但是它们对于一般的外温日变化和季节性变化是很适用的。

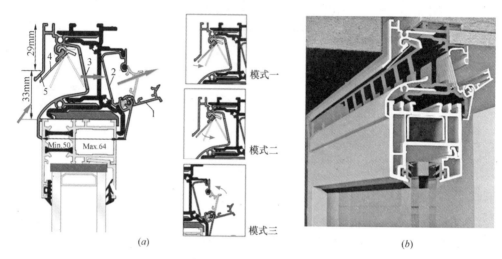

图 1-37　压力控制型自然通风器控制方式

（a）控制示意图；（b）实际安装图

1—室内可调节开口；2—靠近室内侧送风网格；3—靠近室外侧送风网格；

4—压力敏感型风量控制阀；5—外部防护部件

　　房间自然通风器相当于在窗框上加了通风部件，因而接触点很容易形成热桥，且室内外空气经过气流通道连通，如果保温隔热做得不好，将使室内的冷热损失大大增加。另外，通风器的气流通道使室内外直接连通，室外的噪声容易通过气流通道或窗体向室内传播，因而出现了一些隔音消声的通风器，通过在通风器的内部腔体内放置一些吸声材料，在气流经过时吸收掉一部分噪声，避免室外的噪声影响室内人员的工作与休息。还有一些通风窗内部装有过滤材料，通过过滤器的过滤作用，隔离室外的大部分粉尘，保证了送入室内新风的质量，但同时这种通风器应当考虑过滤材料的清洗和维护工作的简单易行。

　　（2）技术特点

　　房间自然通风器是建立在自然通风原理的基础上，通过安装在门窗上的自然通风器，使建筑的外围护结构阻力特性可调，从而根据室内外的温湿度、风速风向等气象条件，室内人员的需求等调节室内外风口的角度，进而调节进入室内的新风量，实现小风量下的供求平衡，避免室内出现新风不足与新风过量的问题。

　　房间自然通风器有以下几个优点：

1）通风：建立室内外通风通道，引入室外新鲜的空气，排除室内污浊的空气。

2）节能：系统工作的基本原则是在满足室内新风量或保证空气质量的前提下有限通风，即当室内空气质量变差时开始通风，质量优良时及时停止通风，减少建筑能耗的不必要浪费；同时还能够根据室外气象进行自动调整开口角度，使新风量达到供求平衡。通过隔热结构设计，使热能损失最小，以节约能源。

3）隔声：通风器内有吸声材料，不会降低房间原有的隔声性能，通风系统的隔声性能与关闭状态的门窗相当。

4）防尘：通过内置可更换的过滤器，过滤掉大部分的室外灰尘，即使在室外颗粒物浓度较高的时候，通风器也能开启，且不会有大量的灰尘通过通风系统进入室内。

房间自然通风器能够补充房间的一部分新风，但是由于自然通风依赖于室外的天气，当室外无风和室内外温差较小时，换气量会受一定的限制，当通风器内部加了过滤及吸声部件后，整体的阻力系数增大，换气效果变差。

（3）应用模式

一般住宅中厨房和卫生间都有排风扇，当排风扇开启时，房间自然通风器为室内新风的进风口，由于排风扇的抽吸作用，室内会形成负压，因而会促使室外空气从房间自然通风器进入到室内，再由排风扇排走，既加强了室内外的空气交换，又不会使相对较脏的空气带到其他房间。图1-38给出了该系统的气流组织形式。而当排风扇关闭时，由于没有额外的动力驱动空气流动，只能依靠各开口之间的风压差和热压进行通风。通过设置在窗户的上部通风口和下部通风口的高差，在夏季使风量由上部风口进风，下部风口排风；而冬季则由下部开口进风，上部开口排风。这种模式下的房间自然通风器的组合可以参见图1-38。如果通风器之间没有高差，

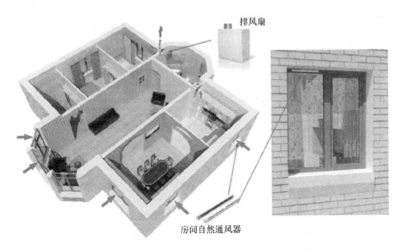

图1-38 房间自然通风器与排风扇组合使用系统

则气流主要靠风压驱动，这种被动式的使用方式气流会随着室外气象的变化而在房间之间形成无组织通风，有可能将卫生间和厨房的异味带入客厅和卧室。当与其连通的房间内门关闭时，能够对气流起到一定的阻隔作用。

（4）发展趋势

房间自然通风器较好地利用了自然通风，使在关窗的情况下室内的新风量也能得到满足。近年来，国内也相继引入了这项技术，并针对中国的实际情况进行了改进。国外的自然通风器较少有针对室内化学污染物控制的，但是在中国，装修后室内化学污染物超标的现象较为普遍，因此国内的通风器逐渐趋向于结合室内的监测技术，对自然通风器的通风量进行可调控制。即室内外的传感器将监测信号发送至单片机，单片机通过信号处理，当室内的污染物浓度高于设定浓度的上限时，用设定的算法调节窗户外部格栅的开启角度，从而降低室内污染物的浓度。反之，当室内污染物浓度低于浓度设置的下限时，将格栅的角度调小。当窗体室外的风力传感器或雨水传感器监测到室外不适宜通风时，关闭格栅。通过智能监控室内空间的空气品质变化，实现智能通风换气。

由于国内被动式自然通风器的风量一般为 $30 \sim 80 m^3/h$（压差为 10Pa 时的风量），在室内污染较为严重时或是人员较多时通风量达不到要求，可以通过结合各种被动式通风技术或是开启室内原有的排风设备，如厨房、卫生间的排风扇来强化自然通风。当通风器不能提供足够风量时，可采用捕风装置加强自然通风。当采用常规自然通风难以排除建筑内的余热、余湿或污染物时，可采用屋顶无动力风帽装置，无动力风帽的接口直径宜与其连接的风管管径相同。这两种方式对于独幢式住宅或者是公共建筑具有较好的适用性，但对于高层多户的住宅使用较为受限。

（5）技术小结

房间自然通风器在不适宜开窗的季节，如供冷季或采暖季，能够充分利用热压，解决关窗时房间新风不足的问题，自力式自动调节能够根据室外的气象调节通风器的进风量，既保证了室内空气品质又节约了能耗。由于自然通风器主要靠热压和风压驱动，在过渡季节而又不适宜开窗时，房间的新风量有可能得不到保证，因此可以结合一些自然通风强化技术能够使自然通风器的效果更为显著。但目前国内的房间自然通风器还存在一些不足，如在过滤方面做的略显粗糙，很多产品仅在送风格栅处增加了一层纱网，虽然能去除蚊虫，但去除颗粒物的效果非常有限。另一方面，房间自然通风器通风量的自力式自动调节控制国内这方面还是有所欠缺，较少有产品能够根据室内外的温差和室外气象条件的变化，自动调节送风量。而在实际使用中，由于房间自然通风器是安装在窗框与墙体或是窗框与玻璃之间，因此最好是在建筑修建中就预留相应的安装口，对于门窗安装已经完成的建筑，安装较为麻烦且后期的维护工作相对较大。如果能够解决安装方面的问题，则对推广运用有一定的积极作用。

# 第 2 章　北方城镇供暖节能技术辨析

## 2.1　北京住宅建筑冬季零能耗采暖可行性 ❶

　　如何采用技术措施降低北方城镇建筑的本体需热量，这对北方城镇采暖节能工作至关重要。近年来，随着建筑节能工作的不断推进，"零能耗建筑"的概念在我国北方地区已日益受到关注，是否在我国北方地区只要做到足够的保温与气密，同时采用排风热回收装置，就可以使得冬季的采暖负荷为零，从而实现冬季零能耗？

　　我国北方地区的采暖负荷主要由围护结构负荷、渗风（冷风侵入）负荷和室内产热三部分组成。通过增强围护结构的保温，可以有效地降低冬季通过围护结构的失热。而对于渗风负荷部分，虽然增强围护结构的气密程度可以使得通过门窗缝隙渗入室内的风量减少，但是为保证室内人员的卫生需求，必然需要配备机械通风系统同时采用排风热回收装置，持续为室内进行通风换气。与传统的通过门窗通风的方式相比，机械通风的方式可以通过热回收装置回收部分排风热量，但是由于住宅的排风中很大一部分是通过卫生间、厨房的排风装置排出，回收这些排风的热量需要集中新风和热回收系统，分户独立的风系统很难全部回收。因此通过机械通风和热回收的方式往往很难充分地消除渗风负荷，同时还会增加额外的风机电耗。进一步从全年总的能耗来看，非常好的建筑保温、气密性和热回收，就不容易实现住户自行的开窗通风，从而在夏季和过渡季有可能增加使用空调的时间。

　　由此可见有必要对这种超保温、全密闭和热回收的零能耗居住建筑在我国北方地区的适用性进行全面评价，以明确我国北方地区居住建筑的发展方向。

　　为此，以下选取北京地区一栋典型住宅建筑中最有利于实现零能耗的户型为例，通过全年能耗模拟分析的方法，对北京地区住宅建筑采用"超保温、全密闭、排风热回收"方式是否可以实现冬季零供暖进行分析，同时也对零能耗方式在全年的能

❶　原载于《中国建筑节能年度发展研究报告2011》第3.1节，作者：燕达。

耗水平进行定量计算。

### 2.1.1　案例建筑总体介绍

选取的计算案例为北京地区一栋30层的南北向板式住宅建筑，如图2-1所示，该建筑的层高为3m，整栋建筑南、北立面的窗墙比分别为0.35、0.25。每层分为3户。选取其中最有利于实现零能耗的中间户型作为研究对象，对象户型的室内面积为139.4m$^2$，其中功能房间包括起居室、卧室、厨房和卫生间，各房间的布置图如图2-2所示。

### 2.1.2　基础案例

为了反映北京地区居住建筑的基本情况，并与零能耗建筑建筑性能进行对比，参照《北京市居住建筑节能设计标准》DBJ 11-602—2006，建立基础案例建筑模型，并进行模拟分析，计算其全年逐时耗冷热量。

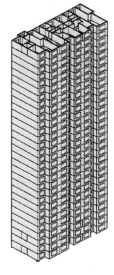

图2-1　建筑立体图

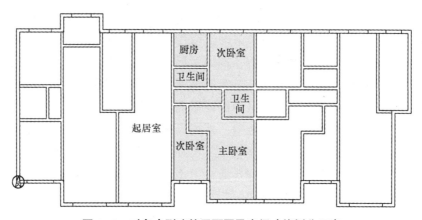

图2-2　对象户型建筑平面图及房间功能划分示意

（1）基础案例参数设定

1）围护结构参数

参照《北京市居住建筑节能设计标准》，基础案例的围护结构性能如表2-1所示。

基础案例围护结构性能　　　　　　　　　　　　　　　　　　　表2-1

| 外窗K值[W/（m$^2$·K）] | 外窗Sc值 | 外墙K值[W/（m$^2$·K）] | 屋顶K值[W/（m$^2$·K）] |
|---|---|---|---|
| 2.20 | 0.5 | 0.62 | 0.6 |

2）室内设定温度

冬季供暖室内设定温度为20℃，相对温度不低于30%。

夏季空调室内设定温度为 26℃，相对湿度不高于 60%。

3）室内发热量

各功能房间的人员、灯光、设备的产热设定如表 2-2 所示，作息时间如图 2-3 所示。

室内发热量 表 2-2

| 房间类型 | 房间最多人数（人） | 最大灯光设备产热（W/m²） |
|---|---|---|
| 主卧室 | 2 | 4.5 |
| 次卧室 | 1 | 4.5 |
| 起居室 | 3 | 4.9 |
| 卫生间 | 0 | 4.9 |
| 厨 房 | 1 | 4.9 |

4）通风设定

根据普通居住建筑的使用特点，可将通风分为以下三种情况：

①冬季卧室起居室的通风

由于普通居住建筑一般未设置机械新风系统，通风主要通过外窗外门无组织渗风及开启时的冷风侵入实现。目前在我国北方冬季较为普遍的情况是：大部分时间房间门窗全部关闭，室内人员所需的新风由门窗的渗透来供给，当室内人员觉得空气质量不好的时候或定时间段，通过打开门窗进行短时间、大换气量的通风（时间 20min~1h 不等），之后又会将门窗紧闭。因此对北方地区普通住宅建筑，平时通风量主要为渗风量，在计算案例中按 0.5 次/h 计，即每户 209m³/h。

②夏季及过渡季卧室起居室的通风

在过渡季和夏季室外较为凉爽的时间段，普通住宅一般都可以通过打开窗户来加强自然通风，从而带走室内的发热。当室外较为炎热需要开启空调时，用户通常关闭窗户同时开启空调，此时的通风量主要为渗风量。因此，在计算案例中开窗通风时，通风次数按 10 次/h 计，即为每户 4181.6m³/h，关闭窗户开启空调时的渗风量按照 0.5 次/h 计，即为每户 209m³/h。

③厨房、卫生间通风

由于厨房、卫生间的空间需要一定量的排风，以维持室内空气的清洁，因此《住宅设计规范》GB 50096—1999（2003 年版）推荐厨房和卫生间的全面通风换气次数不宜小于 3 次/h。因此，在计算案例中厨房的排气量按 400m³/h 计，折算到整户为 0.96 次/h，设定每天厨房使用 2 次，每次为 1h。卫生间排气量按 100m³/h 计，折算到整户为 0.24 次/h，为 24h 开启。

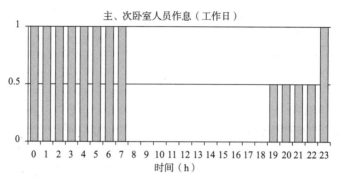

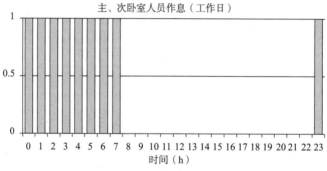

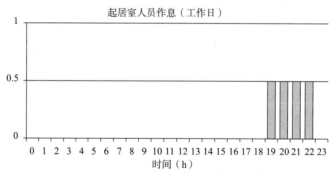

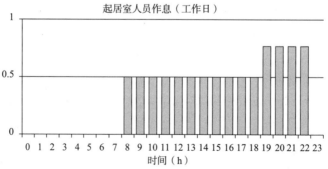

图 2-3　各功能房间人员作息图（1—有人，0—无人）

综合以上三种通风情况，基础案例中除开窗通风的工况外，全天的通风量如图2-4所示。

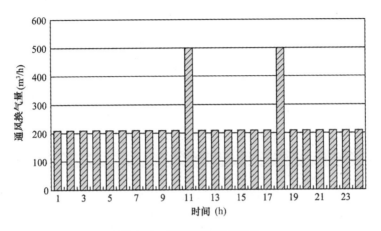

图2-4 基础案例通风作息

（2）基础案例模拟计算结果

采用住宅全年建筑能耗分析软件DeST-h[1]对基础案例的全年逐时耗冷热量进行计算，得到如图2-5所示基础案例的全年累计热负荷、冷负荷以及厨房卫生间排风风机电耗。

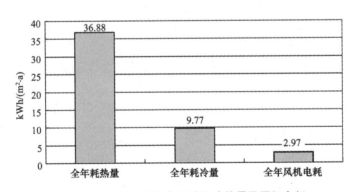

图2-5 基础案例全年累计耗冷热量及风机电耗

### 2.1.3 零能耗案例

为了检验是否在我国北方地区只要做到足够的保温与气密，同时采用排风热回收装置，就可以使得冬季的采暖负荷为零，即可实现冬季零能耗，同时也为了检验

---

❶ 燕达，谢晓娜，宋芳婷，江忆.建筑环境设计模拟分析软件DeST第1讲 建筑模拟技术与DeST发展简介[J].暖通空调，2004，34（7）：48-56.

在这几种节能措施采用后对夏季空调耗冷量的影响，通过在模型中根据零能耗建筑保温、气密、热回收的特点进行设定，具体参数如下：

（1）零能耗案例参数设定

1）围护结构性能

根据有可能达到围护结构性能极限，设定零能耗案例建筑的围护结构性能如表 2–3 所示，其中，外墙为 250mm 聚苯板外保温，屋顶为加气混凝土保温屋面（147mmXPS）。

零能耗案例围护结构性能　　　　　　　　　　　　　　　　　　　表 2–3

| 外窗K值[W/（m²·K）] | 外窗SC值 | 外墙K值[W/（m²·K）] | 屋顶K值[W/（m²·K）] |
| --- | --- | --- | --- |
| 1.00 | 0.5 | 0.1 | 0.2 |

2）室内设定温度

室内空气计算参数均与基础案例相同。

冬季供暖室内设定温度为 20℃，相对温度不低于 30%。

夏季空调室内设定温度为 26℃，相对湿度不高于 60%。

3）室内发热量

室内发热量的大小和作息均与基础案例相同。

4）通风设定

由于零能耗建筑普遍采用了高气密等级的门窗，可以使得通过门窗缝隙渗入室内的风量大大减少。同时由于为保证室内人员的卫生需求，建筑内需要配备机械通风系统，持续维持室内外之间的通风换气。同普通居住建筑类似，零能耗建筑的通风也可分为以下三种情况。

①冬季卧室起居室的通风

由于零能耗建筑一般都设置有机械新风系统，通过完美的密闭，杜绝了门窗的冷空气渗透，室内外之间的通风换气主要通过机械通风实现。在计算案例中机械通风风量设为 0.5 次 /h，即每户 209m³/h。

②夏季及过渡季卧室起居室的通风

与普通住宅不同，在过渡季和夏季室外较为凉爽的时间段，高气密机械通风的零能耗建筑类型一般不容易实现住户自行的开窗通风，来加强自然通风，从而带走室内的发热。因此，在计算案例中夏季及过渡季卧室起居室的通风与冬季相同，机械通风风量设为 0.5 次 /h，即每户 209m³/h。

③厨房、卫生间通风

与基础案例类似，由于厨房、卫生间的空间需要一定量的排风，以维持室内空气的清洁,因此,在计算案例中厨房的排气量按 400m³/h 计,折算到整户为 0.96 次 /h,设定每天厨房使用 2 次,每次为 1h。卫生间排气量按 100m³/h 计,折算到整户为 0.24 次 /h,为 24h 开启。

综合以上三种通风情况,零能耗案例的全天的机械通风量如图 2-6 所示。

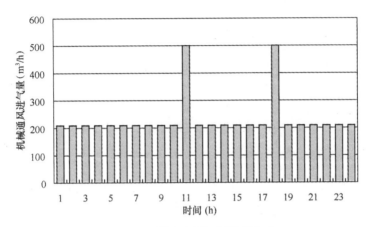

图 2-6 零能耗案例机械通风作息

5)热回收设定

为了进一步减少由室内外换气造成的能量消耗,采用在排风和机械送风之间按照热交换器实现显热回收,但是卫生间、厨房排风由于分散和清洁的问题难以全部回收,因此仅回收除卫生间和厨房之外的排风。

例如当厨房排风机未开启时,由机械通风送入起居室的新风,一部分从卫生间排走,另一部分从起居室热回收排风中排走。其中从起居室热回收排风可以与新风进行显热回收。如图 2-7 所示,机械送风 209m³/h 进入室内后 100m³/h 的风量由卫生间排走,此部分一般难以热回收,其余的部分 109m³/h 可与新风进行热回收。当厨房通风机开启时,此时

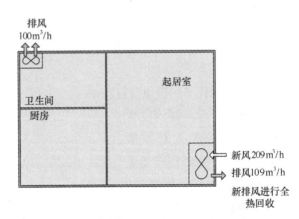

图 2-7 厨房通风机关闭时室内通风示意图

由机械通风送入起居室的新风 500m³/h 全部由厨房、卫生间排走,此时无法回收排风中的热量,见图 2-8。热回收工况全天的机械通风量如图 2-9 所示。

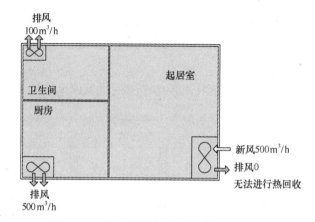

图 2-8 厨房通风机开启时室内通风示意图

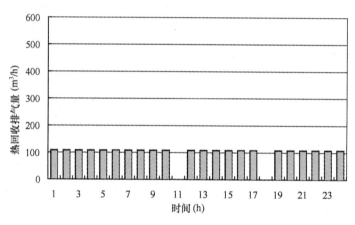

图 2-9 热回收排气量

在本计算案例中，显热热回收装置全年平均热回收效率设为 70%。热回收装置全年运行。

（2）零能耗案例模拟计算结果

采用住宅全年建筑能耗分析软件 DeST-h 对零能耗案例的全年逐时耗冷热量进行计算，得到如图 2-10 所示零能耗案例的全年累计热负荷、冷负荷以及排风风机电耗。

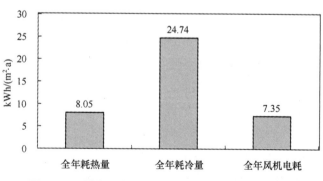

图 2-10 零能耗案例全年累计耗冷热量及风机电耗

### 2.1.4　基础案例与零能耗案例结果对比分析

（1）全年累计能耗比较

如图 2-11 所示，通过基础案例与零能耗案例全年累计耗冷热量及风机电耗的比较，可以看到：

1）零能耗案例与基础案例相比，零能耗案例全年累计耗热量为基础案例的21%，这说明通过围护结构的保温、气密和热回收，可以有效地降低建筑的耗热量。但由于卫生原因，新风无法实现 100% 热回收，即使是位于建筑正中的户型，也无法实现完全零采暖能耗。

2）零能耗案例与基础案例相比，由于采取了围护结构的保温、气密和热回收，造成了自然通风的不畅，从而导致夏季的耗冷量的大幅上升。从图中可以看到零能耗案例的全年累计耗冷量大约是基础案例的 2.5 倍。

3）如果将全年耗冷热量简单相加，可以看到，基础案例的全年累计耗冷热量为46.65kWh/m²，零能耗案例的全年累计耗冷热量为 32.79kWh/m²，零能耗案例能耗约为基础案例能耗的 70%，因而本文中介绍的这种零能耗建筑模式未能真正实现能耗的大幅下降。

4）此外，由于增加了排风及热回收装置，零能耗案例的风机电耗比基础案例高出 4.4kWh/m²，大致为基础案例的 2.5 倍。如果认为冷热量都可以通过 $COP$=3 的电动热泵来获得，那么这里多出来的 4.4kWh/m² 的电力，可以转换成 13.2kWh/m² 的热量或冷量，几乎等于零能耗案例与基础案例热量冷量的差。这样一来，本文讨论的零能耗建筑与基础案例的实际能耗几乎完全相同！

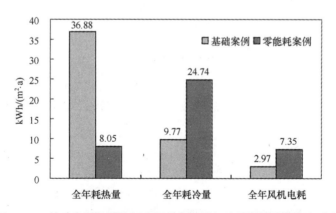

图 2-11　基础案例与零能耗案例全年累计耗冷热量及风机电耗比较

（2）逐月冬季供热能耗比较

为了进一步对分析基础案例与零能耗案例的差异，如图 2-12 所示，通过两个案例逐月耗热量的比较，可以看到零能耗案例与基础案例相比，零能耗案例不仅逐月的耗热量要远小于基础案例，而且有效地缩短了需要热负荷的时间段。

如图 2-13 所示，从冬季典型日两个案例单位面积耗热量的比较可以看到，实现零能耗案例耗热量大幅下降的主要原因是减少了室内外通风换气的耗热量，以及降低了围护结构的热损失。

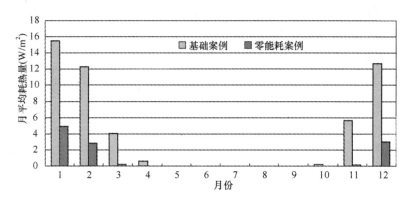

图 2-12　基础案例与零能耗案例逐月耗热量比较

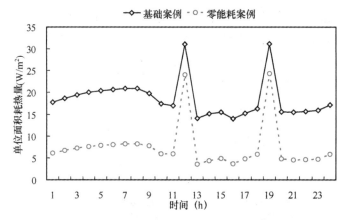

图 2-13　冬季典型日基础案例与零能耗案例单位面积耗热量比较

（3）逐月夏季及过渡季空调能耗比较

通过基础案例与零能耗案例逐月空调耗冷量的比较可以看到（图 2-14）：

1）零能耗案例与基础案例相比，零能耗案例不仅逐月的耗冷量要远大于基础案例，而且需要供冷的时间段也大幅增加；

2）基础案例需要供冷的时间段大致为 4 个月，而零能耗案例需要供冷的时间段大致为 6 个月。

为了进一步说明造成零能耗案例耗冷量大幅上升的原因，选取了过渡季（图

2-17）和夏季典型日（图 2-15）的耗冷量变化曲线，以及主卧对应的室温变化（图 2-16、图 2-18）。可以看到，基础案例在过渡季及夜间通过开窗通风，不仅大大缩短了空调开启时间，也降低了空调所需耗冷量。

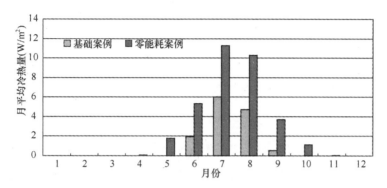

图 2-14　基础案例与零能耗案例逐月耗冷量比较

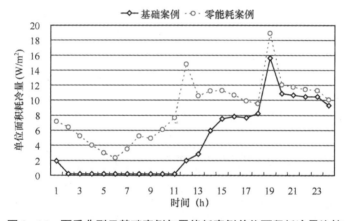

图 2-15　夏季典型日基础案例与零能耗案例单位面积耗冷量比较

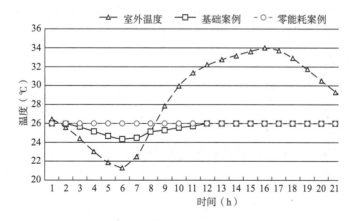

图 2-16　夏季典型日基础案例与零能耗案例主卧室温比较

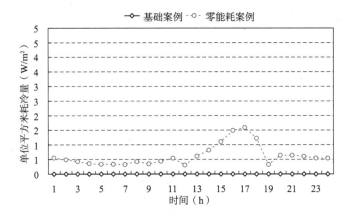

**图 2-17　过渡季典型日基础案例与零能耗案例单位平方米耗冷量比较**

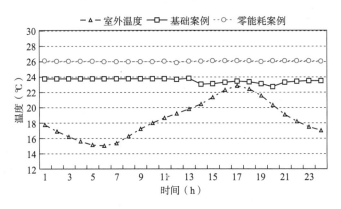

**图 2-18　过渡季典型日基础案例与零能耗案例主卧室温比较**

### 2.1.5　结论

1）随着我国北方地区建筑节能事业的不断推进，墙体保温与气密等措施有效地降低了北方城镇建筑的本体需热量，为这一地区的节能工作做出了重要的贡献。

2）但随着保温厚度和气密程度达到一定水平，继续盲目加强保温厚度和气密并不是总能够实现能耗的大幅下降，不注意各个细节，做的不完善，反而有可能导致夏季空调负荷的大幅上升。

3）结合我国的实际情况和人居习惯，本节中提到的超保温、全密闭和热回收的零能耗居住建筑要慎重在我国北方地区大量推广。

4）要解决这一问题，关键是要使得外窗能够在需要密闭的时候做到非常好的气密性，而在过渡季和夏季需要通风时，又能开启，实现有效的自然通风换气。这在目前还没有非常合适的外窗产品，可能也是门窗行业努力的一个方向。

## 2.2 燃煤热电联产乏汽余热利用技术 ❶

燃煤热电联产电厂根据其供热汽轮机组的形式、供热系统热媒种类及参数的不同，主要有以下几种供热系统：

（1）背压式汽轮机供热系统

排汽压力高于大气压的汽轮机称为背压式汽轮机。装设背压式汽轮机的热电联产系统称为背压式汽轮机供热系统。

蒸汽从锅炉经热力管道进入汽轮机中，在汽轮机中膨胀到一定压力（例如10bar或5bar）就全部排出，经蒸汽供热管道输送给热用户或进入热水供热系统的换热器中，放出其汽化潜热后变为凝结水，由凝结水泵送到除氧器水箱中去，再由锅炉给水泵打入锅炉中。

背压式汽轮机供热系统没有凝汽器，在锅炉中加给蒸汽的热量完全被利用，没有冷端损失，因而大大提高了热电厂的燃料热能利用率。

背压式汽轮机的发电功率是由通过汽轮机的蒸汽量来决定的，而通过背压式汽轮机的蒸汽量取决于热用户热负荷的大小，所以背压式汽轮机的发电功率完全受用户热负荷的制约，不能分别地独立进行调节，即背压式汽轮机的运行完全是"以热定电"，因而背压式汽轮机供热系统只适用于用户热负荷比较稳定的供热系统。

（2）抽汽式汽轮机供热系统

从汽轮机中间抽出部分蒸汽进行供热的汽轮机称为抽汽式供热汽轮机。抽汽式供热汽轮机的汽缸分为高压和低压两部分。由中间抽出一部分蒸汽进入供热系统的换热器中，抽出来的蒸汽在换热器中放出其汽化潜热变为凝结水，由凝结水泵送入除氧器水箱后，再由锅炉给水泵打入锅炉中去。

抽汽式汽轮机供热系统与背压式汽轮机供热系统不同，它仍然设有凝汽器，有部分蒸汽在凝汽器中将其汽化潜热放给冷却水而损失掉，但抽汽式供热汽轮机在发电功率范围内，通过改变经过汽轮机到凝汽器中的蒸汽量，可以改变它的供热量而不影响发电量，所以在为城镇建筑集中供热的热电联产系统中，这种抽汽式供热汽轮机得到广泛应用。

抽汽式供热汽轮机又可分为可调节式和非调节式两种。

1）可调节抽汽式供热汽轮机根据抽汽的需要，在某一级后装有可调节的回转隔板，当电负荷降低时，调整回转隔板减少通向后面的蒸汽流量而保证抽出的蒸汽流量及参数（温度、压力），反之当电负荷增高时，开大隔板的通汽量，仍保持抽汽参数。

❶ 原载于《中国建筑节能年度发展研究报告2015》第4.1节，作者：孙健。

这种形式的汽轮机的特点是汽轮机不管在最大抽汽量或无抽汽的情况下都能发出额定的电功率，在较低的发电出力情况下仍能满足最大抽汽量及其要求的蒸汽参数。这种机组的通流部分是按在一定量的抽汽情况下选择较好的内效率来设计的，其抽汽级前的高压缸与同容量等级的凝汽机组相比要大一些，而低压缸要小一些，因而在有一定量的抽汽时内效率较好，而在凝汽方式运行时，其内效率比纯凝汽机组低。

2）非调节抽汽式供热汽轮机又分为抽汽冷凝两用机组和凝汽式机组打孔抽汽两种。

① 抽汽冷凝两用机组。这种机组是容量在 100MW 以上的高参数机组，以发电为主，在采暖期间以较低参数抽汽供热，在非采暖期则为凝汽方式发电。这种机组是按额定出力凝汽情况下设计通汽流量及进汽的，因此当抽汽供热时将减少通向低压缸的蒸汽，而不能再增大进汽量，从而导致发电出力的减少，一般情况下当抽汽量达到设计额定值时，发电出力将减少 25% 左右，但优点是在非采暖期运行有较高的热效率。

② 凝汽式机组打孔抽汽。这是在凝汽式机组汽缸上选择适当的部位打孔，将蒸汽引出来供热。打孔抽汽技术比较简单，投资也较少，但其最大的缺点是抽汽压力不稳定也不能调节，而是随电负荷而变动，而且抽汽量也不能太大，热电比较小，如 50MW 凝汽式机组打孔抽汽，最大抽汽量仅为 50t/h。

无论哪种抽汽式汽轮机，即使在最大抽汽工况下都仍然而且必须有一部分蒸汽排入凝汽器，这是因为为了保证低压缸的冷却必须要有一定的蒸汽量通过低压缸，以便带走因低压缸中汽轮鼓风摩擦损失所产生的热量，一般低压缸的最小流量为低压缸设计流量的 5%~10%。除了凝汽器中的蒸汽凝结潜热以外，排入循环冷却水中的热量还包括：低压加热器的疏水冷却释放的热量，凝结水过冷热，机组的疏水系统及轴封系统排到凝汽器的热量，冷油器、空冷器等释放的热量等等。因此，采用抽汽式汽轮机供热系统的热电厂，即使在冬季最大供热工况下，也必须有相当一部分热量由循环水（一般通过冷却塔）排放到环境中。

抽汽冷凝两用机组由于其低压缸与可调节抽汽式汽轮机相比要大，为了保证低压缸的冷却而必需的蒸汽量也大，所以这种机组的凝汽器热负荷较大，热电比相对较小。

近几年，一方面城市集中供热规模不断扩大和环保压力不断增加，另一方面燃料价格的提高使热电企业对能源利用效率和运行经济性越来越重视，因此大容量、高参数、具有再过热循环的大中型两用机组得到了越来越多的应用。专家预测，中国今后在热电建设中较大容量的供热机组、高参数供热机组将有较大的需求，每年需要新增供热机组 200 万 ~250 万 kW。热电联产机组之所以呈现出大型化趋势，是因为大容量热电联产机组更节省能源，更容易应用先进的环保技术。但正如前面所述，这种机组热电比相对较小，凝汽器热负荷较大，因此大量余热通过冷却塔排放到环境中。图2-19所示为哈尔滨汽轮机厂生产的大型两用机组热平衡分析，额定供热工况下，汽轮机的单位时间输入总能量为731.9MW，发电功率为251MW，供热负荷330MW，凝汽器热负荷151MW，也就是说，通过凝汽器由循环冷却水带走的热量大约占输入总能量的21%，占供热量的46%。

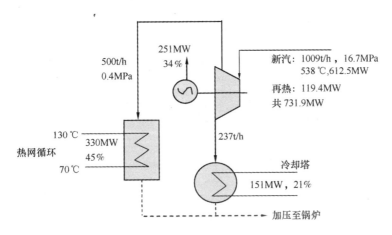

**图2-19 哈尔滨汽轮机厂生产的300MW热电联产机组额定供热工况热平衡图**

由上述分析可以看出，热电厂存在大量的凝汽器排热，一般通过冷却塔直接排放到环境中。如果能将这些热量回收利用，无疑将会使电厂的热效率得到显著提高，同时可以减少冷却水蒸发量，节省宝贵的水资源，并减少向环境的热量和水汽排放。与此同时，随着城市规模的迅速扩张，很多北方城市出现了热源供应不足的问题。城市的快速建设导致供热面积剧增，而现有热电厂的供热能力已经饱和，无法承担新增的供热面积。因此，在我国北方地区充分回收利用热电联产乏汽余热向城市供热，弥补热源不足，替代污染严重的燃煤锅炉房，将会有重大的节能减排意义。

目前乏汽余热回收供热技术主要分为三种，分别是高背压供热技术、吸收式热泵技术、压缩式热泵技术。

### 2.2.1 高背压（低真空）供热技术

为回收凝汽式或抽凝式汽轮机的乏汽余热，传统的方式是将汽轮机改造为高背压供热，即通常所说的低真空运行供热方式，如图2-20所示：凝汽器成为热水供热系统的基本加热器，原来的循环冷却水被热网循环水替代，循环水在凝汽器中获得热量，在热用户处释放热量，有效地利用了汽轮机排汽所释放的汽化潜热。循环水被加热温度升高，采用冷凝器加热后水温不可能高于冷凝温度，因此除非循环水量非常大，热网工作在"大流量、小温差"的工况下，否则冷凝器只能承担部分加热量，循环水温度的进一步提升还需要在热网加热器中利用来自抽凝式汽轮机的抽气继续加热到所需要的温度。抽汽加热一网水的过程如图2-21所示，加热过程中由于抽汽与一网水之间存在显著的不可逆损失，以环境温度作为参考，热网水的烟如下部分阴影所示，而抽汽的烟积与热网水的烟之差即为换热过程的烟损失，即上部分阴影。如果抽汽温度越高，则该换热过程的烟损失也就越大。

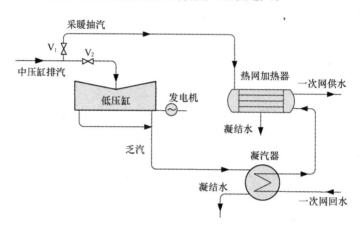

图2-20 汽轮机高背压供热流程图

如果在采暖季汽轮机排汽所释放的汽化潜热全部用于供热，则此时汽轮机相当于背压机组，其通过的蒸汽量决定于用户热负荷的大小，所以发电功率受用户热负荷的制约，不能分别地独立进行调节，即其运行也是"以热定电"，因而只适用于用户热负荷比较稳定的供热系统。只有在非采暖季节没有热负荷时，汽轮机的凝汽器才仍由原冷却系统进行冷却。

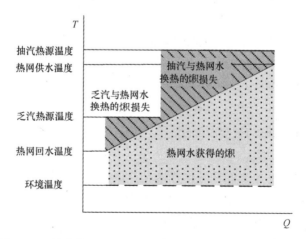

图2-21 提高背压，乏汽与抽汽联合加热热网循环水的过程

凝汽器真空度是影响汽轮机经济和安全运行的主要因素之一。真空度降低使汽轮机的有效焓降减少，会影响汽轮机的出力和机组设备的安全性。发电厂一般运行经验表明：凝汽器真空每下降 1kPa，汽轮机汽耗会增加 1.5%~2.5%。高背压供热的供热煤耗（单位供热量的标煤耗量）如图 2-22 所示，可见汽轮机排汽背压对于供热能耗影响显著。因此，为了降低高背压供热方式的能耗，提高运行经济性，应尽量降低热网回水温度，从而降低排汽压力。

低真空运行后，经热网向用户供暖，从而回收了排汽凝结热，尽管由于背压提高后，在同样进汽量下，与纯凝工况相比，发电量少了，汽轮机相对内效率也有些降低，但由于减少了热力循环中的冷源损失，装置的热效率仍会有很大程度的提高。

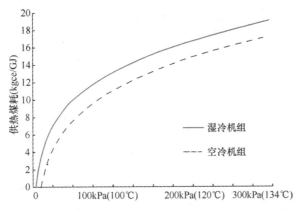

**图 2-22 高背压供热方式的供热煤耗与汽轮机排汽背压的关系**

凝汽式或抽凝式汽轮机改造为低真空运行循环水供热时，如果凝汽压力超过厂家规定值，需要对小型机组和少数中型机组（额定发电量在 50MW 以下）进行严格的变工况运行计算，对排汽缸结构、轴向推力的改变、轴封漏汽、末级叶轮的改造等等方面做严格校核和一定改动后，可以实行。早在 20 世纪 80 年代，我国东北、山东等北方地区就有很多 50MW 以下小型热电机组采用低真空供热，汽轮机基本上不做改动，恶化真空运行，通过凝汽器将热网回水加热到接近 70℃，再用抽汽进一步加热后供热。但这种情况对现代大型机组则是不允许的。在具有中间再热式汽轮机组的大型热电联产系统中，凝汽压力过高会使机组的末级出口蒸汽温度过高，且蒸汽的容积流量过小，从而引起机组的强烈振动，危及运行安全。湿冷机组乏汽在凝汽器的冷凝温度一般最高到 50℃左右，而空冷机组也只能在 60℃左右，对于大型间接供热系统，一般回水温度都相对较高，因此难以通过直接换热利用汽轮机乏汽余热。

然而，近两年由于城市热源紧张，为了增加供热能力，有些电厂开始将大型热电机组进行改造，提高排汽压力，使乏汽直接加热热网回水，即所谓的高背压技术，其运行原理与小型机组低真空运行完全相同，但汽轮机及辅机的改动较大。

高背压供热主要有两种改造方式：一为双转子改造；二为低压缸叶片改造。

双转子方式供热即汽轮机低压缸采暖季、非采暖季各利用一套转子运行，更换转子时停机切换。采暖季使用动静叶片级数相对较少的高压转子，非采暖季使用原设计配备的低压转子。双转子方式一年需停机两次，更换转子。这种改造适用于背压抬高幅度较大的情况，并且不影响夏季发电效率，如图2-23所示。

(a)                (b)

**图2-23 双转子方式供热**

(a) 低压转子（非采暖季应用）；(b) 高压转子（采暖季应用）

低压缸叶片改造技术即对低压缸的后几级叶片进行改造，使其同时满足供热与非采暖季发电的背压要求。这种供热方式对低压缸叶片的改造一次完成，全年均利用改造后的叶片运行，无需切换。但是背压抬高幅度相对于双转子改造受限，而且纯凝工况下的发电效率受影响。

对于大型抽凝供热机组而言，提高背压受到低压缸最小容积流量的限制，背压越高，采暖抽汽流量应越小。空冷机组低压缸末级叶片比湿冷机组短，强度更高，因此空冷机组可达到更高的背压。

山东某厂采用双转子互换技术对145MW机组进行了高背压改造。其中低压缸的主要改造内容为：

1）低压转子更换为新整锻转子；

2）去掉2级动叶片，改为2×4级动叶片；

3）增加低压末级导流环，更换低压分流环；

4）更换低压2×4级隔板及汽封，更换低压前、后轴端汽封体及汽封圈；

5）中低、低发联轴器螺栓更换为液压螺栓。

凝汽器的主要改造内容有：

1）更换凝汽器铜管及管束布置形式，管束布置形式由巨蟒形改为双山峰形；

2）在凝汽器后水室管板内侧加装膨胀节；

3）凝汽器进排水管更换具有更大补偿能力的膨胀节。

### 2.2.2 吸收式热泵技术

吸收式热泵是一种利用高品位热能（高温高压蒸汽或高温热水等）驱动，使热量从低温热源提升为中温热源的装置。近几年，利用吸收式热泵回收电厂乏汽余热的供热方式在国内得到了一定程度的应用。如图 2-24 所示，在电厂设置吸收式热泵，利用汽轮机抽汽驱动回收乏汽余热，一次网回水先进热泵加热，再进热网加热器被汽轮机抽汽加热，可在一定程度上降低电厂加热过程的不可逆损失。对于湿冷机组而言，汽轮机冷凝器的冷却循环水进入热泵蒸发器释放其热量；对于空冷机组，汽轮机乏汽可直接进入吸收式热泵蒸发器，在其中凝结放热以减小换热环节，提高余热回收效率。在吸收式热泵中，热网循环水被吸收器和冷凝器两级加热。这种方式由于采用了原来通过直接换热加热一次网循环水的汽轮机抽汽驱动，而这些热量通过吸收式热泵后仍然被释放到一次网热水中，因此与常规热电联产集中供热系统相比，可以认为没有额外的能源消耗就回收了汽轮机乏汽余热，无论是从能源转换效率还是经济性方面都得到了改善。吸收式热泵有单效、双效、两级等形式，目前用于回收电厂凝汽余热的主要是单效吸收式热泵。

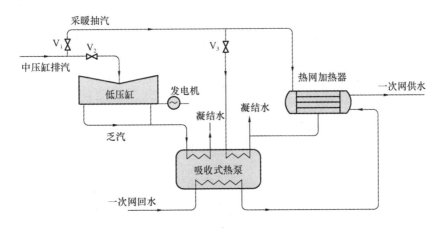

图 2-24 吸收式热泵供热流程图

山西某湿冷热电厂利用吸收式热泵回收乏汽余热项目系统流程如图 2-25 所示，与改造前相比，仅采用吸收式热泵替代汽水换热器低温加热部分，未改变系统供暖方式和参数，系统改造简单。具体方案为：采用吸收式热泵回收汽轮机排汽冷凝热，将一次网热水从 60℃加热到 90℃，热水 90℃到 120℃仍然使用汽轮机抽汽来加热；汽轮机排汽在冷凝器冷凝，热量排到冷却水。40℃的冷却水进入吸收式热泵的蒸发器，在其中释放热量，冷却到 30℃后流出热泵，再进入汽轮机凝汽器吸热升温，如此循环。吸收式热泵同时还需要使用部分 0.5MPa（表压）过热蒸汽作为驱动热源。

该系统所采用的单效蒸汽型第一类吸收式热泵的性能系数（COPh）约为 1.7 左右，即吸收式热泵每消耗 1 份蒸汽热量，可回收 0.7 份 40℃的循环水热量，供给一次热网 1.7 份的热量。据此计算，一次网回水在吸收式热泵中从 60℃加热到 90℃所吸收的热量中，约有 41%是回收的循环水的热量；额定工况一次网回水从 60℃加热到 120℃所吸收的热量（系统总供热量）中，约有 20%是回收的循环水的热量。在分析该系统的节能效益时，需要注意两点：①正常情况下电厂循环水在冬季的实际运行温度一般在 20℃左右，最低时仅有 10℃左右，而该系统需要将电厂循环水温度提高到 40℃才能使用，循环水温度的提高将引起汽轮机排汽背压的提高，从而影响汽轮机发电量。经计算，将循环水温度由 25/15℃提高到 40/30℃，损失的发电量约为汽轮机排热量的 3.6%左右（按汽轮机内效率 0.7 计算）。因此该系统严格的节能量计算应考虑汽轮机排汽背压提高对发电量的影响，特别是当循环水的余热量不能全部由热泵回收，仍然有一部分循环水需要通过冷却塔冷却时（比如初末寒期采暖负荷较小时），没有被充分用来发电的热量被通过冷却塔排掉，造成很大的浪费。如果排放部分远大于被吸收式热泵提升的低温热量，那么这种方式的供暖煤耗很可能还高于一般的抽凝机组。②为了输出 90℃热水，该系统需要的蒸汽压力要达到 0.6MPa（对应的饱和温度为 159℃）以上，这也是由单效溴化锂吸收式热泵特性决定的。

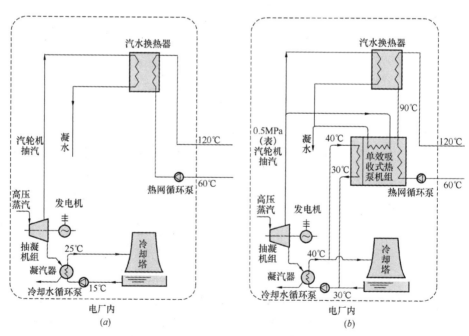

图 2-25　山西某湿冷热电厂利用吸收式热泵回收乏汽余热项目流程示意图

（a）改造前；（b）改造后

一般情况下，大型供热机组抽汽压力比较低（一般 0.2~0.4MPa），循环冷却水温度在冬季也比较低（严寒期在 20℃左右），而严寒期的热网回水温度一般在 60℃左右，这种工况下传统的单效吸收式热泵无法运行，一般需要将电厂循环水温度提升至 40℃左右，即使如此，吸收式热泵回收的乏汽余热占总余热量的比例仍然很小，乏汽余热回收率一般低于 50%，绝大多数余热得不到回收，而采用抬高循环水温度（提高汽轮机背压）来寻求回收更多余热将会导致大量高温余热通过冷却塔排走而损失汽轮机发电效率，综合考虑节能量很小，甚至不节能。

针对上述问题，清华大学提出了基于吸收式换热的集中供热新技术，系统流程如图 2-26 所示。①在热力站中安装"吸收式换热机组"，用于替代常规的水 – 水换热器，在不改变二次网供、回水温度的前提下，利用一、二次热网之间较大的传热温差所形成的有用能作为驱动力，驱动吸收式换热机组大幅度降低一次网回水温度至 25℃左右。②依靠一次网的低温回水，使热网回水依次通过凝汽器、抽汽驱动的多级吸收式热泵和汽/水换热器的梯级加热流程，大量回收乏汽余热。在实际应用中，可采用上述一级或几级加热环节，通过这些吸收式热泵、换热设备及其组合，即"余热回收机组"，可使热电厂基本回收全部余热，从而提高供热能力 30% 以上。通过乏汽余热承担基本负荷，汽轮机抽汽承担严寒期调峰负荷，使整个采暖季乏气余热量占总供热量的比例达 40% 以上，从而减少抽气量，提高了发电量。

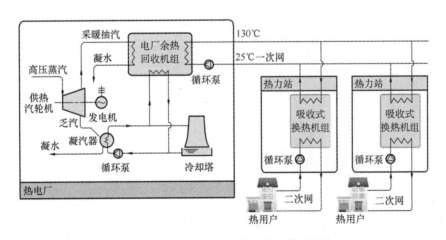

图 2-26  基于吸收式换热的集中供热系统

该技术可以通过提高汽轮机的背压，实现乏汽余热的全部或大部分回收；也可以不改变背压，吸收式热泵回收不了的乏汽余热完全可以通过冷却塔散掉，而不会影响系统整体能效；另外，该技术中的吸收式热泵仅利用 0.3MPa 的汽轮机抽汽就可以把一次网加热到 90℃，这不仅提高了汽轮机发电效率，而且为大容量热电联产机组应用该技

第2章 北方城镇供暖节能技术辨析

术创造了条件。该技术之所以能够实现不提高背压和利用低压采暖抽汽驱动回收冷凝热余热，其主要原因是一次网25℃的低温回水大大改善了吸收式热泵的运行条件。

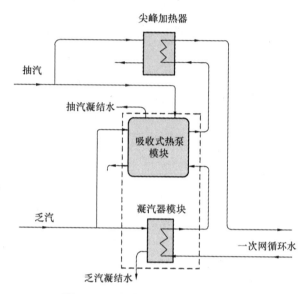

图 2-27　空冷电厂余热回收流程图

现举例说明，以一空冷热电厂余热回收为例，空冷电厂背压较高，因此可以先通过凝汽器用乏汽直接加热一网水，如果要加热一网水到高于乏汽的温度，则需要增加吸收式热泵，流程图如图 2-27 所示。以背压 23kPa，凝汽器出口端差 3℃，抽汽压力 0.2MPa，电厂余热回收机组出口温度 90℃为计算条件，不同一次网回水温度下，电厂余热回收机组（含吸收式热泵模块和凝汽器模块）的 COP（两者供热量之和与抽汽热量比值）变化情况如图 2-28 所示。

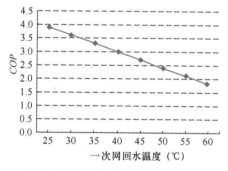

图 2-28　吸收式热泵不同出口温度下的 COP 变化情况

基于吸收式换热的集中供热技术已经在大同、太原等多个地方获得了成功应用，节能与经济效益非常显著。

### 2.2.3　压缩式热泵技术

压缩式热泵根据驱动力不同分为电驱动压缩式热泵和蒸汽驱动压缩式热泵。电驱动压缩式热泵以电直接驱动压缩机做功，蒸汽驱动压缩式热泵以蒸汽驱动背压汽轮机，再通过联轴器驱动压缩式热泵。针对空冷汽轮机组，汽轮机乏汽可直接进入热泵蒸发器，对于湿冷汽轮机组，则乏汽余热冷却循环水被热泵蒸发器提取。热泵冷凝器放出热量加热热网水，抽汽驱动的热泵系统，背压机排汽通过汽-水换热器进一步加热冷凝器出来的热网水，热网水最终通过尖峰抽汽加热后供出，供热系统流程如图 2-29 所示。

蒸汽驱动的压缩式热泵没有电的转换环节，应该比电驱动热泵更为合理些，但受到抽汽量的制约，当抽汽量不足以回收足够量的乏汽余热时，可考虑使用电驱动压缩式热泵。

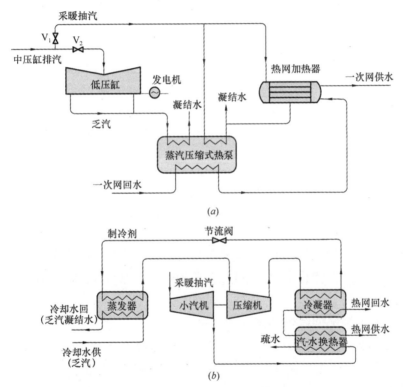

**图 2-29 蒸汽驱动压缩式热泵流程图**

（a）供热流程图；（b）内部流程图

蒸汽压缩式热泵的能耗主要受抽汽压力影响。在供回水温度 120/50℃，背压 10kPa 下，吸收式热泵和蒸汽压缩式热泵的 COP 和供热能耗对比如图 2-30 所示。

对于吸收式热泵而言，随着抽汽压力的升高，吸收式热泵出口温度逐渐升高，当抽汽压力达到 0.7MPa 时，热泵出口温度达到 92℃，若再升高抽汽压力吸收式热泵有结晶的危险，因此，当采暖抽汽压力高于 0.7MPa 时，需要节流后再驱动吸收式热泵，从而产生节流损失。当供水温度要求达到120℃时，吸收式热泵的供热系统需要采用尖峰加热器补充加热，而压缩式热泵的供热系统可以选择临界温度高的制冷工质如R245fa，直接升温到120℃。两者比较时应将吸收式热泵和尖峰加热器作为整体供热系统与压缩式热泵比较，因此，图中COP的定义为供热系统的总供热量与消耗的总抽汽热量之比。

从图2-30可以看出，吸收式热泵和压缩式热泵在抽汽压力小于0.7MPa时，两者能效基本相当，但是当抽汽压力进一步升高时，由于吸收式热泵存在节流损失，能效不如压缩式热泵，且抽汽压力越高，压缩式热泵的优势越明显。

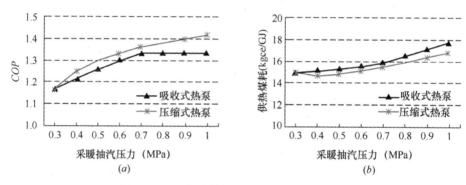

图2-30　吸收式热泵和蒸汽压缩式热泵对比

(a)供热系统COP的比较；(b)供热煤耗的比较

由此可见，当吸收式热泵没有节流损失时，其能效和压缩式热泵基本相当。但是当抽汽压力高，抽汽压力和吸收式热泵驱动蒸汽压力不匹配时，压缩式热泵能效将高于吸收式热泵，且抽汽压力越高，压缩式热泵优势越明显。

### 2.2.4　各种余热回收供热技术的比较

就单台机组而言，采用单项技术在不同余热回收率前提下有各自合适的使用范围，如果能全部回收乏汽热量，可优先采用高背压技术，因此高背压适合承担稳定的供热基础负荷。如果由于用户负荷降低，高背压机组不能完全回收乏汽热量，则需要将高参数的乏汽热量排放到大气环境中，显著增加了供热成本，所以不能完全回收乏汽热量时，可采用吸收式热泵或者蒸汽驱动的压缩式热泵，两者的选择取决于汽轮机抽汽压力：如果抽汽压力较高，比如600MW机组抽汽压力可达1MPa，如果采用吸收式热泵则需要节流减压，因而存在显著的节流损失，供热成本增加，因此采用蒸汽驱动的压缩热泵更为合适；如果抽汽压力较低，比如200MW机组抽汽压力0.2MPa，用于驱动压缩式热泵时，其供热能耗与蒸汽驱动的压缩式热泵相差不大，但是吸收式热泵系统更为简单。在热网水高温段，受吸收式热泵或者压缩式热泵自身限制（吸收式热泵：冷凝温度上限；蒸汽压缩式热泵：供水温度升高抽汽直接加热比例升高），采用抽汽直接加热反而成本最低。

如果多台汽轮机组同时回收乏汽余热，则需要多项技术合理组合，首先高背压技术供热成本最低，适合承担基本负荷，由其加热热网水的低温段；其次根据具体的抽汽参数，如果能全部回收乏汽热量，可继续选择高背压方式，如果只能部分回收乏汽热量则选择吸收式热泵或者蒸汽驱动压缩式热泵机组加热热网水的中温段，最后由抽汽进行调峰，加热热网水的高温段。指导流程搭配的基本原则就是热网水的"梯级加热"，尽可能的减小各个加热环节的不可逆损失，最终降低供热成本。比如当有多台汽轮机组同时回收余热时，可将部分机组改造为不同排汽压力的高背压机组，减少加热过程的不可逆损失，共同承担供热基本负荷，然后由其他机组采用吸收式热泵或者蒸汽驱动压缩式热泵回收余热，最后由抽汽直接加热进行调峰。

以山西太原古交电厂余热回收方案为例进行分析，根据《太原市清洁能源供热方案（2013—2020 年）》，古交电厂为太原集中供热主要热源点之一，热负荷分近期、远期两个阶段实现。近期（2016~2017 年），古交电厂为太原市供热 5000 万 m²；远期（2020 年），古交电厂为太原市供热 8000 万 m²。一期工程建设 2×300MW 亚临界燃洗中煤空冷发电机组（1 号机、2 号机），二期扩建工程建设 2×600MW 超临界燃洗中煤空冷发电机组（3 号机、4 号机），三期扩建工程拟建设 2×600MW 超临界直接空冷发电机组（5 号机、6 号机）。1 号~4 号机现为纯凝汽式发电机组，5 号、6 号机为抽凝式热电联产机组。针对古交电厂的实际情况，分别设计吸收式热泵方案、压缩式热泵方案、高背压方案。

（1）吸收式热泵方案

3 号、4 号机抽汽改造，改为抽凝式机组，1 号机、2 号机高背压改造。3 号~6 号机常规背压抽汽凝汽运行，2 号机高背压凝汽运行，1 号机超高背压凝汽运行。热网回水梯次经过 6 号、5 号机、4 号机、3 号机、2 号机、1 号机凝汽器以及吸收式热泵和二期、三期加热器。系统原理如图 2-31 所示。

该方案电厂供热能力 4109MW，其中，抽汽供热能力 1889MW、余热供热能力 2220MW。

（2）压缩式热泵方案

3 号、4 号机抽汽改造，改为抽凝式机组，1 号机、2 号机高背压改造；3 号~6 号机常规背压抽汽凝汽运行，2 号机高背压凝汽运行，1 号机超高背压凝汽运行。热网回水梯次经过 6 号、5 号机、4 号机、3 号机、2 号机、1 号机凝汽器以及压缩式热泵和三期加热器后供出。系统原理如图 2-32 所示。该方案电厂供热能力 4072MW，其中，抽汽供热能力 1710MW、余热供热能力 2362MW。

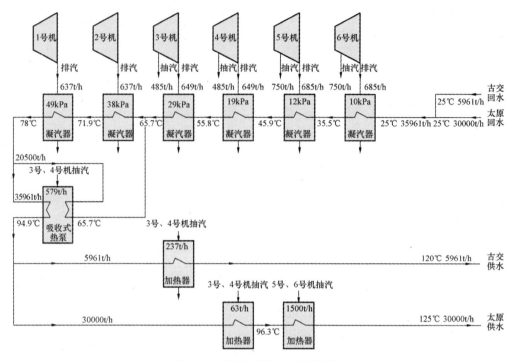

图 2-31　吸收式供热系统原理图

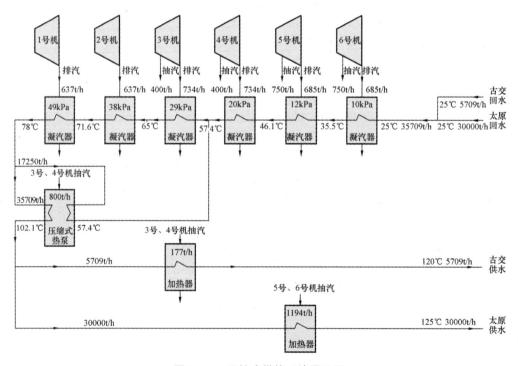

图 2-32　压缩式供热系统原理图

（3）高背压方案

3号、4号机抽汽改造，改为抽凝式机组，1号机、2号机高背压改造；3号~6号机常规背压抽汽凝汽运行，2号机高背压凝汽运行，1号机超高背压凝汽运行。采用机组高背压运行的方式，热网回水梯次经过6号机、5号机、4号机、3号机、2号机、1号机凝汽器以及二期、三期加热器。系统原理如图2-33所示。

表2-4为上述三个方案的蒸汽耗量、回收乏汽量、供热功率、年供热量情况。

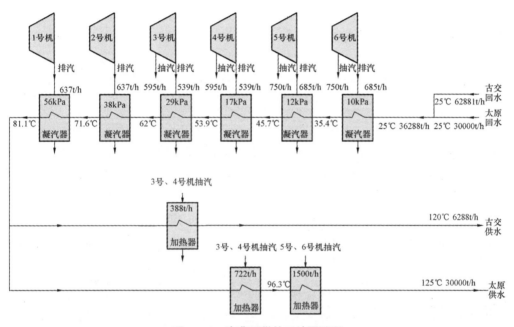

图2-33 高背压供热系统原理图

方 案 比 较 表2-4

| | | 吸收式热泵方案 | 压缩式热泵方案 | 高背压方案 |
|---|---|---|---|---|
| 总投资 | 万元 | 71453 | 96613 | 34570 |
| 设计工况蒸汽耗量 | T/h | 2430 | 2210 | 2510 |
| 设计工况回收乏汽量 | T/h | 3384 | 3604 | 3304 |
| 设计工况供热功率 | MW | 4109 | 4072 | 4123 |
| 采暖季供热量 | 万 GJ/采暖季 | 4182 | 4149 | 4194 |
| 采暖季发电量 | 亿 kWh/采暖季 | 84.59 | 85.56 | 83.89 |
| 供热煤耗 | kgCe/GJ | 7.4 | 8.1 | 8.8 |

可以看出，三个方案的上述各项指标都基本相当。从供热能耗看，由于采用热泵代替了一部分抽汽直接加热热网，因此吸收式热泵和压缩式热泵两个方案的供热能耗相对于高背压方案有所降低。同时，由于作为驱动热源的抽汽压力较高

（0.8MPa），使得压缩式热泵方案的能耗最低。但三个方案之间供热能耗相差不大，而高背压方案的投资显著小于其他两个方案，最终推荐高背压方案为古交电厂供热改造工程的实施方案。

## 2.3　燃气热电联产烟气余热利用技术 [1]

对于区域供热而言，天然气应用的一种典型方式是燃气蒸汽联合循环热电联产供热。其系统的主要形式是由燃气轮机和蒸汽轮机（朗肯循环）联合构成的循环系统。燃气轮机排出的高温烟气通过余热锅炉回收转换为蒸汽，再将蒸汽注入蒸汽轮机发电。近年来，燃气 – 蒸汽联合循环热电联产技术得到了较大发展，但是热源效率仍有很大的提升空间。要提高效率就要从系统中可能挖掘的余热量入手：一方面是烟气中的潜热，这部分余热量可占机组额定供热量的 33% ~65% 左右；另一方面是蒸汽轮机排出的冷凝热，为保证机组安全运行，需通过冷却塔排放大量低温余热，可占到机组额定供热量的 23%~50%，由于城市热网回水温度较高，用热网循环水直接换热不可能将两部分余热量回收。针对这一问题，可能的提高热源效率的系统模式有以下两种典型方式。

### 2.3.1　在热电厂利用吸收式热泵技术实现部分的烟气余热回收

常规的热电联产集中供热系统是在热电厂汽轮机抽汽通过汽/水换热器加热一次网热水，将热量输送到城市各小区热力站；再通过热力站水/水换热器加热二次网水，最终将热量输送到各个建筑物。

以一套 9E 级燃气蒸汽联合循环机组为例，如图 2-34 所示，该机组共计发电量为 218.8MW，中压缸排汽为 283.24t/h，最大供热抽汽 183.24t/h，约 127MW；乏汽

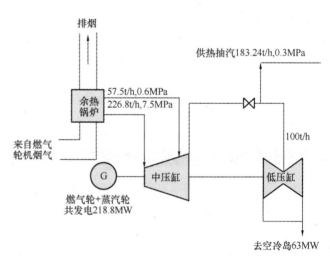

图 2-34　燃气蒸汽联合循环热电联产系统

为 100t/h，约为 63MW；当烟气排烟从 89℃降低到 30℃时，烟气余热量为 82MW。系统的抽汽热量：烟气余热：乏汽余热量 =2：1.3：1。

---

[1]　原载于《中国建筑节能年度发展研究报告2015》第4.2节，作者：赵玺灵。

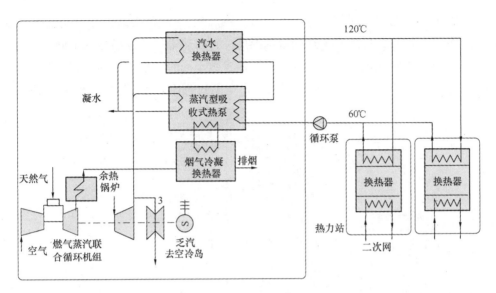

**图 2-35　热电厂内利用吸收式热泵技术回收烟气余热流程图**

采用在热电厂内利用吸收式热泵来实现部分的烟气余热回收，其系统如图 2-35 所示，只在电厂内设置吸收式热泵，利用汽轮机抽汽驱动回收余热，可增加供热能力，并在一定程度上降低热电厂汽水换热的不可逆损失，降低供热能耗，但由于热网回水温度较高，热泵制热温度上限有制约，这种技术增加供热能力受限。同样以 9E 级燃气蒸汽联合循环机组为例，在热网回水温度 60℃的条件下，可用约 52MW 的蒸汽驱动吸收式热泵回收烟气余热 36MW（热泵 *COP* 为 1.7），热泵供热量为 88MW，尖峰汽水换热器热负荷约为 75MW，系统总供热量为 163MW，系统供热能力提高 28%。此时，系统的排烟温度可降低到 38℃，回收了少部分的烟气冷凝热，但能实现烟气余热的全部回收，乏汽余热更无法回收。

### 2.3.2　基于降低热网回水温度的余热回收技术

一般对于热网而言，用户处的散热面积是有限的，因此二次网的供回水温度不能太低，而一次网的供回水温度又受到二次网供回水温度的限制，因此一次网的回水温度也不能降低，因此采用传统的换热思想不能实现回水温度的降低，导致了烟气冷凝热量不能得到有效的利用。近年来，基于 Co-ah 循环的热电联产集中供热新方法[1]得到了广泛应用，该方法在一次网与二次网换热的热力站处，采用新型吸收式换热机组实现了热网回水温度的降低，可将热网回水温度降低到 20℃，使热电厂回收余热成为可能，该项技术近年来已被成功应用[2, 3]。

该技术在热力站设置吸收式换热机组取代常规的水 / 水换热器，在不改变二次网供回水参数的前提下，使一次网回水温度由常规热网的 60℃左右大幅度降低至约

20℃，20℃的热网回水回到热电厂后可被乏汽加热、被烟气加热、再通过热泵和尖峰汽水换热器加热，最后升至热网供水温度。针对热电厂机组型号的不同，热电厂的抽汽、排烟等参数也不同，末端用户供热参数不同时，烟气余热回收系统的流程和形式不是唯一的，系统的流程形式需要根据不同的各案进行优化分析来确定。

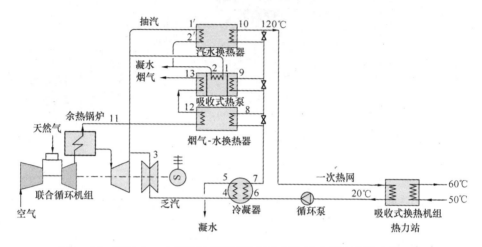

图2-36 基于Co-ah循环的燃气蒸汽联合循环热电联产余热回收系统

以一套9E级燃气蒸汽联合循环机组为例，系统的抽汽热量：烟气余热：乏汽余热量＝2：1.3：1。当热网的回水温度为20℃时，最佳的系统流程如图2-36所示，热网回水先通过凝汽器和烟气水换热器直接被加热，然后通过吸收式热泵被加热，最后进入尖峰汽水换热器被加热升温至供热温度。在该系统中，烟气余热回收分两段来进行，一部分与热网水直接换热，另一段与吸收式热泵的冷冻水直接换热。该系统各个状态点的参数如表2-5所示，一次网回水温度在凝汽器中由20℃加热到46.3℃，然后进入烟气－水换热器加热到55.4℃。之后进入吸收式热泵加热到89.8℃，最后进入汽－水换热器加热到120.0℃。余热锅炉排烟温度为89.0℃，烟气在烟气－水换热器中被冷却至49.3℃，然后作为低位热源进入吸收式热泵后被冷却至31.0℃。抽汽一部分进入吸收式热泵，流量为73.5t/h，另一部分进入汽－水换热器，流量为109.9t/h，该系统供热量为251.0MW，发电量为215MW，其中燃气轮机发电量为170MW，蒸汽轮机发电量约为45MW，同参照系统相比减少发电量约3MW。

新型系统参数表　　　　　　　　　　　　　　　　表2-5

| 序号 | 参数 | 流量（t/h） | 温度（℃） | 压力（kPa） | 焓值（kJ/kg） |
|---|---|---|---|---|---|
| 1 | 进入吸收式热泵的抽汽 | 73.45 | 168.80 | 300.00 | 2801.10 |
| 2 | 进入吸收式热泵的抽汽凝结水 | 73.45 | 75.00 | 200.00 | 314.00 |
| 1' | 进入汽－水换热器的抽汽 | 109.85 | 168.80 | 300.00 | 2801.10 |

续表

| 序号 | 参数 | 流量（t/h） | 温度（℃） | 压力（kPa） | 焓值（kJ/kg） |
|---|---|---|---|---|---|
| 2' | 进入汽－水换热器的抽汽凝结水 | 109.85 | 75.00 | 200.00 | 314.00 |
| 3 | 低压缸进汽 | 100.00 | 168.80 | 300.00 | 2801.10 |
| 4 | 低压缸乏汽 | 100.00 | 52.55 | 14.00 | 2595.80 |
| 5 | 乏汽凝结水 | 100.00 | 52.55 | 14.00 | 220.00 |
| 6 | 热网回水 | 2152.45 | 20.00 | — | 84.86 |
| 7 | 凝汽器中热网水出口 | 2152.45 | 46.28 | — | 193.79 |
| 8 | 烟气－水换热器中热网水出口 | 2152.45 | 55.43 | — | 232.04 |
| 9 | 吸收式热泵中热网水出口 | 2152.45 | 89.78 | — | 376.04 |
| 10 | 热网供水 | 2152.45 | 120.00 | — | 504.07 |
| 11 | 余热锅炉的烟气出口 | 1521 | 89.00 | — | 74242 |
| 12 | 烟气－水换热器的烟气出口 | 1521 | 49.28 | — | 59132 |
| 13 | 系统排烟 | 1521 | 31.00 | — | 35762 |

注：1. 烟气流量单位按照标况 $Nm^3/h$；2. 烟气焓值按照 $kJ/Nm^3$。

该新型系统的供热能力为 251MW，同常规系统相比增加供热能力 124MW，供热能力提高近 1 倍。分段回收余热和加热热网水的过程如图 2-37 所示。凝汽器加热量为 66MW，全部为乏汽余热；烟气－水换热器加热量为 23MW，全部为烟气余热；吸收式热泵加热量为 86MW，其中 59% 为抽汽热量，41% 为烟气余热；汽－水换热器加热量为 76MW，全部为抽汽供热。在新型系统的加热过程中，抽汽供热占总供热量比例为 50.4%，余热供热占 49.6%。

在余热中，烟气余热为 58.5MW，占总余热量的 47%；乏汽余热为 66MW，占 53%。

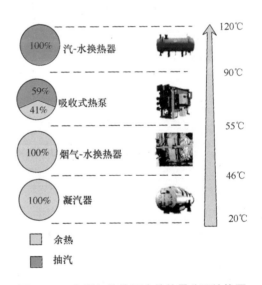

图 2-37 分段加热热网水的热量分配结构图

由于低压缸排汽压力升高，因此电厂发电量降低，同参照系统相比，发电量减少了约 3MW。

该案例表明，要想充分回收凝汽及烟气余热，热网回水温度不能高于 20℃。与传统热电联产（抽凝机组）相比，供热能力可增大近一倍，热电厂供热节能 40% 以上，同时也可达到彻底消除烟囱白烟的效果。这种技术增量投资回收年限一般在 4 年以内可回收。目前，这种技术已经在北京未来科技城等区域热电中心分阶段开展工程应用。

## 2.4 燃气锅炉烟气余热深度利用技术 ❶

随着清洁能源天然气的大量应用，天然气热电联产和燃气锅炉供热成为一种重要的热源方式。由于天然气的主要成分为甲烷（$CH_4$），含氢量很高，燃烧后排出的烟气中含有大量的水蒸气，当烟气中的水蒸气冷凝析出时，可释放出冷凝热，若能将此冷凝热全部回收利用,可使天然气的利用效率在现有基础上大幅提高，如图2-38所示。以排烟温度100℃左右的燃气锅炉为例，如果可将排烟温度降低至30℃，则可使燃气锅炉的效率提高约13%，因此，天然气排烟余热中可回收的热量潜力巨大。

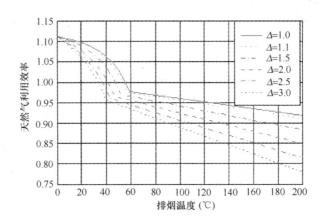

注: $\Delta$ 为过量空气系数。

**图2-38 烟气温度与天然气利用效率的关系**

传统烟气余热回收技术包括"节能器"和"空气预热器"，分别以热网回水或者空气为冷源，回收烟气余热。节能器采用热网回水与烟气换热的方式回收余热，由于受制于冷源温度的限制，北方地区城市热网的回水温度在50~60℃，排烟温度不能低于热网的回水温度。当采用空气预热器回收烟气余热时，虽然空气的温度较低，换热不受冷媒温度的限制，但是因为空气侧的热容量远小于烟气侧的热容量（含冷凝潜热），进入潜热段后，空气温升约50℃，烟气温降仅为5℃，排烟温度仍然难以进一步降低，因此，采用这两种方式均难以将排烟温度降低到露点温度55℃（过量空气系数在1.15时）以下，天然气的能源利用效率仅可以提高3%~5%。而烟气中大量的冷凝热集中在20~55℃的区间内，通过传统方式是无法回收的。

将吸收式热泵应用到燃气锅炉的烟气余热回收中，如图2-39所示。在燃气锅炉房增设吸收式热泵与烟气冷凝换热器，吸收式热泵以天然气为驱动能源，驱动吸收式热泵产

---

❶ 原载于《中国建筑节能年度发展研究报告2015》第4.3节，作者：赵玺灵。

生冷介质，该冷介质与烟气在烟气冷凝换热器中换热，换热过程采用喷淋式直接接触式换热装置，使系统排烟降温至露点温度以下，烟气中的水蒸气凝结放热，达到回收烟气余热及水分的目的。热网回水首先进入吸收式热泵中被加热，然后进入燃气锅炉加热至设计温度后送出，完成热网水的加热过程。燃气锅炉的排烟从烟囱中被置于烟气冷凝换热器顶部的引风机抽出，与吸收式热泵的排烟混合后进入烟气冷凝换热器中，系统排烟温度降低到20℃以下后送回烟囱中排放至大气，在烟囱抽出烟气与送回烟气口之间增设隔板。

该技术有两个层面的关键点，一个是设备层面，烟气冷凝换热器和吸收式热泵两个关键设备；另一个是系统集成配置与优化运行。

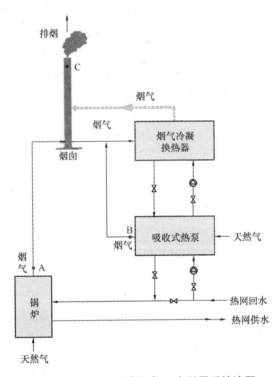

图2-39 燃气锅炉房烟气深度利用系统流程

在该系统中，烟气冷凝换热器是系统的一个关键设备。烟气冷凝换热器包括表面式冷凝换热器与直接接触式冷凝式换热器。表面式冷凝换热器在过去几年得到了较多的应用，但在实际应用中发现主要存在以下问题：①烟气与热水的传热温差小，要保证换热效果就必须增加传热面积，导致金属消耗量和设备的初投资增多；②烟气中的酸性物质与水蒸气一起凝结，易引起换热器腐蚀，影响使用寿命；③传热面积增大后导致换热器的占地面积大幅度增加。直接接触冷凝式换热是使高温流体与低温流体直接混合的一种强化换热方式，通过将中间介质水在烟气中雾化喷淋，中间介质水直接与烟气接触换热，使烟气降温至露点以下，烟气中的水蒸气凝结放热，达到回收烟气余热及水分的目的。其优势在于：极大地增加了气-液两相接触面积，瞬间完成传热和传质，达到强化换热，提高换热效率的目的。采用接触换热技术后，烟气和水在很小温差下即可实现稳定接触换热，无需金属换热面，降低了烟气侧阻力，减小了换热器的体积，大幅度降低了换热器成本。烟气中的酸性蒸汽直接在水中溶解，只要对溶液进行加药中和，同时对关键部位的换热器制造材料进行防腐蚀处理，即可避免上述表面式换热器中降低排烟温度后遇到的材料腐蚀问题。烟气余热与其他的低温热源相比，温度高，换热温差大，但同时换热过程复杂，涉及潜热和显热的同时热质交换，属于典型的有相变的传热传质问题，针对直接接触式换热器，合理的喷嘴的雾化的形式、设计喷水量、烟气流速、换热器的结构形式等是设计的关键点。

在烟气深度利用系统中，天然气驱动的吸收式热泵需要根据烟气余热回收段的设计参数进行匹配设计，因此，开发适合于燃气锅炉房烟气工况的新型吸收式热泵成为系统的另一个关键设备，包括喷淋水侧最佳参数的确定，新型吸收式热泵机组内部流程的优化设计等。

目前，针对该项技术已经研发完成了喷淋式燃气锅炉烟气余热回收利用一体化设备，针对 4t/h 以上的燃气锅炉，均可配套该烟气深度利用系统。以热网回水温度 55℃、供水温度 65℃ 的燃气锅炉为例，针对不同吨位的燃气锅炉，其可回收烟气余热量、系统供热量、设备尺寸等关键参数如表 2-6 所示，针对 60t/h 以上的较大的燃气锅炉，可以针对现场条件单独设计定制。根据具体锅炉房现场的条件，也可以采用烟气余热回收换热器与热泵分体的系统形式。

喷淋式烟气余热回收一体化设备关键参数表　　　　　　表 2-6

| 配套要回收余热的锅炉的吨位（t/h） | 4 | 10 | 20 | 40 |
|---|---|---|---|---|
| 回收烟气热量（kW） | 300 | 1000 | 2000 | 4000 |
| 供热量（kW） | 744 | 2480 | 4960 | 9920 |
| 热水流量（t/h） | 66.6 | 222 | 444 | 888 |
| 消耗燃气量（Nm³/h） | 46.5 | 155 | 310 | 620 |
| 燃气入口压力（kPa） | 10 | 10 | 10 | 15 |
| 燃气入口管径 | DN40 | DN40 | DN50 | DN65 |
| 烟气入口流量（m³/h） | 3108 | 10360 | 20720 | 41440 |
| 烟气入口温度（℃） | 80 | 80 | 80 | 80 |
| 烟气出口温度（℃） | 25 | 25 | 25 | 25 |
| 最大件运输重量（t） | 16 | 30 | 40 | 50 |
| 运行重量（t） | 40 | 65 | 80 | 100 |
| 配电功率（kW） | 50 | 80 | 100 | 150 |
| 尺寸（长×宽×高） | 5×2×6 | 7×2.7×6.5 | 8.1×3×6.7 | 10.7×4.2×7 |

除了两个关键设备外，该项技术能否取得良好的运行效果，系统的配置及运行也是关键。

首先，针对既有改造项目，锅炉房现状供热情况的调研至关重要，包括锅炉台数是否超规模配置、实际的供热参数、锅炉房的运行模式等。例如，我们通过对大量燃气锅炉房的调研发现，很多锅炉台数都超规模配置，如果全部盲目增加烟气余热回收设备往往会造成有的烟气余热回收设备利用小时数少、长期处于部分负荷工况情况下，达不到最佳的余热回收效果，因此在配置设备时，应该针对承担基本采暖负荷的锅炉配置烟气余热回收设备；锅炉实际供热参数一个采暖季在逐渐地变化，因此供热参数是影响烟气余热回收设备的另一个关键参数，影响着余热回收量，需要优化余热回收机组的参数；锅炉房的运行模式如既有锅炉台数投入的情况、是逐台投入还是多台投入、多台锅炉同时部分负荷运行等情况均会影响对哪几台锅炉增加余热回收设备。因此，如何配置设备，最大化系统的余热回收效果是系统配置的关键问题。

其次，余热回收系统的运行是个关键点。当燃气锅炉负荷发生变化时，掌握烟气余热回收系统的变工况特性，分析各种扰动对系统运行可靠性与稳定性的影响，研究烟气余热回收机组容量调节方式、策略，保证其可靠性和经济性，并在此基础上如何实现智能运行和调控是系统成功运行的关键。

从节能及环保角度，利用该技术可使供热系统热源效率提高 10% ~ 15%，同时，因为烟气余热回收会有大量的凝结水冷凝出来，这部分凝结水相对比较干净，经过对凝结水水质的采样分析可知，经过简单的加碱处理方式就可以达到排放标准，如果余热回收规模较大，凝结水量成规模，可以增加水处理设备处理后中水回用。利用该项技术，针对相同的供热面积，可以少烧天然气，整体上就降低了污染物排放总量。另外从环保角度，因为烟气中的水蒸气被冷凝回收，因此，燃气锅炉的烟囱不再冒白烟，极大程度的改善了市政市容面貌，"消白"效果明显。图 2-40 为烟气余热回收设备开启前后燃气锅炉烟囱白烟情况对比效果。

 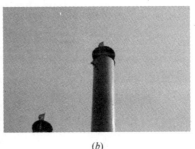

(a)            (b)

**图 2-40 烟气深度利用前后烟囱排放情况对比**

(a) 烟气余热回收系统关闭; (b) 烟气余热回收系统开启

从经济性的角度，这种设备及系统的增量投资（包括吸收式热泵、烟气冷凝换热器及配套辅助水泵阀门等设备的投资）一般在 3~4 年以内可以回收。

从技术推广应用情况上看，目前该项技术已经在北京总后锅炉房余热回收工程、北京竹木厂锅炉房、沙河镇政府锅炉房余热回收工程中应用，取得了较好的节能效果。

针对该技术实际运行情况、节能环保经济效果参见《中国建筑节能最佳实践案例》第 9 节。

## 2.5　热电协同供热技术 ❶

### 2.5.1　"以热定电"热电联产运行方式存在问题

我国热电联产有巨大发展潜力。然而，热电联产在发展过程中热电之间的矛盾逐渐突显。热电联产机组分为抽凝机组和背压机组。抽凝机组发电出力调节范围受抽汽供热量，热负荷越大，抽汽量越高的时候，机组发电出力调节范围越低。背压机组发电出力与供热出力直接相关，调节发电出力必然会改变供热出力，当机组维持供热出力不变时，机组发电负荷无法进行调节[4, 5]。而我国热电联产均按照"以热定电"的方式运行，即在满足供热负荷需求的前提下调节机组发电负荷。这使得供热机组对电力负荷的调节能力大大降低，冬季采暖期电网负荷调峰难度增加[6]。

可见，热电联产传统的"以热定电"运行模式已经造成了热电之间的矛盾，发展研究一种新型的热电联产集中供热模式以解决热电矛盾将有利于热电联产的发展，有利于电网调峰能力的增加，有利于风电等可再生能源的发展，从而利及国家的节能环保事业[7, 8]。

### 2.5.2　"热电协同"的集中供热模式

热电厂承担了发电与供热双重任务，发电负荷与供热负荷的波动有着各自的特征。电厂发电出力需满足城市用电负荷在每日范围内波动[9]；供热出力在每日范围内波动不大，而在整个采暖季内随天气变化。热电厂的发电能力与供热能力互相制约，导致供电与供热之间的冲突，如图 2-41 所示。

"热电协同"的集中供热模式分为热源侧与用户侧两个部分（图 2-42）：热源系统采用蓄热手段解除热电厂供热与发电出力的相互耦合，从而解决供热与供电之间的冲突，实现热电相互协同；用户侧换热站采用热泵结合蓄热手段，系统利用谷电供热，实现电负荷"削峰填谷"减少电负荷峰谷差。

---

❶　原载于《中国建筑节能年度发展研究报告2015》第4.4节，作者：吴延延。

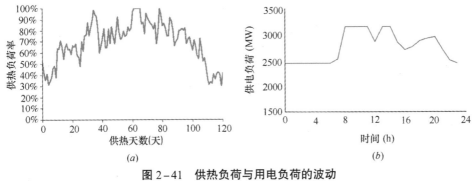

图2-41 供热负荷与用电负荷的波动

（a）供热负荷采暖季波动；（b）电负荷日波动

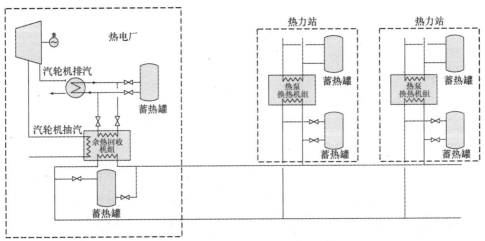

图2-42 "热电协同"的集中供热系统图

（1）"热电协同"的电厂供热系统

常规热电厂在降低发电出力时，需减少汽轮机进汽量，此时低压缸排汽量也随之减少，乏汽余热量降低。同时，为了保证低压缸安全运行，当汽轮机进汽量减少到一定值后，抽汽量也需随之减少，从而导致供热出力降低。

热电厂利用抽汽供热实际上是减少发电、增加供热的电变热的过程。按"热电协同"方式运行的热电厂在降低发电出力时不减少汽轮机进汽量，而是首先通过增加抽汽量降低机组发电出力。当抽汽量达到最大值时，进而通过电动热泵这种高效的电变热设备，进一步消耗过剩的电力，减少上网电量。

电热泵的低温热源为余热蓄热罐中储存的余热，这些余热来自于电负荷高峰期时的汽轮机排汽；电热泵制取的过剩热量则储存在热网蓄热罐中。当电厂准备提高发电出力时，储存在热网蓄热罐中的热量可替代汽轮机抽汽，使机组抽汽量降低，提高发电出力;减少抽汽所增加的乏汽余热则储存在余热蓄热罐中,作为电热泵的低温热源储备,如图 2-43 所示。

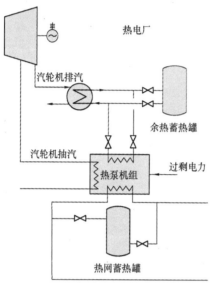

图 2-43　热电协同电厂运行模式

以针对某电厂余热回收供热系统改造为例。蓄能系统容量可以根据实际情况进行选择,随着蓄能容量的增加,电厂发电调节能力随之增加,如图 2-44 所示。

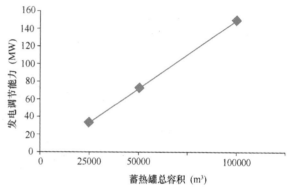

图 2-44　不同蓄能容量增加发电调节能力

电厂发电调节能力的增加使得夜间电负荷低谷期时,电厂可利用更多的过剩电量制取热量并储存,并在电负荷高峰期替代更多的抽汽,从而进一步提高电负荷高峰期电厂的发电出力。随着蓄热容量的增加,电负荷高峰期电厂采暖季增加发电量随之增加。不同蓄热容量系统经济性结果如表 2-7 所示。

不同蓄能容量系统经济性　　　　　　　　　　　　　表 2-7

| 蓄热容量(MW) | 蓄热罐总容积(m³) | 总投资(万元) | 增加收益(万元) | 静态回收期(年) |
|---|---|---|---|---|
| 50 | 25000 | 9200 | 1922 | 4.8 |
| 100 | 50000 | 14271 | 3034 | 4.7 |
| 200 | 100000 | 22205 | 4972 | 4.5 |

在“热电协同”运行模式下,热电厂发电上网出力随电网调度变化时,仍能保证供热出力稳定,满足热用户的供热负荷需求;保证机组乏汽余热全回收,满足机组冷却需求。“热电协同”运行模式解除了热电厂供热出力与供电出力之间的耦合,实现了热电的相互协同。

(2)“热电协同”的热力站系统

在热力站利用吸收式换热机组的基础上利用压缩式热泵进一步降低热网回水温度。

电负荷低谷期，电动热泵制取低温回水，并储存在一次网蓄热罐中；电动热泵制取高温供水，并储存在二次网蓄热罐中。电负荷高峰期时，电动热泵停止工作，储存在一次网蓄热罐中的低温水释放至城市热网，以维持较低的一次网回水温度；储存在二次网蓄热罐中的高温水用以供给热用户，满足供热需求，如图2-45所示。

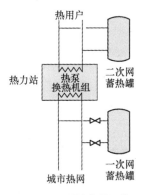

图2-45 "热电协同"热力站运行模式

　　热力站系统利用蓄热罐，使得系统在电热泵"削峰填谷"间歇运行时，仍能保证一次网回水温度稳定，进而保证电厂余热回收系统的稳定运行；仍能保证二次网供热能力稳定，满足用户供热需求。

　　目前已建立一个利用蓄能系统实现削峰填谷的示范热力站，该站承担供热负荷4MW，安装在热力站内的电动热泵根据电力负荷高峰低谷时段间歇运行，其中高峰时段电动热泵停止运行；低谷时段电动热泵耗电功率为170kW。系统利用容积为100m$^3$蓄热罐保证了电热泵在间歇运行的情况下，一次网回水温度总是维持15℃设计回水温度。

　　热电协同的供热系统利用蓄能罐与热泵相结合在电厂侧增加热电厂采暖季发电处理调节范围，在热力站侧实现用电负荷"削峰填谷"，降低了用电负荷峰谷差，提高了电网调峰能力，为热电厂及风力发电的发展提供了有利条件。

## 2.6 低品位工业余热利用技术 [1]

### 2.6.1 低品位工业余热应用的最佳场合

　　低品位工业余热主要是指工业生产过程中排放的低于200℃的烟气、100℃以下的液体所包含的热量。低品位工业余热由于自身品位低下，往往难以用于生产工艺本身或是动力回收，目前利用率普遍较低：大多数工业企业仅回收了占排放总量很小比例的余热，主要应用于生活热水、厂区供暖或生产伴热等。

　　低品位工业余热的价值冬夏有别：夏天利用价值较低，而冬天则由较大的利用价值。例如循环水余热温度在50℃以下，取环境温度为参考点计算1kW余热在冬夏的值，夏季仅为约60W，而冬季则有约180W，为夏季的3倍。

　　城镇集中供热是冬季利用低品位工业余热的最佳场合，原因有两点：

　　一是匹配性。低品位工业余热量往往大于工厂内部对低品位热量的需求，两者

❶ 原载于《中国建筑节能年度发展研究报告2015》第4.5节，作者：夏建军，方豪。

显著不匹配，富余的余热需要通过工厂外部的热需求进行"消化"和应用。

　　二是互补性。低品位工业余热具有随机的间断性、不可避免的波动性及不稳定性，而城镇集中供热系统往往拥有多个热源（如锅炉、热电联产等），热网也具备一定的调控手段，末端建筑群的热惯性较大。城镇集中供热系统的调控与缓冲能力可以一定程度削弱低品位工业余热间断、不稳定的弱点所带来的不利影响。

　　据估算，我国北方地区采暖季（平均按 4 个月计算）内低品位工业余热排放量约为 1 亿 tce。2012 年城镇集中供热能耗为 1.71 亿 tce，二者大致相当。因此，如果将低品位工业余热作为重要补充，和热电厂以及锅炉房一起用于城镇集中供热，对于解决北方城市冬季供热热源紧缺、降低北方集中供热能源消耗和工业节能减排、进一步提高工业能源利用率具有非常重要的意义。

　　2.6.2　低品位工业余热集中供热的关键问题与解决的技术方法

　　原本工业生产企业与集中供热系统属于互不关联的两个系统，而将两者结合起来形成低品位工业余热集中供热系统后，需要解决多个关键问题，如图 2-46 所示，包括单个余热热源的采集方法、多个余热热源之间的整合与热量的输配以及工业余热系统的运行调节。

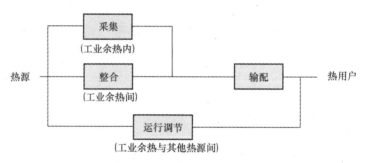

**图 2-46　低品位工业余热供热系统的关键问题**

（1）余热采集

　　工业生产过程中排放的低品位余热不尽相同，需要对常见的余热进行科学的分类，对每一类余热的特点及采集过程中需要注意的事项进行归纳总结。

　　针对每一个具体的热源，按照其所处的对应分类，可以判断出采集该热源需要注意的方面以及合适的余热采集设备及流程。余热的分类方式可以参考图 2-47。

　　基于余热热源介质的物质状态进行分类，可以分为气体余热、液体余热与固体余热。气体余热包括烟气余热、蒸汽余热等，液体余热包括水、酸类、油类余热，固体余热可以分为设备及壁面余热以及固体产品的余热。

　　基于余热热源放热过程的特性进行分类，可以分为在某一温度区间内定热流放热的余热（常见大多数余热均属于此情形），以及近似在某一温度下定热流放热的余热（包括相变类型的余热及辐射类型的余热）。

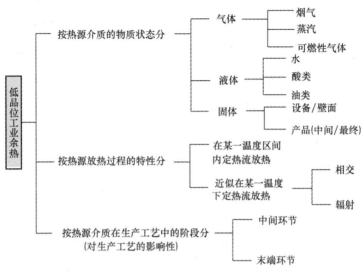

**图 2-47 低品位工业余热的分类**

基于余热热源介质在生产工艺中所处的阶段或对生产工艺有无影响进行分类，可以分为中间环节余热及末端环节的余热。

不同类型的余热其特性不同，从而在余热采集过程中必须注意的关键点也不同。例如烟气类型的余热介质中往往含尘、含有酸性气体、体积流量大，因此在余热采集过程中必须解决堵塞、磨损、腐蚀及设备体量庞大等问题。蒸汽类型的余热品位较高但通常情况下热量不稳定，且难以采集、输送，因此利用蒸汽余热时宜就近采集、梯级利用（例如对于高压力参数的蒸汽优先用于发电，对于中低压力参数的蒸汽优先驱动蒸汽型吸收式热泵回收低温余热或在取热流程最末环节用于加热热网水）。对于循环水类型的余热，余热品位很低，且水中可能含油含杂质，呈现非中性，因此采集过程中必须注意防腐蚀、防结垢，同时尽量提升余热的品位。

对于某一个特定的具体余热热源，可以将其划分至多个分类区间。例如冶炼行业常见的冲渣水余热，一般包括冲渣口的闪蒸蒸汽余热及冲渣池的渣水余热两部分。从热源介质的物质状态来看，闪蒸蒸汽的余热属于低压力参数的蒸汽余热，渣水的余热属于循环水余热，因此在冲渣水余热采集过程中一是要解决堵塞、磨损、腐蚀的问题，二是要通过设计合理的流程将渣水及闪蒸蒸汽的余热梯级回收。此外，从对工艺生产的影响性看，渣水余热属于末端环节的余热，其温度高低对生产工艺没有影响，只需要注意渣池滤料性能即可，一般情况下可以适当提高渣水的温度，提升其利用价值。

（2）余热整合与输配

工业余热热源多样而散布，不同的余热采集网络拓扑结构，可实现不同的供水温度，例如表2-8给出了最简单的双热源的例子，换热最小端差为5℃。不同的余热采集网络拓扑结构对应的供水温度如图2-48所示。不难发现供水温度差别巨大。

示例：双热源的温度与热流量 表2-8

| 余热热源 | 放热终温（℃） | 放热初温（℃） | 热流量（kW） |
| --- | --- | --- | --- |
| A | 45 | 65 | 1000 |
| B | 55 | 85 | 900 |

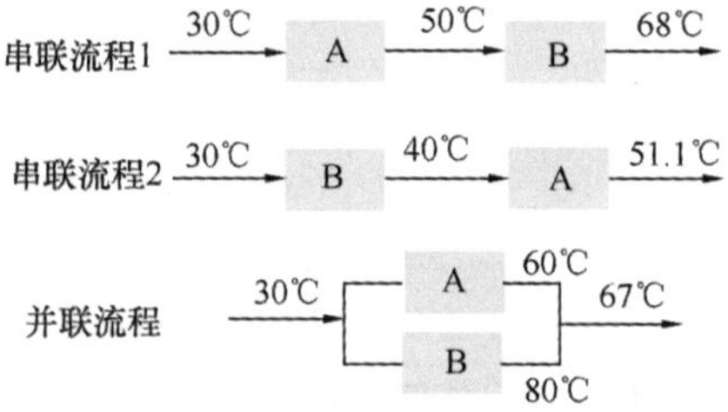

串联流程1 30℃→ A →50℃ B →68℃
串联流程2 30℃→ B →40℃ A →51.1℃
并联流程 30℃→ [A 60℃ / B 80℃] →67℃

图2-48 不同余热采集网络拓扑结构对应的供水温度

工业余热的整体品位低下，供水温度一般难以提升至很高的温度，既影响了工业余热在供热系统中的适用性，又使得输配温差不高而难以降低输配电耗。因此在设计过程中务必注意在余热热源允许的范围内提高供水温度。

化工领域的夹点分析法可以被参考并用于余热整合过程的优化[10]。

值得注意的是，供热过程中热量与品位同等重要，一些情况下适当舍弃部分低温余热可以显著提高供水温度。因此余热整合与输配的最优目标应为热量与品位的乘积最大化，即 $\max \Delta t \cdot Q$，其中 $Q$ 为回收的余热热流量，$\Delta t$ 为供回水温差。

除了提高供水温度以外，还可以通过降低回水温度的方式减小输配电耗，并且降低回水温度还可以回收更低品位的余热，从而显著提升余热回收率。降低回水温度的技术包括：1）梯级供热末端，直连的辐射散热器、间连的辐射散热器末端以及地板辐射末端依次相连，回水温度逐级降低，最终可低至30~40℃；2）热力站或楼宇式的吸收式热泵，一次网供水驱动吸收式热泵拉低回水温度，回水温度可以降低至20~30℃；3）热力站的电驱动热泵，回水温度可以降得更低。

（3）系统运行调节

工业生产过程与集中供热过程之间存在诸多矛盾，这些矛盾是低品位工业余热供热系统运行调节问题产生的根源，如图2-49所示。

首先，工业企业以生产的安全为首要目标，工艺过程产生的余热不是可排可不排，而是必须根据产热速率且在工艺所要求的热源温度下"保质保量"排走。集中供热系统则围绕用户的舒适安全目标，根据用户的热负荷需求，维持室内较舒适的温度环境，"保质保量"地进行供热。以往热电联产或热水锅炉的供热系统中，用户对热源并不承担严格的散热任务，即用户不能完全消耗供出的热量导致回水温度升高，对热源的影响并不显著；而在工业余热供热系统中，用户必须对热源担负起严格的散热任务，即倘若用户不能完全消耗供出的热量导致回水温度过高时，对工业生产会产生重大的不利影响，使得工业企业无法继续向用户提供热量，甚至威胁到工业生产本身。

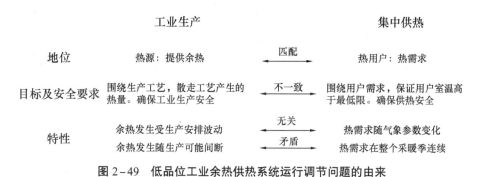

图 2-49　低品位工业余热供热系统运行调节问题的由来

其次，工业生产过程中余热的产生速率受到生产安排的约束，随生产周期发生波动，此外，由于工业生产受到的内部和外部的不确定因素多，间断的可能性较大。而集中供热过程中热需求的变化随气象参数而变化，在整个采暖季内是连续变化的，这就要求集中供热的热源具备较强的调节能力与稳定性。相比于热电联产、热水锅炉等常规供热热源方式，低品位工业余热系统基本不具备调节性，稳定性也较差。

总而言之，低品位工业余热热源不能单独进行集中供热，必须配合其他的常规供热方式，才可以保证供热安全与稳定。并且，低品位工业余热在所有热源中所占的比例不应太高，应承担基础负荷（30%~50%）所对应的热量为宜。

## 2.7　渣水取热技术 [1]

### 2.7.1　热渣余热利用现状

在黑色金属冶炼（以钢铁冶炼为代表）、有色金属冶炼（例如铜冶炼）等行业中，

---

[1] 原载于《中国建筑节能年度发展研究报告2015》第4.6节，作者：方豪。

热渣作为冶炼过程的副产物普遍存在。以钢铁企业排放的高炉铁渣为例，其主要成分包括 CaO、MgO、$Al_2O_3$、$SiO_2$。

热渣具有很高的品位，排出温度一般在 1500℃ 以上，是一种非常优质的热源。为了在较高品位下回收热渣的热量，主流的余热回收技术包括风碎余热回收技术和转杯粒化余热回收技术等。目前在中国、日本、澳大利亚等国有较多研究者针对上述两项余热回收技术进行优化研究。有学者对此进行了文献综述[11]。

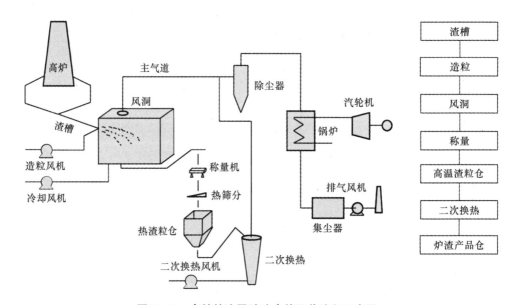

**图 2-50　高炉炉渣风碎法余热回收流程示意图**

风碎法和转杯法的本质都是对高温炉渣渣粒进行破碎，以增加余热回收时的换热面积。区别在于风碎法利用高速空气将炉渣冲击破碎，而转杯法利用高速旋转的转杯将倾倒在上面的炉渣粒化。图 2-50 展示了风碎法余热回收流程。炉渣经风碎后余热在多段流化床内被回收，产生的蒸汽用于余热发电。图 2-51 展示了转杯法余热回收流程。炉渣经转杯离心破碎后，在粒化器、振动床、流化床内逐级回收余热，

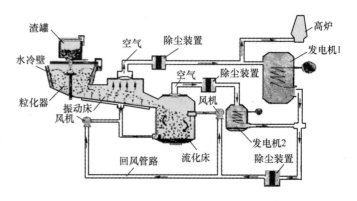

**图 2-51　高炉炉渣转杯法余热回收流程示意图**

最终炉渣温度可降低至150℃，热能同样转化为电能得到利用。

风碎法、转杯法等工艺难以保证炉渣产品的高附加值化。因此，目前绝大多数冶炼企业仍然通过水淬法处理高温炉渣，仅在事故工况中才采用干渣处理的方式。由水淬法处理得到的产物是一种性能良好的硅酸盐材料，可作为水泥熟料替代物，由此获得较高的附加值和环境效益，但缺点是水淬过程中炉渣的高温余热退化为冲渣水的低温余热，余热品位损失严重。

图2-52所示为常见的底滤池冲渣水系统。在出渣口，具有一定速度和压力的冲渣水冲击从冶炼炉出渣口排出的热渣，渣、水沿渣槽流至渣池。渣池底部的滤料层将渣水中含有的颗粒物和絮状物过滤后，渣水由冲渣泵提升压力输送至冷却塔，在冷却塔内进一步降温后返回出渣口循环冲渣。冲渣过程由补水泵保证需要的补水量。冷却塔的作用是尽可能降低冲渣水温度，在实际应用中，冷却塔也可以取消。

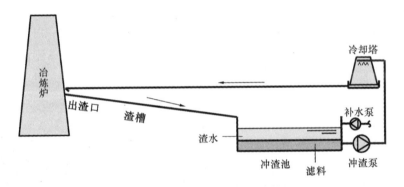

**图2-52　底滤池冲渣水系统简图**

### 2.7.2　渣水余热的特点及应用过程中的难点

广义的渣水余热主要包括两部分，一是冲渣口的闪蒸蒸汽余热，二是冲渣池的渣水余热。

渣水余热具有以下特点及应用难点：

（1）余热热量呈现周期性的间断，渣池内渣水的平均温度则随之呈现周期性波动。作为一种副产品，炉渣的产生与排放源于冶炼过程主要产品（例如铁水、铜水等）的产生与排出。冶炼过程的特性决定了产品从冶炼炉内排出往往并非连续，而呈现周期性的间断，即便在产品排出的过程中，也并非均匀排出而是呈现先增后减的排放规律。

（2）冲渣口闪蒸蒸汽余热在渣水总余热中比例高，并且这一比例随着出渣口处渣水温度的提高而增加，一般可以占到20%~40%。由于闪蒸蒸汽在放散的环境下难以收集，现有工艺往往直接排放而未予以利用。

（3）渣水中含有$Cl^-$，且含有絮状物，碱度高。因此在余热采集过程中，余热回收设备、阀门、管道容易发生堵塞、磨损、腐蚀等现象，一方面降低了传热系数，使得余热回收能力随时间显著衰减；另一方面威胁到供热系统的安全，水质极差的冲渣水经由磨损、腐蚀产生的漏点进入热网，对沿线管网及末端散热器均产生较大的安全隐患。

（4）渣水作为一种末端环节的产品，其温度高低对冶炼炉的生产不产生任何影响。因此渣水温度不受生产工艺所限，而只受到渣池滤料寿命的限制，一般较低的渣水温度对滤料寿命有利。但较高的渣水温度对改善供热效果有利，因此需要综合权衡其中的利弊。总的来说，提高渣水温度利大于弊。

### 2.7.3　渣水余热取热技术的发展现状

目前对于渣水余热取热技术的研究与应用主要集中在接触式换热技术与设备的研发、改进。通过优化系统取热管路布置结构、优化换热设备流道的结构设计、改进换热表面的加工处理等方式，解决堵塞、磨损、腐蚀等难题。在此方面，已有多项研究成果。

例如，通过合理设计系统的管路与阀门，定期改变冲渣水的流向，可以有效解决渣水换热过程中的堵塞问题[12]。再例如，宽流道板式换热器[13]的热流体侧在板组间形成无触点的介质通道，可以保证含有颗粒、絮状物的渣水顺利通过。相比于其他板式换热器，宽流道板式换热器具有传热系数高、压力损失小、不易堵塞等优点。再例如，一类冲渣水专用换热器[14]由螺旋状扁管换热元件组成，螺旋扁管截面为椭圆形，管内外流道均为螺旋状，如图 2-53 所示。该设备具有压降小、传热效率高、不易结垢、不易堵塞等特点。

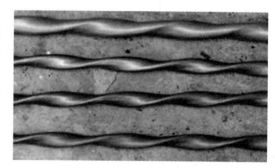

图 2-53　螺旋扁管

在逐步解决渣水取热难点的过程中，国内多家冶炼企业已开展工程实践的探索。例如自 1997 年起，济钢开始利用部分高炉冲渣水为厂区内部的小区进行供热[15]；而从 2009 年起，济钢进一步对未利用的高炉冲渣水进行余热回收设计，供热面积也随之扩大[16]。宣钢自 1999 年期也开始利用冲渣水为职工宿舍楼供暖，历经多次改造力图解决防腐防垢的难题[17]。

### 2.7.4　非接触式换热技术与设备

接触式换热技术的发展已经很大程度上克服了渣水取热过程中的突出难题，显著改善了渣水利用的条件。但由于本质上渣水仍需要通过接触换热的方式将热量传递给热网水，因而不能完全避免堵塞、结垢、腐蚀的问题。此外，目前接触式换热的技术均无法有效利用闪蒸蒸汽的余热，余热利用整体效率偏低，余热利用的品位偏低。为了根本解决渣水换热堵塞、结垢、腐蚀的问题，为了能够提高渣水余热利用率，近年来有研究指出采取非接触式换热的方法进行取热[18]。非接触式换热技术的基本原理及设备的基本形式如图 2-54 所示。

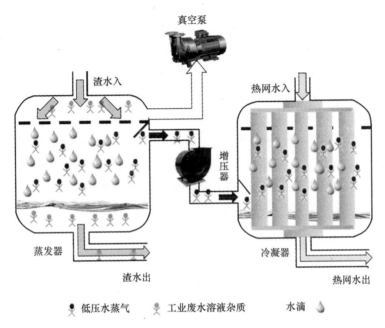

图 2-54　非接触式换热技术基本原理

两个罐体由管道及安装在管道上的增压设备连接在一起。其中一个罐体（蒸发器）由真空泵保证一定的负压。高温渣水进入蒸发器后，在负压环境下汽化，高温蒸汽带走渣水中的大量热量经增压设备增压后进入冷凝器；渣水冷却后进入蒸发器底部，返回冲渣。高温蒸汽进入冷凝器后，将热量传递给从冷凝器顶部流入的热网水，热网水在冷凝器排管内升温后从冷凝器底部流出供热。由于汽化与冷凝的过程均近似为等温过程，为了减少等温过程换热的品位损失，实际应用中可以考虑将上述换热单元逐级串联，减小换热温差。

## 2.8　热力站吸收式末端 ❶

吸收式换热机组的核心部件是热水驱动的吸收式热泵机组。吸收式热泵机组所

---

❶　原载于《中国建筑节能年度发展研究报告2015 》第4.9节，作者：张世刚。

采用的工质对主要有溴化锂 / 水和氨 / 水两种，其中以溴化锂 / 水应用最为普遍，目前开发的吸收式换热机组亦采用了溴化锂 / 水为工质。

对吸收式换热机组来说，采用普通流程、结构的吸收式热泵也能够工作，但由于使用目的、运行参数等不同，普通吸收式热泵应用于该场合不能达到最佳性能。

吸收式换热机组中的吸收式热泵与常规吸收式热泵 / 制冷机运行工况的不同，主要体现在：（1）一次水在蒸发器进出口的温差大；（2）一次水在发生器进出口的温差大；（3）二次水进出口温差大。如果采用普通的吸收机结构，这种载热介质的小流量大温差变化就会引起机组内部传热部件出现严重的"剪刀型"传热温差，造成能量的不可逆损失。

根据这种载热介质大温差变化的换热特点，我们提出了以下几方面主要改进措施：（1）采用多级蒸发和多级吸收的结构形式，使一次水在多级蒸发器中逐步降温，二次水在多级吸收器中逐步升温；（2）发生器采用多回程逆流换热；（3）增大溶液的放汽范围（浓度差），从而减小溶液循环量，提高溶液的温度变化范围。上述改进都是为了减小各部件中的"剪刀型"传热温差，减小不可逆传热损失。

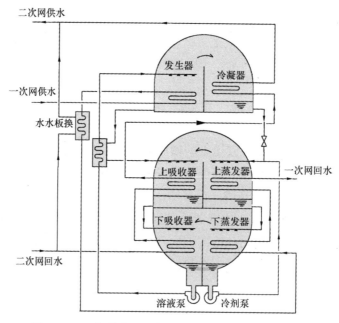

图 2-55　两级蒸发 / 吸收结构的吸收式换热机组流程

图 2-55 是我们发明的具有两级蒸发 / 吸收结构的吸收式换热机组流程图，发生器出口浓溶液先进入上吸收器，再进入下吸收器，分别吸收上、下蒸发器的冷剂蒸汽，下吸收器出口的稀溶液再通过溶液泵打入发生器，被一次水加热浓缩为浓溶液完成循环。发生器采用了多回程错流滴淋降膜结构，一次水下进上出，溶液上进

下出，形成近似逆流的换热方式。一次水先后通过发生器、水水换热器、下蒸发器、上蒸发器逐级降温；二次水的一部分先后通过下吸收器、上吸收器、冷凝器逐级升温，另一部分通过水水板换与一次水直接换热，两部分汇合后送出。吸收机与水／水换热器整合为一体化结构，便于运输和安装，如图2-56所示。

图2-56　整体型吸收式换热机组

表2-9为太原市第二热电厂供热区域内安装的部分吸收式换热机组在2015年1月8日的实际运行数据以及根据其实际运行参数计算得到的一次水换热效率、热力完善度、效率、降温系数、提升系数等指标。图2-57为安装于太原市政设计院热力站的一台AHE30T-I-S型吸收式换热机组从2015年1月9日~1月16日连续7天的实际运行测试结果。

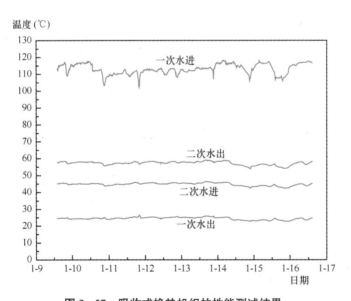

图2-57　吸收式换热机组的性能测试结果

**吸收式换热机组实际运行参数以及性能指标**　　表2-9

| 热力站名称 | 实际运行温度（℃） | | | | 一次水出口极限温度（℃） | 换热效率 $\varepsilon$ | 热力完善度 $\psi$（%） | 效率 $\eta_e$（%） | 降温系数 $\zeta$ | 提升系数 $\alpha$ |
|---|---|---|---|---|---|---|---|---|---|---|
| | 一次进口 | 一次出口 | 二次进口 | 二次出口 | | | | | | |
| 柴村1号 | 103.8 | 27.2 | 45.2 | 53.6 | 0.5 | 1.31 | 74.1 | 80.6 | 0.40 | 0.36 |
| 东唐干校 | 115.3 | 17.6 | 40.8 | 46.6 | -18.5 | 1.31 | 73.0 | 72.6 | 0.39 | 0.34 |

续表

| 热力站名称 | 实际运行温度（℃） | | | | 一次水出口极限温度（℃） | 换热效率 $\varepsilon$ | 热力完善度 $\psi$（%） | 效率 $\eta_e$（%） | 降温系数 $\zeta$ | 提升系数 $\alpha$ |
| --- | --- | --- | --- | --- | --- | --- | --- | --- | --- | --- |
| | 一次进口 | 一次出口 | 二次进口 | 二次出口 | | | | | | |
| 面粉二厂 | 116.9 | 26.6 | 49.4 | 54.7 | −5.2 | 1.34 | 74.0 | 78.7 | 0.42 | 0.37 |
| 明泰房地产 | 107.9 | 22.5 | 44.3 | 49.1 | −7.6 | 1.34 | 74.0 | 77.5 | 0.42 | 0.37 |
| | 107.6 | 21.3 | 42.6 | 48.4 | −9.5 | 1.33 | 73.7 | 76.6 | 0.41 | 0.36 |
| 山机 | 119.3 | 19.5 | 44.6 | 48 | −17.0 | 1.34 | 73.2 | 73.6 | 0.41 | 0.35 |
| | 119.7 | 20.2 | 45 | 47.8 | −17.2 | 1.33 | 72.7 | 73.2 | 0.40 | 0.34 |
| 市政设计院 | 111.6 | 26.5 | 46.4 | 59.7 | 0.7 | 1.31 | 76.7 | 82.2 | 0.44 | 0.38 |
| | 111.5 | 22.8 | 45.9 | 52.1 | −6.4 | 1.35 | 75.3 | 78.9 | 0.44 | 0.39 |
| 太铁花园 | 117.4 | 17.6 | 40.9 | 46.3 | −20.3 | 1.30 | 72.5 | 71.6 | 0.38 | 0.33 |
| | 117.6 | 14.5 | 41.6 | 45.8 | −20.3 | 1.36 | 74.8 | 73.2 | 0.44 | 0.38 |
| 新中北能源 | 100.4 | 25.1 | 44.1 | 48.3 | −2.5 | 1.34 | 73.2 | 78.9 | 0.41 | 0.36 |
| 桃园二巷 | 103.1 | 25.7 | 43.8 | 54 | 0.1 | 1.31 | 75.2 | 81.1 | 0.41 | 0.37 |
| 新安东南片区 | 118.9 | 24.1 | 45.9 | 55 | −9.6 | 1.30 | 73.8 | 77.0 | 0.39 | 0.34 |
| 新城 4 号 | 115.5 | 20.9 | 42.6 | 51 | −13.3 | 1.30 | 73.4 | 75.1 | 0.39 | 0.34 |
| | 115.9 | 22.9 | 45.2 | 50.8 | −11.5 | 1.32 | 73.0 | 75.6 | 0.39 | 0.34 |
| 兴安 | 118 | 21.7 | 44.9 | 52.4 | −12.0 | 1.32 | 74.1 | 76.2 | 0.41 | 0.35 |
| 杏花岭小区 | 102.3 | 22.5 | 43.5 | 50.6 | −2.5 | 1.36 | 76.1 | 80.7 | 0.46 | 0.41 |

另外，为了与燃气调峰的集中供热方式相结合，我们进一步发明了具备燃气补燃功能的吸收式换热机组，该机型具有热水和直燃两个发生器，同时深度回收烟气冷凝余热（排烟温度降到 30℃ 左右），在实现热力站分布式燃气调峰的同时进一步降低一次网回水温度，从而更大幅度地降低一次网流量，并通过多能源互补的方式提高了供热安全性。

吸收式换热机组从 2008 年开始正式研发，几年来通过不断的改进完善，在设计、制造、运行、维护等各方面已基本成熟，机组性能达到了预期效果，并已实现了批量化生产。到目前为止，仅北京华源泰盟节能设备有限公司就已销售了 489 台吸收式换热机组，总容量达到 4043MW。这些设备应用在山西、北京、内蒙古、山东等多个供热系统中，长期的跟踪观察及检测表明，这些机组都能够在不同工况下稳定、安全运行，各项性能指标均达到设计要求。

## 2.9　楼宇式换热站应用技术 ❶

### 2.9.1　大型换热站应用中出现的问题

我国现有的集中供热系统热力站多为大型热力站，一个热力站为多个建筑供热，

---

❶　原载于《中国建筑节能年度发展研究报告2015》第4.7节，作者：夏建军，张立鹏。

供热面积为几万到几十万平方米不等。大型热力站由于其换热设备初投资低，设备集中便于管理维护，补水水源便于处理等优点，得到了广泛的应用。但是随着供暖节能工作的深入，其在实际应用过程中存在的弊端也逐一显现，目前该系统存在的主要问题有如下几个方面：

（1）楼栋之间供热不平衡问题

由于大型二次网输送距离远，供热规模大，在末端缺少调控的情况下，各个楼栋之间水力失调现象较为明显，且难以进行有效的调节，导致用户冷热不均，为满足最低室温建筑的供暖要求必将导致其他建筑过量供热。

（2）难以满足末端不同的供热参数需求

由于一个热力站内承担的供暖建筑较多，建造年代不同，保温水平不同，室内散热设备不同，需要的供水温度也不相同。统一在一个热力站内由一个二次网供热，往往只能按照要求最高的供暖热参数调节，从而造成很多建筑过热，形成过量供热损失。尤其是采用不同室内末端的时候，例如地板辐射末端方式和传统暖气片方式共存的小区，这种过热和过量供热的现象非常普遍，造成能源浪费。

（3）二次网输配电耗偏高

由于二次网温差小流量大，二次侧循环泵耗较高

（4）热力站设备选型偏大

大型集中热力站的设备容量大小（换热器和水泵等）往往是按照其设计之初所能带的最大供暖面积来进行选取的。但是实际过程中，供暖面积的发展往往是分阶段进行的。这必将导致新建大型热力站在很长一段时间内，设备选型偏大，特别是循环水泵，由于选型不合适，导致水泵工作点偏离最佳运行工作点，整体效率偏低，造成输配电耗浪费。

而随着自动控制与远程监测水平的提高，目前热力站的运行管理方式较以前相比已经有了很大的改进，例如很多热力站都可以实现无人值守的管理方式，这也为热力站小型化奠定了基础。因此改变现有的热力站设计管理思路，发展小型楼宇规模的换热站是解决上述问题的一个重要途径。

### 2.9.2 小型楼宇式换热站技术介绍

小型楼宇式换热站在北欧很多国家得到了广泛的应用。对比集中式换热站和楼宇式集中供热系统，如图2-58所示，可以看出，楼宇式热力站设置在建筑内，每一栋建筑设置一个楼宇式热力站，或者位置相近的同类型建筑共用一个楼宇式热力站。

由于楼宇式换热站设置在建筑内，整个供热管网只有一次网和建筑内的管网，没有庭院管网。如图2-59所示，原来由二次网输送的部分改为由一次网输送，增加了供回水温差，减小了管网流量，节省了输配电耗。

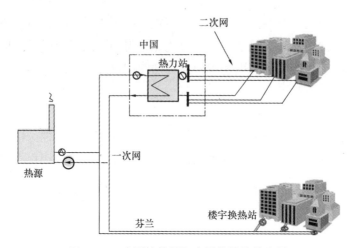

图 2-58　小型换热站和大型换热站的应用

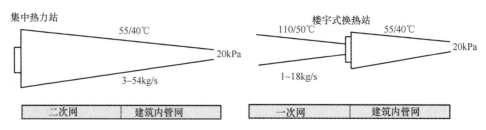

图 2-59　集中热力站与楼宇热力站系统水压图对比

　　楼宇式热力站占地空间小，只需要几平方米的空间，可以放置在地下室。实际的楼宇式热力站如 2-60 所示。

　　热源生产的热量由一次管网输送到楼宇式热力站，由热力站换热器换热为用户提供房间供暖。楼宇式热力站设有自控系统，楼内散热末端供水温度可根据设定的供水温度调节曲线控制。而且楼宇式换热站一次网侧装有热量表，计量的热量可以作为供暖用户与热力公司进行热费结算的依据。

　　在北欧由于供热管网全

(a)　　　　　　　　　(b)

图 2-60　实际的楼宇热力站

（a）楼宇式换热站；（b）户式换热机组

年运行,所以楼宇式换热站除提供冬季供暖之外,还可以提供全年生活热水,如图 2-61 所示。该楼宇式热力站通常为两阶段换热器,如热网一次水分为两股,分别进入生活热水换热器和供暖换热器,用来给生活热水和暖气循环水加热,经过供暖换热器换热后的回水进入生活热水换热器,与另一股经过生活热水换热器的一次水汇合,用来预热冷水。

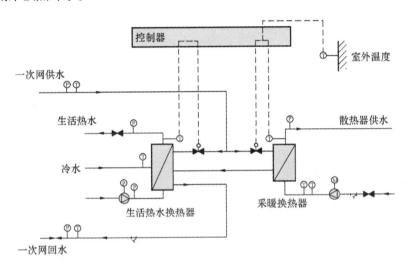

图 2-61 楼宇式换热站原理图

### 2.9.3 楼宇式换热站运行效果分析

与集中大型热力站相比,楼宇式换热站的优势在于运行调节性能好,几乎没有冷热不均、过量供热的情况出现,因此供热质量高、节能性好。楼宇式换热站中,楼内散热末端供水温度可以根据实测的室外温度曲线逐时调节,每一栋楼根据其围护结构、室内末端的性能特征等设定供水温度和室外温度曲线,如图 2-62 所示,不同的用户可以调整曲线的斜率,设定最高出水温度和最低出水温度,设定夜晚供水温度调节的延迟等控制方式来满足用户要求同时实现节能。

图 2-63 为按照上述方法控制后,在某楼宇式热力站测试得到楼内散热器供回水温度与室外温度的关系。由图可见,供回水温度与室外温度近似呈线性关系,与设定的供热调节曲线

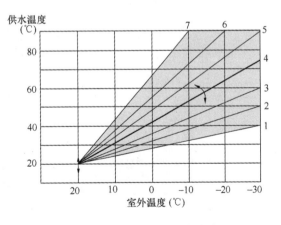

图 2-62 热力站供热调节曲线

相符。其供暖季建筑供热量与室外温度的关系见图 2-64，可以看出，建筑实际供热量与建筑需热量相差不大，基本不存在过量供热损失。

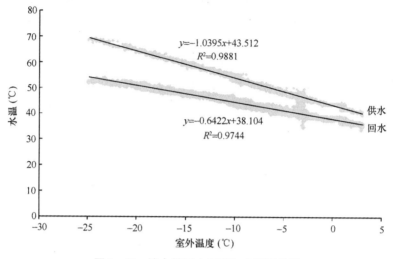

**图 2-63　楼内供回水温度与室外温曲线**

楼宇换热器的另外一个优势在于，楼内循环水泵能耗低。图 2-64~图 2-67 给出了一个供暖面积约为 1.5 万 m² 的楼宇式换热站，其楼内管网循环水泵定压差变频控制运行情况。由图可见，流量的变化范围为 10~15m³/h，水泵扬程仅为 3~4mH₂O，远远低于大型集中热力站的水泵扬程；水泵功率为 150~250W，完全可以不需要单独配电，采用普通居民用电线路提供供电。

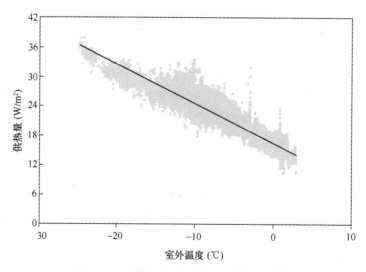

**图 2-64　建筑实际供热量与室外温度曲线**

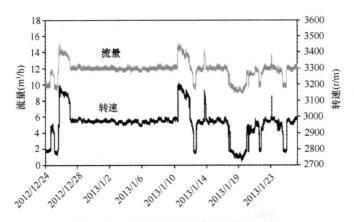

图 2-65 楼内管网循环水泵流量与转速

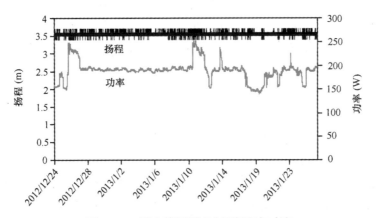

图 2-66 楼内管网循环水泵扬程与功率

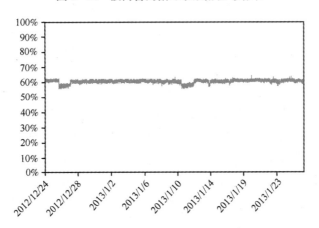

图 2-67 楼内管网循环水泵效率

### 2.9.4　楼宇式换热站需要注意的问题

楼宇式换热站在国内具体应用还需要解决一些具体的实际问题。例如楼内循环管网的水处理和定压问题。目前北欧等国其楼内自来水达到饮用水水质，远远超出楼内循环管网的水处理要求，因此其楼宇式换热站多采用自来水直接补水，定压方式采用自来水系统加膨胀水箱定压即能满足要求。但是国内目前自来水水质达不到直接补水楼内循环管网的要求，因此，合理的采用水处理设备以及定压方式，是在楼宇式换热站具体应用需要解决的问题。此外，楼宇式换热站的运行对自控系统和运行数据管理提出了更高的要求，如何根据实测运行数据进行节能分析，并从中发现实际运行问题，例如，热力站设备、传感器执行器故障，调节曲线调整等，是运行人员需要掌握的技能。

## 2.10　实现楼宇式热力站的立式吸收式换热器技术 ❶

### 2.10.1　楼宇式吸收式供热系统的提出

为了利用低品位的工业余热为建筑供热，并且实现热量的长距离输送，降低一次网的回水温度是关键措施之一。在热力站采用吸收式换热器代替常规的板式换热器，可以实现一次网的供回水温度自常规的 110℃ /60℃降低为 110℃ /30℃，低温的一次网回水回到热电厂或者工厂既能回收低品位的余热，又能增加一次网输送的温差，降低输送电耗。

由于目前中国的热力站供热模式都是小区供热，单个热力站的供热规模达到 10 万 ~30 万 m² 甚至更大，往往在小区中集中设置热力站机房，单个热力站统一为 10~40 栋楼供热。若采用吸收式换热代替常规热力站中的换热器，则吸收式换热器的供热出力要比较大，为 4~12MW。已有采用大型吸收式换热器代替常规板式换热器的技术，实现了降低一次网回水温度的目的，但由于机组规模大，采用常规的卧式结构，占地面积大，面积较小的热力站机房没有空间安装这类设备，使得应用受限。此外，由于小区规模的热力站在小区内通过庭院管网集中为多栋楼供热，当楼栋数较多时，庭院管网的规模较大，二次管网变得复杂，二次泵的泵耗也偏高。并且，楼宇间的调节仅能通过调整二次网的流量分配来满足不同楼的供热要求，当热力站所带楼栋数偏多时，二次网的水力调节也变得非常复杂。

为此，将吸收式换热器小型化，减小占地面积，缩小到楼宇的规模，从而取

❶ 原载于《中国建筑节能年度发展研究报告2015》第4.10节，作者：谢晓云。

消常规小区规模的集中热力站，而改为分散的楼宇式吸收式换热，即为每栋楼安装吸收式换热器，独立为每栋楼供热。由于缩小到了楼宇的规模，吸收式换热器的出力可以缩小到 160~600kW，若将吸收式换热器改为立式结构，机组占地仅为 1.5~3m$^2$，占地面积很小，从而可将机组放置在每栋楼的旁边，类似小区内放置在室外的变压器，从而既取消了占地较大的集中的热力站，又取消了复杂的庭院管网，直接将一次网铺设至每栋楼前，通过吸收式换热器变换温度后通过非常简单的管路为楼宇供热，如图 2-68 所示。这即是最新提出的楼宇式分散吸收式换热器的技术，小型的吸收式换热器的性能在后文中介绍，其性能比常规的大规模卧式机组要优异。

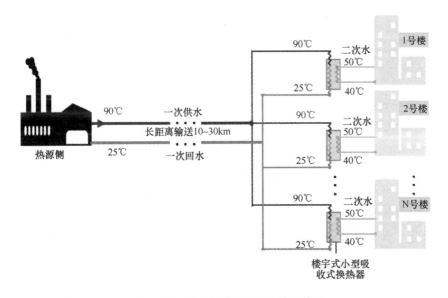

图 2-68　楼宇式吸收式换热的系统图

通过这种全新的末端供热模式,既能以较高的效率降低一次网的回水温度（90℃一次网供水，一次网回水能降至 25℃，如下面详细性能所述），又能根据每栋楼的末端状况分栋调节二次供水温度，使得末端的调节变得简单方便，可以方便地实现分栋调节和分栋计量；由于取消了庭院管网，降低了二次供水泵耗，大幅度降低了二次管网投资；取消了集中的热力站，改为室外的分散供热，减小了热力站占地和建设的投资；这些优势都使得这种全新的楼宇式小型吸收式供热的技术，将成为未来一种非常有潜力的集中供热的末端模式。

### 2.10.2　楼宇式立式吸收式换热器的原理与温度效率

楼宇式立式吸收式换热器的原理如图 2-69 所示。

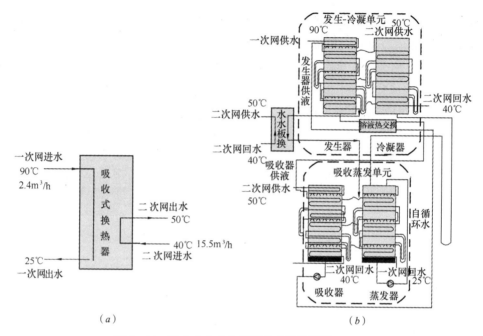

**图2-69 楼宇式立式多段吸收式换热器的原理图**

(a) 吸收式换热器的基本原理；(b) 立式三段机组的内部流程图

图2-69（a）给出了末端立式吸收式换热器的基本原理和设计参数，一次网流量2.4m³/h，一次网进水温度90℃，出水温度25℃；二次网流量15.5m³/h，二次网进水温度40℃，出水温度50℃。可见，用在末端的吸收式换热器实现了流量极不匹配的两侧流体之间的换热，并使得一次网的出水温度比二次网低，一次网的出水温度降低至25℃，可回到工厂或者热电厂直接回收低品位（30~40℃）的工业余热。并且使用吸收式换热器后，一次网的供回水温差增加至65℃，传统采用板式换热器直接换热的方式一次网的供回水温差（90℃供，45℃回）仅为45℃，采用这类小型的吸收式换热器能够使得一次网供回水温差增加40%，管网输送能力增加40%。

图2-69（b）给出了楼宇式立式三段吸收式换热器内部流程图。为了减小吸收式换热器的占地面积，比较好的解决方案是将楼宇式的机组设计为立式结构，上部为发生-冷凝基本单元，下部为蒸发-吸收基本单元，发生-冷凝基本单元的压力高，蒸发-吸收基本单元的压力低，上下之间通过U形管来隔压。由于实现的是一次网侧的大温降（90℃进，25℃出），发生器的一次网热水侧温差约为20℃，蒸发器的一次网热水侧温差约为15℃；二次网侧的温差为10℃（40℃进，50℃出），冷凝器的二次网温差为10℃。由此，吸收式换热器的源侧相比常规吸收机（源侧温差仅为5℃）来说，均为大温升或者大温降，而常规吸收机一般都为单级发生-冷凝和单级蒸发-

吸收的方式，仅有一个冷凝压力和一个蒸发压力，在单个冷凝压力或者单个蒸发压力下，外部大温升/降的热源与内部溶液或冷剂水之间的换热过程为"三角形"的换热过程，换热过程极不匹配，这就导致要求较高的换热面积进而较大的机组成本，或者要求的一次网回水的低温参数根本无法实现。为了避免内部换热过程的这类不匹配现象，可将发生－冷凝过程分为三段，蒸发－吸收过程也分为三段，通过三段结构将单一的冷凝压力变为呈梯度变化的三个冷凝压力，将单一的蒸发压力变为呈梯度变化的三个蒸发压力，可以有效地降低换热过程的三角形损失，使得换热过程变得匹配，从而显著提高吸收式换热器的性能。此立式三段吸收式换热的 $T$–$Q$ 图如图 2–70 所示意。三段发生器之间、三段冷凝器之间、三段吸收器之间、三段蒸发器之间均通过 U 形管来实现相邻段的隔压，从而实现了稳定可靠的冷凝压力梯度和蒸发压力梯度。

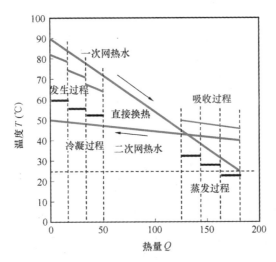

图 2–70 立式三段吸收式换热器的 $T$–$Q$ 图

这种全新的立式多段结构的吸收式换热器，依靠发生－冷凝基本单元与蒸发－吸收基本单元之间自然的压力和重力实现了溶液和冷剂水在六段模块（三段发生－冷凝、三段蒸发－吸收）之间的自然流动；溶液循环系统仅需要一台溶液泵，放置在设备最下部，实现将溶液自溶液罐输送到发生器的第一段；一台冷剂水泵，也放置在设备最下部，实现将冷剂水自冷剂水罐输送到蒸发器的第一段，之后完全依靠溶液和冷剂水的自然流动实现溶液或冷剂水在级内的喷淋和各级之间的流动，由此这种立式结构也使得溶液和冷剂水在机组内的流动变得稳定和可靠。

对于吸收式换热器，如图 2–69（a）所示，其从外部看仍然实现了一次网向二次网换热的功能，为了评价吸收式换热器的性能，可类比换热器的效率定义吸收式换热器的温度效率，对于用在末端的吸收式换热器，其温度效率 $\varepsilon$ 定义为一次网热水被降温的程度，见式（2-1）。

$$\varepsilon = \frac{t_{1,\text{in}} - t_{1,\text{o}}}{t_{1,\text{in}} - t_{2,\text{in}}} \tag{2-1}$$

其中 $t_{1,\text{in}}$ 为一次网进水温度，$t_{1,\text{o}}$ 为一次网出水温度，$t_{2,\text{in}}$ 为二次网进水温度。

由式（2-1）所示，吸收式换热器的温度效率 $\varepsilon$ 与常规换热器一次侧的温度效率定义完全相同。仅是对于常规的换热器，$\varepsilon \leqslant 1$；而对于吸收式换热器，$\varepsilon > 1$。而且与常规换热器类似，对于已定流程的吸收式换热器，$\varepsilon$ 也主要受两侧流量比、吸收式换热器内部的换热面积的影响，吸收式换热器的换热面积越大，$\varepsilon$ 越高，二次侧与一次侧的流量比越大。与常规换热器不同的是，$\varepsilon$ 还受一二次网进口温度的影响。对于给定流程、给定面积、给定一二次侧流量比的吸收式换热器，一次网进口温度越高，$\varepsilon$ 越低；二次网进口温度（也就是回水温度）越高，$\varepsilon$ 越高。但一二次网进口温度参数对 $\varepsilon$ 的影响不大，相比流量比和换热面积的影响要弱很多。吸收式换热器的内部流程结构也是影响其温度效率的主要因素之一，一般给定两侧流量比、给定总换热面积之后，单段吸收式换热器的温度效率总比三段吸收式换热器的效率低 $0.1 \sim 0.15$。目前研发出的三段立式吸收式换热器产品的温度效率能够达到 1.3 左右。

### 2.10.3　实际机组研发与实测性能分析

2014 年初，世界上首台立式吸收式换热器被研发出来，之后机组结构也进一步优化，首批楼宇式立式吸收式换热器的产品也研发成功，如图 2-71 所示。这类楼宇式立式吸收式换热器可单独放置于室外、楼的旁边。机组内置二次网循环泵、一次网加压泵（对于一次网资用压头不够的末端），将一次网铺设至机组，与二次网之间进行吸收式换热后直接输送二次网热水至建筑的末端。这类楼宇式的立式吸收式换热器实质是放置在室外的小型吸收式热力站，由于占地面积非常小，图 2-72 中的单台机组所负责楼的供

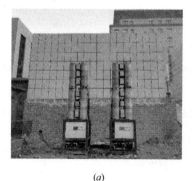

（a）　　　　　　　　　　　　　　（b）

**图 2-71　实际机组照片**

（a）机组内部结构；（b）机组带保温外观图

暖面积为4000m²，占地仅1.5m²，若单栋楼的供暖面积增加到15000m²，则机组占地仅增加为3m²。若在小区建设时提前规划好，在每栋楼的旁边预留出位置放置这类小型机组，就类似小区中在室外放置的变压器，这将彻底取消集中的热力站，取消庭院管网，仅将一次网铺设至各楼的吸收式机组处，即可以实现分栋供热，分栋调节，分栋计量，并且输出低温的一次网回水，为回收各类低品位工业余热创造条件。

图2-71所示楼宇式吸收式换热器安装在内蒙古赤峰松山法院，共安装了三台立式机组，室外放置两台，室内放置1台，分别对消防总队办公楼、消防员活动大楼、工程行政管理办公大楼供热，每台机组的额定供热量为180kW。研发的首台机组为室内放置，自2014年1月开始运行，实现了极稳定的运行和优异的性能，安装在室外的两台自2014年12月开始运行，实现了在室外的可靠和稳定的运行，性能比首台机组有了进一步的改进，真正实现了室外的楼宇式吸收式热力站。

取首台机组2014年1~4月的运行参数为例，由图2-72给出了机组的实测性能。由于末端热负荷偏小，机组严寒期运行时实际供热量为设计值的80%，严寒期及末寒期的外网运行参数如图2-72所示，随着室外气温的变化，机组的供热量从额定值的80%变化到30%，一次网供水温度从90℃变化到57℃，而一次网的回水温度一直保持在25~30℃之间，相比传统的板式换热器，一次网回水温度降低了15~20℃，并且整个供暖季基本保持稳定。同时，二次网供、回水温度在严寒期达到50~40℃，完全可以满足室内的温度需求，机组达到预期供热效果，实现了极好的稳定性和优异的性能。

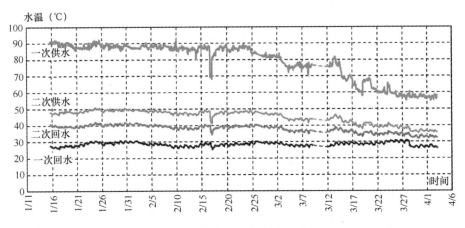

**图2-72　机组实际运行外网参数**

对于楼宇式吸收式换热器，随着室外气温的变化，仅需调节一次网的供水温度或者流量，即能满足负荷调节的要求，其调节方式非常简单，调节性能优于常规板式换

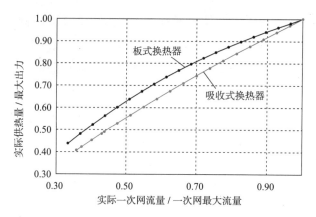

**图 2-73　吸收式换热器与板式换热器的性能对比**

热器。图 2-73 给出了楼宇式吸收式换热器与普通板式换热器的调节性能对比，横坐标为一次网流量调节比例，仅调节一次网流量，二次网流量不变，纵坐标为实际供热量占最大供热量的比例。给定一次网的供水温度 90℃，二次网的回水温度 40℃，其中吸收式换热器最大出力时二次网与一次网流量比为 6.1，板式换热器最大出力时二次网与一次网的流量比为 3.6。从图 2-73 可以看出，随着一次网流量的调节，对于板式换热器，供热量随一次网流量的变化呈非线性变化，而吸收式换热器的供热量随一次网流量的调节接近于线性变化，吸收式换热器的部分负荷调节性能要优于常规的板式换热器。

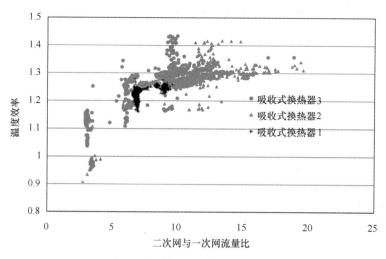

**图 2-74　立式吸收式换热器的温度效率随二次网与一次网流量比的变化**

图 2-74 给出了上述机组实测的温度效率，还给出了温度效率随二次网、一次网流量比的变化。由图 2-74 可以看出，立式吸收式换热器的温度效率在 1.2~1.4 之间

变化，随着二次网与一次网流量比的增加，立式吸收式换热器的温度效率也增加。图 2-74 给出了三类楼宇式吸收式换热器的温度效率，吸收式换热器 3 是优化机组流程后的设备，其温度效率比首台机组（吸收式换热器 1）在同样流量比下的温度效率要高，已达到 1.3～1.4。追求较高的温度效率，是未来吸收式换热器内部流程结构优化的方向。

### 2.10.4　推广应用前景与可行性分析

以上对楼宇式吸收式换热器从系统原理、机组原理与性能评价参数、实际机组研发及其实测性能和应用效果各方面都进行了介绍。作为一类全新的末端供热技术，楼宇式吸收式换热器技术的研发与示范都取得了成功，由于其具备取消了庭院管网、实现了分栋可调与分栋计量、设备占地小、降低一次网回收温度的性能优异等各方面的优势，并且随着工业余热作为建筑热源 – 这一越来越迫切的节能减排的需求，在末端应用楼宇式吸收式换热器具备了非常广阔的应用前景。

若能实现供热计费的改革，利用供水温度 –40℃来计量热量，40℃至 25℃对应着 15K 温差的热量为免费热量，若热量为 30 元 /GJ，则根据目前楼宇式立式吸收式换热器的投资进行估算，仅考虑这部分免费热量节省的热费，则供暖 4000m² 的小型立式设备投资回收期为 6 年，供暖 5000m² 的小型立式设备的投资回收期为 5 年，供暖 15000m² 的小型立式设备的投资回收期为 3 年。根据不同的建筑面积的规模，其投资回收期有所变化，但大部分集中在 3~5 年回收，这还不包括由于省去庭院管网、降低二次泵泵耗、省去集中热力站投资而节省的费用，因此这项全新的楼宇式立式吸收式换热器技术有着非常好的应用前景，也将支撑未来一种全新的集中供热的末端模式。

## 2.11　降低回水温度的末端电热泵技术 ❶

对于集中供暖系统，降低一次网回水温度既可以增加供回水温差，降低输配电耗；又可以充分利用低品位余热（如热电联产汽轮机乏汽余热、工业余热等），减少相同供热量下的化石能源消耗。因此，降低一次网回水温度具有非常重要的意义。

通过末端梯级供热技术及吸收式热泵技术（1.8 节）可以降低一次网回水温度。梯级供热技术中，一次网热水依次为间连散热器末端、直连散热器末端、低温辐射末端供热，回水温度可以降低至 35℃左右。吸收式热泵技术中，高温一次网热水进入吸收式热泵的发生器以驱动热泵，一次网回水温度可以降低至 25℃左右。

梯级供热技术难以实现很低的回水温度；吸收式热泵技术难以在一次网供水温度不高时实现低温回水。当一次网供水温度不够高，而又需要将回水温度降低至较

---

❶　原载于《中国建筑节能年度发展研究报告2015》第4.11节，作者：方豪。

低水平时，电热泵技术则是一种可以高效降低一次网回水温度的技术。

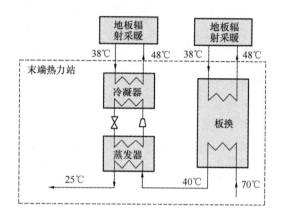

**图 2-75　末端热力站内单级热泵原理图**

以典型的地板辐射末端热力站为例，系统原理图如图 2-75 所示。在热力站内，电热泵的蒸发器接在一次网板换后的回水管上，经过板换换热后的一次网回收进入蒸发器，热量被热泵循环工质带走，温度降低至 25℃（甚至更低）；冷凝器接在二次网的回水管上，二次网回水从冷凝器内热泵循环工质吸收热量，升温后为用户供暖。图中所示的温度参数下，热泵 COP 可以达到 8 以上。

为了进一步提高热泵的 COP，可以利用多台热泵分级取热，如图 2-76 所示。

相比于单级热泵，多级热泵串联可以提高机组的平均蒸发温度，从而使机组的综合 COP 得到提高。如图所示，若采用两级热泵，40℃回水先进入第一级热泵，降温至 32℃后进入第二级热泵，最终回水温度为 25℃，其供热量与上述单级热泵方案相同。

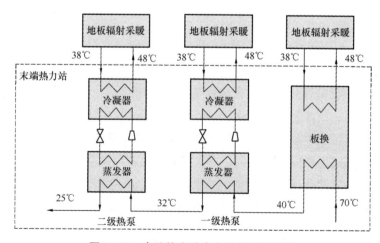

**图 2-76　末端热力站内多级热泵原理图**

第二级热泵的蒸发温度为 23℃不变，因此其 *COP* 仍与单级热泵方案相同，可以达到 8 左右。但第一级热泵的蒸发温度可以提高到 30℃，因而其 *COP* 可以提升至 10 以上。两个热泵的综合 *COP* 可以达到 9 以上，高于单级热泵 *COP*。运行费用更低且配电需求更低。因此在安装条件允许的情况下，应采用多级热泵供热的方式。

上述温度及 *COP* 均为设计工况下的参数。在部分负荷下，考虑热网质调节方式，一次网二次网供水温度均降低，电热泵的蒸发温度、冷凝温度也相应降低。如图 2-77 所示为两级电热泵各自蒸发温度、冷凝温度随末端负荷率变化的特性。如图 2-78 所示，在部分负荷下，随着负荷率降低，由于冷凝温度与蒸发温度间的温差减小，而通过压缩机变频等技术可以保证热泵处在高效工作区，从而热泵的 *COP* 显著升高。整个供暖季内，两级热泵系统的 IPLV（综合部分负荷性能系数）可达 12 以上（即每供应 1GJ 热量，热泵机组需要用电约 20kWh），运行经济性较好。

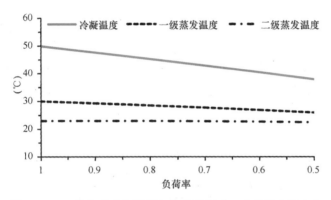

图 2-77 不同负荷率下热泵机组蒸发温度、冷凝温度的变化

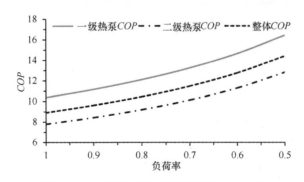

图 2-78 不同负荷率下热泵机组 *COP* 变化

除了节能的优点外，末端电热泵技术还具有体形较小、安装方便、技术成熟、运行调节可靠的特点。

总结来看，末端电热泵技术可以在消耗少量电力的情况下有效降低一次网回水温度；多级电热泵可以进一步提高运行的经济性；部分负荷工况下可以稳定高效运行；因此适合于一次网供水温度不高而需要较低回水温度的场合，从而减小输配电耗，且提高低品位余热的利用率。

## 2.12 长距离输送技术 ❶

### 2.12.1 长距离输送管道的发展

（1）石景山热电厂向北京供热

1992 年，北京市石景山热电厂至车公庄供热干线进入全面运行阶段。该干线全长 21.5km，管径分别为 DN1200 和 DN1000，并装有内压式波纹管、金属硬密封蝶阀、逆止阀及复式拉杆 [19]。该工程项目主要包括新建 32km 供热干线，63km 支线，205 座热力站及锅炉房换热站，两座回水加压泵房和 1 座大型供热厂，是当时我国最大的供热工程系统。该项目外网工程管网除穿越一般地段外，还穿越风化石山、河流、大砂石坑、铁路、地铁、立交桥和地下公用设施阀室等特殊地段。因此，管网敷设采取了地下隧道、浅埋暗挖、顶方涵全封闭通行地沟和椭圆拱沟等敷设方式 [20]。

（2）红雁池热电厂向乌鲁木齐供热

2007 年，新疆乌鲁木齐市红雁池第二热电厂向乌鲁木齐南区供热干线建成，该干线长 16km，管径为 DN1200。该工程供热区域内南高北低，热电厂在南部高处，高程 1012.7m；北部最远处热用户高程为 860m，高差为 152.7m，地形高差极大。热网系统采用三级间接供热方式。一级网供水温度 150℃，回水温度 90℃，而当时直埋敷设的保温材料耐温只能到 135℃，所以需要采用地沟敷设方式，其他的均采用无补偿直埋方式敷设 [21]。

（3）河北三河热电厂向北京通州供热

2011 年，河北省三河热电厂正式向北京通州供热，供热干线长 23km，管径为 DN1400，是国内首家跨省送热工程。该项目虽然不存在高差的问题，但是管线路、由十分复杂，该项目管线穿越了潮白河等河流 5 次，穿越京哈高速等道路 5 次，穿越铁路 3 次。此外，还遭遇流沙层、淤泥层、卵石层、垃圾回填区和地震断裂带等多处复杂地况 [22]。

### 2.12.2 供热半径不断提高的原因

随着城市化与热电联产的不断发展，市区外热源的比重变得越来越高。而随着长距离输送热量的增大，管径也在不断变大，而且从目前来看，DN1400 的管径已经逐渐无法满足供热量的需求，有必要研究发展更大管径的长距离供热管网。相同流速下，比摩阻与管径是成反比关系的；相同比摩阻下，流量是与管径的 2.5 次方成正比的。

❶ 原载于《中国建筑节能年度发展研究报告2015》第4.12节，作者：华靖。

所以，大管径管道的使用，可以提高供水的流速，大大提高管道的输送能力。

另一方面，随着城市的发展，尤其是近几年来，雾霾问题的突出。为了提高空气品质，城市内的燃煤锅炉房将逐渐被热电联产或者燃气锅炉房替代。当城市内热源不够时，如果不从城市外引进热源的话，就只能通过新建燃气锅炉房来提供热源。然而，天然气价格昂贵，所以运行成本要比燃煤锅炉房高很多。供热半径的本质是通过当地热源的供热成本与热电联产或其他工业余热热源的供热成本的差价来支付长距离输送所需要的费用，所以，在当地热源供热成本大幅度提高的条件下，再配合大管径管道的使用，供热半径有可能发展得越来越大。

### 2.12.3　大温差技术对长距离输送的推动

通过在末端使用大温差换热机组可以大大降低一次管网的回水温度，使得一次网供回水温差提高到 100℃左右。降低回水温度，可以充分回收热电厂或工业余热热源厂本无法回收的低品位热量，降低电厂供热成本，提高热电厂供热能力，并促进大管径管道的使用；提高供回水温差，可以提高热质的载热能力，进一步提高管道的输送能力。因此，大温差技术的使用，可以大大提高供热半径,扩大了城市热源的选取范围。

以 1.4m 管径的供热管道为例，热源为热电厂，如果不进行大温差改造，则电厂的供热成本约为 17.5 元 /GJ；而进行大温差改造后，电厂的供热成本为 15 元 /GJ，但是末端热力站设备需要改造，费用约为 6 元 /GJ。则常规热电联产与大温差热电联产的输送成本比较如图 2-79 所示。

从图中可以看出，虽然大温差技术由于末端热力站需要改造而导致总的初投资较大，但是由于输送能力的提高，随着输送距离的增加，大温差热电联产则显示出了明显的优势，并且能够进行长距离输送。与燃煤锅炉房相比，大温差的供热半径可达到 92km；若与燃气锅炉相比，供热半径可达 302km。

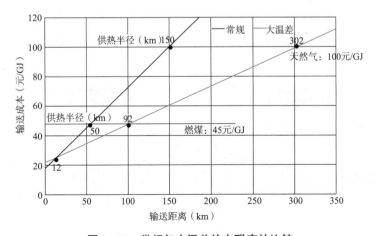

图 2-79　常规与大温差热电联产的比较

### 2.12.4 典型案例分析

为了实现太原市的清洁供热，充分利用无污染的余热，太原市利用距离太原市约 40km 的古交兴能电厂向太原市供热。然而从兴能电厂到太原市内，不仅有 37.5km 的距离，同时还需要翻越两座山。通过研究发现，挖掘三条隧道不仅能降低供热管道的路由长度，也可以提高管网的安全性。不过即使如此，古交兴能电厂与太原市区依然存在着 180m 的高差，具体如图 2-80 所示。

图 2-80　古交兴能电厂向太原供热路由

古交兴能电厂向太原市供热 3488MW，供热面积可达 8000 万 m²。长输管道敷设两组 1.4m 管道，供水温度为 130℃，回水温度为 25℃，总流量为 3000t/h，共设置六级泵站。直接工程费用为 37.5 亿元，其中包括三条隧道和中继能源站，其造价为 17.4 亿元，占总造价的 46.4%。具体供热成本分析见表 2-10[23]。

古交兴能电厂供热成本分析      表 2-10

| 项目分类 | 项目名称 | 折合平均单位供热成本（元/GJ） |
|---|---|---|
| 外购热能费 | 小计 | 15.75 |
| 热能输送费 | 折旧费 6.71 | |
| | 动力费 | 2.77 |
| | 财务费用（借款利息） | 2.73 |
| | 运行管理费 | 2.233 |
| | 小计 | 14.44 |
| 合计 | | 30.19 |

从表 2-10 可以看出，加上长输管道，其供热成本略高于热电联产，主要原因是此工程额外投资了隧道和中继能源站，增加了近一半的投资折旧和运行管理费。

由于此工程高差大，路由复杂，流量也较大，并设置了六级泵站，所以在启停或者事故工况下，如果处理不当，会出现严重的水击问题，威胁管道的安全性。通过动态水力分析，此工程在泵站设置旁通管，在电厂与能源站内设置整体旁通，使用高位水箱定压，同时变频启停等一系列手段来减缓和消除水击。在此同时，在压力较高的位置设置泄压阀，在压力较低的位置设置紧急补水点，确保在各种事故工况下不超压，不汽化。

## 2.13 大型集中供热网的分布式燃气调峰技术 [1]

### 2.13.1 分布式燃气调峰供热技术

目前，对大多数北方城镇的供热系统来说，或多或少存在以下几方面的问题：

1）燃煤热电厂作为城市集中供热系统的主要热源形式，在初末寒期由于供热需求小，热电厂供热能力过剩，导致部分负荷运行，部分热量甚至从冷却塔排出，系统的能源利用率低。

2）对于燃煤独立供热系统，燃煤量随天气变化，会造成严寒期污染物集中排放，大气环境污染超标天数增加。

3）一个城市中部分地区采用燃煤热电厂供热，价格低，而另一些地区采用燃气锅炉供热，价格高，导致一个城市供热方式不同，尽管末端采暖效果相同，但价格不同，不利于社会的公平化。

4）热网一次侧设置天然气锅炉调峰热源进行集中调峰，加重了城市管网的负担。完全没有必要通过耗资巨大的城市管网长途输送由天然气转换出的热量，同时还增加了热网的输送能耗和调节不均匀造成的热损失。由于管网规模大，热惯性非常大，系统也不能根据气候变化及时调节，从而造成天气突然变暖时的过量供热。

5）供热安全性差。对于没有备用供热设备的采暖系统，一旦集中热源或主干网出现事故，整个供热系统都将受到影响。

我国的能源消费主要以煤炭为主，煤炭价格较低且储量丰富，以燃煤热电联产为主要热源的形式适合我国国情。为了改善大气环境，近些年清洁能源作为采暖燃料也在逐渐发展，特别是天然气采暖，在部分城市已经推广并形成一定的规

---

❶ 原载于《中国建筑节能年度发展研究报告2011》第3.7节，作者：付林。

模，与燃煤锅炉不同，天然气锅炉的效率和污染排放都几乎与锅炉的规模无关，几百千瓦的小容量燃气锅炉也可实现高效率和清洁燃烧。天然气的问题是成本高，我国的天然气储量并不十分丰富，如何用好有限的天然气资源，充分发挥其清洁、高效、调节便利的特点，从而使其产生最大效益，应是天然气应用时主要考虑的问题。

比较燃煤燃气两种能源方式，可以发现二者正好互补。燃煤方式必须是大规模系统，否则煤的运输存放、灰渣的清理、烟气的处理等都不好解决，而天然气则可以在小规模装置上使用；燃煤系统惯性大，不易调节，而天然气非常灵活，便于调节；燃煤热电联产效率高，初投资高、运行成本低，而燃气初投资低、运行成本高。这样就可以构成燃煤热电联产加天然气分布式调峰的方式，充分发挥这两种能源形式的长处，互补其短处，形成一种高效、可靠、低成本的新型供热系统。

这就是大型集中供热网的分布式燃气调峰供热技术，是以燃煤热电厂产生的热量或工业余热通过集中供热管网，送到各热力站，承担采暖的基础负荷，再在各个热力站设置燃气锅炉，根据供热需要，对二次侧热水进一步加热，补充热量。城市热网提供末端建筑采暖的基础负荷，其供热量和运行参数在整个供热季基本不变，燃气锅炉承担调峰负荷，根据气候的变化和末端用户的需求随时调整，实时地满足各个采暖用户的要求。这样，城市热电联产集中供热网可以长期在最佳状态下运行，充分发挥其高效和低运行成本的优点，并使高投资的热电联产与城市热网能长时间全负荷运行，充分发挥其效益。而天然气末端调峰锅炉也充分发挥其可以分散地清洁应用和调节便捷的特点。尽管天然气调峰锅炉装机容量也很大，但运行时间短，因此正好与其初投资低而运行成本高的特点相适应。系统的连接形式如图2-81所示，表2-11是以北京的气候为例，采用分布式燃气调峰形式时不同外温时一、二次管网的水温参数及燃气锅炉的加热量。

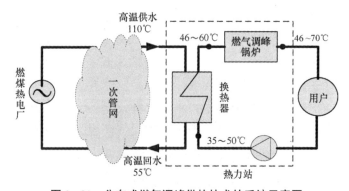

图2-81 分布式燃气调峰供热技术的系统示意图

不同外温时一、二次管网的水温参数及燃气锅炉的加热量 表 2-11

| 外温 | 回水 | 燃气锅炉前 | 燃气锅炉后 | 燃气锅炉负荷 |
| --- | --- | --- | --- | --- |
| -10℃ | 50℃ | 60℃ | 70℃ | 50% |
| -5℃ | 45℃ | 55℃ | 62℃ | 33% |
| 0℃ | 40℃ | 50℃ | 54℃ | 16% |
| 5℃ | 35℃ | 46℃ | 46℃ | 0% |

这种搭配形式，具有以下一些特点：

1）供热能效提高。尽管燃煤热电联产热源在最冷的时候仅承担总负荷的一半，而设在各个热力站的燃气锅炉承担另一半负荷，但整个采暖季节热电联产热源承担总采暖热量约为 70%～80%，燃气热源仅承担 20%～30% 的采暖供热量。在供热初期和末期燃煤热源承担全部负荷；随着外温降低，采暖负荷加大，设在热力站的燃气锅炉逐渐开始加大所承担的负荷比例，直到最冷时，由燃气分担约一半的采暖负荷。这样整个采暖季节燃煤热电联产热源几乎可以做到恒定供热，可以很好地保证较高的能源转换效率。

2）一次网运行调节简单，二次网可实现局部调节。传统的调峰锅炉设置在一次网侧，热惯性较大，热源调度和水力调度非常困难，不易实现快速调节。而采用在热力站二次侧设置小型调峰燃气锅炉，不仅很容易实现快速调节，还可以根据所负责区域的具体情况进行相应的调整，以满足不同供热需求。包括对于医院、养老院、幼儿园等有特殊要求的区域，可以在集中供热开始之前就利用燃气供热，在正常采暖期，又可以根据需要加大供热量，满足较高的室温要求。反之，对学校、机关等建筑，春节假日就可以停止燃气再热，仅依靠一次网供应的热量维持值班采暖要求（房间温度不低于 10℃），从而实现集中供热的局部调节。

3）大气环境得到改善。分布式燃气调峰供热方式使整个采暖季每天燃烧的燃煤量都相同，这样对于同样的冬季采暖燃煤消耗总量，每天造成的污染排放量相同，这就避免了"暖天少烧少排放，冷天多烧多排放"的问题。大型集中热源仅承担采暖的基本负荷，也就是在最冷时只提供最大热量需求的 50%～60% 左右的供热量，从而实现整个采暖季均衡不变的供热，避免严寒期污染物的集中排放，可以使燃煤造成的污染物排放在一个采暖季均匀化，提高大气环境达标天数。

4）节省一次网初投资，或增大一次网输送能力，使已有一次管网承担更多的采暖面积。对于新建系统而言，由于一次网仅承担基础负荷，可减少管径，减少一次网初投资；对于既有系统，由于把调峰锅炉搬到了热力站二次侧，一次主干网仅承担采暖基础负荷的输送任务，这就相当于使一次网的输送能力增加了一倍，从而已有的一次管网就可以承担更多的采暖面积，提高管网利用率。

5）供热安全性得到提高。由于调峰热源的分散设置，当集中热源或主干网出现故障时,热力站的燃气锅炉至少可以提供一半以上的热量,避免采暖建筑受冻。反之,当燃气供应发生问题时,依靠集中供热网提供的基础供热量,采暖建筑也可维持基本的值班采暖标准。这样就可避免各种事故与灾害,提高供热系统的抗风险能力。

6）有利于社会公平化,由全社会共同承担改善大气质量所造成的经济负担。许多城市目前采用燃煤和燃气两类燃料为不同建筑供热。由于燃气成本远高于燃煤,一些城市燃煤燃气供热实行不同价格。然而就末端采暖用户来说,他们接收的供热服务是完全相同的,不应该让燃气采暖的用户为改善大气质量"买单",而燃煤采暖的用户却单独享受低价采暖。实行分布式燃气调峰供热,就可以实现廉价的低标准供热和高价的高标准供热:当使用燃煤热电联产热源维持基础采暖时,燃料成本低,价格低廉;而高成本的燃气全部用来满足多出来的高标准采暖的要求（如提前和延期采暖、提高室内温度等）。这样就可以既保证社会低收入阶层低价的基本采暖要求（最冷天室内10℃）,又满足高收入者高价格实现室内高标准采暖的需要。这样由高收入且实现高舒适性者为改善大气质量买单,也更符合建设和谐社会的要求。

因此,分布式燃气调峰供热应是未来城市集中供热的发展模式,能够使煤和天然气两种能源实现优势互补,也是一些城市从治理大气污染的目的出发,准备用天然气部分替代燃煤采暖时,应优先考虑的方案。

### 2.13.2　分布式燃气调峰供热技术经济分析

满足相同的供热面积,采用分布式燃气调峰供热（图2-82）和燃煤燃气独立供热（图2-83）的热源配置容量相同,热源初投资相当,而分布式燃气调峰供热使得能源利用效率高、初投资高、运行成本低的热电联产整个采暖季较均匀供热,而初投资低、运行成本高的燃气锅炉运行时间短,因此,系统耗气量和运行成本均得到降低。以北京市为例,相对于分布式燃气独立供热和燃煤热电厂独立供热而言,分布式燃气调峰供热方式的燃气消耗量约为燃煤燃气独立供热的40%（热化系数0.5时）,运行成本可降低4~5元/m²。

以北京市为例,2008年北京市城市热力网供热面积达到1.28亿m²,占全市总供热面积的21.4%,燃气锅炉供热面积达2.56亿m²,占全市的42.60%。对于已有的城市集中供热管网而言,整合城市热力网周边的燃气锅炉房作为分布式调峰热源,在不增加热电联产热源和管网的情况下,北京市现城市热力网的供热面积可增加6362万m²,达到2.13亿m²（热化系数0.5）,如表2-12所示。

根据北京市"十二五"供热规划,热电联产供热能力达到6411MW,若全部采用分布式燃气调峰,那么预计2015年城市热力网的供热面积可达到3.11亿m²,比现有规划方案1增加供热面积1.22亿m²,如表3-7所示,这很大程度上解决了北京市热源和管网能力不足的问题。同时,与发展燃气锅炉单独供热相比,可节约6.56亿m³的天然气消耗量,大为缓解首都天然气供应的安全保障问题。

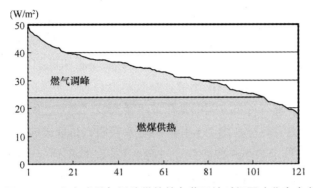

**图 2-82　分布式燃气调峰供热的负荷延续时间图（北京市）**

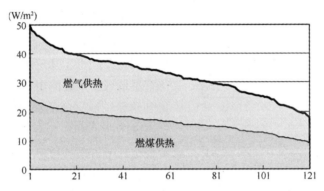

**图 2-83　燃煤燃气独立供热的负荷延续时间图（北京市）**

北京市现状及"十二五"城市热网热源发展规划　　　　　　　　　表 2-12

| 分项 | 现状 | 现状改造 | 2015年方案1 | 2015年方案2 |
|---|---|---|---|---|
| 热电联产供热能力（MW） | 4377 | 4377 | 6411 | 6411 |
| 大型调峰热源供热能力（MW） | 3072 | 0 | 3072 | 0 |
| 分布式调峰热源供热能力（MW） | 0 | 4377 | 0 | 6411 |
| 热化系数 | 0.59 | 0.5 | 0.676 | 0.5 |
| 城市热网供热面积（万 m²） | 14898 | 21260 | 18966 | 31139 |

注：城市热网热负荷指标按照 50W/m²，分布式燃气调峰按照 35W/m² 计算。

## 2.14　以室温调控为核心的末端通断调节与热分摊技术 [1]

### 2.14.1　原理与特点

供热改革是我国建筑节能工作的重要组成部分，然而经过十多年的努力，以"分户调节"和"计量收费"为核心的"热改"一直未能在我国集中供热地区全面实施，

---

❶　原载于《中国建筑节能年度发展研究报告2011》第3.3节，作者：刘兰斌。

迄今为止尝试热计量收费的建筑面积还不到北方集中供热建筑面积的1%，供热改革举步维艰。为此，有人提出：按面积计费是计划经济体制福利社会的最后堡垒，分户计量改革可能比住房改革还要困难。这其中除体制和机制原因外，更主要的是现有各种技术措施都无法适应我国国情，在技术上存在很多实际困难。

关于分户调节，现有计量方案都是在散热器安装恒温阀，问题是：①恒温阀要实现良好的调节性能需要热源精细调节和外网有效控制，目前国内很难做到；②恒温阀易堵塞，可靠性低、调节量小并且易滞后，控温精度低；③不适应地板辐射等新型末端；④无法应用于单管串联系统，而我国大部分既有建筑户内采暖系统即为单管串联方式。

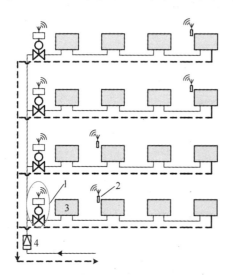

**图2-84　通断控制装置及热分摊技术原理图**
1—室温通断控制阀；2—室温控制器；3—供热末端设备；4—楼热入口热量表

关于按照热量计量收费，在基本原理上和技术上也都存在很多难题，包括：①建筑端部和顶层单元与中间单元相比，单位面积耗热会多2~3倍；②户间通过隔墙传热，使得室温低或不采暖的用户可以从采暖的邻室得到热量，而采暖的邻室则增加了耗热量；③高额的改造和设备费用；④装置的标定与装置损坏所带来的管理、维护与维修工作。

针对上述问题，提出一种同时实现热计量和热调节的方案，其原理如下：如图2-84所示，在每座建筑物热入口安装热量表，计量整座建筑物的采暖耗热量，对于分户水平连接的室内采暖系统，在各户的分支支路上安装室温通断控制阀，对进入该用户散热器的循环水进行通断控制来实现该户的室温控制，同时在每户的代表房间放置室温控制器，用于测量室内温度同时供用户自行设定要求的室温。室温控制器将这两个温度值无线发送给室温通断控制阀，室温通断控制阀根据实测室温与设定值之差，确定在一个控制周期内通断阀的开停比，并按照这一开停比确定的时间"指挥"通断调节阀的通断，从而实现对供热量的调节。通断阀控制器同时还记录和统计各户通断控制阀的接通时间，按照各户的累计接通时间分摊各户热费。即：

$$q_j = \frac{\alpha_j \cdot F_j}{\sum\limits_{i=1}^{n} \alpha_i \cdot F_i} Q \qquad (2-2)$$

$$\alpha_j = \frac{T_{\text{open},j}}{T_\text{o}} \qquad (2-3)$$

式（2-2）、（2-3）中 $q_j$ 为分摊给某指定用户 $j$ 的采暖耗热量；$\alpha_j$ 为某指定用户 $j$ 入口阀门的累计开启时间比；$F_j$ 为某指定用户 $j$ 的供暖面积；$Q$ 为楼栋入口处热量表计量的热量；$T_{\text{open},j}$ 为某指定用户 $j$ 入口阀门的累计开启时间；$\alpha_i$ 为全楼各用户入口阀门的累计开启时间比；$F_i$ 的全楼各用户的供暖面积。$T_o$ 为楼栋入口热计量的累积时间。

这样既实现了对各户室内温度的分别调节，又给出相对合理的热量分摊方法。

这一方式集调节与计量为一体，以调节为主，同时解决了计量分摊问题。其特点为：

1）改善调节。当散热器串联连接时，采用连续调节很难均匀地改变所串联的各个散热器热量，从而无法做到均匀调节。而采用通断调节方式，所串联的各个散热器冷热同步变化，通过接通时间改变散热量，因此可使一个住户单元中的各个散热器的散热量均匀变化，有效避免由于流量过小导致前端热、末端凉的现象。只要各组散热器面积选择合理，就可以在各种负荷下都实现均匀供热。

2）避免用户开窗和室温设定偏高。采用这种方式，开窗、调高室温设定值都会导致接通时间增加，从而增加用户热费分摊量。因此这种方式能有效抑制开窗现象，同时可促进用户合理地设定室内温度，实现用户行为节能。

3）减少邻室传热带来的问题。为了防止无人时室内冻结，控制器可限定最低设定温度，如 12℃，使得用户入口阀门不会长期关闭，当用户长期外出时，既大大削弱了邻室传热的影响，也避免了室内冻结。由于不是以热量分摊采暖费用，而是以接通的时间比例来分摊，因此大大降低了邻室传热的影响，缓解了热分摊中的不公平。

4）解决建筑物不利位置住户热费缴纳问题。由于是按照供热面积与累计接通时间的乘积分摊热量，顶层和端部单元按照设计会多装散热器，所以也不会出现多分摊热费的问题。

5）安装方便、经济可靠。研制开发的供热控制和热分摊计量一体化智能装置，不像热量表、温控阀等对水质要求较高，也不像热分配表那样对散热器类型和安装条件有要求，并适合于各种末端形式的供热系统，其结构简单，安装使用方便，可靠性高。然而从用户的可接受性出发，要求采用这种方式的每个用户的散热器型号和面积统一设计安装，不得擅自更换。

上述分析表明：分户计量收费改革的各项目的用这一方法都可以实现，而所出现的相应问题和改造费用却大大减少。但上面给出的只是总体思路，要真正应用于实践还需要解决以下几个具体问题，也是该技术的核心内容：

1）实现具体的通断调节方式和控制策略，使得在任何状况下都能保证室温仅在很小的范围内波动；

2）对末端分散的通断控制不会带来整个水系统流量大起大落的波动；

3）可靠的硬件设备。

下面将对这几个问题逐一展开讨论。

### 2.14.2 预测阀门开启占空比的智能通断调节方法

工程应用中最常见的通断调节方式是位式调节，即预先设定一个偏差值，当温度高于"设定温度 + 偏差值"时，阀门关断；当温度低于"设定温度 – 偏差值"时，阀门开启（图 2–85）。这种方式若直接应用于散热器采暖系统，由于建筑巨大的热惯性，调节容易滞后，室温控制精度非常低。为此，不是采用位式调节，而是"智能占空比"调节。根据系统的热惯性确定固定的调节周期（例如半个小时），在每个调节周期内根据供暖要求确定"占空比"，也就是这个周期内接通时间所占的比例。根据室内实际温度和设定温度之差，按照模糊算法可得到当前周期阀门开启占空比，并按照该占空比控制阀门的通断，其原理如图 2–86 所示。

智能通断控制实现的关键是合理的确定当前周期阀门开启占空比。实际过程、中，当前周期阀门开启占空比是按照式（2–4）对上一周期的阀门开启占空比修正得到，这样问题就转化为如何获得占空比的修正值。

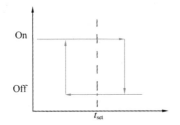

图 2–85 位式通断调节原理图

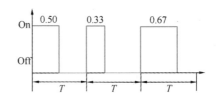

图 2–86 智能通断调节原理图

$$\kappa(T_i) = \kappa(T_{i-1}) + \Delta\kappa(T_i) \qquad (2-4)$$

式中　$\kappa(T_i)$——第 $i$ 个控制周期阀门开启占空比；

　　　$\Delta\kappa(T_i)$——第 $i$ 个控制周期阀门开启占空比修正值。

具体地，修正值 $\Delta\kappa(T_i)$ 是通过查询一张控制表（表 2–13）得到。该表的列表示温度需求，通过用户设定温度和当前实际温度之差来描述。如用户设定温度高于当前实际温度，则为升温需求，反之为降温需求。按照需求程度不同分为高、中、低三档。该表的行表示当前温度的变化速率，可通过前一个周期内的温度变化来描述，并按照温度变化程度分为快、中、慢三档。这样就得到一张 6 阶的控制表格，每一周期的阀门占空比修正值都可以通过当前时刻温度、当前设定温度、上一周期结束时的实际温度三个参数查询表格得到。

占空比修正系数模糊控制表　　　　　　　　　　　　　　　　　表 2-13

| | | 降温需求（$t_{set}(\tau) < t_a(\tau)$） | | | 升温需求（$t_{set}(\tau) \geq t_a(\tau)$） | | |
|---|---|---|---|---|---|---|---|
| | | 高 | 中 | 低 | 低 | 中 | 高 |
| 降温速率<br>（$t_a(\tau) < t_a(\tau-T)$） | 快 | a11 | a12 | a13 | a14 | a15 | a16 |
| | 中 | a21 | a22 | a23 | a24 | a25 | a26 |
| | 慢 | a31 | a32 | a33 | a44 | a55 | a66 |
| 升温速率<br>（$t_a(\tau) \geq t_a(\tau-T)$） | 慢 | a41 | a42 | a43 | a44 | a45 | a46 |
| | 中 | a51 | a52 | a53 | a54 | a55 | a56 |
| | 快 | a61 | a62 | a63 | a64 | a65 | a66 |

注：$t_{set}(\tau)$ 为 $\tau$ 时刻温度设定值；$t_a(\tau)$ 为 $\tau$ 时刻室内实际温度。

图 2-87 是处于楼内不同位置，设定不同温度的 8 个典型用户的室温控制曲线，图中直线为设定温度，点线为用户实际温度。可以看到，不管用户位于楼内哪个位置，以及设定温度是多少，只要用户处于调控状态，被控房间的室温均可控制在"设定温度 ±0.5℃"，控制策略展现了良好的鲁棒性。

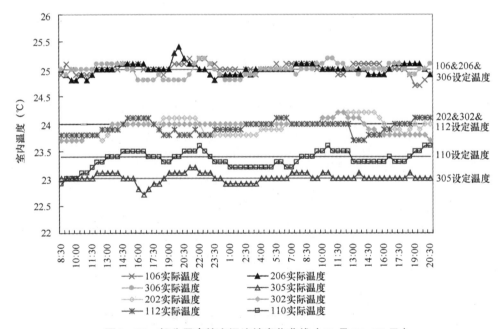

图 2-87　部分用户的室温连续变化曲线（12 月 27~29 日）

### 2.14.3　错开用户控制周期的水力均匀性方法

采用预测阀门开启占空比的智能通断调节方法会使得所有用户阀门的开启时间集中在一个周期的前半段，所有用户阀门关闭的时间集中在后半段，这就使得阀门动作一致性的概率大大增加。如图 2-88 所示，某干管上有三根立管，每根立管有六个用户, 以立管 1 为例, 当控制周期为 30min, 各个用户的阀门占空比均为 0.5 时, 如果阀门动作的起始时刻相同, 则下一个周期内的前 15min (30min × 0.5) 内 6 个用户的阀门同时开启, 后 15min 阀门又将同时关闭 (图 2–89), 如果三根立管状态一致, 则整个系统的循环水量就会大起大落。

为了解决水力工况问题, 提出一种控制周期错开的水力均匀性方法。其基本原理是:

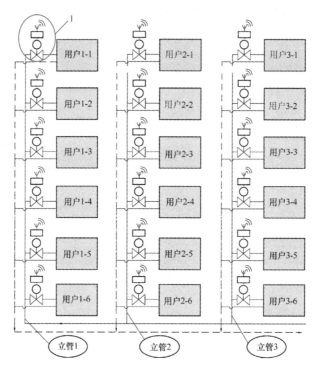

图 2–88 通断控制装置安装示意图

1—室温通断控制阀

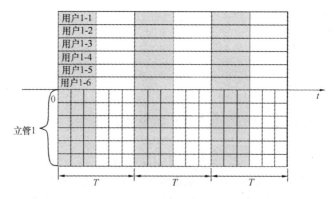

图中: 蓝色部分代表阀门开启, 空白部分代表阀门关闭, T 代表一个控制周期

图 2–89 智能通断调节模式下水力工况示意图

1）依据某个参数，按照一定的方法固定错开各个用户热入口通断控制阀门的起始时刻，使得各个用户的阀门开启时间和关闭时间互相错开，在时间上保证用户的水力均匀。如图 2-90 所示，时间轴 $t$ 下方代表立管 1 的总流量，当错开各个用户的控制周期后，前述案例在任何时刻均只有三个用户的阀门全开，避免了图 2-89 所示在每个周期的前半段 6 个用户阀门均打开、后半段 6 个用户阀门均关闭时流量剧烈变化。

2）为保证空间上的均匀以及操作上的方便，在实施时以立管为依据，即只考虑同一根立管上用户错开即可，不同立管之间的起始时刻可以一致，从而使得关闭用户和开启用户在空间上分布均匀。

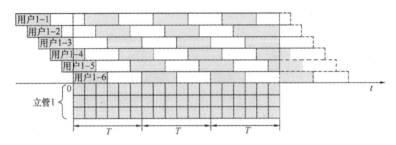

图中：蓝色部分代表阀门开启，空白部分代表阀门关闭，$T$ 代表一个控制周期

**图 2-90　控制周期交错的水力均匀性方法示意图**

理论分析表明：采用控制周期错开后，有六个用户的单根立管，开启 3 个用户的概率为 47%，开启 2 个用户的概率为 26%，开启 4 个用户的概率为 22%，全部关闭或全部打开的概率为 0，整体呈正态分布。当不采用错开的方式后，开启不同用户数量的概率相差不大，全部关闭的概率为 12%，全部打开的概率为 10%（图 2-91）。

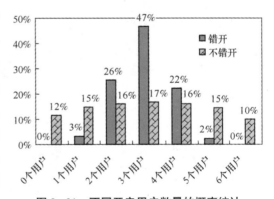

**图 2-91　不同开启用户数量的概率统计**

图 2-92 是长春某栋建筑分别在严寒期（12 月 27~29 日）和末寒期（3 月 28 日~3 月 30 日）每隔 5min 的楼栋总流量变化曲线，从测试结果看到：不管是严寒期还是末寒期，楼栋的总流量瞬态变化基本在 3% 以内，楼栋的总流量短时间内变化不大，水力工况平稳。

无论是理论分析还是实测结果均可以看到：这种时间和空间上均使得用户阀门控制周期交错的方法，能够保证智能通断调节系统水力工况的稳定，避免系统循环水量出现大起大落。

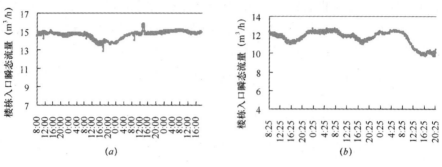

图 2-92　楼栋总流量瞬态变化曲线

（a）12月27日8：00~29日20：00；（b）3月28日8：30~30日20：30

### 2.14.4　末端通断调节与热分摊技术的硬件介绍

如图 2-93、图 2-94 所示，末端通断调节系统由手持式操作器（简称手操器）、室温遥控器（简称遥控器）、室温通断控制器（简称控制器）、无线转发器（简称转发器）四部分组成，它们之间全部采用无线射频通信，室温遥控器和手操器由锂离子电池供电，通断控制器和无线转发器由交流 220V 或交流 24V 供电，具体各部分的功能如下。

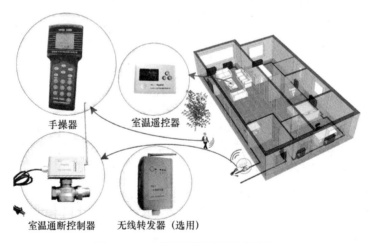

手操器　　　　　　　室温遥控器

室温通断控制器　　无线转发器（选用）

图 2-93　末端通断调节系统示意图

（1）手持式操作器功能

手操器主要提供给维护人员用于系统维护以及数据读取、清零，通断控制器地址设定等，这些工作均不需入户，只要在通断控制器的射频范围内就可以随时进行。手操器由锂离子电池供电，当电池电压不足时，手操器会间断发出警示音，提示维护人员及时更换电池。

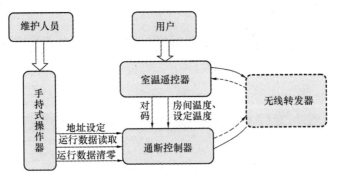

图 2-94　末端通断调节系统设备功能介绍

（2）室温遥控器功能

为削弱邻室传热的影响以及避免室内结露，室温遥控器限定最低设定温度为 12℃，在 12~25℃之间用户可以任意设置为某一温度，同时室温遥控器自动测量房间温度，并且每隔一个周期将这两个温度发送给通断控制器。其面板液晶显示屏实时显示设定温度、实际温度、信号强度、地址以及阀门累计开启时间比（阀门累计开启的时间比上采暖计量的总时间）。室温遥控器由锂离子电池供电，正常情况下，可以连续使用三年以上。当电池电压不足时，室温遥控器会间断发出警示音，提示用户及时更换电池；当和通断控制器通信不上时，液晶屏显示提示信息，从而避免阀门常开使得用户热费增加。另外室温遥控器在首次使用前，需进行对码操作，以便同特定的通断控制器建立联系。

（3）室温通断控制器功能

通断控制器主要完成两个功能，一是通断控制器通过接收室温遥控器发来的温度信息，按照内置的算法控制阀门的通断，从而控制室温；二是通断控制器对运行数据进行双备份保存，防止不正常掉电丢失数据。另外通断控制器还可以同手操器通信，完成数据读取和清零等维护操作，其在首次使用前应进行地址设定，以获取唯一的身份。

（4）无线转发器功能

无线转发器主要是在通断控制器和室温遥控器因距离较远，或楼内结构复杂而无法可靠通信时，用于中间数据转发，即通过接收遥控器数据转发给通断控制器，同时将通断控制器的反馈数据转发给遥控器。在转发器的支持下，通信距离得到明显的延伸，并且一个转发器可以支持多个遥控器和控制器之间的数据转发。

具体工作过程如下：室温遥控器在每个控制周期（0.5h）自动将用户设定的房间温度和实际测量的房间温度无线传输给通断控制器，通断控制器经过其内置控制算法计算后，得到一个介于 0~1 之间的阀门瞬态开启时间比（该周期内阀门开启时间比上控制周期），并依此瞬态开启时间比对阀门进行 ON—OFF 控制，从而控制室温。同时，通断控制器自动记录其累计开启时间比。

（5）设备的可靠性和用热安全性

为了保护用户的用热安全性以及防止部分用户采取某些措施进行窃热，控制器在出现故障时采用表 2-14 的处理方式。

**设备故障处理**　　　　　　　　　　　　　　　　　　　　表 2-14

| 故障 | 处理方法 |
|------|----------|
| 通信中断 | 通断阀处常开状态，保证供热；<br>控制器按照常开计算累计值，保证计量分摊；<br>定期联络，自动恢复 |
| 阀门控制器电源切断 | 阀门处常开状态，保证供热；<br>断电后按照常开计算累计值 |
| 移动室内温控器到不当位置（如冰箱、火炉） | 温度偏低时，阀门打开，供热并计时；<br>温度偏高时，阀门切断，供热停止；<br>通信不上，阀门处常开状态并计时 |

近几年来，随着物联网和互联网技术的发展，末端通断调节系统由一户户孤立的温控计量产品发展为互联互通，高度信息化集成系统（图 2-95），使得管理效率大幅度提高，精细化管理成为可能。

### 2.14.5　工程应用简介

该技术从 2006 年 6 月开始进行理论研究，到如今大规模的应用，具体可分为三个阶段。

第一阶段：实验性阶段（2006~2007 年）。在 2006 年 10 月开发出第一代产品，并于 2006~2007 年采暖季在长春一栋住宅楼进行了实验性应用，同时进行了相关数据的测试，取得了良好的实验效果，相关设备工作可靠，室温控制在预期的"设定温度 ±0.5℃"范围内，同时调控用户的阀门累计开启时间在 50% 以下，虽然没有安装热量表进行能耗计量，但可看到良好的节能效果。

第二阶段：示范中期阶段（2007~2008 年）。在第一阶段取得良好应用效果的情况下，对相关硬件、软件进一步完善升级为第二代产品的基础上，进一步扩大应用规模。依据室内采暖系统不同，分别重点选取了室内采用水平单管串联系统的长春车城名仕家园小区、室内采用双管并联系统的国务院机关事务管理局的新海苑小区，室内采用垂直单管串联系统的清华大学紫荆学生公寓进行重点示范。为提高用户节能的积极性，在示范过程中，通过海报传单等形式进行了节能宣传，采暖中期和结束后两次发放了节能奖励，采集了大量实验数据，同时还对用户满意度，用户节能行为等进行了相关调查，从而能够对技术的应用效果、用户可接受性等进行较为细致的分析，技术再一次经受了实践的检验。

第三阶段：大规模的推广应用阶段和按热收费示范阶段（2008 年至今）。鉴于之

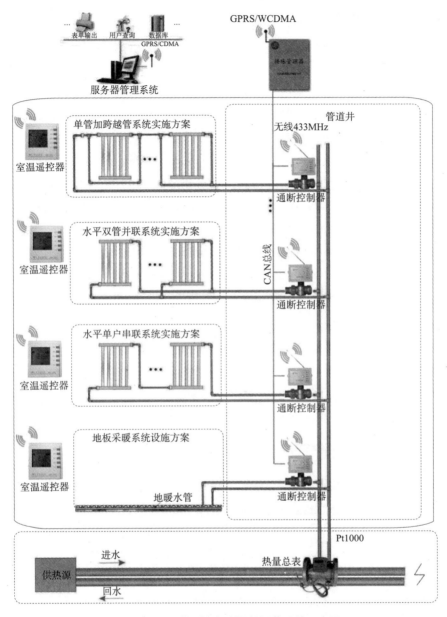

**图 2-95 互联互通末端通断调节系统示意图**

前示范应用取得了良好效果，迄今已在北京、吉林、内蒙古、黑龙江等地进行了总计采暖面积近 700 万 $m^2$ 的应用，经过近四个采暖期的实验，效果良好，采暖期间可以使房间温度维持在"设定温度的 ±0.5℃"之间，采用这一方式的建筑与未采用这一方式的建筑相比，节省热量 10%~20%（由于没有改变收费方式，仍按面积收费，有一半左右的用户把室温设定值调得很高，从而这些用户也就没有节能效果）。

## 2.15　气候补偿器技术介绍 ❶

### 2.15.1　工作原理

气候补偿器的主要工作原理是当室外温度改变时，首先根据室外温度计算出一个合理的用户需求供水温度，再通过可自动调节的阀门调节热源或热网的供水温度至该需求温度，从而使得供水温度随天气变化及时调节，在时间轴上实现热量的供需平衡。由于采暖热负荷并不是一个可直接测量的物理量，从而无法通过热负荷直接反馈的方式控制热源出力，只能通过监测室外温度间接预测热负荷后，再控制热源出力与之匹配，试图达到适量供热。为了补偿这种不足，在完善的气候补偿器系统中，还监测用户室内温度，依据反馈回来的房间温度对供水温度进行适当修正。这样气候补偿器在实际运行时就是利用监测到的室外温度和用户室内温度计算出需要的供水温度（计算供水温度），通过某种控制手段将系统的实际供水温度控制在计算供水温度允许的波动范围之内。其工作流程图如图 2-96 所示。

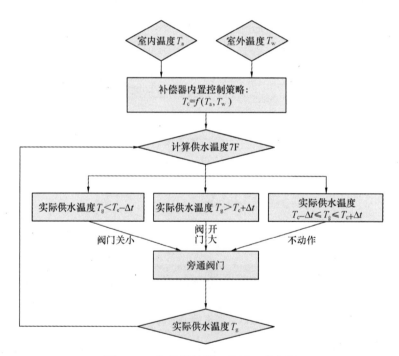

**图 2-96　气候补偿器工作原理流程图**

气候补偿器温度传感器每隔一定时间采集室外温度和房间温度数据一次，由气

---

❶ 原载于《中国建筑节能年度发展研究报告2011》第3.8节，作者：刘兰斌。

候补偿器的处理器根据存储的温度控制曲线 $T_c = f(T_a, T_w)$ 得到计算供水温度 $T_c$，当实际供水温度 $T_g$ 在允许波动范围 $T_c \pm \Delta t$ 之内时，电动旁通阀不动作；当实际供水温度 $T_g$ 大于允许波动范围上限 $T_c + \Delta t$ 时，控制器就会将旁通阀门开大，使供水温度降低；当实际供水温度 $T_g$ 小于允许波动范围下限 $T_c - \Delta t$ 时，控制器就会将旁通阀门关小，使供水温度升高，如此不断更新，控制的目的是将系统的供水温度控制在允许波动范围 $T_c \pm \Delta t$ 之内。

### 2.15.2 气候补偿器的连接形式

根据采暖系统是锅炉出水直接进入用户散热器的直供系统还是通过换热器二次换热的间供系统，气候补偿器主要分为以下两种连接形式，下面分别进行讨论。

（1）直供系统

在直供系统中，气候补偿器通过调节系统混水量来控制供水温度，其工作原理如图 2-97 所示。

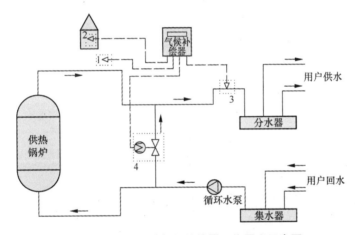

**图 2-97　直供系统气候补偿器工作原理示意图**

1—室外温度传感器；2—房间温度传感器；3—供水温度传感器；4—电动阀门

在锅炉进出水管道之间加旁通管，气候补偿器通过控制电动调节阀开度来调节锅炉的旁通水量，从而实现对系统供水温度的控制。当温度传感器检测到的供水温度值在计算温度允许波动范围之内时，气候补偿器控制阀门电动机不动作；如果供水温度值高于计算温度允许的上限值时，气候补偿器就会控制电动机将旁通阀门开大，增加混入系统供水中的回水流量，以降低系统供水温度；反之，将旁通阀门关小，减少混入供水中的回水流量，以提高系统供水温度。

（2）间供系统

在间供系统中，气候补偿器通过控制进入换热器一次侧的供水流量来控制用户侧供水温度，其工作原理如图 2-98 所示。

　　在换热器一次侧旁通管上加电动调节阀，气候补偿器通过控制其阀门的开度来调节换热器的旁通水量，从而实现了对系统用户侧供水温度的控制。当温度传感器检测到的二次侧（用户侧）供水温度值在计算温度允许波动范围之内时，气候补偿器控制阀门电动机不动作；如果供水温度值高于计算温度允许的上限值时，气候补偿器就会控制电动机将旁通阀门开大，通过旁通管的供水流量就会增加，从而减少了进入换热器的一次供水流量，减少了系统的换热量，在二次侧循环水流量不变的情况下，其供水温度会降低；反之，将旁通阀门关小，增大进入换热器的一次供水流量，增加了系统的换热量，从而提高了二次侧的供水温度。

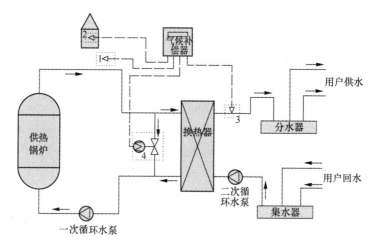

**图 2-98　间供系统气候补偿器工作原理示意图**

1—室外温度传感器；2—房间温度传感器；3—供水温度传感器；4—电动阀门

### 2.15.3　气候补偿器应用中的主要问题

（1）恰当的控制策略是气候补偿器应用的核心

　　理论上讲，气候补偿器只要控制策略得当，就可以实现时间轴上的热量供需平衡，但是适当的控制策略恰恰是最核心的问题和难题，控制策略不当，就可能无法取得预期的节能效果。

　　由于不同供热系统所负担的建筑围护结构性能、供热系统形式、水量不均匀程度、散热器面积偏差程度等千差万别，因此对于不同的供热系统，在满足房间供热品质的前提下，同样室外气候条件下对应的系统需求供水温度也就不同。因此，设计一个具有系统参数辨识功能的有效策略，以使系统自身能够根据一段时间的历史数据自动辨识出室外温度和供水温度的对应关系是这些技术目前要解决的首要问题。

由于室温采集、数据处理等复杂，目前实际工作过程中气候补偿器室温的反馈环节基本省略，完全依靠前馈系统带来的不足就得依靠技术人员手动对气候补偿器的温度控制策略进行经验修正。由于技术人员的技术水平、经验等差异较大，控制策略调整好坏的偶然性也较大，从而自动控制的气候补偿器也是不精确的经验控制。这也是为什么同一公司的产品，有的工程应用起来效果很好，有的工程应用起来效果不好。

图 2-99~ 图 2-101 是某个采用气候补偿器技术工程的测试结果❶，由图 2-99、图 2-100，根据室外空气温度的高低，经过气候补偿器的调节，二次网供、回水温度大体可分为两个区域段，第 1 个区域段在室外空气温度比较低的 3 月 6~8 日、3 月 11~14 日内，剩下为第二区段。在第一区段，由于室外空气温度较低，此时二次网供水温度基本维持在 45℃，供回水温差 5℃ 左右；第 2 区域段由于室外温度相应较高，供水温度 40℃，二次网的供回水温差为 3℃ 左右。气候补偿器在一定程度上进行了供水温度

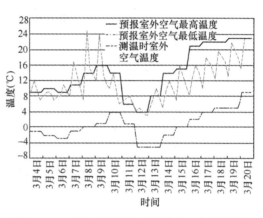

图 2-99　室外空气温度实测值和天气预报值

的调节。但从图 2-101 的室温效果看，同一用户不同时刻室温差异仍然较大，最大可至 6~8℃。这也是控制策略的缺陷，该工程中的气候补偿技术未能从根本上解决热源在时间轴上的供需平衡。

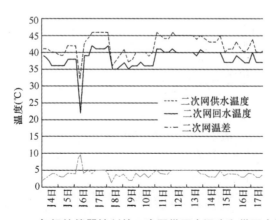

图 2-100　气候补偿器控制的二次网供回水温度和供回水温差

---

❶ 陈亮. 气候补偿器在供热系统中的应用，建筑科学，2010，26（10）42-46.

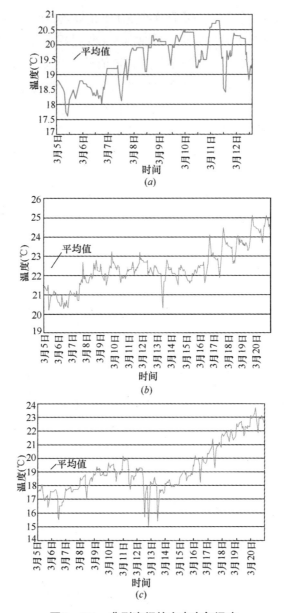

**图 2-101　典型房间的室内空气温度**

（a）节能建筑有山墙房间的室内空气温度（平均值为 19.5℃）；

（b）节能建筑无山墙房间的室内空气温度（平均值为 22.4℃）；

（c）非节能建筑有山墙房间的室内空气温度（平均值为 19.2℃）

　　随着计算机通信与遥测技术的发展，实时测试一定比例的采暖房间温度已经不是遥不可及的事，系统成本也逐渐可以接受。因此，考虑这些相关技术的发展变化，尽可能更多地获取实际的室内温度状况，从而有效地掌握系统采暖的综合水平，更精确有效地实时确定供水温度，是气候补偿器避免控制策略不当的有效途径。

（2）电动调控阀门选型问题

气候补偿器在应用中还应特别注意旁通管上电动调控阀门的选型。旁通管设计过细，阀门选型过小，最大旁通水流量相对于系统循环总流量过小，就会导致阀门全开也无法将用户供水温度降低至需要范围。图2-102所示气候补偿器系统的实际供水温度始终高于计算温度，即为调控阀门选型过小、旁通管选型过细的一个实际

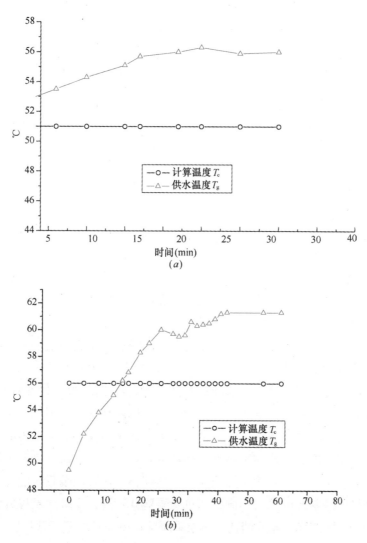

图2-102 某小区采暖系统供水温度和气候补偿计算供水温度变化曲线

（a）直供系统；（b）间供系统

案例。反之，旁通管设计过粗，阀门选型过大，调控阀门的调节性能变差，就容易引起供水温度的控制振荡。因此在实际应用中应通过详细的水力计算，设计合理的旁通管，选取合适的调控阀门。

## 2.16　各类热泵采暖技术 ❶

热泵是新的采暖热源方式，随着节能减排和建筑节能工作越来越被各界高度重视，热泵也被列为建筑节能减排和发展可再生能源的主要措施之一，在北方地区的采暖中得以大力推广。然而确定一项技术和措施是否节能，绝不是看是什么技术，而是看其真正的用能状况、节能效果。随着越来越多的热泵工程投入运行，越来越多的应用案例给出实际运行结果，大量运行数据表明，和其他各类建筑节能技术与措施一样，热泵采暖是否节能也取决于实际工程条件、地理和气象状况，以及设计安装和运行管理水平。必须因地制宜，在适当的条件下使用热泵，必须科学设计和精心运行，才能在合适的场合获得真正的节能效果。

### 2.16.1　热泵采暖的基本原理

热泵是通过消耗能源做功，把处在较低温度下的热量提升到较高的温度水平释放，以满足热量的使用要求。例如目前在采暖中使用的热泵就是从不到 10℃ 或更低的低温热源中提取热量，把它提高到采暖需要的 40℃ 或更高送到室内，满足采暖需要。这样，一个热泵系统就要看从什么样的低温热源取热，取热温度是多少，把热量提升到多少温度，提升多少热量。目前应用最广泛的是电动热泵，那么就要消耗电能实现热量的提升。电能消耗量不仅与所提取的热量数量成正比，还与提升温度的程度，也就是高温与低温间的温差成正比。例如，从 10℃ 的低温热源提取热量，在 40℃ 下释放，热泵提升温度 30℃，提取同样的热量，所消耗的电能就仅为从 −10℃ 的低温热源中提取热量在 50℃ 下释放（此时热泵提升 60℃）时的一半。这样，尽可能找到较高温度的低温热源，从较高的温度下提取热量，仅可能降低采暖要求的热水循环温度，降低要求热泵提升的温度，是获得较高的热泵用能效率，使热泵产生真正的节能效果的重要条件。此外，热泵采暖系统不仅要消耗动力驱动热泵，还需要消耗电能用于低温取热端和高温放热端的热量输送，这通常表现为风机水泵的耗能。对于有些系统，热量输送的能耗可以达到整个热泵采暖系统能耗的三分之一以上。而热量输送系统的参数不同，风机水泵能耗不同，要求热泵提升温度的程度也不同。于是，围绕降低能源消耗，热泵采暖就需要面对如下问题：

---

❶　原载于《中国建筑节能年度发展研究报告2011》第3.9节，作者：江亿。

从什么样的低温热源提取热量？

怎样从这一低温热源中提取热量？

采用什么样的采暖系统形式和末端放热方式？

需要热泵把热量提升到什么温度以满足采暖要求？

### 2.16.2 低温热源和相应的热量采集方式

正是由于采用不同的方案应对上述各问题，才有了各种不同形式的热泵采暖系统。

（1）空气源热泵：从室外空气中提取热量。通过风机驱动室外空气流过安装在室外的采热装置（也就是热泵的蒸发器），获取室外空气中的热量。冬季室外温度在 –10~0℃时，热泵的蒸发器内的温度就要降低到 –20~–10℃，这样低的温度下把热量提高到采暖要求的温度，热泵耗功就很大，很难产生好的节能效果。而在室外温度处在 –5~3℃之间时，空气中的水蒸气又很容易在热泵的蒸发器表面结霜，影响空气流动，从而也就影响了热量的采集。化霜以恢复蒸发器热量采集的功能，则需要耗能并降低系统能效。而在冬季室外温度大多数时间都高于3℃的华中、中南地区，空气源就成为非常合适的采暖用热泵的低温热源。

目前空气源热泵应用于建筑供暖主要包含如下三大类产品：

1）大型空气源冷热水机组（空气－水热泵系统）。该类空气源热泵机组的用户侧介质是水，与普通水冷冷水机组相似，特征在于能够在制冷季提供空调冷水并在制热季提供采暖热水；目前主要以大容量的螺杆式压缩机（80~200RT）和小容量的涡旋压缩机（<80RT）的空气源热泵冷热水机组为主；

2）多联式空调（热泵）系统，简称多联机系统，它由一台室外机带多台室内机运行。与空气－水热泵系统的不同点在于省略了载冷剂水，而是将制冷剂直接输配到被控空间的末端换热器直接与室内空气换热，用于制冷或供热，其容量范围2~60RT；

3）房间空调器，这一类最为简单，由一台室外机带一台室内机，是普及率最广的空气源热泵系统。

空气源热泵最突出的优点就是适用范围广。由于它直接从室外空气取热，因此便于小型化就地安置，且安装方便，节省建筑空间，只要不存在低温和结露问题，都可以使用空气源热泵供暖。然而由于室外侧直接蒸发风冷换热器换热容量的限制（过大容易导致制冷剂分流不均，风侧取热不畅，整体换热性能恶化），空气源热泵容量不易选择过大。在低温环境下应用空气源热泵的最佳实践案例，请见《中国建筑节能最佳实践案例》第12节。

（2）地下水源热泵：从地下水中提取热量，再把提取了热量后温度降低了的水回灌到地下。这样，只从地下取热，不占用和破坏任何地下水资源。对于从几十米地下抽取的地下水，其水温基本上常年处于当地的年平均温度。例如北京冬季地下水温度可以在 13~14℃，济南 15~16℃，沈阳 10℃，远高于冬季室外空气温度，因此和空气源相比，就会获得更高的低温取热温度。如果地下水循环温差 5℃，蒸发器换热温差 2℃，在北京的地下水源热泵的蒸发器温度就可以工作在 6~7℃，远比空气源温度高，同时也不存在冻结问题。这是地下水源热泵最主要的长处，也是近年来在很多地方推广这一方式的主要理由。但是地下水源热泵必须打井，必须使地下水经过热泵设备循环。怎样保证提取了热量的水全部回灌地下而没有任何地面排放，怎样保证这样做没有对地下水造成任何污染，这一直是社会各界质疑之处。目前已具有有效的技术手段保证能够实现循环水的全部回灌并不造成任何地下水污染，但这需要足够的投入和精心的运行管理。只有全面和严格的监管与严厉的惩罚机制才能实现这一要求。

（3）地下土壤源热泵：在地下埋入大量的换热用塑料管，循环水经过这些地下埋管与地下土壤进行热交换，从而提取地下土壤中的热量作为热泵的低温热源。《中国建筑节能最佳实践案例》第 4 节就是在山东济南某建筑采用这一技术的一个最佳实践案例。此时通过地下埋管的循环水温度与地下埋管的数量有关（更科学地说，是与单位埋管长度需要提供的热量有关），也与夏季是否向地下输入足够的热量有关。一般来说，通过地埋管的循环水温度在冬季总是低于当时抽出的地下水温度，在夏季高于当时抽出的地下水温度。这就是说，其作为热泵低温热源的效果不如地下水源好。但是，地埋管可以保证不破坏地下水资源，因此许多西方国家和地区法律禁止地下水源热泵的使用，但允许和支持地下埋管的土壤源热泵。冬季地下埋管循环水温度完全由冬季提热量和夏季注入的热量决定，一般情况下，冬季从地下埋管中返回到热泵的循环水温度会比当地年均气温低 4~8℃。即使循环水供回水温差为 3℃，在北京的许多工程中，热泵的蒸发器温度都已经降到了 0℃ 以下。因此地埋管热泵在北方地区性能要低于地下水水源热泵，但优于空气源热泵。此外，地下土壤源热泵需要大量的土地面积以埋入取热管道。高层建筑没有足够的占地面积，无法埋入足够的取热管道，因此也就无法采用这一方式。

（4）原生污水源热泵：从民用建筑排出的生活污水在冬季温度一般可达约 20℃，高于地下水温度，因此是更好的低温热源。当建筑周围有污水大干管时，有可能利用原生污水（即没有处理的、直接排出的污水）作为低温热源。这时最大的问题是污浊物污染腐蚀和堵塞取热换热器的问题。对于精心设计和精心运行的原生污水源热泵系统，可以使得蒸发器温度在 8℃ 以上，这就使这种热泵具有较高的低温热源温度从而有可能获得较好的能耗性能。《中国建筑节能最佳实践案例》第 11 节，沈阳阳光 100 污水源项目就是采用这一技术的一个最佳实践案例。然而这种原生污水源热泵必须科学统筹规划。如果沿污水管道密集布置这样的装置，反复从污水中提取热量，则下游用户的温度就会很低，从而完全达不到应有的效果。

（5）中水、海水和地表水水源热泵：污水处理厂处理后的中水、海水以及邻近的江河湖水，如果温度高于 5℃（考虑到降温后还可以高于 0℃），都可以用来作为热泵的低温热源。除了防止提取热量水温降低后的冻结问题外，这里的关键问题是通过水在管道中循环输送热量时的循环水泵电耗问题。利用这些水面暴露于外的地表水作为低温热源，如果热量提取装置高于水面很多，则就要消耗较大的循环水泵电耗来提升水位实现水的循环。如果水源距离被采暖建筑较远时，也要消耗较大的水泵电耗实现水源到采暖建筑之间的热量输送。不要以为北方常规的集中供热热量可以在 5km 甚至 10km 的范围内实现经济输送，所以忽视热量的长途输送问题。常规的集中供热长途输送热量时，供回水温差可以在 30~70℃ 之间，这是保证实现经济的热量输送的必要条件。而采用地表水热泵时，低温循环水的供回水温差只能在 3~6℃（否则会使蒸发器取热温度太低），远远小于常规的集中供热系统，这会使循环水泵电耗增大 10 倍，导致由于循环水泵电耗高而使系统的能耗性能很差。即使把热泵布置在水源周围，长途输送高温热量，由于热泵也不希望高温侧循环水温差太大（否则需要非常高的制热温度，恶化热泵性质），因此输送热量的循环水供回水温差也只能在 5~8K，这同样会导致巨大的循环泵电耗。因此这一方式的被采暖建筑不能与水源距离太远。

### 2.16.3 热泵采暖的室内形式和放热末端

热泵的冷端希望尽可能高的温度，而热泵的热端则希望尽可能低的温度，只有这样，才有可能降低要求热泵提升的温差，从而获得较高的能效。所谓热泵的热端温度，指热泵冷凝器中的冷凝温度。当使用小型空气源热泵时，热端直接向室内送热风，这时，送风温度如果低于 35℃，使用者会感到吹冷风而不适。这样，热泵的热端，即冷凝器的冷凝温度就需要在 40℃ 以上。而对于一般的水源热泵（水源、地源、污水源等），热端往往是通过水循环进入采暖建筑室内，再通过采暖末端释放出热量。当末端采用风机盘管，向室内送热风时，风机盘管内的水温就需要在 40℃ 以上，从而冷凝器温度要在 43℃ 以上。当末端是常规的散热器系统时，尤其是以前与热水锅炉相配合的单管串联的散热器系统时，热水系统的供回水温差要到 10~15℃，很难再进一步减小，回水温度要在 35℃ 以上，这样，供水温度就要求在 45~50℃，热泵冷凝器的温度就要达到 48~53℃。但是如果室内是地板采暖，各户或各房间的管道是并联连接，地板采暖的供回水温差可在 5℃，供回水温度可以为 37℃ 和 32℃，这样，热泵冷凝器的温度就可以在 40℃ 或者更低一些，从而获得较好的性能。

作为上面论述的总结：

小型空气源－热风：冷凝温度 40℃，在华东地区室外温度为 0℃时，蒸发温度 −10℃，热泵工作温差 50℃；

　　地下水源热泵－风机盘管：冷凝温度 43℃，在北京，蒸发温度 6℃，热泵工作温差 37℃；

　　地下水源热泵－常规散热器：冷凝温度 50℃，在北京，热泵工作温差 44℃；

　　地下水源热泵－地板采暖：冷凝温度 40℃，在北京，热泵工作温差 34℃；

　　地下土壤源热泵－风机盘管：冷凝温度 43℃，蒸发温度 0℃，热泵工作温差 43℃；

　　地下土壤源热泵－常规散热器：冷凝温度 50℃，蒸发温度 0℃，热泵工作温差 50℃；

　　原生污水源热泵－地板采暖：冷凝温度 40℃，蒸发温度 8℃，热泵工作温差 32℃。

　　可以看到，不同的低温热源方式和不同的室内末端形式，即使在同一气候条件下热泵的工作温差可以从 50~32℃，这表明提升同样的热量的耗电要相差三分之一以上。所以不是什么热泵都可以节能，而要看其低温热源方式和室内末端方式。

　　另外，为了减少热泵的工作温差，取热的低温热源侧和放热的高温热源侧的循环水都希望是"大流量、小温差"，一般温差都应在 3~6℃之内，这就使得循环流量比一般的热水采暖系统的热水流量大得多，从而也就使得循环水泵的装机容量和耗电量也远高于一般的热水循环泵。很多水源热泵、地源热泵系统运行能耗高的原因都是因为循环水泵的高能耗所致。严格注意循环水系统的设计，尽可能避免各种不必要的阻力损失，尽最大可能减少系统压降从而减少循环水泵扬程，是降低循环水泵电耗的最有效措施。

### 2.16.4　热泵采暖是否节能的判断标准

　　采用热泵采暖是否节能呢？一些说法认为"采用热泵消耗 1 度电如果可以从地下水中提取 2 度电的免费热量，从而一共可以输出相当于 3 度电的热量，当然节能了"。但是要注意这里消耗的电力和所获取的热量不属于一个品位的能源，不能这样简单地合起来计算。电动热泵消耗的电力属于高品位能源，我国目前的电力绝大多数来源于燃煤的火力发电厂，每输出 1kWh 电力要消耗约 320gce，而这些燃煤大约有 3kWh 的热量。这样，如果 1 度电通过热泵最终只能输出 3 度电的热量，最多相当于效率接近 100% 的燃煤锅炉。由于我国燃煤锅炉的效率在 70%~85%，所以当 1 度电产生 3 度热，也就是 COP = 3 时，它的用能效率要优于燃煤锅炉。但是与采用燃煤热电联产的产热方式比，用能效率就要低得多（燃煤热电联产的产热等效 COP 高达 4~8）。所以，这种情况下，燃煤热电联产最节能，热泵次之，燃煤锅炉最差。

　　但是热泵方式消耗 1 度电能够输出 3 度热量吗？这里的耗电量不能仅指热泵压缩

机耗电，还应该包括热泵低温侧和高温侧循环水泵的电耗。如上一节所述，尽管常规采暖系统也有循环水泵，但由于温差不同，输送单位热量消耗的循环水泵电耗有巨大差别。在很多情况下两侧循环水泵的电耗可达到热泵压缩机电耗的 40% ~60%，这样，当热泵压缩机本身制热 $COP$ 达到 4 时，系统的综合 $COP = 1/（0.25 + （0.1~0.15））$ $= 2.85~2.5$。也就是说这时的综合 $COP$ 很难达到 3，这时按照发电煤耗折合到燃煤后就会得到，它与大型燃煤锅炉的效率基本相同。也就是说，实质上所消耗的燃煤量相同，并不节能。而在实际运行时，如果不采用变频循环泵而是用定速泵，在采暖的初末寒期不能降低循环水量，而使供回水温差进一步减少，则此时期的循环水泵能耗不变，但热泵压缩机因为采暖负荷低而相应降低，这样，循环水泵的电耗所占比例还会更大。降低循环水泵电耗但不增加两侧各自的供回水温差，是热泵系统能够实现节能的要点之一。这时就要采用变频泵，随时根据实际的温差调节转速，维持供回水的恒定温差，同时还要尽可能减少管路系统中的各种局部阻力，从而降低要求的水泵扬程。合理地选择水泵，使其工作在效率最高点，也是实现节能的要点之一。

### 2.16.5 实际系统案例的运行能耗

沈阳市是我国推广水源热泵采暖最早、力度最大、范围最广的城市。已经有很大一批项目有了较长时间的运行经验。总结其实际的运行能耗对认识水源热泵的实际节能应该有一定帮助。

日本贸易振兴会资助日本环境技研株式会社组织的研究测试班子从 2008 年起连续对沈阳市的一些运行较好的水源热泵系统的能耗状况进行了实际测试。表 2－15 为部分实测结果❶。

日本环境技研株式会社报告的沈阳市水源热泵测试案例      表 2－15

| 名称 | 低温侧水泵电耗 | 热泵压缩机电耗 | 高温侧水泵电耗 | 产生热量 | 综合COP |
|------|----------------|----------------|----------------|----------|---------|
| A | 0.21 | 1 | 0.15 | 4.15 | 3.05 |
| B | 0.14 | 1 | 0.14 | 3.18 | 2.48 |
| C | 0.06 | 1 | 0.04 | 3.11 | 2.83 |

这三个系统都是地下水水源热泵方式，每个系统的供热面积都在 10 万 ~20 万 $m^2$，这是冬季连续测试的结果。

2010 年 4 月住房和建设部组织的水源热泵调查专家小组也专程到沈阳对热泵采暖的实际能耗状况进行了调查。根据运行记录和电费交纳状况，初步估算出所调查的 6 个项目的综合 $COP$，见表 2－16。

❶ 日本环境技研株式会社，增田康广. 中国东北地区集中供热的现状及节能建议，沈阳供热节能技术研讨会，2010年12月20日.

2010 年建设部专家组赴沈阳调查水源热泵能耗状况的部分结果　　表 2-16

| 项目名称 | 建筑面积（m²） | 冬季热泵系统耗电总量（kWh） | 单位建筑面积耗电（kWh/m²） | 单位面积供热量（kWh/m²） | 折合 COP | 备注 |
|---|---|---|---|---|---|---|
| B1 | 19 万 | 597 万 | 31.5 | 95（估计） | 约 3 | 住宅，水源热泵 |
| B2 | 10.05 万 | 369 万 | 36.8 | 100（估） | 约 2.7 | 住宅，水源热泵 |
| B3 | 10 万，供热 8.5 万 | 286 万 | 33.8 | 100（估） | 约 3 | 医院，水源热泵 |
| B4 | 14 万 | 400 万 | 28.6 | 100（估） | 约 3.5 | 住宅，水源热泵 |
| B5 | 5.79 万 | 130.8 万 | 22.6 | 86.4（实测） | 3.82 | 住宅，水源热泵 |
| B6 | 6 万 | 220 万 | 36.7 | 100（估） | 约 2.7 | 办公楼，地源热泵 |

　　表中，项目 B6 是地埋管式土壤源热泵。当时实测地下换热器的进出口水温分别为 3.7℃和 4.2℃，这样小的温差是导致循环水泵电耗很大的原因，但这一温差很难再加大，因为从地下换热器来的出水温度已经很低，加大温差将导致冻结。

　　B1、B2、B4、B5 都是新入住的商品住宅，保温做得都非常好，这就是为什么 B5 实测的全冬季累计热量仅为 86.4kWh/m²。这是一个精心设计精心管理的系统，所以取得了全年综合 COP = 3.82 的效果。其他各住宅小区无有效的热量计，根据对保温状况的观察，其保温水平应该接近 B5，也就是 90kWh/m²，如果这样，那么综合 COP 还要减少 10% 左右，其结果就与日本小组测出的结果处于同一水平。

　　上面两个列表的实测建筑，除个别外，大多数建筑采用地板采暖末端，实现了较低的冷凝器侧温度，除了 B6 的土壤源热泵外，各水源热泵冬季低温热源循环水温度在 5~10℃间，属于尽力通过各种措施提高系统效率，系统设计和运行都比较好的案例。其结果表明，这种热泵方式在沈阳其能源转换效率优于燃煤锅炉房，但低于燃煤热电联产方式。因此当有燃煤热电联产条件时，还是应该尽可能发挥和挖掘热电联产的潜力，利用热电联产热源作为北方地区城市供热热源。只有没有条件接入热电联产热源时，才可以适当发展地下水源热泵和土壤源热泵，用它替代燃煤锅炉，产生节能效果。

　　对于冬季外温高于沈阳的北京和北京以南地区，水源热泵的性能就会更好一些，如果严格管理，保证抽取地下水不会造成水资源的浪费和地下水的污染，可以适当发展一些水源热泵系统替代燃煤锅炉，既可产生节能效果，还可以大幅度减少燃煤锅炉带来的当地大气污染。然而要使得水源热泵真正产生节能效果，必须充分注意如下几点：

　　1）尽可能采用低温末端方式，如地板采暖，使供水温度不超过 40℃。

　　2）两侧的设计流量应使得各自的供回水温差在 3~5K 左右，通过加大管径和减少阻力部件来减少管道系统阻力，从而通过低扬程来避免循环水泵能耗过高。

　　3）两侧的循环水泵都应变频，维持在小负荷时供回水温差不变，同时精心选择循环水泵，使其在效率最高点附近工作。

4）当热泵压缩机容量达到2~3MW时，再增加其容量，热泵的效率已经很难进一步增加。2~3MW热量对应的采暖面积为4万~5万m²，这应该是采用水源热泵的一个系统的适宜规模。系统规模再大，热源效率不能进一步提高，但低温和高温热量的输送能耗、管网热损失和输送能耗，以及系统调节不均匀造成的浪费等却会迅速增加，因此，热泵系统要适度规模，绝不是"大越好"。

## 2.17 太阳能加吸收式热泵供暖技术 [1]

在太阳能丰富的地区，比如西藏、青海等，对于大型商业建筑、公共建筑，由于建筑功能上的限制不能满足被动式太阳能供暖的建筑形式要求时，也可以采用主动式太阳能供暖方式。一种方式是通过太阳能热水器采集热量，再通过热水循环向室内供热。通过设置蓄热水箱，还可以蓄存热量，在没有太阳时继续供热。这种方式在层高不超过六层，并且有足够空间设置蓄热水箱时，利用屋顶的空间设置集热器，可以基本满足建筑供暖要求。在出现连续三天以上阴天时，需要用电或燃气作为辅助热源，满足供暖要求。近年来国内又已经研发出一种新型的太阳能主动式供暖系统，见图2-103，其由太阳能集热器、蓄存太阳能热量的相变蓄热装置，空气源吸收式热泵、采暖末端所组成。

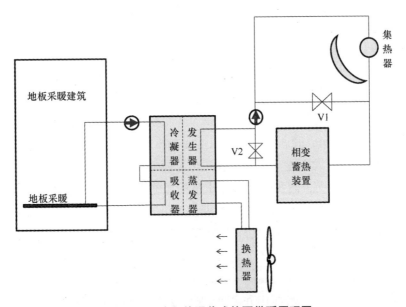

图2-103 太阳能吸收式热泵供暖原理图

---

❶ 原载于《中国建筑节能年度发展研究报告2015》第4.14节，作者：谢晓云。

采用槽式太阳能集热器通过聚焦和一维的追踪，可以利用太阳能加热循环的油，获得 170~180℃的热量。高温热油进入吸收式热泵，吸收室外空气中的热量，可以产生 35~45℃循环热水的低温热量。这时的吸收式空气源热泵的制热 COP 可以达到 1.8~2.2，也就是一份太阳能热量通过吸收式热泵可产生 1.8~2.2 份用于供热的低温热量。循环热水再经过地板供暖或者风机盘管向室内供热，实现建筑供暖。热油循环系统还接入由高温相变材料制成的蓄热装置，可以蓄存太阳能多出的热量。在没有太阳时可以从蓄热装置中取热，继续驱动空气源吸收式热泵。这样，所存储的一份热量同样可以产生 1.8~2.2 份供暖用低温热量。这也就使得蓄热装置的蓄热能力得到充分利用，一份蓄热量可以获得两份供暖热量。

整个系统运行的原理是：在有太阳正常供暖时，阀门 V1、V2 关闭，集热器得到的 180℃热油经过相变蓄热箱，进入吸收机的发生器放出热量，发生出氨气。氨气在冷凝器凝结，产生的凝结热加热进入冷凝器的循环水。冷凝的氨液进入蒸发器蒸发，吸收室外空气的热量，再进入吸收器中被喷淋的氨水吸收，在吸收器中产生的凝结热进一步加热循环水。循环水在吸收式热泵和建筑地板供暖埋管间循环，实现向建筑的供暖。当太阳辐射充足，而建筑不需要供暖时，则打开阀门 V2，停止吸收器运行，热油在太阳能集热器和相变蓄热装置之间循环，融化相变材料蓄热。当没有太阳，但建筑物需要供暖时，则打开阀门 V1、关闭阀门 V2，使热油仅在吸收机和相变蓄热装置之间循环，相变材料凝固放热，热量通过循环的热油送到吸收机的发生器，使吸收机继续制热。这样可以使太阳能产生的热量得到充分利用。当蓄热装置容量足够大时，每平方米集热面积可以满足 $15m^2$ 以上的建筑供暖要求。这样即使是 12 层的大型公建，只要在屋顶布满槽式太阳集热器，在顶层留下足够的空间安装吸收式热泵和蓄热装置，也可以实现主动式太阳能供暖。这种方式系统比较复杂，初投资将达到每平方米建筑面积 500 元左右。但相比于燃气锅炉供暖，当天然气价格达到 5 元 $/m^3$ 时，十年内可以回收初投资。

图 2-103 所示的太阳能空气源吸收式热泵能够良好运行的一个重要条件是所供暖地区的冬季空气干燥，而我国太阳能丰富的西北地区正好满足冬季室外空气干燥这一条件，比如拉萨冬季大部分时间露点温度低于 -5℃，这就使得空气侧取热的换热器极少有结霜的可能，不需要除霜融霜，从而使空气源热泵一直能够高效运行。

总的来说，相比直接利用太阳能集热器供暖的系统，利用太阳能集热装置与高温油的蓄热系统相结合，可以蓄出较高温度的热量，从而利用较高温的热量驱动空气源的吸收式热泵从空气中取热，这种应用方式即克服了太阳能不能连续供热的困难，又提高了太阳能转化为热的温度，从而实现了 1 份太阳能供 1.8~2.2 份的热，提高了太阳能的利用率，是我国西北太阳能丰富地区、冬季空气干燥地区太阳能利用的一种较佳方式。

## 2.18 公共浴室洗澡水余热回收技术 ❶

为集中住宿的在校学生、部队战士、民工等集体宿舍人员提供足够的生活热水，满足每日的洗浴需求，是提高他们的生活水平的重要措施。目前这些集中浴室绝大多数依靠定期运行的锅炉提供热水，能耗高，还造成一定的污染。一些单位试图采用太阳能热水器提供热源，但为满足这样大量的热水供应，很难找到足够大的空间安装太阳能热水器，同时还过多地受到天气的影响。鉴于这类公共浴室定点开放，用热和排热都相对集中，则可以根据不同情况采取以下两种热泵系统进行余热回收，实现热的循环利用。

### 2.18.1 电动热泵余热回收系统介绍

如图 2-104 所示，电动热泵余热回收系统由两级电动热泵机组 1，水 / 水换热器 2，给水泵 3，过滤器 4，污水泵 5，蓄热水箱 6，电加热器 8 组成。洗浴开始时，污水池中没有污水，无法进行余热回收，此时启动电加热器 8 对蓄热水箱中的蓄水进行加热，给第一批洗浴者提供洗浴热水。洗浴开始后，污水池开始收集洗澡污水，

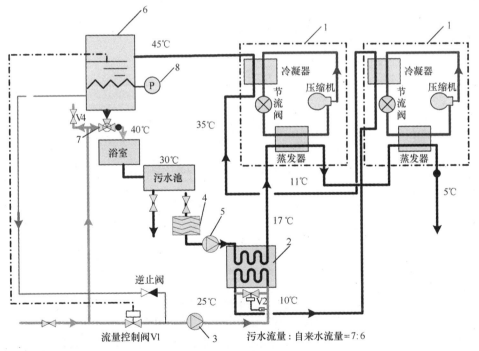

**图 2-104 电动热泵余热回收系统原理图**

1—水—水热泵机组；2—水—水换热器；3—给水泵；4—过滤器；

5—污水泵；6—蓄热水箱；7—三通混水阀；8—电加热器

---

❶ 原载于《中国建筑节能年度发展研究报告2011》第3.10节，作者：刘兰斌。

当收集到一定程度后，热泵机组启动，污水首先经过滤器过滤后，由污水泵送至水—水换热器 2 与待加热的冷水（10℃）进行热交换，冷水温度加热到 25℃，排除的污水温度则降到 17℃（水箱里热水 45℃，用于洗澡水温 40℃，因此会和自来水掺混，导致污水流量大于水箱补充的热水流量，二者比例 7∶6）。25℃的冷水再通过两级热泵从排除的污水中进一步提取热量，每级热泵使待加热水升高 10℃，最终加热到 45℃，而每级热泵使污水降低 6℃，并最终在 5℃排放。

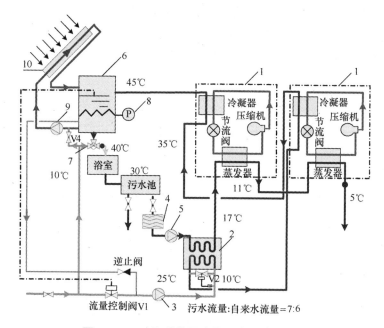

图 2-105　太阳能热泵余热回收系统原理图

1—水—水电动热泵机组；2—水—水换热器；3—给水泵；4—过滤器；5—污水泵；

6—蓄热水箱；7—三通混水阀；8—电加热器；9—集热器水泵；10—太阳能集热器

由热平衡计算可以知道，当污水最终排水的温度等于或低于自来水水温，则整个浴室需要的热量仅是围护结构和通风散热。在此例中，这部分损失温差为 40-30=10℃，其中由于污水最终排水温度 5℃低于自来水温度 10℃，补充了 5℃，剩下的 5℃温差就由电动热泵耗电量来补充。热泵的 $COP=(45-25)/(40-30-5)=4$。

该热泵系统依靠从污水中回收热量，因此需要预先有足够的热量才能启动。当采用图 2-104 所示的电动热泵形式，就需要电加热器和蓄热水箱提供热量。也就是说第一批洗浴者是利用电加热器制备的热水洗浴，之后才能通过热泵余热回收，实现热循环利用。在加热的 30℃温升中，耗电量相当于 $40-30-5=5$℃温升，同时若每天洗浴批次为 8 次，也即污水热量循环利用 7 次，整个系统相当于性能系数

$COP_s = (40-10) \times 8/(5 \times 7 + (45-10) \times 1) = 3.42$ 的热泵，由于启动热量耗电原因，相比燃气锅炉，可以节省30%的运行费用（电0.6元/kWh，天然气2.3元/Nm³）。

为了降低运行费用，可以结合太阳能技术进一步对上述系统进行改进，如图2-105所示。该系统与图2-106所示的系统差异在于增加了一个太阳能收集系统用于提供系统启动热量，太阳能收集系统由集热器10、集热器水泵9组成，平板集热器朝南倾斜置于浴室屋顶。集热器水泵根据集热器出口水温与蓄热器底部水温之差来控制启泵，通常当温差大于3~5℃时启动，温差在-0.5~2℃停泵。当水温达不到要求时，启动电加热器补充。其他与电动热泵基本相同，不再赘述。

这样热泵的$COP$依旧为4，而系统的$COP_s = (40-10)/5 = 6$，相比燃气锅炉，可以节省60%的运行费用（电0.6元/kWh，天然气2.3元/Nm³）。

### 2.18.2 直燃吸收式热泵余热回收系统介绍

除采用太阳能提供启动热量的电动热泵回收方式，考虑到目前很多高校的生活热水采用燃气锅炉，具备直接燃气管网接入的条件，因此提出另一种采用直燃吸收式热泵进行热回收形式。如图2-106所示，将直燃吸收式热泵机组替换图

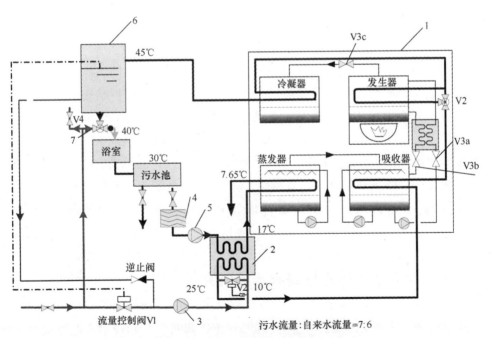

**图2-106 直燃吸收式热泵余热回收系统原理图**

1—直燃吸收式热泵机组；2—水—水换热器；3—给水泵；4—过滤器；

5—污水泵；6—蓄热水箱；7—三通混水阀

2–104 中的两级电动热泵，同时取消电加热器。工作流程为：洗浴开始时，污水池中没有污水，无法进行余热回收，热泵机组进入给自来水直接加热状态。此时，溶液环路的 V3a、V3b 以及蒸汽环路的 V3c 均关闭，三通阀 V2 转向使得自来水进入发生器。热泵开启，但此时由于溶液不循环，自来水直接在发生器中被加热至需要的热水温度后进入蓄热水箱。当污水收集到一定程度后，热泵机组切换至余热回收工作状态，此时溶液环路的阀门 V3a、V3b 以及蒸汽环路的 V3c 均打开，三通阀 V2 切换至使得自来水进入旁通管路。自来水经给水泵加压后，首先在水—水换热器中与污水直接换热后，再依次进入热泵机组的吸收器和冷凝器升温至需求热水温度后进入蓄热水箱。

　　直燃吸收式热泵与电动热泵的差异在于：启动热量无需电加热器而是直接通过直燃吸收式热泵机组内燃气燃烧提供，同时由于吸收式热泵的 COP 要小于电动热泵，在总热量相同的条件下，吸收式热泵从污水中的取热量要小于电动热泵，污水的温度相对较高。在前述案例中，采用制热系数 COP = 2.2 直燃吸收式热泵，可以将污水排水温度降低至 7.35℃，在加热的 30℃ 温升中，燃烧天然气提供的温升相当于（40–30）–（10–7.35）= 7.35℃ 温升，同时若每天洗浴批次为 8 次，也即污水热量循环利用 7 次，整个系统相当于性能系数 $COP_s$ =（40–10）× 8/（7.35 × 7 +（45–10）× 1）= 2.78，相比燃气锅炉，运行费用可节省 67%（电 0.6 元 /kWh，天然气 2.3 元 /Nm³），与太阳能热泵系统相当。

　　从整个余热回收系统热平衡计算可以知道，当污水最终排水的温度等于自来水水温，热泵耗电和消耗天然气所产生的热量就等于浴室围护结构保温和通风换气的热量。当围护结构保温较好，通风合理时，这部分损失的热量（电或天然气补充的热量）相比回收的余热量就小，就需要 COP 较高的热泵系统与之匹配，太阳能＋电动热泵比较合适；反之，当围护结构保温较差，通风较大时，这部分损失的热量相比回收的余热量就大，就需要 COP 较低的系统与之匹配，直燃吸收式热泵系统较为合适，此时，若要使用太阳能＋电动热泵系统，就要加强浴室保温和控制通风。

## 2.19　北方集中供热体制改革的研究 ❶

　　通过应用"吸收式换热"、"燃气锅炉分布式调峰"等新技术大幅度提高采暖系统热源效率，通过落实供热收费体制改革促进建筑围护结构保温降低建筑需热

---

❶ 原载于《中国建筑节能年度发展研究报告2011》第3.11节，作者：刘兰斌。

量、同时改善末端调节避免各种不均匀损失及过量供热是北方集中供热采暖节能的关键。现在的核心问题是怎样的机制可以有效推广和发展这些可大幅度提高热源效率的新技术以及怎样的体制可以充分调动供热企业和居民共同的节能积极性，改变目前供热改革步履维艰的现状，从而落实供热收费体制改革的各项预期设想。

### 2.19.1　目前的集中供热体制不利于热源效率的提高和供热收费体制改革

（1）目前的集中供热管理体制及其特点

1）目前的集中供热管理体制

如图2-107所示，热电联产集中供热系统由热源，输配系统，末端散热设备三部分组成。其中热源包括承担基础负荷的电厂和承担尖峰负荷的调峰热源。输配系统则包括一次管网，热力站，二次管网。涉及全过程的商业与消费主体有电力公司、供热企业和终端用户。根据消费特点的不同，终端用户可分三类：作为独立消费者的住宅用户，作为集团消费者的公共建筑用户（如大商场、办公楼），以及作为消费联合体、其内部实行不同核算方式的大院式用户（如大学、机关大院）。在管理体制上，目前的基本模式是"厂网分离"：热电联产热源电厂归电力公司管理；城

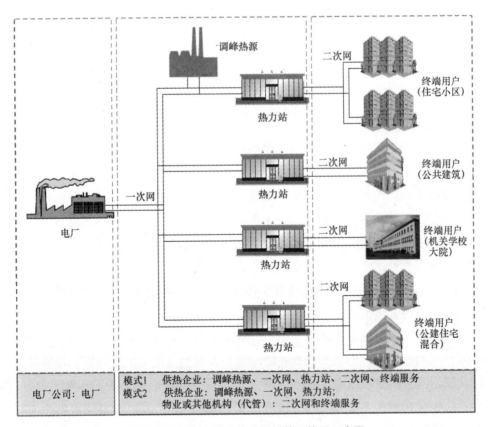

图2-107　热电联产集中供热管理体系示意图

市供热网（包括调峰热源、一次网、热力站）归供热企业管理；而二次网和终端服务则取决于终端用户方式。对作为独立消费者的住宅用户，供热企业直接服务到户；对公共建筑用户，供热企业服务到热入口，楼内设施的运行和维护由大楼的管理者自行承担；对大院式用户，供热企业也只服务到大院的热入口，院内系统运行和维护则由大院管理者承担。对于现在大量出现的商品住宅区，也有由供热企业支付一定的费用委托给小区物业或其他机构代管的模式。

　　根据上述运行管理责任的划分，目前的经营核算模式为：供热企业根据热源电厂供出的热量支付电厂热量费，再根据末端用户的供热面积收取供热费，其利润从按照面积收取的热费与按照热量支付给热源电厂的热费的差额中产生（图 2-108）。

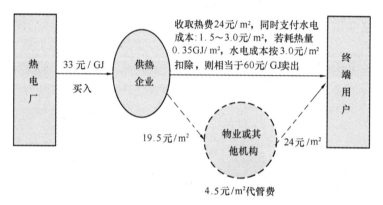

**图 2-108　某热电联产集中供热运营管理示意图**

　　热源电厂希望在整个采暖季恒定供热，以获得热源电厂最佳的能源转换利用效果，但供热企业需要根据气候变化改变供热量。为了协调这一矛盾，大型城市热网一般都设若干调峰热源，承担供热峰值负荷。从能源成本和设备运行时间看，这些调峰热源产出单位热量的成本要远高于热电联产电厂，但这是供热系统特性所决定的。此外，供热企业要维护和管理大量设置在热力站的循环水泵和补水设备，同时承担运行电费和补水水费。根据不同情况，电费和水费与从电厂购热的热费之比为1：4~1：8之间。供热企业同时还要承担整个热网和热力站其他设备的维修、改建、扩建工作。这些工作也都构成供热企业的成本。

　　供热企业按照供热面积从末端用户收取的热费是其主要收入，但由于其面对众多不同情况的热用户，多年来热费收缴一直是供热企业的老大难问题。根据各城市具体状况不同，热费收缴率在 60%~90% 之间，很少有热费能够全部收缴到位的供热企业。拖欠热费的主要是一些直接进行服务和收费的住宅，效益不好的企业，以及经济状况不良的公共机构（如学校、某些政府机构等）

2）"按照面积收费"与目前集中供热的管理体制一致

按照上述管理体制和经济核算模式，供热企业增加效益的主要途径就是在满足末端供热质量的前提下，通过合理的运行调节减少供热量，降低过量供热，从而降低从电厂购买热量的费用和自管调峰热源的运行费，而按照面积从采暖末端收取的费用不变，由此产生利润。沈阳市原第二供热公司在20世纪90年代依靠先进的计算机调控技术实现热网的均匀化调节，使单位建筑面积供热量降低了近20%，产生了巨大的经济效益，从而在热网全面投入运行后的六年内依靠运行利润还清全部管网的基建投资贷款。北京市城市热力集团在系统调节上下功夫，大幅度减少了调峰热源的运行时间和调峰热源供热量，从而获得较大经济效益。从这一点看，目前按照面积收费的机制与目前集中供热的管理体制是一致的，从利益机制上可以促进供热企业通过改善调节降低供热量而增加效益，同时也节约了能源。按照目前供热企业的管理模式，这种均匀性调节主要由热网的调度室完成。因为只有从全网总的供需关系上才能反映出通过调节造成的热量降低。因而这一调节也主要发生在通过对热力站的调节实现各个热力站之间的均匀供热上。而对于住宅楼间的调节和住宅楼内各户间的调节，则很难由供热企业全面介入。这是由于热网总调度室很难直接了解掌握个别建筑的状况。并且局部的细致调节所产生的节能在总量上很难有明显的反应，从而使有可能承担这一调节工作的末端维护管理者不能直接看到其调节工作的收益。另一方面，入楼入户的调节与末端建筑管理的不同体制与模式有密切关系，在很多情况下很难实际操作。对于由另一经济主体管理的公共建筑和"大院系统"，其内部就没有任何机制推动末端调节和节能。只要满足供热需要，热量消耗多少与这些直接管理和调节者的利益无任何关系。因此目前的"按照面积收费"对这类管理方式的末端用户是不利于其内部的调节与节能管理的。

（2）目前的供热体制不适合推广新的高效热电联产方式与"燃气锅炉分布式调峰"模式

采用"吸收式换热循环"的高效热电联产方式要真正应用实际工程并发挥作用，在技术上有一定的要求：首先要求供热企业对所有热力站进行改造，安装专门的吸收式换热设备来降低一次网回水温度，从而能够有效回收电厂冷却塔排放的余热，这部分投资约占整个系统改造投资的50%左右；其次也要求电厂进行一定的改造，包括安装专用吸收式热泵机组实现冷却塔余热梯级利用和相应管路系统改造，其投资占了总投资另外的50%。由于二者都需要改造，都需要一定的资金投入，因此该技术实现的关键是供热企业和热电厂的通力合作。而在实际操作中，由于目前的"厂网分离"现状和二者按热量结算的模式，就会出现回收余热所获取的经济利益如何分配的问题。如采用"同热不同价"的方式，即从冷却塔回收的余热免费或采用很低的价格；从机组抽汽换取的热量采用较高的价格。这样，不仅使计量热量非常复杂，还会出现供热企业由于承担较大的风险而失去合作的动力。出于各自利益的考虑，供热企业希望尽可能地让电厂提供冷却塔回收的余热，而电厂选择提供热量的方式则要求自己的利益最大化，所追求的目标未必就是提供更多冷却塔回收的余热，这样供热企业的投资和收益就可能不对等。若电厂所有热量采用同一个价格，又会带来定价过程中的博弈，价格定得过高，供热企业不同意，价格定得过低，电厂由于回收余热的成本和供热企业管理的一次网回水温度直接相关，所承担的风险也较大，也不愿意。二者利益博弈的结果往往造成最终无法协调成功而导致项目无法实施，从而在某种程度上阻碍了提高热源效率新技术的推广。

此外，目前的供热管理体制也不适合"燃气锅炉分布式调峰"技术的推广。按照目前供热企业的管理模式，调峰热源设置在一次网，有利于热网总调度室进行均匀性调节，降低总耗热量。而当采用"燃气锅炉分布式调峰"方式，由于各个热力站单独设立热源，就要求各个热力站管理人员独立承担起调节任务，而在目前的供热管理体制下，各个热力站没有独立的热量计量装置或设有计量装置也不作为热力站管理人员业绩考核的指标，管理的好坏只看终端用户满意率的高低，这样当调峰热源设置在二次侧时，热力站管理人员就会尽可能加大供热量以满足末端的供热品质，提高用户满意率，而不计较所消耗的热量，很可能导致末端用于调峰的燃气消耗量增加，既造成能源的浪费，又造成供热成本的增加。

（3）目前的供热体制有可能导致危险的"依赖于扩充"的经营模式

除了从热用户按照面积收取供热费外，目前城市供热企业的另一项重要经济收入是收缴"增容费"。在城市集中供热发展的历史上，为了解决管网和热力站建设的资金问题，曾要求申请接入集中供热的末端用户缴纳"增容费"。以后，收取增容费逐渐发展为各地的普遍方式。增容费收取标准在各地一般为 30~100 元 /m² 间不等，名义上用于管网的扩充建设和热力站建设。但实际上不同情况下管网改造和热力站建设需要的经费差异非常大，因此增容费与实际发生的扩容改造费用无直接关系。管网和热力站的产权也都属于供热企业，与支付了增容费的末端用户无关，由此使得维护维修费用在大多数情况下也由供热企业负责。

随着城市建设的飞速发展和扩充，供热企业服务面积每年的扩充速度非常快，增容费成为供热企业收入的主要部分。例如当总供热面积为 1000 万 m² 的供热公司，每年收取的供热费 2 亿元，扣除热、电、水这些供热的直接成本约 1.6 亿元，包括维修费、折旧费和人工费在内的毛利润不到 4000 万元。而当一年中增加热用户 100 万 m² 时，收缴的增容费可达 5000 万元 ~1 亿元，远超过主营业务的毛利润。这样，一些供热企业就把收缴增容费变成企业的主要创收途径。只要每年能持续扩容，就能得到足够的收益。供热系统运行如何，是否节能已经不再考虑，供热系统运行中的各类问题也就都被高额收取的增容费所掩盖。当扩容与运行节能发生矛盾时，一定是优先从扩容的需要出发。当城市建设放缓，不再有新增用户时，这些供热企业的经营就会出现问题。

鉴于这一状况，原国家计委、财政部2001年就发布《关于全面整顿住房建设收费取消部分收费项目的通知》（计价格[2001]585号），明令取消暖气集资费，但北方各城市仍以诸如初装费、热力开口费、管网配套费等名目广泛存在。这类费用的存在不仅容易引起供热企业和用户之间的纠纷（媒体的公开报道经常可见），更重要的是这类费用的存在使得热力公司的目标从减少能源消耗转为尽可能地增加供热面积，以获取更多的热网接入费，使本来应用于供热基础设施投资的资金成为企业效益的主要来源，从而直接掩盖了供热企业经营中的各种问题，供热企业没有节能的紧迫感。

在目前这种体制下，具有一定垄断性质的供热企业对是否提供供热服务有决定权，相比房地产开发企业，处于绝对强势地位，从而可轻易地获取这部分费用，于是这种现象就很难制止。体制不改变，各方面利益关系不改变，仅靠发布文件禁止的方法可能很难使其真正改变。

（4）目前的供热体制不欢迎"热改"

1）按面积收费改为按热量收费后，供热企业存在经营性风险

对于供热企业来说，当采暖按面积收费时，只要保证一定的供热面积和一定的热费收缴率，全年就有稳定的收入，基本上不存在经营性的风险。经营收入的提高，就要靠供热面积的增加。当改为按热收费后，则可能带来以下两个方面的影响：

①不同类型建筑的耗热量和缴费差异造成企业收益减少。

目前供热企业服务对象包括两类，一类是公共建筑，另一类是住宅建筑。这两类建筑的能耗特点完全不一样，其中商场、办公楼这些公共建筑，一般来说围护结构性能相对较好，同时由于人员密度较大、办公设备较多造成室内发热量较大，因而这类建筑的平均供热能耗要明显低于住宅类建筑，同时这类热用户又很少拖欠，拒缴热费，因此是目前供热企业主要的盈利用户。相反，对于住宅建筑，平均能耗比上述公共建筑高，并且越是低收入群体，建筑围护结构性能一般都相对较差，耗热量越大，同时还越容易拖欠，拒缴热费。当按面积收费时，某种程度上从公共建筑获取的热费客观上弥补了住宅建筑欠费的损失，一定程度上保证了供热企业的效益。当改为按热收费后，商用建筑由于耗热量低，热费大幅度减少，而住宅建筑能耗高，应收缴的高热费又收不上来。丢失了原来的盈利渠道，新的高收费对象又交

不上钱，这就使得供热公司的实际收益大幅度减小。长春某热力公司率先对公司经营的 59.58 万 m² 公共建筑实行了按热计量收费尝试。当按面积收费时，每年固定收益 2047.5 万元，改为按热收费后，仅收入 1166.6 万元，收入减少 879 万元，减少了 43% 的经营收入。

②供求关系对调，不一定产生节能效果。

当改为按照热量收费后，前述的三类采暖末端管理模式的用户反映各不相同。目前热改主要强调的是前述第一类终端管理模式的用户，即作为独立消费者的住宅用户。这时为了节省热费，用户一定设法调节，尽可能降低热量的消耗；而供热企业是按照热量收费，无论其价格如何制定，必然是供热量越多，收入越多。这样供热企业的行为就不再是像以前那样设法通过调节在满足供热要求的前提下尽可能减少供热量，而变成设法使末端用户消耗更多的热量，因为"多供热，多赚钱"。而在目前的管网调节手段和调节能力上，采暖末端用户与供热企业之间，供热企业是"强势"，是影响调节的主导方；而采暖用户末端既不具备便捷的手段，作为普通百姓又不具备调节知识，因此在调节关系上属于弱者。这样，很难保证把调节的目的对调后，采用分户按照热量收费，就一定能够得到理想的节能效果。

而对于另外两类管理模式的终端用户，即作为集团消费者的公共建筑用户和"大院"型统一核算的用户，按照进入建筑或进入大院系统的总热量计量收费，可以促使其内部的管理者通过调节减少浪费产生效益。而且供热企业从外部的任何调节活动也很难增加进入大楼或"大院"的热量，因此事情最终的结果将与预想的一致，有可能产生节能效果。然而，如前所述，目前推广"按热量收费"的主要对象却不是这两类用户。因为这两类用户由于其建筑的保温效果相对较好，因此平均单位面积的供热量实际上低于平均水平，所以大多属于热力企业盈利的主要用户。在这些用户上实施按热量计量收费，很可能大幅度减少这些单位的热费，严重影响供热企业的经济效益。

这样，原本依靠"按照面积收费"可以获得稳定的经营收入的供热企业在改为按照热量计量收费后，经营收入将变成很不确定，使供热企业产生很大的危机感。当供热总面积不变时，如果按热量收费真的能刺激用户节能，总耗热量必然减小，供热公司的收益也会减少。假设按照目前的能耗水平预测，改为按热收费后，整体能耗预估可降低 20%～30%，相应地供热公司的经营收入就有可能减少 10%～15%，这对于供热企业来说是不愿意看到的。

2）供热企业不愿意承担由于按热收费增加的管理、维护工作

当按热收费后，由于各个用户要增加计量调控设备，维护量大增；在计费、收费上也比较复杂，甚至有些热计量方式的计费和维护还需要供热企业支付额外费用

聘请专业公司来进行。此外，按热收费后，还将涉及抄表、退费等很多额外工作。用于结算的热量表还存在年检等费用支出以及用户之间可能由于热计量和热分摊不合理引起的各种纠纷等，这些潜在的因素必然会引来大量的管理工作和费用支出，而热改却并未给供热企业带来太多的效益，甚至存在前述效益降低的风险，因而这也是供热企业抵制热改的原因。

3）目前的集中供热管理体制不利于终端采取灵活的收费制度

供热改革举步维艰的另一个原因是我国供热系统终端的建筑状况、室内供热系统形式多种多样，而目前很难找到一种热计量方式完全解决所有问题，因此若能根据终端特点，依靠某种机制，灵活采取相适应的收费制度，将有可能实现在不同的条件下采用不同的收费方式，并且可以分期分步地逐渐实现供热收费体制改革。然而，按照目前的供热管理体制，当一个热网中部分用户实行"按照热量收费"，部分实行"按照面积收费"时，供热企业对热网的运行调节就出现极大的困难：采用"按照热量收费"的末端应该保证充分的压力、流量，以使各个末端用户在需要时能够得到足够的热量，这既是保证供热服务质量的要求，也是供热公司保证足够的经营收入的需要；而采用"按照面积收费"的末端，则需要维持传统的调节方法，在满足采暖的基本要求的前提下，尽可能降低压力、减少流量。一个管网同时按照这样两个彼此相反的目标进行调节，往往互相影响，甚至两类用户的两种调节目标都没达到。

（5）臃肿庞大的供热企业难以实现终端高效率的管理

目前我国热电联产集中供热系统各个环节中，电厂和城市一次热网输配系统都具备较高的自动化水平，管理相对方便。而终端的用户服务，由于涉及千家万户，包括户内供热设备维护、供热质量保证、收费、调节等，管理更多的是涉及各方面问题，与各方面打交道。但这是整个供热企业管理体系中的核心环节。这是因为：供热质量不能保证，系统维护不及时，终端服务不到位将直接涉及最终热费的收缴率；系统的运行调节不合理，就会导致更多能源的浪费，增加企业供热成本。这一环节的管理好坏对于企业的经济效益和能源节约带来的社会效益影响很大，但这一重要环节，一方面由于供热企业的臃肿庞大，很难实现高效率的管理。图2-109所示实测供暖能耗可以间接证明这一点，可以看到，大型城市供热企业管理的供暖平均能耗要高于小区自管锅炉房，小区自管的锅炉房平均能耗要高于依靠节能获取收益的能源托管服务企业❶。另一方面由于目前的体系结构中，供热企业管理环节存在职能差异，所需求的人员类型也有差异，若不能清晰的分开，将直接造成管理成本的增加。如电厂和一次网由于较高的自动化水平，以技术型人才需求为主，就要求

---

❶ 清华大学建筑技术科学系.中央国家机关锅炉采暖系统节能分析报告，2006.

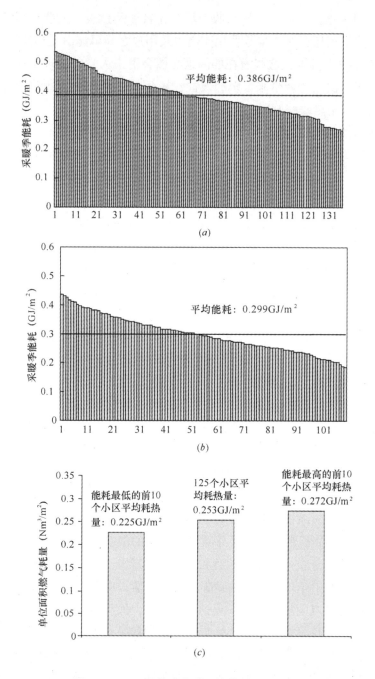

**图 2-109 不同管理方式下的供暖平均能耗**

（a）城市集中供热各热力站采暖能耗；（b）燃气锅炉供暖采暖能耗（已经扣除锅炉效率的影响）；

（c）北京市采用能源托管服务方式的小区采暖能耗

"精而简"，即对人员的技术水平要求较高，所需数量却不多。丹麦 VEKS 热力公司的热用户约为 12.5 万 ~15 万户，人口 34 万人，供热管网 100km，有 7 个泵站和 43 个热交换站（其中有 19 个热力站内还设有调峰锅炉），供热量为 778.45 万 GJ，而运行管理人员仅 44 人 ❶（图 2–110）。而对于终端服务来说，以服务型人才需求为主，兼顾技术，由于涉及的事情繁杂，当服务用户数量一定时，要达到较好的服务质量，要求的是足够数量的维修服务人员而并不要求非常深入和精湛的技术水平。目前的管理体系中，供热企业未能对这两个环节进行清晰的分开，难以实现高效率的管理。面对与上述丹麦案例中同等规模的供热服务，在我国，热网运行管理人员可能超过300 人。由于庞大数量的管理人员加上热力公司要靠 4 个月的采暖费收入来维系供热成本和 12 个月的人员福利、工资，因此企业自身负担较重，这也是供热企业过度追求新增采暖面积以获取管网配套费用来维系企业效益的原因。

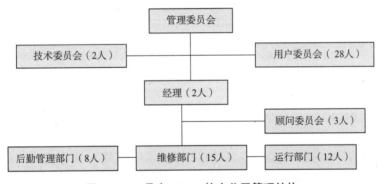

图 2–110　丹麦 VEKS 热力公司管理结构

此外，这种臃肿的企业模式也不利于发挥终端服务人员的节能积极性和节能工作的开展，对于庞大的供热企业，某几个小区的节能对企业本身的效益很难有直接影响，因此考查的标准往往成为单纯地考查其对末端用户的服务质量和态度。而在很多情况下，单纯地追求服务质量和态度，很可能使得维护管理人员采用不同的运行调节方式，从而造成运行能耗的增加。

（6）目前的供热体制下，给予困难群体的供热补贴难以发挥最大效能

用户拖欠费用、定价过低一直是供热企业要求政府部门给予补贴的理由，仔细分析用户拖欠费用的原因主要是供热企业提供的服务不到位或是由于用户确实经济困难难以负担，对于前一类主要是服务管理上的问题，应通过加强管理、改善服务

---

❶ 曾享麟，蔡启林，解鲁生等.欧洲集中供热的发展.区域供热，2002，1.

解决，对于后一类问题，地方政府会给予一定的供热补贴，以维持社会稳定和保障弱势群体的基本生活。但鉴于目前供热企业从热源出口到用户末端都进行统一管理的体制，很难分清热费拖欠是由于服务管理不善还是由于困难群体所致，政府的补贴就成了"用小勺向大锅中舀水"，很难补贴到位。这样大大降低了政府给予供热补贴的效能，甚至还掩盖了供热企业的经营性亏损。

### 2.19.2　热电联产集中供热管理体制改革的建议

鉴于目前的热电联产集中供热管理体制存在上述问题，不利于节能工作的开展，建议在管理体制上进行如下改革：将目前"电力公司管热源电厂，供热企业管供热网和末端服务"的现状，调整为"热源公司管理发电、调峰与一次管网，若干个供热服务公司分别管理各个二次管网与终端用热服务"的模式（图2-111）。同时取消以各种名义收取的管网配套费，以实际计量的一次管网进入二次管网的热量作为热源公司与供热服务公司之间唯一的结算依据，并且热源公司按照每年瞬态的一次网进入热力站的最大流量从供热服务公司收取一定的容量费。供热服务公司可以根据所服务的建筑群性质，以多种形式存在。例如对于住宅小区可归入物业公司；对于机关学校大院可直接由原来的运行管理部门管理，对于公共建筑，则可交由大楼的运行管理机构管理，对于多种性质混合的二次网，则可以成立专门的供热管理服务公司对末端用户进行供热服务管理。无论何种形式，每个独立的管理实体都要根据实际计量的热量和最大瞬态流量，向热源公司缴纳热量费。而这些供热管理服务机构可依据自身不同组成形式和不同的服务对象，在最终用户间采用不同的计量和收费结算方式。例如机关学校大院和单一业主的公共建筑很多情况下是直接报销的方式；住宅小区可以根据情况采用按照面积分摊，按照各单元楼的计量热量分摊或直接进行分户计量收费。

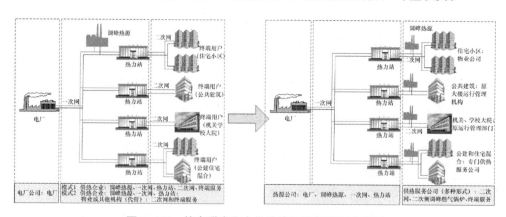

**图2-111　热电联产集中供热管理体制改革示意图**

这样，热源公司的经营发展目标将转为努力提高能源生产与输送效率，降低能耗；

而供热服务公司的发展目标则成为降低供热二次管网损失和过量供热损失，并为终端用户提供更好的服务。上述出现的各类问题在这样的新模式下就都有可能解决：

1）新的管理体制下，热源公司通过卖热获取效益，其提高效益的唯一方法就是提高能源生产和输送效率，加强管理，节约管理成本，再加上"厂网一体"的体系结构使得利益得到统一。热源公司出于自身利益的考虑，必然愿意采用提高热源效率的新技术，这样也才有可能在中国北方城镇全面推广以热电联产方式为热源的高效集中供热系统。

2）新的管理体制下，热源公司不会抵制"热改"。这是因为：对于热源公司来说，由于其通过卖热从供热服务公司获取收益，与终端的收费方式没有直接关系；管网配套费的取消也使得热源公司的目标转为尽可能地提高能源生产和输送效率；同时由于热源公司与供热服务公司是企业间的商业行为，即使发生欠费情况也容易循求司法途径解决，因而不用担心欠费对效益的影响，可以看到热源公司没有抵制热改的理由。和现有的经营模式相比，实际是把原来在电厂出口的热量计量结算点移到了各个热力站的入口。

3）对于供热管理服务机构来说，在做好末端供热服务的前提下，节省从一次网获得的热量是其产生经济效益的最重要的途径。由于每个独立核算的供热管理服务机构（公司）所服务的一个热力站所连接的建筑面积一般只在 5 万 ~10 万 $m^2$，依靠专业的运行管理人员可以通过精细调节，有效地减少过量供热量。这时如果减少热量的费用直接就转换为供热管理服务机构（公司）的收益，那么这部分收益对管理服务公司和直接进行服务与运行调节的人员来说，将是他们的全部收益。而采用分户计量，按照热量收费，各个住户通过减少热量来降低供热费所产生的经济效果对用户本人来说只是其各项经济支出中的一部分，因此其重视与关注程度不会高于这些运行调节人员。这样，即使对末端用户仍维持按照面积收费的模式，只要在楼内有足够的调节手段，使运行调节人员能够进行各种调节操作，消除过量供热，就可以起到有效的节能效果。换句话说，由于运行调节人员更具备调节能力，因此通过把节能省下来的费用转给专业运行调节人员，可能比留给末端用户所产生的促进作用更大。

4）可以设计恰当的机制使供热服务公司拥有所管理的二次网的产权（这对于公共建筑和"大院模式"已经不成问题），这样供热服务公司为了使系统有更好的调节能力以获得更好的节能效果，就会自行筹资，进行系统改造甚至对建筑进行节能改造，从改造后的节能效果中获得收益回报。

5）无论是热源公司还是供热服务公司的管理都可得到加强。这是因为在新的管理体制下，以服务型人才需求为主的终端服务和以技术型人才需求为主的前端服务清晰分开。处于自动化水平较高，并且以技术型人才需求为主的热源公司就可以借鉴欧洲的管理模式，在现有的基础上大幅度减少管理人员，节约管理成本。而对于供热服务公司来说，则完全不同于当前带有一定垄断性质的供热企业，由于管理范围相对较小，各种职责和分工就可以做到很明确，管理模式、激励机制也可以相对灵活，管理的好坏也很容易从效益上体现，加上市场的竞争压力使其必然主动采取各种措施加强自身的管理。

6）政府补贴更能发挥应有作用，令供热企业头疼的欠费问题造成的影响大幅度减小。如前文所述，欠费的原因主要是供热企业提供的服务不到位或是由于经济困难难以负担造成。在新的供热管理体制下，完全靠提供服务获取效益的供热服务公司基于自身利益考虑，必然会大幅度改善服务质量，从而减少由于服务质量问题引起的欠费。北京市某能源托管企业 90% 以上的收费率相比托管前 80% 的收费率就是很好的证明。对于困难群体的欠费，与终端用户密切接触的供热服务公司可通过提交详细的用户资料向政府申请补贴，这样一方面保障了供热服务公司的利益，另一方面也使得政府补贴用在最恰当的场合，充分发挥补贴设置的初衷。

7）燃气锅炉分布式调峰的城市最佳供热模式可以有效运行。

采用上述新的体制，对热源公司来说，最佳的运行方式是在整个供热季恒定地供应热电联产高效产出的热量，使热源设备和城市一次管网一直处在最大负荷下工作，因此是具有最高的经济效益的运行工况。对于末端的供热管理服务公司，则担负起运行末端调峰燃气锅炉的任务，根据气候状况和供热需求，调整燃气锅炉的出热量。燃气锅炉比安装在热力站的一次网与二次网间的换热器有更大的调节能力，使得供热管理服务公司有能力应付可能出现的各种情况，从而保证更可靠的供热效果，因此对他们来说也是愿意接受的方式。热网提供的热量的价格大约仅为燃气产生的热量的价格的 60%，尽可能多从热网获得热量，尽量少用燃气再热，又与他们的经济利益直接挂钩，而这也与热源公司的利益一致。实际上，在这种状况下热源公司与供热管理服务公司的关系是：供热服务公司从技术上可以任意减少从热网获得的热量，而热源公司则从技术上可以限制每个热力站可从热网获得的最大热量。这样，经济利益与技术条件相互制约，在热源公司与供热管理公司之间形成一个有效的相互制约和相互促进的机制，导致这种燃气锅炉分布式调峰的方式可以得到推广和很好地运行。

上述改革方案中，按照最大瞬态流量或最大瞬态供热量设置的容量费和管网配套费是两种完全不同性质的收费，其设置的主要目的是基于热源公司和供热服务公司实现供热需求良好协调和保证供热资源的有效利用考虑的。具体操作方法是：供热开始前，供热服务公司和热源公司协议所需要的最大瞬态流量，并按照该瞬态流量缴纳容量费。在采暖季当中，若热源公司不能满足供热服务公司最大瞬态流量，则应给予供热服务公司一定的补偿费用；反之，若供热服务公司在采暖季当中需要更大的循环流量，则按照实际发生的最大流量支付额外费用。这样做的好处一方面可以避免热源公司在严寒期不能满足供热服务公司要求，避免服务质量无法保证。另一方面也激励供热服务公司采取各种节能措施以尽可能地降低峰值负荷，而"燃气锅炉分布式调峰"技术刚好是降低峰值负荷的最有效措施之一。此外，这种容量费每年都要支付，是热费的一部分且与运行状况有关，而不是一次性的初装费，这也可以在一定程度上保障热源公司的利益。

综上所述，通过进一步推动北方地区集中供热管理体制的改革，变社会福利模式为对困难群体给予补贴基础上的市场机制，则前述各种问题都迎刃而解，通过提高热源效率，落实供热收费体制改革，充分调动供热企业、房地产开发商、物业管理企业和居民共同的节能积极性，从而形成节能的长效机制。

### 2.19.3　政策建议

建议"十二五"期间进行北方地区供热改革的创新试点示范工作，内容包括：

1）体制改革。选择适合的北方集中供热城市，由地方政府出面进行管理和部门协调，进行企业体制改革，即将目前"CHP 归电力公司管，城市供热归供热企业管"的现状，调整为"热源公司管理发电、调峰与一次管网，供热服务公司管理二次管网与终端用热服务"的模式。

2）价格体系改革。取消对终端用户收取的管网配套费。以实际计量的热量作为唯一的热源公司与供热服务公司之间的结算依据。督促供热服务公司根据终端用户的特点选择合适的终端收费制度，并逐渐建立在不影响供热效果前提下的节能的长效机制。

## 本章参考文献

[1] 付林，江亿，张世钢.基于 co-ah 循环的热电联产集中供热方法 [J].清华大学学报（自然科学）.2008，48（9）：1377-1380.

[2] Lin Fu, Yan Li, Shigang Zhang, et. al. A new type of districtheating method with co-generation based on absorption heat exchange（co-ah cycle）. Energy Conversion and Management, 2011，52（2）：1200-1207.

[3] 赵玺灵，付林，张世钢.吸收式气-水换热技术及其应用研究.湖南大学学报 2009，36（12）：146-150.

[4] 王漪，薛永锋，邓楠.供热机组以热定电调峰范围的研究.中国电力，2013，46（3）：59-62.

[5] 吴龙，袁奇，丁俊齐等.基于变工况分析的供热机组负荷特性研究.热能动力工程,2012,27(4)：424-430.

[6]　赵龙，王艳，沙志成 . 山东电网接纳风电能力的研究 . 电气应用，2012，17：43 – 69.

[7]　李俊峰，蔡丰波，乔黎明等 . 2013 中国风电发展报告 . 2013：39 – 46.

[8]　朱柯丁，宋艺航，谭忠富等 . 中国风电并网现状及风电节能减排效益分析 . 中国电力，2011，44（6）：67 – 77.

[9]　王宝书，谢静芳 . 长春市电负荷变化的统计特征及与气象条件的关系分析 . 吉林气象，2002，3：12 – 14.

[10]　祝侃 . 降低供热系统能源品位损失的分析与研究 . 硕士论文 . 清华大学，2014.

[11]　齐渊洪，干磊，王海风，张春霞，严定鎏 . 高炉熔渣余热回收技术发展过程及趋势 . 钢铁 . 2012（4）：64 – 74.

[12]　董晓青，孙韬，彭闪闪等 . 一种高炉冲渣水换热系统 . 实用新型专利，申请号 201220293691.

[13]　金亚利，张曼丽，王新燕 . 宽流道板式换热器在氧化铝生产种子分解过程中的应用 . 中国有色冶金 . 2006（1）：52 – 54.

[14]　刘杰，罗军杰 . 高炉冲渣水专用换热器的应用 . 节能 . 2012（6）：59 – 62.

[15]　臧传宝 . 高炉冲渣水余热采暖的应用 . 山东冶金 . 2003，25（1）：22 – 23.

[16]　柳江春，朱延群 . 济钢高炉冲渣水余热采暖的应用 [J]. 甘肃冶金，2012，34（1）：118 – 121.

[17]　刘红斌，杨冬云，杨卫东 . 宣钢利用高炉冲渣水余热采暖的实践 [J]. 能源与环境，2010（3）：45，46，55.

[18]　尚德敏，李金峰，李伟 . 钢铁厂冲渣水热能回收方法与装置 . 发明专利，申请号 201210276910.3.

[19]　张英英 . 北京石电供热工程正式向市区供热 . 区域供热 1993 年 01 期 .

[20]　张英英 . 北京市石景山热电厂供热工程简介 . 区域供热 1992 年 04 期 .

[21]　2007 – 2020 年乌鲁木齐市热电联产规划 2007 年 .

[22]　赫然 . 三河发电跨省供热北京首享外埠热源 . 中国电力报，2011 年 11 月 28 日 .

[23]　古交兴能电厂至太原供热主管线及中继能源站工程可行性研究报告 2013 年 .

# 第 3 章 公共建筑节能技术辨析[1]

## 3.1 自然通风与机械通风

通风是维持室内良好的空气质量的重要手段，如何通过合理的通风方式，营造一个健康、舒适、节能、可靠的建筑室内环境，一直以来都是建筑环境领域的重要课题。特别近年来，一方面室内由于装修、家具等产生各种可挥发有机物（VOCs）的室内污染，另一方面室外由于雾霾、PM2.5 等室外大气污染，都对如何合理设计室内通风提出了新的挑战。而实现室内通风的方式主要包括自然通风和机械通风两种方式，因而自然通风和机械通风两种方式下实际室内环境状况怎样，如何设计合理的室内通风方式，提高室内空气品质水平，改善舒适性与保证健康，是一项亟待解决的问题。

### 3.1.1 自然通风与机械通风系统运行状况调研

为了深入了解不同通风方式下实际室内环境状况的差异，清华大学 2013 年暑期对北京的 8 栋自然通风的办公楼，以及北京、广州、中国香港地区的 10 栋机械通风的办公楼室内逐时温湿度、$CO_2$ 浓度、开窗状态等进行了测试，并采用 $CO_2$ 浓度作为表征室内污染物浓度的一个总体指标，用以分析不同通风方式下的室内环境水平。同时对这些测试案例办公建筑中的 160 余名职员进行了问卷调查和访谈，对开窗通风的方式、个体感受等进行了调研，以作为不同通风系统实际运行状况研究的基础数据。

（1）自然通风案例测试结果

本次调研测试共选取位于北京地区的 8 栋自然通风办公建筑，进行了室内逐时温湿度、$CO_2$ 浓度和开窗状态等测试，其中测试案例建筑的基础信息如表 3-1 所示：

---

❶ 原载于《中国建筑节能年度发展研究报告2014》第4.1节，作者：燕达。

**自然通风案例建筑基础信息表** 表 3-1

| 案例 | 地点 | 建筑面积（m²） | 楼层数 | 系统方式 | 外窗是否可开启 |
|---|---|---|---|---|---|
| A | 北京 | 20000 | 20 | FCU+新风不开 | 是 |
| B | 北京 | 40000 | 30 | VRF+无新风 | 是 |
| C | 北京 | 10000 | 5 | FCU+新风不开 | 是 |
| D | 北京 | 30000 | 25 | 水环热泵+新风不开 | 是 |
| E | 北京 | 7000 | 4 | VRF+无新风 | 是 |
| F | 北京 | 30000 | 11 | VRF+无新风 | 是 |
| G | 北京 | 8000 | 12 | VRF+无新风 | 是 |
| H | 北京 | 9000 | 10 | VRF+无新风 | 是 |

图 3-1 为北京地区的 8 栋自然通风办公建筑的逐时室内 $CO_2$ 浓度测试结果，从测试结果可以看到，案例中 $CO_2$ 浓度在 400~1800ppm 之间，浓度最低的案例 $CO_2$ 浓度为 400~900ppm。$CO_2$ 的浓度日变化显著，这是由于人员的在室和开窗通风所共同造成的。

图 3-2 为此 8 个案例建筑 $CO_2$ 室内浓度范围的测试结果对比，可以看到大多数案例的 $CO_2$ 浓度可以控制在 1200ppm 以下，基本满足室内需求。

（2）机械通风案例测试结果

本次调研测试同时也选取了位于北京、广州、中国香港地区的 10 栋机械通风办公建筑，进行了室内逐时温湿度、$CO_2$ 浓度和开窗状态等测试，测试案例的新风系统在工作时间段内连续工作，其中建筑的基础信息如表 3-2 所示。

**机械通风案例建筑基础信息表** 表 3-2

| 案例 | 地点 | 建筑面积（m²） | 楼层数 | 通风方式 | 外窗是否可开启 |
|---|---|---|---|---|---|
| A | 北京 | 100000 | 25 | 机械通风 | 否 |
| B | 北京 | 300000 | 22 | 机械通风 | 否 |
| C | 广州 | 150000 | 30 | 机械通风 | 否 |
| D | 北京 | 80000 | 27 | 机械通风 | 是 |
| E | 北京 | 65000 | 20 | 机械通风 | 否 |
| F | 广州 | 100000 | 30 | 机械通风 | 否 |
| G | 香港 | 150000 | 11 | 机械通风 | 否 |
| H | 香港 | 60000 | 5 | 机械通风 | 否 |
| I | 北京 | 70000 | 20 | 机械通风 | 是 |
| J | 北京 | 30000 | 11 | 机械通风 | 是 |

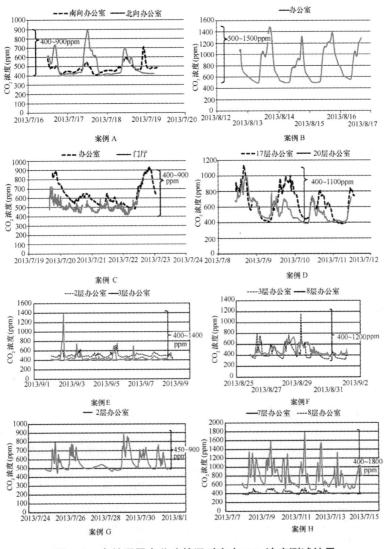

图 3-1 自然通风办公建筑逐时室内 $CO_2$ 浓度测试结果

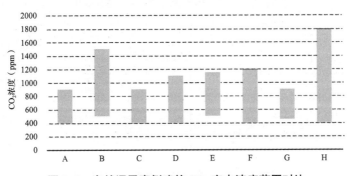

图 3-2 自然通风案例建筑 $CO_2$ 室内浓度范围对比

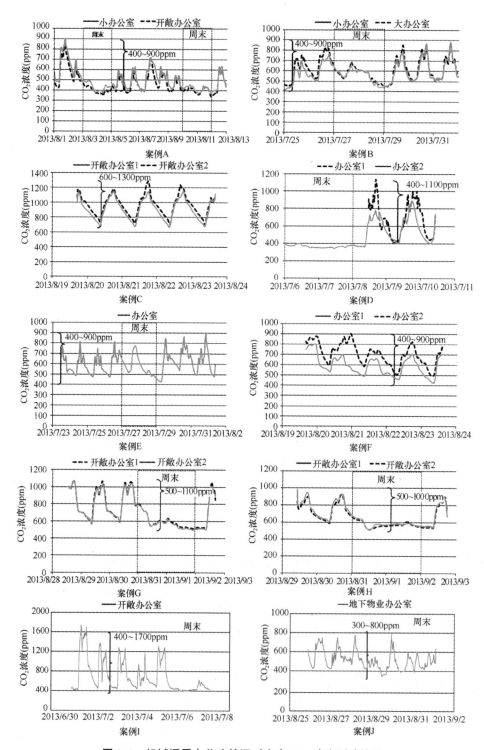

图 3-3 机械通风办公建筑逐时室内 $CO_2$ 浓度测试结果

图 3-3 为 10 栋机械通风办公建筑的逐时室内 $CO_2$ 浓度测试结果，从测试结果可以看到，案例中 $CO_2$ 浓度在 400~1800ppm 之间，浓度最低的案例 $CO_2$ 浓度为 400~1600ppm。$CO_2$ 的浓度日变化与自然通风案例相比同样显著，这主要是由于人员的室内活动所造成的。

图 3-4 为此 10 个机械通风案例建筑 $CO_2$ 室内浓度范围的测试结果对比，可以看到与自然通风案例类似，大多数案例的 $CO_2$ 浓度可以控制在 1200ppm 以下，基本满足室内需求。从另一个角度来看，在本次调研测试的案例中，自然通风与机械通风案例的室内 $CO_2$ 浓度差异不大。

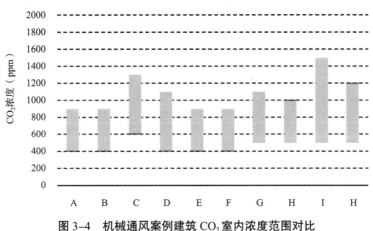

图 3-4　机械通风案例建筑 $CO_2$ 室内浓度范围对比

（3）关于开窗通风需求的问卷结果

为了深入了解案例办公建筑中职员开窗通风的行为方式，以及他们对外窗的个体感受以及外窗可开性的要求，对这些测试案例办公建筑中的 160 余名职员进行了问卷调查和访谈，以作为不同通风系统实际运行状况研究的基础。

如图 3-5 和图 3-6 分别为开窗通风行为和关窗行为的驱动力调研结果分布图，可以看到，这种开关窗行为是用户的一种非常重要的室内环境调控手段，用户通过开关窗可以同时实现通风换气和维持室内良好的热环境。而且这种调节是一种动态的主动的调控，这与机械通风提供的恒定通风是非常不同的。

同时，如图 3-7 所示，在 160 个问卷调查样本中，82.5% 的受访者非常希望工作环境中有外窗，同时 80.6% 的受访者觉得非常希望外窗可以开启。这在一定程度上说明用户期望能够通过开启外窗来实现自己主动的室内环境控制。

（4）调查与测试的总结

通过以上案例测试和问卷调查的工作，可以得到以下初步结论：

1）在本次调研测试的案例中，自然通风与机械通风案例的室内 $CO_2$ 浓度差异不大。

2）这种开关窗行为是用户的一种非常重要的室内环境调控手段，用户通过开关窗可以同时实现通风换气和维持室内良好的热环境。

3）绝大部分用户期望能够通过开启外窗来实现主动的室内环境控制。

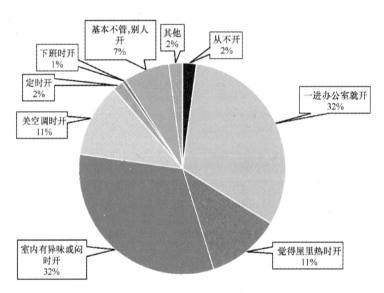

图 3-5　开窗通风行为的驱动力调研结果分布图

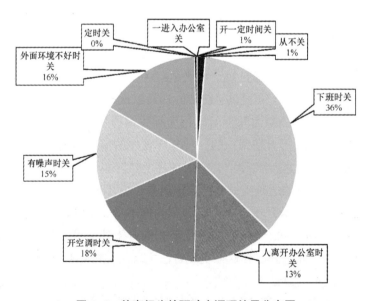

图 3-6　关窗行为的驱动力调研结果分布图

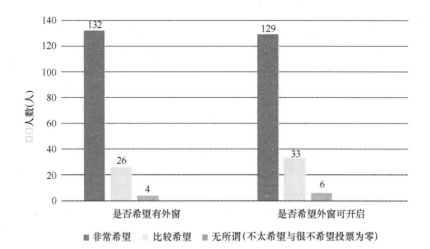

图 3-7  对外窗的个体感受和外窗可开性要求的调研结果

### 3.1.2  自然通风与机械通风方式的分析

（1）连续式通风与间歇式通风对室内 $CO_2$ 浓度影响的对比

通过以上案例测试的工作，可以看到自然通风与机械通风案例的室内 $CO_2$ 浓度差异不大，为什么连续式的通风方式与间歇式的开窗通风方式的室内 $CO_2$ 环境却很接近？是否可以通过短时间的几次开窗大量通风来替代持续定量的通风方式？为了进一步分析这一问题，对一间 $30m^2$ 的普通办公室进行逐时的室内 $CO_2$ 浓度计算，来分析这两种不同方式通风的影响。

案例房间的计算设定如下：层高为 3m，最多人数为两人，在室人数的逐时变化如图 3-8 所示，额定新风量为 $60m^3/h$，即 $30m^3/$（h·人），每人的 $CO_2$ 产生量为 $20L/$（人·h），无新风时窗户渗风为 0.3 次 /h，开窗通风时换气次数为 2.0 次 /h，室外 $CO_2$ 浓度按 400ppm 进行计算。

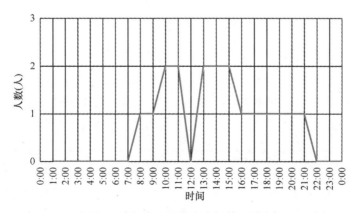

图 3-8  案例办公室在室人数的逐时变化

如该案例办公室采用连续式定量的机械通风方式，其逐时通风量如图 3-9 所示，其中 8：00~21：00 通风量为 60m³/h，其余时刻为 0.3 次 /h 的渗风量。图 3-10 为机械通风案例中办公室室内 $CO_2$ 浓度的逐时变化，通过计算结果可以看到，机械通风方式可以将室内 $CO_2$ 浓度控制在 1000ppm 以内，室内 $CO_2$ 浓度随着室内人数的变化而产生波动。

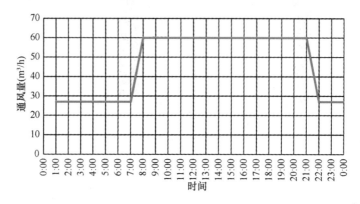

图 3-9　机械通风案例办公室通风量的逐时变化

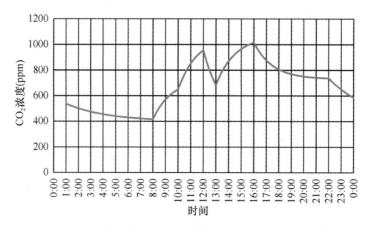

图 3-10　机械通风案例办公室室内 $CO_2$ 浓度的逐时变化

如果该案例办公室采用间歇式开窗实现的自然通风方式，其逐时通风量设定如图 3-11 所示，其中早晨 11：00 和下午 14：00 开窗通风，通风量为 2.0ACH，每次一小时，其余时刻关窗为 0.3ACH 的渗风量。图 3-12 为自然通风案例中办公室室内 $CO_2$ 浓度的逐时变化，通过计算结果可以看到，自然通风方式同样可以将室内 $CO_2$ 浓度控制在 1000ppm 左右，而无需持续提供定量的新风，这是由于当开窗大量通风换气后，可以将室内的 $CO_2$ 水平置换为室外 $CO_2$ 的水平，而室内具有一定的体积，关窗后还需要一定的时间才能使 $CO_2$ 水平升至 1000ppm，而另一方面室内人员数量也是不断变化的，开窗通风的方式可以很好的适应这一人员数量变化而带来的通风量需要。

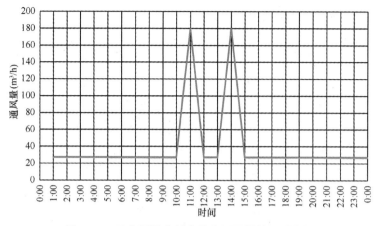

图 3-11　开窗通风案例办公室通风量的逐时变化

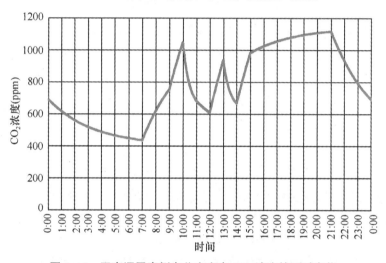

图 3-12　开窗通风案例办公室室内 $CO_2$ 浓度的逐时变化

　　因此以上计算案例可以解释为什么案例测试中看到连续式的通风方式与间歇式的开窗通风方式的室内 $CO_2$ 环境却很接近的原因。由于开窗通风的方式具有快速置换的能力，而且可以根据室内实际人员的需求进行适应，而由于房间具有一定的空气容积，因此 $CO_2$ 的浓度变化不是瞬时变化的。因而对于具有室内人员密度低、人员活动随机性大、房间进深小特点的中小型办公室而言，可以通过开窗通风的方式来替代持续定量的机械通风方式来满足室内空气品质的需要。

　　（2）连续式通风与间歇式通风对空调耗冷量的对比

　　如果采用间歇式的开窗通风方式，是否会由于大量通风而造成空调耗冷量的大量增加，从而大幅增大空调系统能耗？为了进一步分析这个问题，采用建筑能耗模拟软件 DeST 对上节相同的 30m² 的普通办公室进行逐时的空调耗冷量的计算与分析，用以分析这两种不同方式通风对空调能耗的影响。

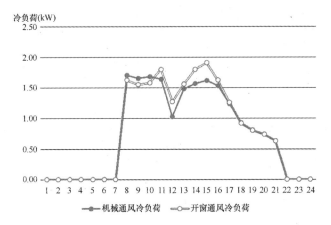

图 3-13 夏季最热典型日机械通风与开窗通风案例逐时耗冷量对比

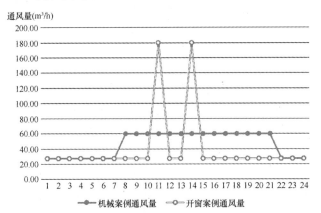

图 3-14 夏季最热典型日机械通风与开窗通风案例逐时通风量对比

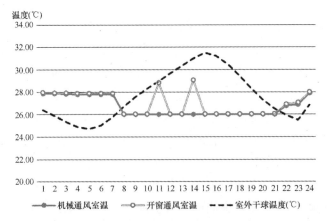

图 3-15 夏季最热典型日机械通风与开窗通风案例逐时室温对比

图 3-13~ 图 3-15 为机械通风案例与开窗通风案例在夏季最热典型日的逐时耗冷量、通风量和室温对比，可以看到由于开窗通风，造成在 11 点和 14 点时的耗冷量要大于机械通风案例，但由于末端容量的限制，因而在这两个时刻室内温度高于空调设定值 26℃。而在其他一些时刻，由于渗风量小于新风量，因而在这些时刻开窗通风案例的耗冷量要略小于机械通风案例。综合起来，在最热典型日，开窗通风案例的累计耗冷量要略大于机械通风案例。

图 3-16~ 图 3-18 为机械通风案例与开窗通风案例在初夏季典型日的逐时耗冷量和室温对比，可以看到由于在初夏季，室外温度较为凉爽，开窗通风案例的耗冷量要显著低于机械通风案例。在初夏季等过渡季节，开窗通风案例的累计耗冷量仅为机械通风案例的 1/2。

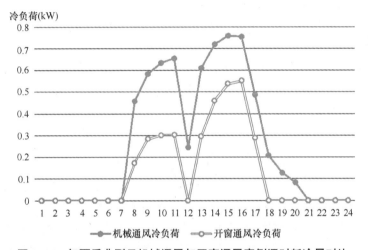

图 3-16 初夏季典型日机械通风与开窗通风案例逐时耗冷量对比

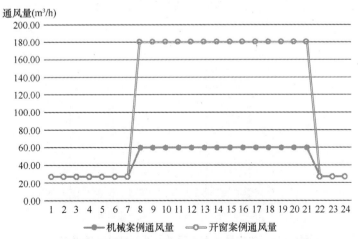

图 3-17 初夏季典型日机械通风与开窗通风案例逐时通风量对比

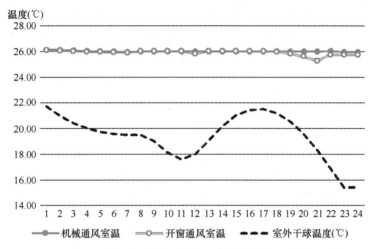

图 3-18　初夏季典型日机械通风与开窗通风案例逐时室温对比

综合到全年累计耗冷量方面，图 3-19 为机械通风案例与开窗通风案例累计耗冷量的对比，可以看到开窗通风案例的累计耗冷量反而要低于机械通风案例，这说明由于开窗通风，虽然在最热季节略增加了耗冷量，但是在过渡季等时间，开窗通风的耗冷量将大幅低于机械通风的案例。同时考虑到机械通风系统的耗电量，因而自然通风系统可以在实现同等室内空气品质的同时，也可以有效降低空调系统的能耗。此外开窗通风时，当室外出现极端高温或空气品质差的天气，用户可以选择不开窗，或改时间开，从而实现空气质量与冷热之间的需求平衡，这可使极端天气下的能耗有所降低，同时室内热状态不会太恶化。同时当室内无人时，开窗通风的案例中风机盘管或分体空调可以不开，无需风机的能耗，而机械新风系统却无法关闭对这间房间的送风。以上因素都造成了开窗通风的系统的实际用能量低于机械通风系统的用能量。

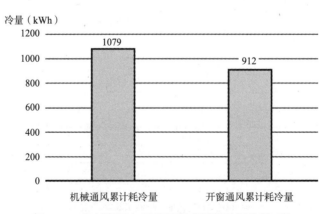

图 3-19　机械通风与开窗通风案例累计耗冷量对比

### 3.1.3　总结

通过开窗的自然通风方式与机械通风方式是两种不同的室内环境营造方向和理念，一种是与室内用户密切结合，通过不定量、间歇、反馈的方式调节室内的空气品质、热湿参数和降低能耗，另一种是通过定量、持续、恒定的方式为室内提供服务。通过以上室内环境的测试与计算分析我们看到，通过开窗的自然通风换气方式是目前我国目前广泛接受且期望的一种方式，其室内空气品质的实际状况与机械通风系统的案例水平相同，而用能量却普遍低于机械通风系统。因而对于具有室内人员密度低、人员活动随机性大、房间进深小特点的中小型办公室而言，这种通过开窗的自然通风方式应该是更为适宜和推荐的技术方式。

## 3.2　空调系统末端的能耗、效率及影响因素 ❶

空调系统末端风机电耗占建筑总电耗比例较大，例如，图 3-20 为 4 个分处不同气候区的公共建筑各项电耗的比例，都采用全空气空调系统形式，其中风机能耗与冷站能耗接近，占到总电耗的 15%～30%（图中："空气侧"表示空调系统末端风机电耗）。本节讨论风机盘管和全空气这两种公共建筑中常见的空调末端形式的能耗状况，主要围绕两个问题：一是对于办公室来说，变风量系统和风机盘管系统哪个更好；二是当公共建筑确实需要采用全空气系统时，如何让系统能够高效节能的工作。

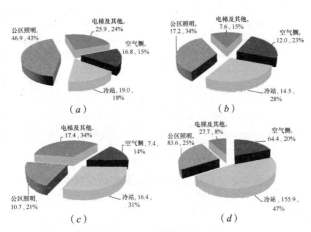

**图 3-20　分处不同气候区、采用全空气空调系统的典型公共建筑各项电耗比例**

（a）北京某商场全年电耗；（b）沈阳某商场全年电耗；（c）成都某商场全年电耗；（d）香港某商场全年电耗

❶　原载于《中国建筑节能年度发展研究报告2014》第4.2节，作者：王硕。

### 3.2.1 办公楼末端是变风量还是风机盘管？

办公楼末端采用变风量还是风机盘管，这是近年来不断争论的一个问题。办公建筑采用变风量方式（即 VAV）被市场上认为是高档办公楼的"标配"，还被认为是提供高品质空调的方式，那么，和我国办公建筑最常用的风机盘管加新风系统相比，变风量系统的能耗到底怎样呢？

变风量空调系统作为全空气系统的一种，是在以前多房间、多区域定风量空调系统上，为了改善末端风量分配不均造成冷热失调而发展出来的。与末端不能调节的系统相比，可以较好地满足同一个系统、不同房间的不同需要，与定风量加末端加再热调节的系统相比要节能。但在我国，相对于风机盘管系统，变风量系统运行能耗高，实际使用效果舒适性并不令人满意，并且存在一定隐患。

（1）运行能耗高

大量的研究和实测表明，变风量系统的运行能耗明显高于风机盘管系统，如图3-21 所示为体量、功能、地区相近相似的位于内地的 5 座采用风机盘管系统、4 座采用变风量系统的建筑，另外还有位于中国香港的 4 座采用变风量系统的建筑共 13 座建筑的空调总运行能耗，其中风机盘管建筑的空调总运行能耗均在 25kWh/（m²·a）以下，而变风量系统的空调总运行能耗是风机盘管系统的 2~4 倍以上。变风量系统的能耗高，原因有如下几个方面：

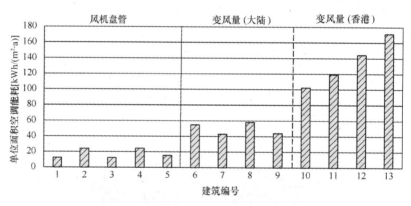

图3-21　风机盘管与变风量系统空调电耗

1）风机扬程

由于采用空气输送冷热量，全空气系统风机需要提供更高的风机扬程，通常为几千帕，表3-3 为 5 个建筑中主要使用的空调箱的风机扬程列表；而风机盘管风机只需要克服局部空气循环的阻力，所用风机扬程只需要几百帕，表3-4 为市场上 5 个较知名厂商的风机盘管的风机扬程。因为风机功率正比于空气体积与风机扬程的乘积，所以处理同样体积的空气，全空气系统的风机功率是风机盘管系统的7~10倍。

**空调箱风机扬程**　　　　　　　　　　　　　　　　　　　　　　表3-3

| 项目 | 风机扬程（Pa） | | | |
|---|---|---|---|---|
| 项目1 | 371 | 634 | 736 | 1536 |
| 项目2 | 518 | 704 | 1293 | 1587 |
| 项目3 | 813 | 1152 | 1440 | 1728 |
| 项目4 | 1165 | 1267 | 1280 | 1850 |
| 项目5 | 1440 | 1702 | 2125 | 5606 |

**风机盘管风机扬程**　　　　　　　　　　　　　　　　　　　　　表3-4

| 品牌 | 风机扬程（Pa） | | |
|---|---|---|---|
| 品牌1 | 160 | 189 | 259 |
| 品牌2 | 179 | 218 | 230 |
| 品牌3 | 198 | 230 | 275 |
| 品牌4 | 211 | 269 | 314 |
| 品牌5 | 250 | 262 | 269 |

2）部分房间使用时的关闭特性

办公室经常处于部分房间使用的状态，此时不使用的风机盘管可以关闭，减少系统的能耗。而变风量系统并不能单独关闭某个末端，甚至一个变风量系统中只有少数几个房间使用时，也要开启整个系统，在房间使用量减小时，风机输配能耗不能降低，同时给系统增加了没有必要处理的冷热量，使得整个空调系统的能耗无法降低。多房间同时使用率越低，相应空调系统的能耗浪费就越严重。

3）负荷不均匀时的调节特性

首先，对于不同的房间温度设定值，风机盘管可以很容易地调节，而变风量系统则调节困难，为了达到控制目标，会导致系统的风量过大。第二，在各房间之间负荷差异较大时（尤其是过渡季），风机盘管的水阀采用通断控制，风机采用低速或者通断运行，风机电耗和水系统电耗都会相应降低。而国内变风量系统不能加装再热装置，所以为了降低冷热失调时，系统只能提升送风温度，大幅度降低送回风温差，导致总风量加大，风机电耗增加。

虽然系统送回风温差减小，但同时系统总负荷也降低，而总风量是二者的商，为何一定增大呢？这里以一个案例进行说明。图3-22所示为某坐落于香港的建筑，同一变风量系统包括55个房间，对比在8月1日10：00和2月1日10：00两个时刻的情况。图中右边主图为各房间的负荷—风量特性，纵坐标为负荷大小，横坐标为风量大小，各房间均落在该系统送风温度所对应的一条直线上；左边副图表示两个时刻各房间的负荷分布，纵坐标与主图相同为负荷大小，横坐标为各负荷的房间个数；下边副图表示两个时刻房间的风量分布，纵坐标为各风量的房间个数，横坐标与主图相同为风量大小。由图中可见，在 8 月该时刻，系统用 17℃送风，各房间落在主图 17℃所对应的直线上，该变风量系统能够处理 600~3000 W 的负荷，即图中实横线范围内，此时除两个房间过热外，其余房间均能控制到所设定的温度；而在 2 月该时刻，若依然采用 17℃送风，会有 14 个房间出现过冷，为了减少过冷的房间数量，系统必须降低送风温度，而此时会出现过热的房间，即此变风量系统已经无法满足所有的房间了。此时按照过冷与过热房间总数最小的情况，选择 19℃送风，各房间落在主图 19℃所对应的直线上，该系统只能处理 400~2200 W 范围内的负荷，即图中虚横线范围内，此时有 3 个房间过冷、5 个房间过热。对比两种情况，由于负荷—风量直线的斜率减小，在 2 月该时刻有更多的房间风量处于较高的风量，所以总风量要高于 8 月该时刻的总风量。

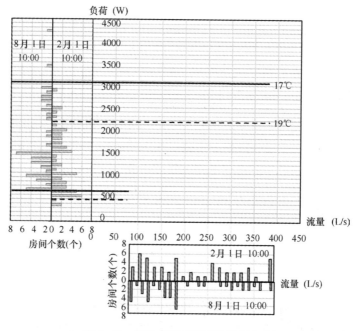

图 3-22　整体负荷下降导致风量上升

（2）舒适性差

在投入了较高的投资和运行能耗后，变风量系统却表现出了更差的舒适性，表现在两个方面：

1）冷热失调

由于变风量系统的调控范围较小，在房间负荷差异较大时会出现比较明显的冷热失调。图 3-23 所示房间温度与设定值之差是某个基于变风量系统所控制房间的效果。在 8 月某一时刻，在 55 个房间中同时出现了 7 个过热房间和 10 个过冷房间。在 2 月某时刻，更是有近半数的房间出现了过冷。因此，由于调节能力的局限，变风量系统的整体舒适性远差于可以独立调节的风机盘管系统。

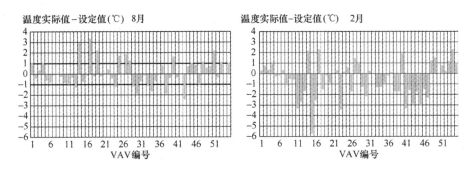

图 3-23　房间温度与设定值之差

2）新风供给不均

由于变风量系统固定新风比，对于负荷较低的房间新风供给较小。然而新风需求与负荷并不是正相关的关系，因此就容易出现部分房间新风供给过量，而部分房间新风供给不足的情况。为了降低新风供给的不均，只能采用加大新风比的办法，使得新风供给过量，增加了新风处理能耗。而风机盘管的新风独立供应，不会出现上述问题。

（3）安全隐患

变风量系统还存在严重的安全隐患。由于各房间的空气统一返回到空气处理室集中处理，就使得污染物在一个系统中相连的各房间扩散。不得不警惕如 2003 年的"非典"爆发这样的极端情况时，一个房间出现感染者就会危及其他各房间。即使在非极端情况，变风量系统也会存在烟味、香水味、食物味扩散等问题，所以在欧洲一些国家法律严禁回风相互掺混，宁可高能耗，也要采用全新风空调。而风机盘管由于空气仅在一个房间内循环，可以保证使用者之间互不串通。

另外，变风量系统因为具有较长的风道，积灰严重，在空气干净时反而对空气造成二次污染。而风机盘管系统风道非常短，不会产生大量积灰现象污染空气。

综合上述三点，变风量系统存在能耗高、舒适性差和安全隐患三个问题，但变风量系统相比于风机盘管具有如下的优点：1）变风量系统在末端不会出冷凝水，也就不存在冷凝水泄漏的问题。而风机盘管系统施工不当会出现冷凝水排水不畅，造成泄漏，无法运行；2）变风量系统即使出现风阀卡住、漏风等问题时，依然可以使用，容错性较高；3）在维修维护时，工作人员可以不进入客户区，保护了客户的隐私。基于上述原因，依然有大量的项目主张采用变风量系统。但不应该为了迁就国内施工质量不高的情况，就采用并不适宜的变风量系统，而应该加强工程的规范管理，保障施工质量，克服风机盘管冷凝水泄漏、故障的问题。此外，采用温湿度独立控制的风机盘管系统不再产生冷凝水，可以彻底解决冷凝水相关问题。而维修进入客户区的问题，对于隐私要求较高的客户，可以采用合理的设计来解决，比如将风机盘管置于公共区域吊顶或暗装于墙体中，通过送风管道连接附近的若干个房间等办法加以解决。

综上所述，变风量系统的"高档"很大程度源于商业宣传。在美国，变风量箱的价格低于风机盘管，才在工程中大量使用。只有贵宾室、经理办公室等场所才会使用价格较高的风机盘管。而我国风机盘管全部国产，变风量箱进口，变风量箱价格反而高于风机盘管，造成"高档"的错觉，成为高档办公空调的"标配"。实际在发达国家，风机盘管是比变风量更"高档"的空调系统。我国在20世纪90年代起即开始在办公楼大量使用风机盘管系统，经过二十余年的发展，技术成熟，设备成本低廉，是适应我国国情的"物美价廉"的空调选择。

风机盘管系统优于变风量系统的深层次原因，是分散、独立可调的系统一定比集中的系统更适用、节能；水输送冷热量比风输送冷热量更节能。因为空调系统的各个区域负荷情况各有不同，所需要的空气参数也不同，分散、独立可调的系统可以根据各个空调区域的要求切合的进行调节，而集中处理的系统，则为了满足各种不同的要求，只能采用大风量等办法，牺牲能耗来弥补调节范围有限的问题。另外，分散、独立可调的系统能够充分的利用人的控制能力，给予各区域使用者更高控制权限，使得无人时关闭、过渡季开窗等重要节能手段能够很方便地实现。而集中系统过于依赖自动控制，使用者即使想采用无人关闭等节能手段也无法实施。另外，由于水的比热远高于空气，在采用分散系统时，靠水将冷热量输配给各个末端要比风输送更加节能。近年发展的辐射方式空调，进一步发展了此思想，减少了风输配的环节，输配能耗更低。

### 3.2.2　商场公区的全空气系统

对于大空间大进深的商场公区，出于管理的考虑采用全空气系统。采用全空气作为末端的空调系统中，空调风机输配电耗一般占到全楼空调总电耗的15%~25%，是重要节能潜力分项。全空气系统的节能高效，需要从以下几个方面进行：

（1）系统宜小不宜大

与3.2.1节的原理相同，全空气系统应在可能情况下尽量减小单个系统的规模，并尽可能按照负荷分布进行系统划分。比如建筑不同朝向的负荷规律不同，内外区的负荷规律不同，功能不同（比如舞台与观众席，大厅与贵宾室）的负荷规律不同，都应该划分为不同的系统。

系统较小首先可以使风道长度较短，降低风机扬程需求，从而降低能耗。其次较小的系统可以使得被控制区域负荷差异较小，可以减少冷热失调的出现，便于降低系统能耗。另外区域功能的一致，可以使系统更易于控制，减小因为几个房间就开启整个系统的情况发生。

国内有些建筑，采用大系统甚至超大系统，即使经过仔细的调节，能耗依然非常高。比如图 3-24 所示为某商场，全部公区只使用 4 台超大空调箱处理，单台风机装机功率 90kW、风量 14 万 m³/h，虽然经过非常严格的节能改造与优化，公区风系统电耗依然达到 31kWh/（m²·a），难以进一步降低。

而图 3-25 所示的分散系统建筑，建筑位置、体量、功能与图 3-24 所示建筑相似，但因为采用分散的空调设计，总装机功率虽然为 626kW，但运行灵活，很多区域开启时间很短，所以虽然并没有做特别仔细的节能优化，公区风系统电耗也只有 17kWh/（m²·a）。

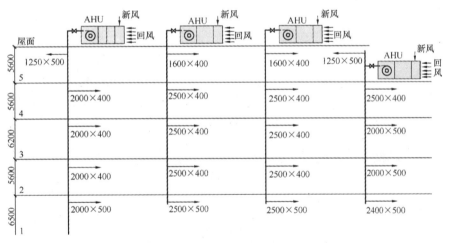

**图 3-24　超大系统建筑**

（2）防止漏风

实测表明，实际建筑中风道漏风严重，导致能耗浪费。比如表 3-5 为某建筑的 13 台主要空调箱的实测情况，其中 7 台空调箱漏风量超过 20%，甚至有 3 台超过 50%。风道漏风是由于风管连接处的损坏或者施工问题，如图 3-26 所示。风道漏风不但浪费风机电耗，而且使得空调系统处理得到的冷热量没有进入被调节区域，在机房、走廊、吊顶等地方损失掉，整个空调系统，包括冷却塔、冷机、水泵、风机等全

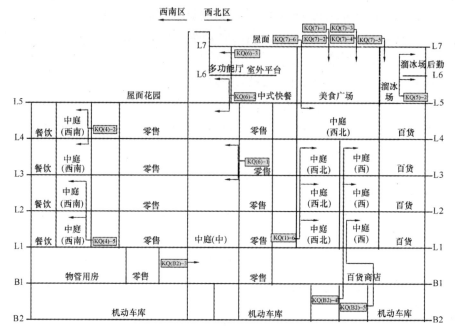

图 3-25 分散系统建筑（部分）

部已经付出的能耗在最后的环节被浪费掉，是空调系统能耗浪费非常重要的因素，需要得到充分的重视。因此应该在施工验收时，对漏风现象进行严格的测试与检验。

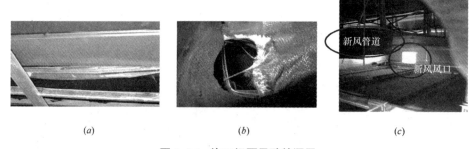

(a)          (b)          (c)

图 3-26 施工问题导致的漏风

（a）风道连接处未连接；（b）软连接损坏；（c）风管与风口未连接

空调箱漏风情况                                    表 3-5

| 总送风量（m³/h） | 末端风量和（m³/h） | 漏风量（m³/h） | 漏风百分比（%） |
|---|---|---|---|
| 19436 | 18320 | 1116 | 6% |
| 17016 | 16560 | 457 | 3% |
| 32220 | 26761 | 5459 | 17% |
| 31574 | 24249 | 7325 | 23% |

续表

| 总送风量（m³/h） | 末端风量和（m³/h） | 漏风量（m³/h） | 漏风百分比（%） |
|---|---|---|---|
| 13972 | 4293 | 9679 | 69% |
| 24357 | 15748 | 8609 | 35% |
| 17866 | 15698 | 2168 | 12% |
| 14185 | 12825 | 1360 | 10% |
| 13801 | 6518 | 7283 | 53% |
| 13801 | 10830 | 2971 | 22% |
| 21754 | 17529 | 4225 | 19% |
| 21754 | 8844 | 12910 | 59% |
| 20518 | 14508 | 6010 | 29% |

（3）风量达不到设定值

实测表明，全空气系统风量达不到设定值的问题严重，图3-27为6个建筑中随机抽测的30台空调箱，其中26台风量未达到其额定值，15台风量低于额定值的80%。除设备厂商以小充大的情况外，风量不足的主要原因是系统阻力偏大，主要出现在两个环节：1）风道阻力偏大。图3-28给出了某建筑中的送风管道的实测阻力系数值与送审资料中的设计送风管道阻力系数的比值。其中半数空调箱末端阻力系数高于设计值的2倍，04号和09号空调箱的风道阻力更是高达设计值的10倍左右。造成风道高阻力的原因是不合理的设计、施工导致的风管形状弯曲、变径不合理，如图3-29所示，从而造成了巨大的局部阻力产生压降。2）过滤器阻力偏大。图3-30给出了4个建筑的24台空调箱，前12台空调箱很少清洗过滤器，其过滤器压降均高于300Pa，甚至达到600Pa；后12台空调箱每月清洗一次过滤器，过滤器压降不超过200Pa。

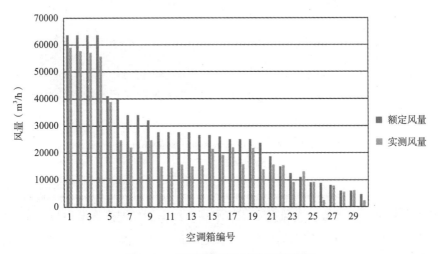

图3-27　空调箱额定风量与实测风量

与之对应的，为了使空调箱风量达到额定要求，需要减小全空气系统阻力，应从风道和过滤器阻力两部分入手：风道设计应合理安排风道走向，并严格按照设计标准设计风道各分支、弯头、变径段；过滤器应加强压降的监控，对于压降偏高的过滤器应及时清洗。

（4）控制调节

因为空调系统是按照最大负荷情况设计的，但实际运行中必然存在部分负荷工况，采取风机变频的形式可以在部分负荷时大幅度的降低风机电耗。因此这里讨论针对变频空调箱的控制方法。

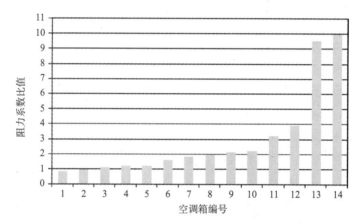

图 3-28　实际与设计风道阻力系数比值

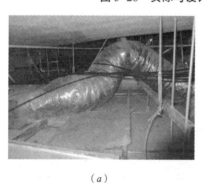

（a）　　　　　　　　　　　（b）

图 3-29　复杂弯头造成的显著压降

（a）弯折；（b）变径

首先，应该在不影响气流组织的前提下，尽可能维持恒定的送回风温差，靠风量调节室温。此时，应该根据送风温度调节水阀，根据回风温度调节风机频率，即：根据除湿要求、舒适度与气流组织的要求，设定合适的送风温度设定值，将送风温度与其设定值比较，带入特定控制算法计算得到风机频率，通过调节风机频率调节风量；

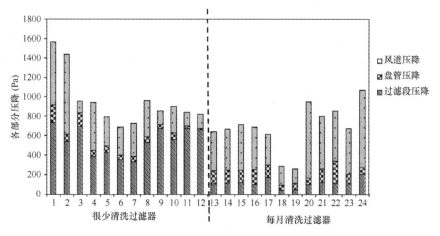

图 3-30 过滤器清洗与过滤段压降

将回风温度与其设定值比较,将结果代入特定控制算法计算得到冷冻水阀门开度,通过调节阀门开度实现对回风温度,即室温的控制。控制的对应关系如图 3-31 所示。

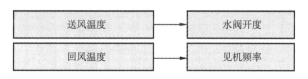

图 3-31 变频空调箱控制

（5）注意高大空间、多出入口的风平衡

对于商场等具有大空间的建筑,在设计、施工、运行环节,都需要重视风平衡的问题。在设计环节,需要注意采用隔断的方式,降低冬季烟囱效应带来的热压通风,比如地下室、一层入口采用旋转门、多层门等。另外,还需要隔断厨房、餐厅与大堂的空气连接通道。注意厨房的补风设计,不能只排不补,在维持厨房负压的情况下,做到厨房的排、补平衡。在施工环节,要注意所有空间的垂直方向的隔断,尤其是楼顶、一层与地下室的气密性检查。实际项目中发现,有的建筑在外立面与楼板之间不封堵,冬季产生严重的热压通风,并通过吊顶进入楼内,极大的浪费了能源并影响舒适性。在运行环节,首先要注意防止常开门的出现,另外需要定期检查建筑的风平衡,并及时地维修、封堵。

在商场大中庭由于空间较大,垂直方向上空气流动性较强,所以上热下冷情况较为明显。夏季供冷时,由于冷风下坠,所以各层空调末端风量应该由下而上逐渐加大;而冬季由于热风上浮,各层空调末端风量应该由下而上逐渐减小。首先,在设计时需要仔细设计空气的流场,某些场合可以采用置换通风的方式,甚至局部辐射的方式。另外，由前面的讨论可知，采取分散布置空调箱的形式能够降低温度垂直失调的情况出现，如果确实需要采用集中的空调箱，则各层必须具有调节手段。如果仅在各层末端设置手动调节阀，在施工验收时进行风平衡初调节后便不再进行调节，便会出现夏季上层过热，冬季下层过冷等情况。实测中，某商场冬季中庭上下温差高达 18.4℃，就是因为采用集中空调箱，但没有仔细计算流场也没有合适的调节手段导致。

## 3.3　排风热回收技术应用分析 ❶

### 3.3.1　排风热回收的基本矛盾

为了维持建筑物的室内空气品质，空调系统一般会为室内送入新风，为了维持室内空气量的平衡，同时需要将等量的室内空气排到室外。在夏季，室内温度低于室外新风温度，室内含湿量也低于室外新风含湿量，利用热回收装置使室内排风和室外新风进行热交换，可以降低新风温度和湿度，减小新风冷却除湿能耗。在冬季，室内温度高于室外新风温度，室内含湿量也高于室外新风含湿量，利用热回收装置使室内排风和室外新风进行热交换，可以提高新风温度和湿度，减少新风加热加湿能耗。基于上述原理，排风热回收被认为是减小新风能耗的有效手段，得到广泛应用。

不能忽视的是，设置排风热回收装置后，会增加新风与排风支路的通风阻力（包括热回收装置本身、配套过滤器、风管连接构件），因此会增加新风机与排风机的电耗，可见，排风热回收获得的能量也是需要消耗能量的，排风热回收装置的能效比即为其回收的能量与消耗的风机电耗之比，见式（3-1）、（3-2）、（3-3），只有热回收装置的能效比 $COP_R$ 超过原空调系统时，热回收装置才能起到节能效果。以夏季空调为例，常规制冷系统效率按 4.2 计（冷水机组全年平均能效比 6.0，冷冻水全年累计工况输送系数 30，冷却水全年累计工况输送系数 35，冷却塔全年平均能效比 100），排风量与新风量相等，热回收效率 65%，风机效率 70%，送风机和排风机扬程均增加 300Pa，则室内外的焓差要达到 4.6kJ/kg（采用全热回收）或者温差要达到 4.6K（采用显热回收）时，热回收装置才节能；同理，如冬季热泵系统效率 3.6，冬季室内外的焓差达到 4kJ/kg 或者温差要达到 4K 时，热回收装置才节能。我国大部分地区在夏季或者冬季大多数时间，室内外都会超过以上的焓差或温差，可见以上的设计工况下，排风热回收装置在冬季或夏季确实具备节能潜力。

---

❶　原载于《中国建筑节能年度发展研究报告2014》第4.3节. 作者：张野。

$$Q_R = \frac{\rho G_e (h_{in} - h_{out}) \eta_R}{G_f} \qquad (3-1)$$

$$W_{fan} = \frac{(G_f - G_e) \eta_R \Delta P}{1000 \eta_{fan} G_f} \qquad (3-2)$$

$$COP_R = \frac{Q_R}{W_{fan}} = 1000 \times \frac{G_e}{(G_f + G_e)} \times \frac{\rho (h_{in} - h_{out}) \eta_R \eta_{fan}}{\Delta P} \qquad (3-3)$$

式中　$Q_R$——单位新风量下热回收装置回收的热量，kW/（m³/s）；

$\quad\quad$ $W_{fan}$——单位新风量下，风机增加的电耗，kW/（m³/s）；

$\quad\quad$ $COP_R$——热回收装置的能效比；

$\quad\quad$ $\rho$——空气密度，kg/m³；

$\quad\quad$ $G_e$——排风量，m³/s；

$\quad\quad$ $G_f$——新风量，m³/s；

$\quad\quad$ $\Delta P$——风机增加的扬程，Pa；

$\quad\quad$ $h_{in}$——室内空气焓值（温度），kJ/kg（℃）；

$\quad\quad$ $h_{out}$——室外空气焓值（温度），kJ/kg（℃）；

$\quad\quad$ $\eta_R$——热回收效率；

$\quad\quad$ $\eta_{fan}$——风机效率。

从式（3-3）可见，热回收装置的节能效果与室内外的温差（焓差）有直接关系。从全年的角度，室外的气象参数变化范围很大，过渡季有很多时刻是不能从排风回收能量的，而风机的电耗却全年都增加了，因此在冬季或者夏季具有节能空间并不意味着全年累计也可以节能。同时，由式（3-3）可见，热回收装置的节能效果与排风量大小、热回收效率、风机效率、系统增加的阻力都有直接关系，实际项目中这些因素的具体情况，都会对其节能效果产生直接影响。

从以上简要分析可见，理论上，排风热回收装置应该具备一定的节能潜力，但因为会增加风机的电耗，其节能效果取决于回收的能量与多消耗的风机电耗的关系，受当地的气象参数影响很大，也与系统设计中的具体参数直接相关。排风热回收技术的应用效果如何、是否能实现节能、是否经济合理、如何设计运行才能保障其效果，是在确定排风热回收方案时必须考虑的问题。

### 3.3.2　实际项目的应用情况

排风热回收技术在国内民用建筑中的应用超过20年，在节能标准提出要求后，应用范围迅速扩大，在对投入使用的排风热回收系统的调研测试中，发现了很多问题，可归结为以下几类。（注：由于目前转轮热回收装置应用最广泛，因此调研测试的案例都是转轮热回收装置。所调研测试项目为随机挑选，并非发现运行问题才去测试，可以一定程度体现目前热回收装置的应用现状。）

（1）热回收效率低

在北京的某节能示范楼，转轮系统的实测热回收效率为 59%，南京某项目的四台转轮，热回收效率分布在 45% ~65% 之间，广州一写字楼的转轮实测热回收效率不足 40%，以上在多个项目测试的多台机组的热回收效率均低于设计参数（一般转轮的设计效率可达 75%），更远低于设备样本中能够达到的 80% ~90% 的热回收效率。热回收效率偏低，直接减少了能够回收的能量。

是什么原因导致热回收装置效率偏低呢？图 3-32 为根据某品牌产品性能参数绘制的转轮热回收效率和风阻与迎面风速的关系曲线（排风量等于新风量），由图可见，迎面风速对其效率和通风阻力均有显著影响。比较理想的迎面风速应控制在2.5m/s 以下，这样热回收装置的效率可达 70% 以上，初始通风阻力不超过 100Pa。

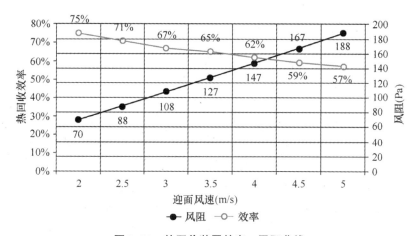

图 3-32　热回收装置效率、风阻曲线

对转轮热回收器，在应用中有两种安装形式：一是转轮装置单独供货再与组合式空调箱连接，如图 3-33 所示，按照转轮的设计风速选型的转轮尺寸比空调箱尺寸大很多，超出空调箱部分的转轮面积没有作用，转轮的有效面积偏小，从而迎面风速会偏高，某项目按此方案设计，转轮实际迎面风速高达 3.85m/s；二是组合式空调箱集成转轮热回收装置，如图 3-34 所示，组合式空调箱并不会因为转轮装置的尺寸增大整体尺寸，而是选择尺寸能够符合空调箱尺寸的转轮，这样转轮的有效面积更小，迎面风速更高，某设备供应商提供的组合式转轮热回收机组，其所有规格的转轮迎面风速均超过 4.2m/s，最高风速超过 6m/s，在此风速下，转轮的理论效率已低于 60%，风阻则近 200Pa。转轮热回收装置的这两种常用方案，都存在迎面风速过高的问题，会造成实际运行时的效率偏低。

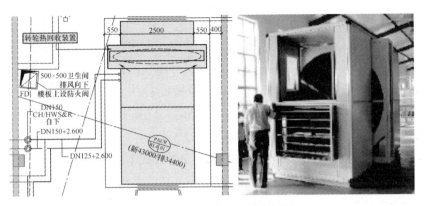

图 3-33 转轮热回收装置安装方式一

图 3-34 转轮热回收装置安装方式二

图 3-35 转轮装置自身构造密封不良

造成转轮热回收效率低的另一个原因是设备自身构造问题，如图 3-35 所示，转轮芯体部分和框架部分在运行中出现较大缝隙，形成空气绕过转轮的旁通，旁通的新风其热回收效率为零，旁通的排风减少了可回收的排风量，从而减少了新风回收的能量。这种情况在大尺寸的转轮装置中较易发生。

针对此问题，在排风热回收系统设计选型时，应采用以下措施：

1）选用热回收装置时控制迎面风速低于 2.5m/s；

2）系统设计时，保证热回收装置连接、安装方式不影响有效通风面积；

3）独立于组合式新风机组的热回收装置，必须采用适宜长度的渐扩管、渐缩管与风管连接，保证经过热回收装置时风速均匀；

4）选用高效设备，避免设备的自身漏风。

（2）热回收装置、过滤器阻力大

北京某 20 世纪 90 年代运行的酒店，新风机组设置了转轮热回收，虽然定期有工人进行冲洗，转轮还是积满灰尘，堵塞严重，造成客户反映新风量不够。测试发现新风量仅为设计值的 40%，为了保证客房的新风量，只得拆除了此转轮。广州 2011 年投入运营的某写字楼的转轮热回收机组，其转轮和过滤器压降高达 400Pa，几乎达到了整个新风机组压降的 1/3。因热回收装置及其配套的过滤器阻力过大，会使得风机能耗增加过多，从而影响排风热回收装置的节能效果。

上面分析的实际工程中，转轮迎面风速偏高同样是造成阻力偏大的原因之一，同时因为未能及时进行有效清洁造成的脏堵，会进一步增加通风阻力。此问题的对策是，必须定期及时对热回收装置及其过滤器进行有效的清洁保养。

（3）排风量小

目前的排风热回收系统设计方案，由于需要维持室内微正压以及部分排风无法收集的原因，使得排风热回收装置的设计排风量都小于新风量，一般设计排风量最多达到新风量的 80%，而在实际运行中，往往连 80% 都难以达到，北京某 2011 年投入使用的综合楼转轮装置的排风量仅为新风量的 20%。由于排风热回收装置是从排风中回收能量，排风量过低，也直接减少了能够回收的能量。

排风量比新风量小，多数是设计方案造成。如对办公区域，往往卫生间的排风不便收集到空调机房直接排放，再考虑到室内微正压的要求，可收集的总排风量会远低于总新风量。另外，因为空调机房面积紧张，设置排风热回收后接管难度增加，经常会出现图 3-36 所示的风管无法合理连接的情况，此案例存在风管弯头曲率变径小、风管拐 180° 弯、用连接箱代替弯头、风管接热回收装置无渐扩管和渐缩管等一系列增加通风阻力的问题，这些阻力在风机选型时又难以准确计算，导致风机选型不当，扬程偏小，从而会使风量偏小。

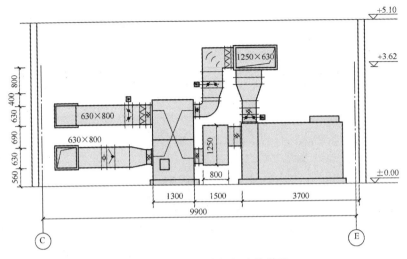

图 3-36　某项目空调机房接管图

针对此问题，可以在空调系统设计时考虑风平衡，可不对所有新风机组进行热回收，考虑卫生间、厨房等不可收集的排风，计算可收集的总排风量，按照热回收装置排风量与新风量相等的原则，选择部分新风机组设置排风热回收。

另外，要保证热回收机房通风管道设计合理，保证弯头连接的曲率半径、设置导流叶片、避免使用风速偏高的连接箱、避免风管超过 90° 的急转弯，避免过高的通风阻力。

（4）热回收装置漏风

热回收装置漏风是指，排风在经过热回收装置时，直接通过热回收装置或者排风与送风侧之间的缝隙，进入送风侧，与新风混合后送入室内的现象。

上述几个项目，北京某酒店的转轮，测试发现排风漏风量占新风侧送风量的 50%，北京某节能示范楼转轮系统排风漏风量占新风侧送风量的 17%，北京某商业项目转轮热回收机组排风漏风量占新风侧送风量的 18%。热回收装置漏风会减少实际送入室内的新风量，直接影响室内空气品质。在排风存在污染时，则更加无法接受。

对转轮热回收机组来说，因为自身构造会导致少量的漏风，较难以避免，在系统设计存在问题时会加大漏风量。图 3-37 所示的某项目设计方案，转轮的排风侧位于排风机出口侧，为几百帕正压，转轮的新风侧位于新风机的入口侧，为负压，转轮的排风侧和新风侧的压差达数百帕，这样在转轮本身无法密封的情况下，导致了实际运行中 18% 的漏风量。

漏风问题的对策是：通过机组合理设计，避免排风侧和新风侧压差过大，同时应选用漏风率低的热回收装置，对组合式机组的排风侧和新风侧连接部位严格密封。

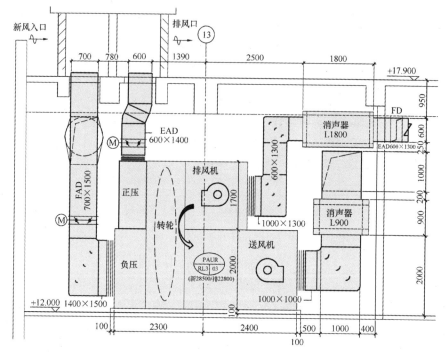

图 3-37　转轮漏风示意图

（5）风机效率低

在部分项目的测试发现,新风机与排风机的效率仅为 50% 左右,由式（3-2）可见,这会使因设置排风热回收增加的风机电耗更大,影响其节能效果。

风机效率低,一般是由于未进行详细的水力计算,导致风机选型不当,运行中偏离高效点造成。可在施工图深化设计后（包括机房布置详图）,对通风管道进行详细水力计算,保证风机选型适当。

以上在项目调研测试中发现的问题,具有一定的普遍性,其对排风热回收的节能效果的影响有多大,难以通过测试时的短时间数据来体现,下面通过模拟计算来研究各项因素对排风热回收效果的影响。

### 3.3.3　影响因素分析

以一个广州地区的办公建筑新风机组作为算例进行模拟分析,空调开启时间为每周一～周五的 8：00~18：00,采用转轮热回收机组,机组风量 15000m³/h,新风机组运行时间与空调时间一致。模拟中,基于典型年逐时气象数据,逐时计算热回收装置回收的冷热量,并根据常规冷热源的效率折算为节约的制冷电耗或燃气消耗,逐时计算热回收设备增加的风机和驱动装置能耗,根据逐时的能源价格,计算逐时节约的费用,并根据供应商提供的设备价格来进行经济回收期分析。基于测试调研发现的问题，分析热回收效率、热回收装置和过滤器阻力、排风量、风机效率对排风热回收效果的影响。

（1）热回收效率分析

在对某个因素进行分析时，对影响热回收效果的其他因素，按照正常设计目标值确定，例如在分析热回收效率时，排风侧和新风侧增加的热回收装置、过滤器、管道总阻力取 300Pa，排风量等于新风量，风机效率取 70%（以上参数取值均为较理想状态），在此基础上，研究热回收效率变化对节能量和经济性的影响。

图 3-38 的模拟结果显示，热回收效率每降低 10%，节约的空调费用降低 25%（节约的电能和燃气费用总和，可以理解为节能量）；根据模拟数据，当热回收效率低于 34% 时，热回收装置会增加能耗。热回收装置的动态回收期随着热回收效率下降增加的速度很快，当热回收效率低于 65% 时，其动态回收期增加到 7 年多，经济性已经比较差了。热回收效率对系统的经济性有显著影响。

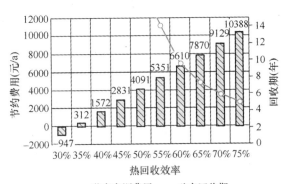

图 3-38 热回收效率对排风热回收效果的影响

（2）通风阻力的分析

分析热回收装置通风阻力影响时，热回收装置的热回收效率取 65%，排风量等于新风量，风机效率取 70%，在此基础上，研究热回收装置、过滤器及连接管件通风阻力变化对节能量和经济性的影响。

图 3-39 的模拟结果显示，风阻每增加 100Pa，节约的空调费用降低 30%，当风阻超过 550Pa 时，热回收装置会增加能耗。热回收装置的动态回收期随着通风阻力的增加而延长的速度非常快，当通风阻力达到 350Pa 时，其动态回收期已达 10 年多，经济性已经非常差了。通风阻力对系统的经济性也有显著影响。

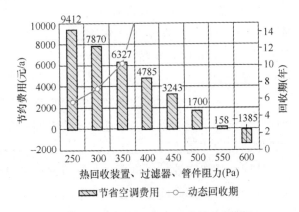

图 3-39 风阻对排风热回收效果的影响

（3）排风量的分析

分析热回收装置排风量的影响时，热回收装置的热回收效率取65%，排风侧和新风侧增加的热回收装置、过滤器、管道总阻力取300Pa，风机效率取70%，在此基础上，研究排风量变化对节能量和经济性的影响。

图3-40的模拟结果显示，排风新风比每降低10%，节约的空调费用降低15%，当排风量与新风量之比低于30%时，热回收装置会增加能耗。热回收装置的动态回收期随着排风量的减小而延长的速度也非常快，排风量降低到80%时，其动态回收期已达13年，经济性非常差。排风量与新风量的比例对系统的经济性也有显著影响。

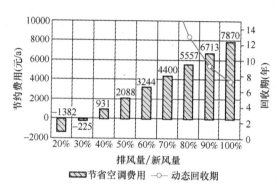

图3-40　排风量对排风热回收效果的影响

（4）风机效率的分析

分析风机效率的影响时，热回收装置的热回收效率取65%，排风侧和新风侧增加的热回收装置、过滤器、管道总阻力取300Pa，排风量与新风量相等，在此基础上，研究风机效率变化对节能量和经济性的影响。

图3-41的模拟结果显示，风机效率每降低10%，节约的空调费用降低15%；模拟可得，当风机效率降低到38%以下时，热回收装置会增加能耗。当风机效率从80%降低到70%时，其动态回收期增加1年多，而风机效率从70%降低到60%时，其动态回收期会增加3年多，可见风机效率同样对系统的经济性有着显著影响。

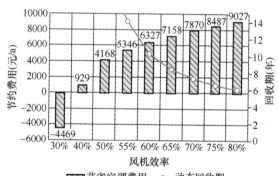

图3-41　风机效率对排风热回收效果的影响

综合上述分析，热回收效率、热回收装置及过滤器风阻、排风量、风机效率对热回收系统的节能效果和经济性有显著影响，在实际项目中出现的上述问题会摧毁排风热回收的节能效果，导致有些项目不仅不能收回成本，甚至根本就不节能。

热回收装置高效、风机高效、热回收装置的风阻低、排风量不低于新风量是热回收系统经济合理的前提，任何一个因素出现一定偏差时，都将导致系统经济性很差。应用热回收系统必须控制以上因素！

除以上因素外，热回收装置的类型、机组的规模、机组运行时间、室内设计参数、是否削减冷热源容量等也会直接影响到热回收装置的节能效果和经济性，仍以上面的案例进行分析，结果见表 3-6~ 表 3-8。

热回收装置选择的影响分析 表 3-6

| 参数 | 单位 | 热回收设备类型 | | 热回收设备规模 | |
|---|---|---|---|---|---|
| | | 全热转轮 | 显热转轮 | 6000m³/h | 15000m³/h |
| 节约制冷电耗 | kWh/a | 17714 | 2948 | 7086 | 17714 |
| 节约燃气量 | Nm³/a | 6 | 6 | 2 | 6 |
| 风机增加电耗 | kWh/a | 9816 | 9816 | 4224 | 9816 |
| 节省空调费用 | 元 /a | 7870 | — 6791 | 2853 | 7870 |
| 增加成本 | 元 | 43500 | 36975 | 25500 | 43500 |
| 静态回收期 | 年 | 5.5 | — | 8.9 | 5.5 |
| 动态回收期 | 年 | 7.3 | — | — | 7.3 |

由表 3-6，对此案例，全热回收转轮具有一定的经济性和节能效果，而显热回收转轮则根本不节能；大风量的 15000m³/h 机组比小风量的 6000m³/h 机组的回收期短很多（因为规模较小的设备，单位风量的造价较大）；以上说明热回收装置的选择会对方案的经济性有显著影响。

空调设计参数的影响分析 表 3-7

| 参数 | 单位 | 室内空调温度 | | 空调新风机组运行时间 | | |
|---|---|---|---|---|---|---|
| | | 夏季室温：26℃<br>冬季室温：20℃ | 夏季室温：24℃<br>冬季室温：22℃ | 周末不运行，每天运行7h | 周末不运行，每天运行10h | 周末运行，每天运行10h |
| 节约制冷电耗 | kWh/a | 17714 | 23705 | 12413 | 17714 | 24667 |
| 节约燃气量 | Nm³/a | 6 | 7 | 0 | 6 | 57 |
| 风机增加电耗 | kWh/a | 9816 | 9816 | 6871 | 9816 | 13728 |
| 节省空调费用 | 元 /a | 7870 | 13823 | 5502 | 7870 | 11137 |
| 增加成本 | 元 | 43500 | 43500 | 43500 | 43500 | 43500 |
| 静态回收期 | 年 | 5.5 | 3.1 | 7.9 | 5.5 | 3.9 |
| 动态回收期 | 年 | 7.3 | 3.5 | 13.3 | 7.3 | 4.6 |

表 3-7 显示，当室内设计参数为夏天 24℃、冬天 22℃时，比室内设计参数夏天 26℃、冬天 20℃时的节能量增加 75%，动态回收期短一半时间（这是因为当室内设计标准较高时，室内外的温差或焓差更大，热回收装置具备更大的节能空间）；新风机组运行时间对节能量和经济性影响也很显著，本项目如果新风机组每天运行不超过 7h，动态回收期达 13 年，经济性很差，而如果每天运行 10h，经济性尚可（热回收装置运行时间长，则全年可以回收更多的能量，热回收装置的运行时间取决于

新风机组的运行时间 )。

是否削减冷热源容量的影响 表 3-8

| 参数 | 单位 | 不考虑削减冷热源容量 | 削减冷热源容量 |
|---|---|---|---|
| 节约制冷电耗 | kWh/a | 17714 | 17714 |
| 节约燃气量 | Nm³/a | 6 | 6 |
| 风机增加电耗 | kWh/a | 9816 | 9816 |
| 节省空调费用 | 元/a | 7870 | 7870 |
| 增加成本 | 元 | 43500 | 14980 |
| 静态回收期 | 年 | 5.5 | 1.9 |
| 动态回收期 | 年 | 7.3 | 2.0 |

当空调系统中采用了热回收装置后，因为回收了排风的冷热量，从而减小了处理新风的能耗，即减小了新风的空调负荷，这会降低整个建筑的空调冷热负荷，如果在设计中充分考虑热回收装置对冷热源容量的影响，则会减小冷热源的初投资，使设置热回收装置增加的投资大大减小，从而改善采用热回收装置的经济性。表 3-8 显示，如削减冷热源容量，动态回收期只有不削减冷热源容量时的 1/3 不到。在实际设计中，设计师往往不考虑热回收装置对冷热源容量的影响，其原因可能包括热回收装置的可靠性、运行管理水平限制等导致热回收装置不能实现设计的节能量，削减冷热源容量会使冷热源容量有不足的风险。所以削减冷热源容量的前提是要使排风热回收系统运行良好。

通过上述分析可知，机组运行时间、室内设计标准、单台机组容量、对冷热源容量的削减、全热/显热类型也是热回收装置选用时不可忽视的因素。同样一个建筑的新风机组，以上因素的不同，会导致排风热回收的节能效果和经济性有质的差别。

除以上分析的因素，气候、建筑功能、能源价格也显而易见的影响排风热回收的经济性，此处用特定地区、功能的案例分析的各项数据结论虽然不能直接作为所有项目的参考，但可以说明的是，排风热回收的节能效果和经济性影响因素很多，其节能量和经济性非常脆弱，即使通过理论分析计算具备节能潜力的项目，也会因为一两个参数的偏差严重影响节能量，严重时会导致无法收回成本，甚至浪费能源。

### 3.3.4 适应性评价及应用要点

（1）相对于排风热回收增加的风机能耗和投资，只有回收的能量足够多，排风热回收才可能节能和经济；民用建筑中排风与新风的温差或者焓差有限，特别是气候相对温和的地区或者过渡季比较长的地区，随着季节的变化，很多时间还不能回收能量，但风机能耗全年都会增加，因此综合全年，不同地区、不同建筑采用排风热回收并不一定节能，更不一定有好的经济性。

（2）排风热回收的节能效果受众多影响因素制约，并且往往某一因素存在问题对热回收效果的影响都是致命的，比如热回收效率低、风阻大、排风量小等问题，而这些问题在实际应用中普遍存在，这一点在排风热回收应用中必须充分重视并加以解决。

（3）由于运行时间、室内空调参数、能源价格、设备价格等诸多可变因素，很难统一描述某个地区的某类建筑，是否适合采用排风热回收技术、采用何种热回收技术，因此我国大多数地区的节能设计标准中提到的需经过技术经济分析计算来确定排风热回收方案是比较合理的。关键是在计算节能量时需要合理考虑以下因素：热回收效率、风阻、排风量、风机效率、室内空调参数、新风机组运行时间、设备类型、设备规模、削减冷热源容量、能源价格、建筑功能。

在计算热回收节能量时有一点需要特别注意：不能直接用室内外温度差、湿度差乘风量和热回收效率来计算有效的热回收量，比如，很多区域过渡季或者冬季室内需要供冷时，室内要求温度22℃，室外16℃，此时新风更适合直接送入室内，如果经过热回收系统，反而降低了新风的冷却能力，回收的能量非但不起到节能的作用，甚至有可能起到相反的作用。因此，热回收设备实际节能量，与房间的供冷供热需求是密切相关的，绝不只是新风和排风之间的焓值差或者温度差决定的，在排风的能量回收分析中充分考虑这一点。热回收设备逐时回收能量的计算，应在逐时气象数据的基础上，根据房间负荷情况，确定系统的送风要求，然后再以此为基础确定此时热回收装置能够节省的能量。

（4）在合理的计算分析后，如果排风热回收技术节能可行，那么在具体实施过程仍必须注意以下环节，避免某一个因素影响到热回收的节能效果，具体如下：

1）提高热回收装置效率

①选用热回收装置时控制迎面风速低于2.5m/s；

②系统设计时，保证热回收装置连接、安装方式不影响有效通风面积；

③独立于组合式新风机组的热回收装置，必须采用适宜长度的渐扩管、渐缩管与风管连接，保证经过热回收装置时风速均匀；

④选用高效设备，避免设备的自身漏风。

2）减小风机能耗

①保证机房通风管道设计合理，保证弯头连接的曲率半径、设置导流叶片、避免使用风速偏高的连接箱、避免风管超过90°的急转弯，同时控制热回收装置和过滤器的迎面风速低于2.5m/s，减小风阻。

②进行通风系统的详细水力计算，对风机合理选型，保证风机工作在高效区。

3）提高排风量比例

①在空调系统设计时考虑风平衡，可不对所有新风机组进行热回收，考虑卫生间、厨房等不可收集的排风，计算可收集的总排风量，按照排风量与新风量相等的

原则，选择部分新风机组设置排风热回收。

②通过机组合理设计，避免漏风，选用漏风率低的热回收装置。

4）设计分析

①合理考虑机组运行时间、室内空调控制参数的影响；

②通过系统方案设计，优先选用大容量热回收机组；

③应考虑热回收装置对冷热源容量的削减。

5）运行维护

①监测过滤器、热回收装置的阻力，及时清洗；

②监测运行参数，确定适合的运行控制策略。

## 3.4 集中空调系统冷站能效分析和节能途径 ❶

### 3.4.1 冷站能源效率现状

在公共建筑中，中央空调系统能耗约占建筑总能耗的 50% ~60%，而冷站能耗占中央空调能耗比例为 50% ~80% 不等。综合评价冷站整体用能效率时，使用制冷站全年能效比指标 $EER$，即制冷站全年制冷量与能耗之比。

$$EER_{plant} = \frac{W_{plant}}{Q_e} \tag{3-4}$$

根据全年能效比的高低，可将制冷站能效分为四个区间：出色、良好、一般、亟需改善，清华大学调研了我国多个商业建筑的集中冷站，将 $EER$ 实际测试结果汇总于图 3-42 的标尺上（标尺引自 ASHREA 标准。项目 R、S 和 P 位于中国香港，其余位于中国内地，均为设有集中冷站的商场、办公楼或酒店）。不同建筑的冷站能效比相距甚远，且绝大多数处于"一般"和"亟需改善"区域，我国公共建筑冷站能效偏低问题十分严峻。

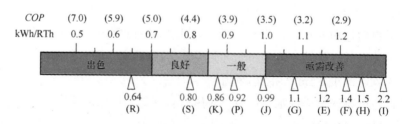

图 3-42 部分调研冷站能效在标尺上的位置

---

❶ 原载于《中国建筑节能年度发展研究报告2014》第4.4节，作者：吴若飒。

通过详细的诊断和节能改造，部分冷站能效值进入"良好"区间，个别项目进入"出色"区间（图 3-43）。由此可见，集中空调冷站在能源效率上普遍有很大提升潜力，并且有可能通过提高设备效率、改善运行模式等方法实现节能运行。

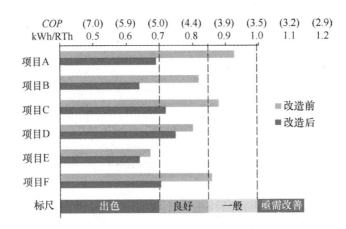

图 3-43 冷站改造后 EER 提升

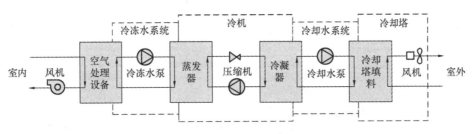

图 3-44 冷站一般结构

空调系统中，除空气处理设备及风系统外，均属于冷站，其一般结构绘于图 3-44。冷站可以拆分为 4 个子系统，分别是"冷冻水系统"、"冷机"、"冷却水系统"、"冷却塔"，有的冷站还包括蓄冷、热回收等其他子系统。各个子系统可以看做一个个热量传递装置，将室内产生的热量一步步排至室外。

和冷站能效指标类似，每个子系统也可以用相应的能效指标进行评价，即产生或输配的能量与耗电量之比，列于图 3-45 中。每个系统的运行状态都直接影响了其自身能效指标，同时，相邻的子系统之间也会相互影响：例如提高冷却塔效率可以降低冷却水温度，而较低的冷却水温度能够提升冷机的工作效率等等。因此，提升冷站整体能效需要做到两点：

（1）提升各个设备的运行效率（如提升冷机 COP、提升水泵效率等）

（2）各设备之间合理搭配运行（如冷机群控策略、冷却塔与冷机联合运行等）

第一层指标　　　　　　　　　　　第二层指标

冷冻水系统能效　$EER_{\text{CHWP}} = \dfrac{W_{\text{CHWP}}}{Q_{\text{e}}}$

冷机能效　$EER_{\text{chiller}} = \dfrac{W_{\text{chiller}}}{Q_{\text{e}}}$

冷站能效　$EER_{\text{plant}} = \dfrac{W_{\text{plant}}}{Q_{\text{e}}}$

冷却水系统能效　$EER_{\text{CWP}} = \dfrac{W_{\text{CWP}}}{Q_{\text{e}}}$

冷却塔能效　$EER_{\text{CT}} = \dfrac{W_{\text{CT}}}{Q_{\text{e}}}$

图 3-45　冷站能效分项指标

中央空调设备中，能耗最高的是冷机，一般达到空调能耗的 40%~50%；其次是冷冻泵和冷却泵，合占 30% 左右。图 3-46 为北京某五星级酒店的中央空调系统能耗拆分，其中冷机能耗达到 52%，而冷冻水系统和冷却水系统各占约 20%。因此在节能运行中，应优先考虑提升冷机能效 COP，然后提高冷冻水系统和冷却水系统能效。冷冻水系统和风系统的节能问题将在其他章节展开，本节将重点介绍冷机和冷却水系统在节能运行中的一些关键问题。

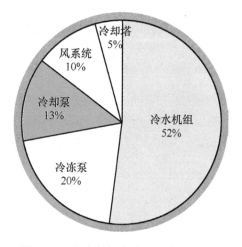

图 3-46　北京某酒店空调系统能耗拆分

### 3.4.2　冷机高效运行关键问题

冷机是冷站设备中能耗最高、最有节能潜力的部分，其运行状况直接影响了冷站整体能效指标，是节能的重点。冷机节能在设计选型和运行管理时都要考虑到，一方面要选择最合适的冷机，另一方面要保持冷机运行在最高效率点上。此外，还需及时对冷水机组，尤其是压缩机、冷凝器、蒸发器进行定期保养，保证其工作效率、换热效率，延长冷机寿命。

冷机在全年运行中，每一时刻的工作状态均在变化，冷却水温度、负荷率等的变化都会使其工况改变。图 3-47 为中国香港某大型商业中心冷机在全年的运行结果，横坐标为负荷率（实际冷量占额定冷量比例），纵坐标为蒸发温度与冷凝温度之差，颜色越深的区域 COP 越高。冷机最高效率点出现在 75% 负荷率、15K 两器温差时，

$COP$ 高达 7.5；随着负荷率降低、两器温差增大，$COP$ 会下降，负荷率低于 50% 时，$COP$ 明显降低，只有最优值的 50% 左右。

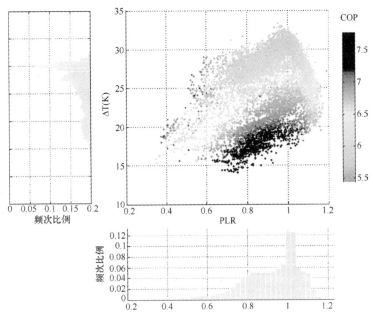

图 3-47　某商业项目冷机全年运行效果

为解耦冷机的各个影响因素对冷机能效的影响，更直观准确地描述冷机本身性能，需要将冷机效率的影响因素进行拆分为"外部因素"和"内部因"两部分，前者决定了制冷设备的工作温度区间，即决定了卡诺循环效率 $ICOP$（Ideal Coefficient of Performance）；后者影响制冷设备实际工作能力与理想循环的差距，即影响了热力完善度 $DCOP$。如此便可将 $COP$ 拆分为 $ICOP$ 与 $DCOP$，定义式如下：

$$ICOP = \frac{t_e}{t_c - t_e} \quad DCOP = \prod_{i=1}^{n} \eta_i = \eta_i \eta_m \eta_d \eta_e \tag{3-5}$$

式中　$t_e$——蒸发温度，K；

$t_c$——冷凝温度，K；

$\eta_i$——从电机输入功率到压缩机实际有效做功的各段效率，包括电机效率、传动效率、压缩机摩擦损失、回油系统能耗、漏热等。

拆分后，有 $COP = ICOP \times DCOP$，即实际运行效率等于理想循环运行效率和各项损失效率百分比的乘积。冷机在空调系统中的实际运行影响因素，如冷凝温度、冷负荷等，都是先对 *ICOP* 或 *DCOP* 产生了影响，进而影响 *COP* 高低的，具体影响因素拆分如图 3-48。

　　压缩机效率和设计选型、运行调节都有关系，可以进行优化；设备本身性能和保养等情况相关；蒸发温度受到建筑负荷需求限制（尤其是空调除湿要求），一般很少人工调节，但若蒸发器传热性能恶化，则蒸发温度会降低；冷凝温度虽然受到室外天气情况限制，但可以通过改善冷却系统运行而降低。冷凝温度的优化与冷却系统相关，将在 3.4.3 节冷却系统高效运行关键问题中详细介绍，接下来会说明如何提高压缩机工作效率。

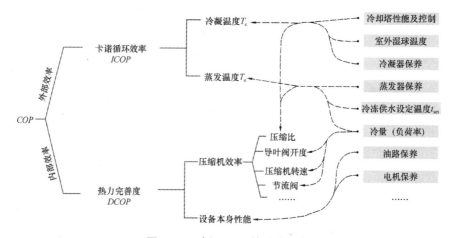

图 3-48　冷机 *COP* 的影响因素

　　一般来说，冷机在额定工作点的压缩机效率最高（即额定压缩比、额定制冷剂流量时），当偏离额定点时，压缩机效率会下降。因此在设计选型时，要将额定工作点选在全年冷机运行中最常出现的压缩比、冷量下，才能保证压缩机大部分时间内高效运行。图 3-49 为某冷站的冷机工作情况，散点是全年逐时实际工作点，右上角的大圆点是额定工作点。横坐标为制冷剂流量与额定值的比，相当于负荷率；纵坐标是两器压差与额定值的比，小于 1 时说明实际压缩比偏低，偏离设计工况。图 3-49（*a*）是改造前的情况，大部分时候都远远偏离额定工作点；图 3-49（*b*）是改造后，重新选了一台冷机，大部分工作点都接近了额定点，压缩机效率有明显提升。

　　而在实际运行中，压缩机效率偏低的最主要原因就是单机负荷率偏低。在大型项目里，通常需配备多台冷机联合运行，且冷机额定冷量不同，当控制逻辑不合理，或冷机设计配备不合理时，可能会造成单机冷量负荷率偏低的现象。

　　在深圳某设计负荷为 7500RT 的项目中，配备了 3 台 2000RT 冷机和 3 台 650RT

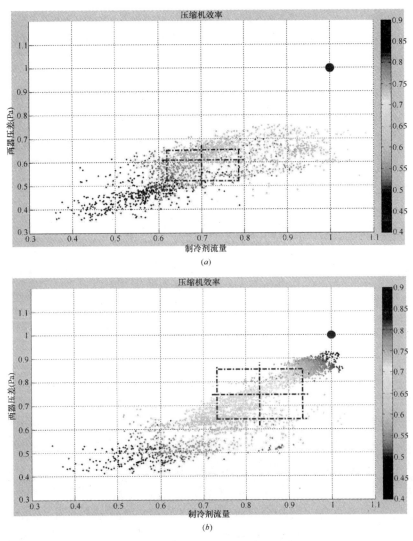

**图 3-49 冷机压缩机效率提升途径**

（*a*）改造前；（*b*）改造后

冷机；但运行时，实际冷量很少达到设计负荷。一般夏季冷负荷在 4200RT 左右，会开 2 台大冷机和 2 台小冷机，负荷率仅 80%；有时为了保障供应，在负荷略有上升（4500RT）时会加开 1 台小冷机，但冷机单机负荷率进一步下降，仅 75%。实际上，完全可以在原先基础上减少一台小冷机，使整体负荷率上升至 90% 以上。

图 3-50 是该项目全年实际运行状况，在目前的冷机群控策略下，*COP* 大部分时间只有 4.5~5，而在同样供冷量下，是有可能达到 5.5~6 的，其原因就是单机负荷率过低。虚线框范围内的工作点都是控制策略不合理，导致多开了冷机，进而造成

*COP* 偏低的情况。在同样的冷量下，选择减少一台冷机，或将一台大冷机换成一台小冷机，则 *COP* 将提高至虚线框正上方的工作点处，能有明显提高，甚至超过额定值。

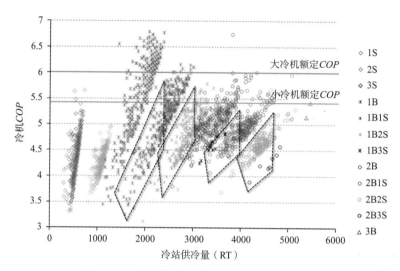

**图 3-50　群控策略下全年冷机能效指标 *COP***

（1B 表示一台大冷机，1S 表示一台小冷机，以此类推）

在选择合理群控策略、控制良好情况下，可以让单台冷机负荷率高于 85% 的时间占总供冷期的 80% 以上，保证冷机高效运行。若建筑负荷变化复杂、不易预测，也可将其中一台冷机改为变频离心冷机等在部分负荷工况下仍能保持较高效率的冷机，调节负荷；或与蓄冷系统结合，用冷水或融冰来调节峰值负荷。

除设计和运行外，冷机的保养也不容忽视。保养包括很多方面，有些会影响压缩机效率、冷机寿命等，有些会导致蒸发温度下降、冷凝温度上升，从而恶化冷机性能。尤其是蒸发器、冷凝器的换热能力会直接影响冷机 *COP*。冷冻水系统、冷却水系统在不断的循环中可能掺入杂质或产生锈蚀，尤其冷却水，经常与外界空气接触，容易混入灰尘、树叶等杂物。若过滤和水处理不完全，则这些杂质可能沉积在蒸发器或冷凝器的盘管上，导致换热能力下降，从而使冷凝温度提高、蒸发温度降低，造成 *ICOP* 降低（图 3-51）。

可以用冷冻出水温度与蒸发温度之差来表征蒸发器的性能，定义这个差值为蒸发器"趋近温度"；同样，冷却水出水温度与冷凝温度之间的差值定义为冷凝器"趋近温度"。忽略水量的影响，这个差值越小，说明蒸发器、冷凝器的性能越好。一般趋近温度应至少控制在 2K 以内，优秀标准为 1K 以内。若趋近温度偏高，则可能是长期缺乏清洗所致。

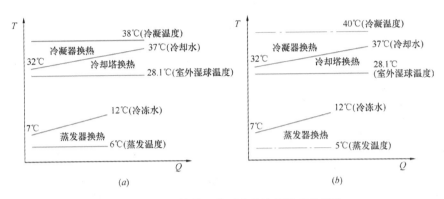

**图 3-51　两器换热温差对蒸发冷凝温度的影响**

（*a*）换热良好；（*b*）换热不良

　　深圳某商业综合体的 5 台冷机，蒸发器的趋近温度为 1.9~3.6K，是长期运行未清洗的缘故。当蒸发器完成清洗后重新测试，发现趋近温度有明显改善，普遍下降了 1K 左右（图 3-52）。在冷冻供水温度不变的情况下，蒸发温度可以提高 1℃，*ICOP* 将提升 5%。

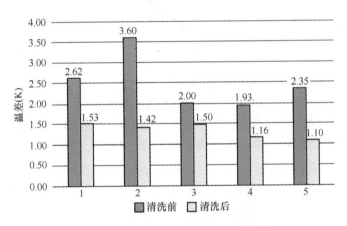

**图 3-52　清洗蒸发器后趋近温度变化**

　　综上所述，在设计选型时，应给出建筑全年逐时负荷，以及各个负荷区间中的冷机开启台数、单机负荷率，选择全年综合能效最高的方案；实际运行时，应尽可能避免冷机在部分负荷下运行，只有当各台冷机负荷率均接近 100%、供水温度仍有上升趋势时才加开冷机，冷机负荷率均下降至 85% 时应选择关一台冷机，或切换为一台小冷机运行，保障冷机尽量满载；日常维护保养也应当及时进行，提升冷机能效，延长冷机使用寿命。

### 3.4.3　冷却系统高效运行关键问题

根据 3.4.2 节冷机高效运行关键问题中提到，冷却水温度越低，冷机能效越高；而冷站能耗拆分中可以看出，冷却塔的能耗所占比例非常低。因此冷却系统的运行目标是：尽可能降低冷却水供水温度，使冷机冷凝温度降低、COP 提高。

目前的冷却水系统设计一般为"一机对一泵一塔"，有的是冷却塔与冷机一一对应、不相连（图 3-53a），有的则用一根冷却水总管将不同冷机的冷却水掺混后统一送上冷却塔（图 3-53b）。其中（图 3-53b）的设计更加合理，冷机在非全部开启时，可以共用冷却塔，降低冷却水温度，而（图 3-53a）不能。此外，图 3-53（a）的冷却水池会导致系统增加一个自由水面，浪费一部分冷却泵扬程。在冷却系统设计时，推荐采用（图 3-53b）的模式。

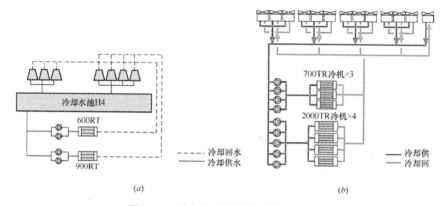

图 3-53　冷却水系统的两种常见形式

冷却系统运行的原则是：充分利用换热面积，降低冷却水温度。因为冷却塔在安装好后，填料的换热面积是"免费"的资源，即不会增加任何能耗的换热装置，所以要尽量多利用。冷却泵与冷机一一对应运行，开几台冷机就对应开启几台泵；但冷却塔布水应保持全开，这样免于调节平衡的麻烦，也可以有效降低冷却水温度，从而降低冷机能耗。冷却塔风机则根据水量进行变频调节或高低档调节，维持恒定的风-水比，避免风量太大造成水飞溅损失。同时，还可根据室外天气状况调节，在湿球温度低、水温过低时，适当降低转速。

有些建筑冷却塔全面布水，但冷却塔风机开启的台数却根据冷机开启台数确定，冷机运行台数少时，一部分冷却塔风机开，出水温度低，一部分冷却塔只淋水、不开风机，出水温度高，混合到一起进入冷机，使得冷凝温度还是高，室外低温条件得不到充分利用。

降低冷却水温度主要是提高了冷机 ICOP。在蒸发温度为 5℃的情况下，冷凝温度从 38℃降低至 37℃，冷机 ICOP 可以提高 3%，能耗也会降低 3%；冷凝温度降低至 35℃，ICOP 可以提高 10%，能耗也同样降低 10%。优化冷却系统，对冷机的节能量非常明显。

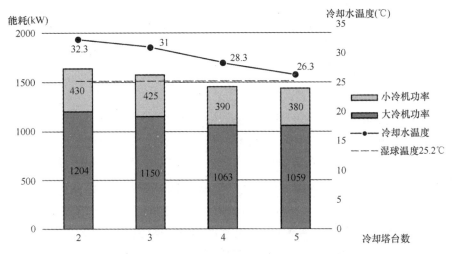

图 3-54 实测冷却塔开启台数增加对冷机能耗影响

图 3-54 为某冷站实测的冷却系统实验结果。在冷机台数不变、冷负荷不变的一段时间里，增加冷却塔台数（冷却水量不变，但增加布水的冷却塔，同时开启风机调至低速），能够有效降低冷却水温度，使冷机效率明显上升，能耗下降。冷却塔全开（5台）时，冷机能耗比一对一开启（2台）降低了12%，节能效果非常明显。

## 3.5 蓄冷系统高效运行关键问题 ❶

### 3.5.1 蓄冷系统的基本原理及其优势

当能源的生产与使用不能完全匹配时，就产生了空间转移和时间转移的需求，即能源输配和能源存储。在空调系统中，冷热负荷出现的高峰往往和电力需求的高峰重叠，导致电力系统峰谷负荷差加大，装机容量上升，负荷率偏低等问题；采用蓄冷技术可以在电力负荷低的夜间制取冷量，利用蓄冷介质的显热或潜热特性，将冷量储存起来，在白天负荷高峰期使用。

20 世纪 30 年代，蓄冷技术开始出现，在美国工业空调制冷中被用于节省设备投资；70 年代至今，随着能源问题日益严重，蓄冷技术作为重要的电力负荷调峰手段在全球逐渐得到广泛关注和应用。截至 2008 年，日本蓄冷项目达到 29017 个（包括很多小型蓄冷项目），总移峰电量达到 179 万 kW；我国近年来蓄冷项目数量也直

❶ 原载于《中国建筑节能年度发展研究报告2014》第4.5节，作者：吴若飒。

线上升，从1993年深圳电子科技大厦启用第一个冰蓄冷系统以来，截至2006年，全国（内地）已有300多个蓄冷项目[14]。

在峰谷电价等一系列政策的支持下，蓄冷空调系统具有了很明显的经济性优势；同时，蓄冷系统也有节能的可能。设计、运行良好的蓄冷系统能够有效实现省钱、省能，一般的蓄冷系统能做到不省能、但省钱，而有着严重问题的蓄冷系统，运行费用甚至可能还高于常规空调系统，费钱又耗能。

蓄冷系统的能效评价指标与冷站能效指标相同，采用EER。另外由于其运行时利用了峰谷电价的特点，应增加一个经济性指标PCL，即单位冷量价格（一个完整蓄冷周期的全部能耗费用，除以实际供冷量）。表3-9是清华大学对我国5个商业综合体蓄冷项目在夏季典型日的实测能效指标、经济性指标对比。

深圳地区是全国唯一一个拥有夜间蓄冷优惠电价的城市，23：00~7：00蓄冷设备电价仅为0.2788元/kWh，而正常谷电为0.4408元/kWh。所以项目A计算PCL时，前一个冷量价格为实际结算时的价格，括号中的则是用一般谷电价计算的价格。北京的峰谷平电价和其他城市相差不多，但增加了第四种价格——"尖峰电价"，即中午有3个小时电价高达1.4409元/kWh；因此，对于项目C和项目D，括号中为按照深圳电价计算的冷量价格。项目B没有申请夜间蓄冷电价，不影响计算。

实测商业项目空调系统能效指标比较　　　　　　　　　　　　　　　表3-9

| 项目 | 地点 | 实测蓄冷率 | 系统形式 | 能效EER（kWh$_c$/kWh$_e$） | 冷量价格PCL（元/kWh$_c$） |
|---|---|---|---|---|---|
| 项目A | 深圳 | 25.7% | 钢盘管内融冰 | 3.04 | 0.204（0.228） |
| 项目B | 深圳 | 26.1% | 塑料盘管内融冰 | 2.45 | 0.276 |
| 项目C | 北京 | 48.0% | 冰球 | 2.50 | 0.285（0.257） |
| 项目D | 南宁 | 67.6% | 水蓄冷 | 3.20 | 0.22（0.227） |
| 项目E | 深圳 | 0 | 常规系统 | 3.66 | 0.245 |

注：1. 各地电价不同，括号中为换算成深圳标准电价时的冷量价格。

2. kWh$_c$为冷量量纲，kWh$_e$为电力量纲。

比较分析可得出以下结论：

1）常规系统能效最高，但运行费不低，作为参考值。

2）蓄冷项目中，水蓄冷项目D优势明显，能源效率最高、费用最低。由于该水蓄冷项目仍存在一些运行问题，所以能效水平仍有提高空间，预计EER可提高至3.4~3.5，运行费用可能进一步降低。

3）冰蓄冷项目中，项目 A 水平最高，*EER* 可以达到 3.04，是国内目前最高水平。蓄冷率虽然只有 25%，但单位冷量价格低至 0.228 元 /kWh，接近水蓄冷，远低于常规系统。

4）项目 B 和 C 虽然也是冰蓄冷系统，但由于系统运行较差，能效低，单位冷量价格甚至高于常规系统，没有起到节省运行费用的效果（在实地测试中发现，项目 B 和 C 的蓄冷系统都有非常严重的问题，导致效率低下；A、D、E 问题较小，运行基本正常）。

除了利用峰谷电价实现经济性优势以外，蓄冷系统也有可能通过合理设计、运行实现节能。有可能利用蓄冷来维持或提高制冷系统能效的途径主要有三个：

1）充分利用夜间室外低温，降低冷凝温度；

2）尽可能使冷机工作在最高效率点；

3）避免过多的循环回路。

但是，目前提升冷机能效的问题得到的关注较少，国内大部分项目在设计和运行时对此都没有足够的认识，认为蓄冷系统能耗高是理所应当的。实际上蓄冷技术完全可以在削峰填谷的同时，降低系统用电量。其关键点为：

（1）利用低室外温度，提升夜间蓄冷 *COP*

冷机理想循环效率为 $ICOP = \dfrac{t_e}{t_c - t_e}$，与冷机能效 *COP* 正相关。*ICOP* 提高百分之几，能耗就同比例下降。其中 $t_e$ 为蒸发温度，$t_c$ 为冷凝温度，单位 K。无论冰蓄冷系统还是水蓄冷系统，都不同程度地降低了蒸发温度 $t_e$；但夜间室外湿球温度低，蓄冷时冷凝温度 $t_c$ 也可以相应降低，处理得好的话制冷的用能效率不一定会下降。

常规系统在设计工况的蒸发、冷凝温度一般为 6℃、38℃，运行时蒸发温度基本不变（过渡季可能略调高）、冷凝温度根据室外湿球温度和冷却塔运行情况而变化，如果夜间蓄冷期间平均的湿球温度比白天低 8K，表 3-10 给出冰蓄冷和水蓄冷在不同的白天室外湿球温度时白天与夜间制冷机 *COP* 的比值。

降低夜间冷凝温度提升蓄冷冷机能效 表 3-10

| 白天室外湿球温度（℃） | 常规冷机*COP* | 蓄冰*COP*/常规*COP* | 蓄冷水*COP*/常规*COP* |
|---|---|---|---|
| 32 | 5.34 | 0.81 | 1.25 |
| 28 | 6.05 | 0.79 | 1.30 |
| 24 | 6.98 | 0.77 | 1.36 |

由表 3-10 可以看出，一般情况下，冰蓄冷一般都会比常规方式 *COP* 低约 20%，但水蓄冷由于蓄冷时温度降低的不多，但夜间冷凝温度却有很大的下降，因

此完全可以提高冷机的能效。要实现这一点，就需要使冷机能够工作在较低的冷凝温度下。目前很多冷机厂家的产品可以接受低至18℃的冷却水，不会影响压缩机回油，为夜间运行效率提高提供了支持。

（2）保持冷机满负荷运行

常规冷源系统中，在末端冷负荷变化时，制冷量也需要相应进行调节。调节时，冷机大部分时间在非满负荷状态下运行，导致 COP 降低；而蓄冷系统如果能通过蓄冷装置进行补偿，使冷机总工作在满负荷状态，总处在高 COP 状态，则可以从提高冷机实际运行效率上获得很大的节能收益。

比较某常规冷机和一个蓄冷项目基载冷机的 COP 全年分布（图3-55），可以明显看到负荷率分布区间不同，导致了 COP 高低不同。常规系统的冷机大多时间里工作在 70% ~80% 负荷率下，全年平均 COP 为 3.87；蓄冷系统的基载冷机大部分工作在 90% ~110% 负荷率下，平均 COP 达到 5.66。两种系统的冷机是同一品牌，相似型号的冷机，额定 COP（COP = 5.5）相同。

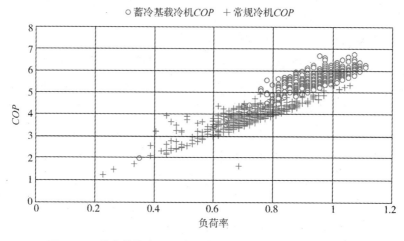

图3-55　蓄冷基载冷机和常规冷机的全年负荷率、COP 比较

要实现这一点，就要求：1）蓄冷过程冷机能够始终在高负荷下高效运行，蓄冷装置接收冷量的能力不随蓄冷量改变，直到冷量蓄满；2）蓄冷装置的冷量最小释放能力不低于制冷量最小的一台冷机，直到蓄存的冷量释放完毕。是否能达到这两点，与蓄冷装置的性能有关，也与系统的形式、运行方式、控制策略有关。

（3）避免过多循环回路

相比常规空调系统，蓄冷空调系统更加复杂。一般简单的常规系统只有一个回路，冷机、冷冻水泵、末端等串联运行；而蓄冷系统则会再增加一个蓄放冷循环，冷量输送系统要增加一个换热环节，这既可能增加输送系统的水泵电耗，还可能在正常工况下要求制冷温度低从而降低冷机的 COP。为了避免或减少这些问题，需要系统的精心设计和优化运行。

蓄放冷循环中，增加了蓄放冷输配水泵，如乙二醇泵、融冰换热泵、蓄水泵等，这些水泵在蓄冷、放冷期间都要开启，运行时间为常规系统水泵的 1.5~2 倍，其能耗比例比常规制冷站高。在常规空调系统中，冷冻水泵能耗一般占 20% 左右（包含一次泵和二次泵）；在蓄冷系统中，这个比例会上升至 22%~25%。蓄冷期间，由于冷负荷固定，水泵一般定频运行；放冷时，可以通过水泵变频进行放冷量的调节，在冷负荷较小时降低流量，节省泵耗。

### 3.5.2 冰蓄冷分析

目前全世界的蓄冷空调系统中，水蓄冷系统和冰蓄冷系统最为普遍。冰蓄冷是最早发展的蓄冷空调系统，由于其蓄冷密度高、技术成熟，目前在蓄冷项目中市场份额最大。在美国约有 86.7% 的蓄冷项目是冰蓄冷，我国冰蓄冷项目则达到了 91.2%，是蓄冷市场中的主力。

与水蓄冷方式比，冰蓄冷具有相变蓄冷密度高的优势，即同样体积的蓄冷体，蓄冷量约为显热水蓄冷的 6 倍。但冰蓄冷的冷机 COP 不高，冰池换热能力也比水池差，因而存在能效低、蓄放冷速率随蓄存的冷量而变化等问题。此外，冰蓄冷需要增加乙二醇等载冷剂循环，系统更为复杂，流动阻力大，也可能导致泵耗高。

（1）特点 1：蓄冷温度低，冷机 COP 下降、能效低

常规空调系统设计供水温度为 7℃，因此常规冷机的制冷剂蒸发温度为 5~6℃，两器温差为 32℃。而对于冰蓄冷系统，常压下水的相变温度为 0℃，蓄冰时随着冰层加厚，载冷剂温度必须降至更低才能增大传热温差、蓄入冷量，所以冰蓄冷系统的蒸发温度一般在 −6 ~ −10℃ 不等（和蓄冷体具体设计有关，常见为 −8℃）。与常规系统相比，冰蓄冷的两器温差增大至 40℃ 左右（考虑了夜间冷凝温度下降），冷机 COP 只有常规冷机的 75%。因此如前面表 3-10 所示，冰蓄冷即使利用了夜间低温，COP 也低于常规方式，能耗必然增加，很难实现节能。

（2）特点 2：冰池换热能力有限，蓄冷速率会逐渐降低

冰蓄冷系统在蓄冷期间，随着蓄冷量增加，往往出现蓄冷速率逐渐降低的现象。冷机制出低温载冷剂送入蓄冷体，由于冷机控制、载冷剂流量、蓄冷盘管或冰球换热能力（换热面积和系数）等问题综合作用，导致冷量逐渐下降。图 3-56 为实测的某个冰蓄冷装置的夜间蓄冷过程。可以发现只有蓄冷前期 20% 时间里，冷机能够达到额定 COP、冷量；而之后冷量、COP 明显下降。其主要原因是蓄冷体换热能力不足，如冰盘管外圈开始结一层冰后，由于冰的导热能力差、换热能力明显下

降等，而冷机蒸发温度已降到最低，无法继续提高蓄冷速率，最终导致冷机出力下降、效率下降。怎样使冰蓄冷系统能够实现稳定的蓄冷，从而提高蓄冷期制冷机的效率，是冰蓄冷系统能否实现节能的关键之一，也是目前冰蓄冷装置改进、完善的主要方向。

（3）特点3：系统复杂

冰蓄冷系统与常规空调系统相比，增加了蓄放冷循环，将双工况冷机、冰池与建筑水系统分隔开，通过换热器传递冷量。该循环需要特殊载冷剂，保养要求高；且蓄放冷泵基本上全天开启，运行时间长，导致了系统输配能耗提高。

冰蓄冷的低温制冷循环需要的特殊载冷剂，如乙二醇溶液等，是腐蚀性比水强的物质，因此其管道要做特殊防腐处理。表4-9的项目B采用了盘管内融冰系统，载冷剂是25%的乙二醇溶液，但由于管道防腐没有做好，运行仅两年多就出现了严重锈蚀现象，乙二醇溶液由无色透明液体变为砖红色液体，冷机、水泵损坏明显，换热能力、输配能力下降，最终导致整个系统 *EER* 降低，经济性甚至不如常规空调系统。

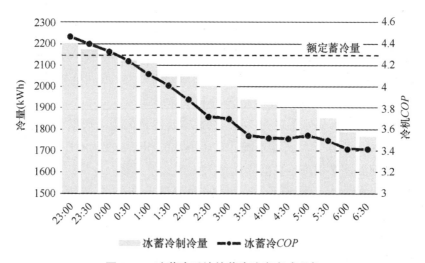

图3-56 冰蓄冷系统的蓄冷速率衰减现象

（4）特点4：可以结合大温差输配系统、低温送风系统

当冷源选用冰蓄冷空调系统时，可以对外提供1~5℃低温冷冻水，使得大温差输配系统等容易实现。盘管外融冰一般可以提供1~3℃冷冻水，适合远距离输配的区域供冷系统；一般冰蓄冷系统需要载冷剂与冷冻水通过板式换热器换热，有温度损失，但也能提供2~5℃冷冻水，可以在建筑内结合低温送风系统，节省输配能耗。

### 3.5.3 水蓄冷分析

日本冰蓄冷项目比例虽然也高达 86.9％，但其中多数是小型家庭冰蓄冷系统；集中空调系统中冰蓄冷只占 44.5％，剩余 55.5％基本都是水蓄冷[12]。这是因为将水蓄冷系统与建筑设计结合好，就不会额外增加占地和投资；甚至由于制冷机组容量降低，可能使得造价与常规系统持平。与此相对，独栋式家庭住宅和街边小型店铺是因为没有建造水蓄冷系统的条件，只能选用蓄冷密度高的冰蓄冷系统。未来大型集中蓄冷空调的发展方向应是集中空调朝水蓄冷的方向发展。

（1）水蓄冷系统的优势

1）蓄冷设备能效高

由于蒸发温度高，水蓄冷冷机额定 COP 为冰蓄冷的 1.5 倍，如前面表 3-10 所示，利用夜间室外低温，水蓄冷可以比常规制冷系统的 COP 高 20％以上。

2）蓄冷、放冷速率高

如果能够实现蓄冷水箱有效地温度分层，就可以在蓄冷期间保持制冷机的满负荷运行，直到蓄冷为止。而冰蓄冷冷机会随着冰量增加，制冷量降低。同样，如果冷冻水系统调控得当，一直维持较高的供回水温差，水蓄冷装置就可以有优良的放冷性能，放冷能力不随尚存的冷量而变化。然而，要实现这些长处，必须通过蓄冷水箱、布水器、取水管等装置的精心设计和精心调节，从而实现有效的温度分层才能实现。

3）系统简单，能量品位损失小

冰蓄冷在制冷时需要 –7~ –10℃的低蒸发温度，但供冷温度与常规系统几乎相同（7℃），期间经过蓄冷时乙二醇与冷机换热、乙二醇与冰池换热，放冷时乙二醇与冰池换热、与冷冻水换热共 4 个步骤，温差损失超过 15℃。牺牲设备效率制取高品位低温冷水，再高温利用，浪费了冷机能耗。而水蓄冷的蓄冷温度和供冷温度非常接近，即使经过一层池水与冷冻水换热，温差也只损失 1℃，总损失不超过 5℃，能量品位损失很小。

4）冬季可以蓄热

实际上，冬季水池还可以兼具蓄热功能，当配合热泵、热电冷联供系统运行时，能够发挥协调作用，储存部分热量，解耦热能的使用和制备。而冰蓄冷系统无法实现。

（2）水蓄冷发展的制约因素

目前限制水蓄冷发展的原因主要有两个：一是蓄冷密度低的问题，二是定压问题。但二者都可以通过合理方式解决。

水蓄冷系统属于显热蓄冷，在同样蓄冷量要求下，水池体积远大于冰池体积，使得国内很多工程在方案设计阶段因占地太大而放弃了水蓄冷。实际上，在日本这样土地资源紧张的国家，人们为大型公共建筑设计系统时仍然更加青睐水蓄冷系统。这是因为他们将水蓄冷与建筑设计紧密结合起来，如利用消防水池作为水蓄冷池，或将水池与建筑地基结合、作为配重等，就不会多占用额外建筑面积，也不会增加太多投资。这需要在建筑设计初期，各专业的紧密配合才能实现，因此我国设计院在建筑设计流程上也需要做出改变，才能更利于水蓄冷系统的推广。

大多水蓄冷的水池是直接与大气连通的开式水池（闭式蓄水池成本太高，很少使用），若直接与建筑水系统直接相连，则会出现压力不平衡问题。解决方法是用板式换热器将蓄冷水系统和供冷水系统分开，虽然会增加1℃换热温差，但不会出现溢水现象。相比冰蓄冷的低温，增加1℃温差不会带来很大影响。

（3）水蓄冷的关键：温度分层

做好水蓄冷系统，最重要的一点是做好温度分层。

在水蓄冷的蓄水池中，各处水温并不相等，例如供水处温度为6℃，回水处为11℃。若水池内不同温度的水出现掺混，则会出现能量品位损失，使得放冷时供水温度会持续上升、供冷能力下降，蓄冷时回水温度降低、蓄冷速率下降。因此水蓄冷系统最重要的问题是做好温度分层控制，让不同温度冷水尽量不要掺混。

温度分层的效果可以用图3-57的形式表示。纵坐标为测点层数，横坐标为水温，每条线表示某个时刻的温度分布情况。理想的蓄满状态用左边虚线表示，放空状态是右边虚线，而理想的蓄放冷过程是在其间平行移动的温度分布线。这是我国某水蓄冷

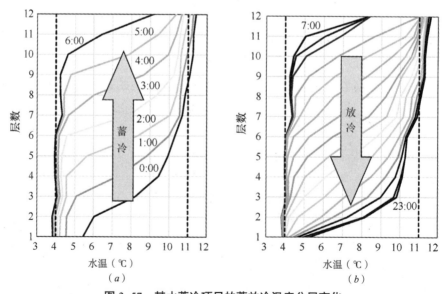

**图 3-57　某水蓄冷项目的蓄放冷温度分层变化**

（a）蓄冷时段（0：00~6：00）；（b）放冷时段（7：00~23：00）

项目的典型日实际测试结果，图 3-57（a）蓄冷过程中左上角第一条线与左边虚线之间的面积为未蓄满的冷量，由于顶层水温降低而提前结束了蓄冷；图 3-57（b）放冷过程最下面一条线与右边虚线之间的差为未放尽的冷量，由于供水温度上升结束了放冷。该差距是由于存在掺混、水池死区等原因造成的，应尽量在设计和施工时避免。

实现温度分层的方法很多，例如多个水槽并联、依次使用，或增加水槽高度、自然形成温度分层等。图 3-58 列举了几种常见的分层做法（引自 2005 年清华大学节能论坛，中原信生先生的报告）。

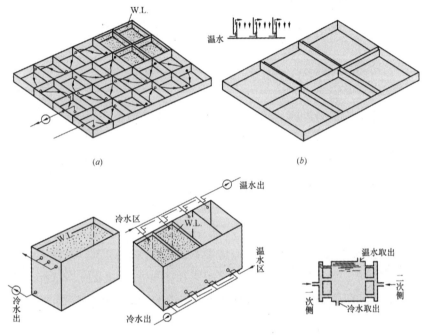

**图 3-58　实现蓄冷水池温度分层的几种做法**

（a）连结完全混合槽形；（b）连结温度成层形

## 3.6　冷冻水输配系统能耗问题分析 ❶

### 3.6.1　冷冻水输配系统节能的重要性

在中央空调系统中，冷冻水输配系统负责将制冷机提供的低温冷冻水输送到各个末端，再将各末端的高温回水返回制冷机中。图 3-59 展示了在我国内地和香港

---

❶　原载于《中国建筑节能年度发展研究报告2014》第4.6节，作者：常晟。

特别行政区共 39 座建筑中冷冻泵全年能耗与中央空调制冷站全年能耗之比，大多数建筑集中在 10% ~20% 之间，一些建筑要高于此值。可见，冷冻泵能耗是中央空调系统能耗的重要组成部分，在建筑节能工作中需要引起充分重视。

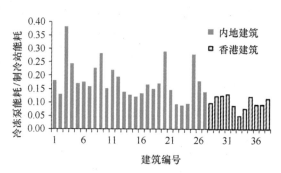

图 3-59　冷冻泵全年能耗与制冷站总能耗之比

当评价冷冻水输送效率时，可用冷冻水输配系数 $WTF_{chw}$，表示冷冻水系统输送的冷量与消耗的水泵能耗之比。冷冻水输配系数越高，系统越节能。根据《空调调节系统经济运行》GB/T 17981—2007，对于全年累计工况，冷冻水输配系数不应低于 30。图 3-60 为 39 座建筑全年累计工况冷冻水输送系数的实测结果，其中大部分建筑都达不到 30，特别是内地建筑，其冷冻水输送系数明显低于香港建筑。可见，大部分建筑的冷冻水系统都还有很大的节能潜力。

本节将讨论影响实际系统冷冻水输送系数的几个关键问题，包括末端控制、是否应当安装平衡阀、水系统的总压差应该控制在何种水平以及应当选择一级泵系统还是二级泵系统，在此基础上总结如何保证水系统的节能运行。

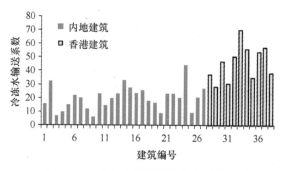

图 3-60　冷冻水输送系数的实测结果

### 3.6.2　保证空调末端有效自控是实现水系统节能运行的基础

由图 3-60 所示，在调研的 39 座建筑中（内地 28 座，香港 11 座），内地建筑的冷冻水输送系数明显低于香港建筑。这是为什么呢？最主要的原因并非在于水泵，而是在于空调末端。调研发现许多内地建筑的空调末端不能有效地根据负荷变化调节冷冻水流量。其原因有的是由于未安装水阀从而不能根据末端负荷变化而改变流量，也有的虽然安装了水阀，但水阀由

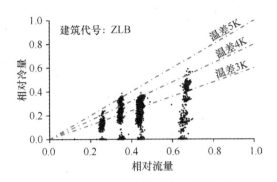

**图 3-61  末端水阀常开对应的系统总冷量 – 总流量关系**

于故障等原因处于常开状态。在这样的系统中，无论水泵是否采用变频控制，都无法实现水系统有效的变流量运行。图 3-61 是某内地建筑的总冷量—总流量关系图（其中相对冷量等于冷量与设计最大冷量之比，相对流量等于流量与设计最大流量之比），该建筑安装了变频水泵，但由图 3-61 可以看出，该建筑的冷冻水流量无法随总冷量连续变化，而只能根据冷机和水泵的台数在几个固定值之间变化。对于这样的系统，采用变频水泵只是起到了将水泵变小的作用，并不能有效调节。这是由于如果水泵的转速根据压差控制，由于末端水阀开度不变，系统阻力不变，所以供回水压差不会有变化，水泵频率也就无法改变；如果根据总管的供回水温差控制，由于各末端回水温度不一致，总供回水温差并不能代表各末端的出力情况，盲目调节总温差可能引起部分末端不满足需要。因此，没有末端调节的系统只能运行在定流量下，这显然是不节能的。

而在末端能够有效自控的建筑中，每个末端根据自身需求改变流量，系统的总流量自然随总冷量变化，即使水泵不采用变频控制，也能实现变流量运行。调研涉及的香港建筑基本上末端自控状况良好，所以都能实现变流量运行，图 3-62 显示了其中一座建筑的总冷量—总

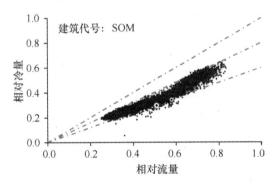

**图 3-62  末端水阀有效自控对应的系统总冷量 – 总流量关系**

流量关系，可以看到流量随冷量的下降而下降。这是调研结果中香港建筑的冷冻水输配系数普遍高于内地建筑的最重要的原因。

综上，在水系统的施工、验收和日常运行中，应当特别注重末端运行情况的检

查和维护；在水系统整体出现"小温差"等症状时，应当首先检查末端控制回路的运行情况。只有大部分末端在水侧实现了有效自控，冷冻水系统才有可能实现变流量运行，这是冷冻水系统节能运行的基础。

### 3.6.3　是否应当安装平衡阀

在很多冷冻水系统中，安装有一级甚至多级用于流量调节的平衡阀，包括静态平衡阀、动态平衡阀、限流器等。安装这些平衡阀的目的是为了实现水力平衡，提升系统温差，降低系统流量。那么，安装这些平衡阀是否有利于水系统节能呢？下面通过一个典型案例介绍实际调研中发现的问题。

首先，大量安装平衡阀造成系统阻力上升，大量的水泵扬程消耗在这些平衡阀上，造成能耗浪费。在水泵效率一定的情况下，水泵功率等于扬程与流量之积，在水系统中加装大量平衡阀，仅考虑了对流量的限制，却使得水泵长期在高扬程下运行。北京某商业区采用水环热泵系统，冷却水集中供应，每个末端的冷却水阀实行通断控制，因此其冷却水系统的性质等同于常规系统中的冷冻水系统。该系统常年运行在小温差下，夏季平均温差为 3.5K。为了保证流量分配，该系统安装了五级平衡阀，并请专业机构进行了逐级水力平衡。由于这些平衡阀增加了系统的阻力，用户侧消耗的总压差高达 22mH$_2$O。在节能改造工作中，完全开启了其中一、二、三级平衡阀，并相应降低水泵频率，使用户侧消耗的总压差降低至 16mH$_2$O，下降了 27%。

其次，在几个末端支路的总管上安装平衡阀就提高了这几个末端之间的耦合度。部分负荷下一些末端关小水阀，其他几个末端的流量会上升，其结果是总的供回水温差变小。特别是风机盘管末端，几个盘管的共用支路上安装流量恒定的平衡阀，就使得其中的几个盘管关闭时其他未关闭的盘管流量增加。这是目前我国风机盘管系统部分负荷下供回水温差小的主要原因。而大量安装平衡阀，会进一步加剧这种现象。因此，尽管水力平衡会提升系统在接近满负荷（大部分末端水阀全开）时的温差，却由于加重了末端之间的耦合度，使得系统在部分负荷下依然工作于小温差工况。这就解释了为何在很多实际系统中，尽管进行了水力平衡，但仍然在大部分情况下出现"大流量、小温差"的现象。例如上文所述的五级平衡阀的例子，在专业机构进行逐级水力平衡后，并没有实现良好的温差提升效果。反而是在打开平衡阀，并配合末端水阀维护检修后，使系统供回水温差由 3.5K 提升到 4.8K，加之前文提到的系统总压差下降，水泵节能收益显著，当年制冷季节电量为 800 万 kWh。

因此，在水系统中，应当避免在各输配干管上安装平衡阀；如果安装有平衡阀，则应该尽量保持阀门在全开状态，只在个别资用压差过高的末端处进行水力平衡即可。

### 3.6.4 水系统节能的关键在于控制总压差

实际调研发现，冷冻泵选型过大是冷冻水系统的一个通病。在实际系统中，冷冻泵额定扬程通常明显高于实际扬程。

表 3-11 显示了 5 座建筑中的冷冻泵额定扬程与实际扬程。这 5 座建筑并非针对冷冻泵问题刻意选择，而是 2007 年清华大学建筑技术与科学系暑期实习时的调研对象，调研结果显示，全部 5 座建筑中都出现了冷冻泵额定扬程过大的情况，说明这个问题的普遍性。

冷冻泵选型偏大，带来两个严重的能耗问题：一、冷冻泵工作点偏离额定工作点，效率下降，表 3-11 中各台水泵均存在这个问题；二、为了防止冷冻泵工作点过度右偏（流量过大、扬程过低）、功率过大而烧毁，在运行中不得不通过关小阀门的方法来消耗冷冻泵的富裕扬程，造成能耗浪费。例如，在表 3-11 的建筑 C 中，一次泵和二次泵的总额定扬程达到 60mH$_2$O，实际总扬程达到 39mH$_2$O，其中通过关小阀门开度消耗了 10mH$_2$O；也就是说，系统实际所需的扬程为 29mH$_2$O，因水泵选型过大，不得不增加了 10mH$_2$O 的不必要压降。在表 3-11 的建筑 E 中，二次泵额定扬程为 35mH$_2$O，实际扬程为 25mH$_2$O，其中有 19mH$_2$O 消耗在阀门上，二次侧实际仅需 6mH$_2$O 的扬程。

**冷冻泵额定扬程与实际扬程**                表 3-11

| 建筑代号 | 冷冻泵类型 | 水泵额定扬程（mH$_2$O） | 水泵实际运行扬程mH$_2$O） |
|---|---|---|---|
| A | 冷冻泵 | 38 | 21 |
| B | 冷冻泵 | 32 | 16 |
| C | 一次泵 | 30 | 24 |
|   | 二次泵 | 30 | 15 |
| D | 一次泵 | 15 | 17 |
|   | 二次泵 | 25 | 18 |
| E | 一次泵 | 20 | 18 |
|   | 二次泵 | 35 | 25 |

那么，应当怎样选择冷冻泵扬程呢？现在是先根据所谓的"经济比摩阻"以及流量确定管径，再根据水系统的结构计算出最不利回路的压降，从而确定水泵扬程。这样，系统越大，距离越远，要求的水泵扬程就越大。但是，"经济比摩阻"对于闭合的循环系统并非是正确概念，一些末端支路的流量占总流量的比例很小，但其压降却需要由总的循环泵加大扬程来提供。例如末端支路 10% 的流量压降为 2mH$_2$O，就需要循环水泵增加 2mH$_2$O 扬程，增加的水泵能耗是 2mH$_2$O 乘以 100% 的流量。在这种情况下把这一支路管径适当加大，增加很少的投资就可以降低这 2mH$_2$O 扬程，

减少水泵功率，降低能耗。因此水系统的设计方式应该反过来，先将水泵总扬程限制在一个合适的水平之下，即给定一个总扬程限值，然后选择合适的管径，使得水系统在这一扬程下能够满足流量要求。也就是改变现在"先定管径、再算扬程"的方式为"先定扬程，再算管径"。对于一般大中型水系统而言，通常冷机消耗的压差在 5mH$_2$O 左右，末端盘管消耗的在 5mH$_2$O 左右（风机盘管更低，为 2~3mH$_2$O），再考虑机房过滤器、转换阀门等阻力部件不超过 5mH$_2$O；输配系统压降不高于 10mH$_2$O，则水泵总扬程限值应该在 25mH$_2$O 以内。

在表 3-11 中，建筑 A 为一座 23 层的写字楼，空调末端以风机盘管和新风机为主，其系统实际总压差为 21mH$_2$O，能够满足末端要求。中国香港某大型商业综合体面积达到 10 万 m$^2$，建筑功能既包括商场，又包括高档写字楼；该建筑采用二次泵系统，其中末端侧总压差为 8mH$_2$O，冷机侧总压差为 10~15mH$_2$O，系统总压差在 18~23mH$_2$O。这说明在实际系统中是完全有可能做到系统总压差不超过 25mH$_2$O 的。

给定冷冻泵扬程上限（25mH$_2$O），在此限值下设计管网，使得各末端可以被满足，这就使水系统的能耗控制在较低的水平，杜绝了水泵能耗过大的情况。降低系统总压差需求的方法主要有以下两点：

（1）避免系统中各类阻力部件消耗过多的压差。在一些系统中，过滤器、平衡阀、限流器等各类阻力部件消耗了过多的压差，导致系统总压降过高。例如调研结果显示，过滤器的实际压降在 0.5~5mH$_2$O 之间，其中压降高者已达到冷机和末端的水平，导致系统的总压降增大。在设计时，可考虑采用加大过滤器的过滤面积，降低通过过滤器的冷冻水流速，从而降低过滤器的压降。此外，应当尽量避免在输配管网中安装平衡阀、限流器等阻力部件，以求降低系统总扬程需求。

（2）增大远端或最不利环路末端的输配干管和支路的管径。管道 S 值与管道直径 d 的 5 次方近似成反比，如果将管径增大到 1.5 倍，则管道压降可降到原来的 10%。因此，增大管径在降低阻力方面收益显著。

### 3.6.5　应当采用一级泵系统还是二级泵系统？

下面讨论一个常见问题：应当采用一级泵系统还是二级泵系统？

二级泵系统发展于 20 世纪 70 年代，它针对的问题是：末端采用两通水阀变流量调节，末端侧总流量随负荷降低而降低；但冷机必须维持在额定冷冻水流量下运行，冷机侧流量需保持恒定。在二级泵系统中，二次泵变频运行，以适应末端侧流量的变化，节约能源；一次泵定频运行，维持冷机流量恒定；末端侧与冷机侧的流量差依靠旁通管来进行调节。

设计二级泵系统是为了节能，然而其实际表现如何呢？朱伟峰的调研显示，内地大多数一级泵系统水泵全年电耗达到冷机全年电耗的 20%~35%，但是二级泵系统的冷冻泵全年电耗一般达到冷机全年电耗的 30%~50%。这些二级泵系统在实际运行过程中反而更费能。这是为什么呢？原因主要有以下两点：

（1）二级泵系统有两级水泵，在设计时都考虑了过大的安全余量，都存在选型偏大的问题，如表 3-11 所示。这就造成二级泵系统两级水泵的扬程明显高于一级泵系统，更多的能耗消耗在水阀上。

（2）由于前文所述末端控制失效的原因，很多系统无法真正实现变流量调节，这就无法发挥二级泵系统的长处。在这样的情况下设计二级泵系统是没有意义的。目前国内很多二次泵系统在实际运行时，二次泵前的供回水旁通管完全关闭，从不打开。这样的系统实质就成为两级水泵串联的一次泵系统。而这种串联连接的水泵由于水泵性能不一致，很难都在高效工作区运行。其结果就是效率低、能耗高。

那么，如果水泵选型合适，末端控制有效，水系统可以走出变流量特性，二级泵系统是否更为节能呢？随着冷机技术的发展，目前多数冷机已经允许流量在较大的范围内进行变化，通常，离心式制冷机允许的流量变化范围为额定值的 30%~130%，螺杆机允许的范围为 40%~120%。在这样的情况下，采用水泵变频的一级泵系统也可以实现在部分负荷时节约水泵能耗。下面分两种情况比较在这种情况下一级泵系统和二级泵系统的能耗。

（1）末端侧流量低于冷机侧额定流量。如果在全年大部分工况下，末端侧流量低于冷机侧额定流量，那么采用哪种系统形式更节能呢？通过一个简单算例来进行分析。设二级泵系统中，冷机侧的流量为 100L/s，出水温度为 7℃。末端侧的流量为 50L/s，供水温度等于冷机出水温度，回水温度为 14℃。旁通管内流向为从供水侧流向回水侧，流量为 50L/s。可由能量平衡关系算得冷机侧的回水温度为 10.5℃。

从水泵能耗的角度分析，改为一级泵系统后，供水温度保持不变，所以在冷负荷不变的情况下，末端侧流量仍为 50L/s，冷机侧流量也降为 50L/s，低于二级泵系统中的冷机侧流量。由于冷机侧流量降低，所以水泵能耗会降低。

从对冷机影响的角度分析，在二级泵系统中，冷机的进出口温度为 7℃ 和 10.5℃，蒸发温度为 6℃。改为一级泵系统后，冷机侧回水温度等于末端侧回水温度，为 14℃；根据式（3-6）估算蒸发器 $KF$ 值随水侧流量的变化，则在冷量不变的前提下，冷机蒸发温度为 6.1℃，略高于二级泵系统中的蒸发温度，有利于冷机的高效运行。

$$\frac{KF_1}{KF_2} = \left(\frac{V_{\mathrm{w},1}}{V_{\mathrm{w},2}}\right)^{0.5} \qquad (3-6)$$

因此，当末端侧流量低于冷机侧额定流量时，采用水泵变频的一级泵系统更节能。

（2）末端侧流量高于冷机侧额定流量。在实际系统中，由于"大流量、小温差"问题，末端侧流量高于冷机侧额定流量是经常出现的现象。此时，如果采用二级泵系统，只能是旁通管反向流动，即部分末端侧高温回水经由旁通管流向供水侧，与冷机出水掺混，提高了末端侧的供水温度。这使得末端的换热量下降，从而末端对水量的需求进一步提高，导致旁通流量进一步提高，掺混更加严重，末端供水温度进一步上升，形成恶性循环。这是许多实际二级泵系统不能实现节能的重要原因。采用一级泵系统则可以避免掺混现象，始终保证末端得到的供水温度基本等于冷机出水温度，因此是更优的选择。有些系统在实际运行中，一旦流量调小，部分末端就会由于流量不足而"过热"，所以宁可高供水温度，大流量、小温差，也不能低供水温度、小流量、大温差。这实质上是由于末端缺少调控手段，导致近端的支路流量过大，干管压降过大，从而远端压差不够，远端流量不足。这时根治的方法是对各个末端增加调控能力，实现真正的变流量运行。即可改善远端不冷的现象，又能够降低水泵能耗；而不应该将错就错，加大流量、提高供水温度。

上文的分析表明，无论末端侧流量高于还是低于冷机侧额定流量，均建议采用变流量一级泵系统。那么，二级泵系统的适用场合是什么呢？在上文中，默认末端侧只有一组主立管，或虽有多组主立管，但各组主立管的资用压差需求始终相差不多。下面讨论末端侧有多组主立管，且各组主立管之间的资用压差需求在某些时段下有明显差异的情况。

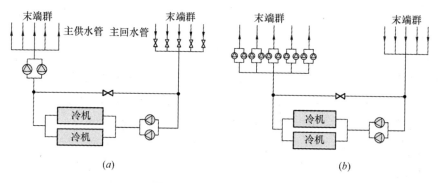

**图 3-63　二次泵的设置方式**

（a）二次泵集中设置的水系统；（b）二次泵分散设置的水系统

当各组主立管需要的资用压差不一致时，如果采用一级泵系统或二次泵集中设置的二级泵系统（如图 3-63a 所示），为了满足所有环路的需求，必须按照资用压差需求最高的主立管调整水泵转速和台数，其他的主立管会出现资用压差过剩的情况，这部分资用压差只能被平衡阀消耗，造成能源浪费。例如若各组主立管中最高的资用压差需求达到最低值的 1.2 倍以上，则在资用压差最低的支路中，需要用水阀消耗掉 20% 以上的压差。而如果采用二次泵分散设置的二级泵系统，如图 3-63（b）所示，则可以为各组主立管单独提供合适的资用压差，是更为节能的选择。

综上，若末端侧各组主立管的资用压差需求差别不大，且冷机可以适应流量变化，则没有必要选择二级泵系统，建议采用变流量一级泵系统；否则，建议采用二次泵分散设置的二级泵系统。

### 3.6.6 小结

通过上文的分析，可以归纳出实现冷冻水系统节能的设计和运行要点如下：

（1）必须保证末端水阀的有效自控，这是冷冻水系统变流量运行的基础。

（2）避免在系统中安装大量平衡阀。如果安装了,尽量在运行中打开这些平衡阀,以保证系统阻力较低。

（3）给定水泵总扬程上限，一般系统的水泵总扬程不应超过 25mH$_2$O。在此限值下，通过减少阻力部件、增大管径等方法设计管网，使各末端能够得到足够的资用压头。

（4）采用变流量一级泵系统，除非末端侧有若干组资用压差相差较大的主干管。

## 3.7 公共建筑用热系统的效率及影响因素 [1]

### 3.7.1 公共建筑用热系统能效现状

（1）公共建筑用热特点

公共建筑中的用热需求主要有采暖、生活热水、厨房、泳池、康乐中心、洗衣房等等。不同形式的公共建筑中通常有一种或几种不同的用热需求。

公共建筑中热的来源也有不同的情况，目前最主要的两大来源分别是锅炉和市政热力。对于有集中采暖的北方地区，在集中采暖季市政热力是最主要的热源，非集中采暖季则以锅炉燃烧产热为主。对于没有集中采暖的地区，则全年以锅炉为热源。

公共建筑用热的最大特点是终端热用户多，不同功能区用热特点不同，有不同需求。用热特点的不同最主要表现在用热的时间、强度和所需媒介上。这样的用热特点给公共建筑用热系统的设计带来了挑战。用热系统是否能以最小的损耗满足一栋公共建筑中各个功能区不同的用热需求，成为评价一个用热系统是否合适的标尺，

---

[1] 原载于《中国建筑节能年度发展研究报告2014》第4.7节，作者：田雪冬。

同时也是影响公共建筑用热系统运行能效的关键点。

（2）公共建筑用热系统的能效现状

公共建筑用热系统的能耗主要有两大部分，其一是"热源"的能耗，例如市政热力、锅炉消耗的燃气或热泵消耗的电；其二是输配系统消耗的电力，例如水泵电耗。

下面通过分析两个具体案例的实际能耗数据，我们可以得到一些关于我国公共建筑用热系统能效现状的普遍认识。这两个案例分别为地处我国北方地区的某游泳馆和地处南方地区的某酒店。

图 3-64 是青岛市某游泳馆的 2012 年用热流向图。可见在该游泳馆中，用热的需求主要集中在三方面，分别是空调采暖、生活热水和泳池加热。集中采暖季的热源为市政热力，而非集中采暖季的热源为燃气热水锅炉。

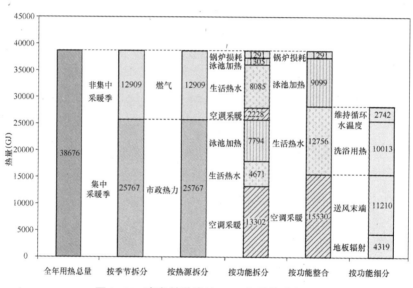

图 3-64　青岛某游泳馆 2012 年用热流向图

该游泳馆 2012 年总计用热 38676GJ，总建筑面积为 4.25 万 m²，单位建筑面积的用热量为 0.910GJ/（m²·a）。其中，25767GJ 来源于市政热力，占全年总用热量的 67%；12909GJ 来源于燃气，占全年总用热量的 33%。

在集中采暖季（1 月 1 日~4 月 5 日和 11 月 16 日~12 月 31 日，共 142 天），由于天气寒冷，空调采暖用热量非常大，占集中采暖季总用热量的一半以上；而在非集中采暖季（4 月 6 日~11 月 15 日，共 224 天），空调采暖和泳池加热用热量均较小，生活热水成为三种用热需求中最主要的一种，其用热量占非集中采暖季燃气总耗量的近三分之二。从全年的角度来看，空调采暖用热量最大，生活热水次之，泳池加热最小。从图 3-65 上可以更直观地看出该游泳馆中各功能区的用热量及其分别占整体用热量的比例。

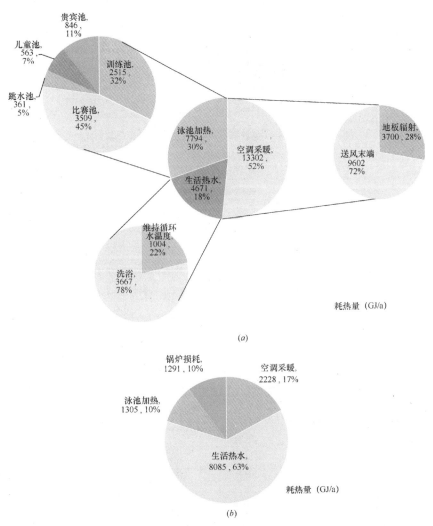

(a)

(b)

**图 3-65 青岛某游泳馆 2012 年用热量拆分**

（a）集中采暖季；（b）非集中采暖季

图 3-66 是该游泳馆 2012 年耗电量拆分。其中用热系统相关的输配电耗（生活热水泵、泳池加热循环泵、空调供暖循环泵、泳池加热二次循环泵）总计 121.5 万kWh，占整个建筑全年耗电量的近 40%。可见该游泳馆用热系统的输配电耗非常高，从能源费用的角度看，整个用热系统 2012 年的能源费用约为 416 万元，其中热源消耗的市政热力和燃气总费用约为 310 万元，而输配电耗则高达 106 万元，占整个

用热系统能源费的四分之一。

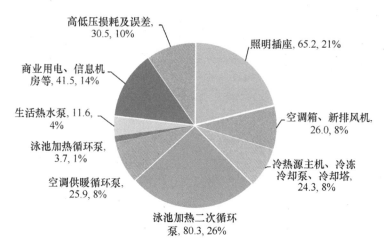

图 3-66　青岛某游泳馆 2012 年耗电量拆分（单位：万 kWh）

图 3-67 是上海某四星级酒店的 2012 年用热流向图。可见在该酒店中，用热需求相比游泳馆更加复杂，除了采暖和生活热水之外，厨房还需要热蒸汽来烹饪食物；在生活热水部分，又有客房、洗浴中心、职工洗浴、厨房、卫生间等不同功能区的需求。由于没有集中采暖，因此全年均由三台燃气蒸汽锅炉作为热源来满足各种不同的用热需求。

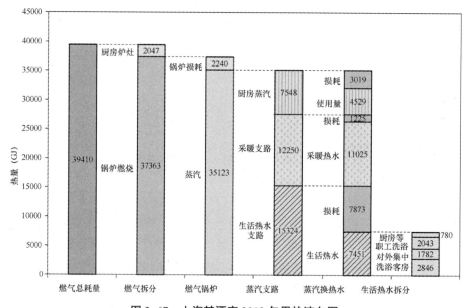

图 3-67　上海某酒店 2012 年用热流向图

该酒店 2012 年总计用热 39410GJ，总建筑面积为 6.13 万 m²，单位建筑面积的用热量为 0.643GJ/( m² · a )。全部热量均由燃气供应，全年共计消耗燃气 104.8 万 m³。其中，95％的燃气用于锅炉燃烧，产生的蒸汽通过分汽包送到不同区域满足各个功能区的用热需求，另有 5％的燃气直接供应到厨房炉灶用于烹饪食物。

根据各个蒸汽支路上计量表的数据，从蒸汽供应侧来看，生活热水消耗热量最多，占锅炉产生的蒸汽总量的 40％以上，空调采暖耗热量其次，厨房蒸汽耗热量最小。然而根据使用侧的测试和计算表明，整个生活热水系统末端实际用热量不足供应量的一半，也就是说，由锅炉产生并供应到生活热水支路的热量，超过一半都消耗在输送蒸汽和汽水换热的过程中。厨房蒸汽的实际末端使用量亦只有供应量的约 60％，其余 40％消耗在输送蒸汽的过程中。

从上文对两个具体案例的分析可以看出，公共建筑用热需求多样，用热量大，尤其在非集中采暖地区燃气消耗量非常大。同时，由于用热系统存在热量损耗大、输送水泵电耗高等现象，导致其能耗较高。

### 3.7.2 集中式和分散式用热系统能效分析

大型公共建筑往往采用集中式的用热系统，利用统一的热源制备热水或蒸汽，再由一个庞大而复杂的输配系统输送至各用热末端，这一点从上文两个案例中也可看出。但是实际工程的测试和分析表明，集中式用热系统能效普遍偏低，热量损耗现象比较严重，输送电耗高。用热需求越多样化，这样的情况就越明显。

需要特别说明的是，在集中采暖地区，以市政热力为热源相比于锅炉具有明显的经济性优势。因此，下文的探讨主要针对非市政热力热源的用热系统，具体来说，即针对北方地区非集中采暖季和南方地区全年的用热系统问题。

从实际工程中来看，导致集中式用热系统能效偏低的主要原因有四条。

首先，集中式用热系统更容易出现设备选型严重偏大的问题，导致设备低负荷率运行或者频繁启停。例如上海某体育中心，其用热系统设计容量为 4 台蒸汽锅炉，共计 55.2t/h，实际只使用其中一台 7.8t/h，选型严重偏大。再例如对于游泳馆而言，泳池加热用热需求较小，但 24h 均有需求，而生活热水需求峰值高、波动大，如果二者集中供应，热源选型就必然迁就生活热水，造成生活热水需求为零时，热源容量与泳池用热需求不匹配。

第二，公共建筑中多种末端用热特性不同，不加区分地集中制备往往导致高品位能源用于低品位需求。例如对于一个酒店，其洗衣房需要 120℃的蒸汽，而泳池加热只需要 30℃的热水，若不加区分统一采用蒸汽锅炉供应，则在泳池加热支路必然增加换热环节，造成能量品位的严重浪费。

第三，集中式用热系统中输配过程的热损失大。例如上文提到的上海某酒店，其生活热水支路末端实际使用热量不足该支路供应量的一半，正是由于远距离输送蒸汽导致巨大浪费。图3-68是其用热系统原理图，从中可见，分汽包位于地下一层，而生活热水支路的四台换热器位于十九层楼顶，如此远距离输送过程中的"跑冒滴漏"非常严重。

第四，用热系统常常需要热水在管网中全天循环，例如生活热水系统或泳池加热系统，这就导致循环水泵电耗非常大。

在公共建筑集中式用热系统有上述弊端的情况下，不难看出分散式系统可以在一定程度上有效避免这些问题。首先，分散式系统针对不同末端选择不同热源，不会出现因为互相迁就而选型严重偏大的问题；其次，针对不同的用热需求可以提供合适品位的热源，减少热量在品位上的浪费；最后，分散式系统的输配系统比较简单，可以有效减少输配过程中的热损失和降低输配电耗。

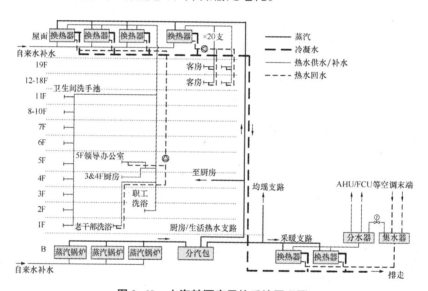

**图3-68 上海某酒店用热系统原理图**

因此，对于有各种不同用热需求的公共建筑，应该分地点，分品位，分用途类型，分别供热。例如上文所述的上海某酒店，对于必须使用蒸汽的需求，例如厨房烹饪，建议就地产用蒸汽；而对于其他用热需求，则取消蒸汽，分别采用适宜的方式供应热量。经过方案设计和比较，建议客房和职工生活热水采用燃气热水器热水机组，老干部洗浴中心采用空气源热泵和太阳能系统，卫生间洗手池则采用分散式小型电热水器即可。

### 3.7.3 合理的生活热水制备与输送方式

下面以实际案例为出发点，从热源和输配系统两个方面探讨如何分地点，分品位，分用途类型，分别供热这一问题。

（1）热源

图3-69为上文中青岛某游泳馆的生活热水系统原理图。在非集中采暖季以两台燃气热水锅炉作为热源。由于锅炉选型偏大，且生活热水用热需求波动大，因此锅炉频繁启停。而锅炉产生的高温热水通过容积式换热器将热量传递到低温热水，存在热量品位上的损失。

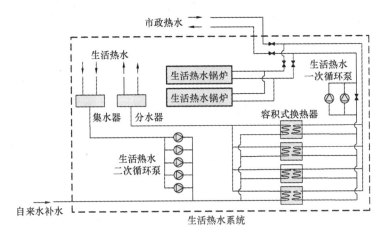

图3-69　青岛某游泳馆生活热水系统原理图

考虑到这些情况，热源形式的选择应当最大限度上适合系统用热的需求。图3-70是该游泳馆生活热水系统的改造方案原理图。由于冬季有集中采暖热源，自建热源只在无集中采暖期间使用，因此热泵的低温热源问题就很容易解决，例如采用风冷热泵。在该方案中则采用水–水热泵，低温热源利用洗浴后的中水。根据实测，在生活热水使用过程中，中水温度在30℃左右。中水首先用来预热自来水补水（非集中

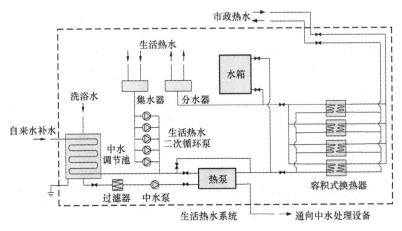

图3-70　青岛某游泳馆生活热水系统改造方案原理图

采暖季约 16℃），再经过热泵作为其低温热源，最终温度降至约 9℃排走。这样整个系统相当于以热泵投入的电和自来水补水与最终排走的中水之间的热量差（约 7K 温差）来弥补生活热水全过程的散热量。因此降低整个生活热水系统的各种热损失成为至关重要的环节。

（2）输配系统

输配系统应该高效地将热源产生的热量输送到各用热末端，并尽量减少热量在输配过程中的损失和输配电耗。上文已经提过在上海某酒店中取消集中输配蒸汽以降低输配过程中热损失的案例。下面则讨论降低输配电耗的实际案例。

如前文所述，青岛某游泳馆的用热系统水泵电耗占游泳馆总耗电量的近 40%。

实测表明其泳池加热二次循环泵和生活热水循环泵效率较低，输配能耗较高，如图 3-71 所示。因此改造人员建议其更换效率较高的水泵，降低输配能耗。

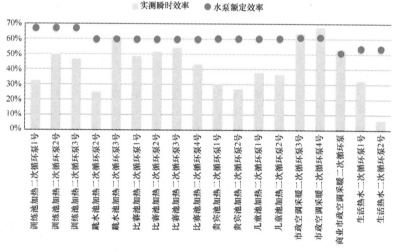

**图 3-71 青岛某游泳馆循环水泵实测效率与额定效率**

再以北京某酒店为例（数据来源：王鑫），图 3-72 为其生活热水系统示意图。二次侧热水循环泵（HWP）和供给用户的热水泵（HP）均为 24h 定流量运行，因此运行能耗较高，其电耗约 57 万 kWh/a，占终端电耗的 5.8%。基于这种情况，改造人员提出对二次侧热水循环泵增加变频控制器，按照热水罐温度进行控制，以降低水泵的运行能耗。

在该控制策略中，关系到控制效果的一个关键因素是热水罐的水温是否分层，如果热水罐中存在非常严重的掺混现象，整个热水灌中水温趋于一致，那么在用户侧取热的过程中热水罐中温度控制点的温度就会不断下降，那么二次侧热水循环泵就不得不始终开启或在高频率下运行，造成水泵电耗很大。

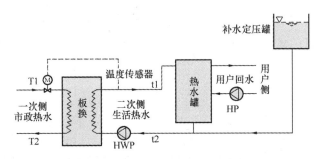

**图 3-72 北京某酒店生活热水系统原理图**

### 3.7.4 总结

当前公共建筑多采用集中式用热系统，统一制备，远距离输送。对于北方地区的集中采暖季，由于以市政热力为热源具有明显的经济性优势，因此采用以市政热力为热源的集中式系统是适宜的选择。但是，对于北方地区的非集中采暖季和南方地区，集中式用热系统效率较低的问题则普遍存在。南方地区由于没有集中采暖，全年都需要自己产热，并且有相当一批公共建筑采用蒸汽，因此问题更加突出和严重。鉴于这样的情况，公共建筑用热系统形式的合理设计和改造大有用武之地，存在巨大的节能潜力。

## 3.8 公共建筑照明节能

### 3.8.1 照明能耗现状及影响因素

据统计，我国的照明用电占全社会用电的 13% 以上。在公共建筑总能耗中照明电耗占 10% ~40%，甚至更高。从北京市的实测调研结果（见图 3-73）来看，办公

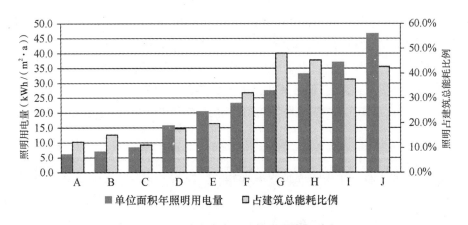

**图 3-73 北京市办公建筑照明能耗对比**

楼的平均照明能耗为 24kWh/m²，而不同办公楼之间的照明能耗差异也较大，单位面积照明能耗从 6.1~46.6kWh/m² 不等。同时，照明设备所产生的热量还增加了空调系统的冷负荷。

影响照明能耗的主要因素包括：照明提供的服务水平、天然采光状况、照明系统设计以及与人行为有关的控制模式。

照明提供的服务水平主要包括照度等指标，以办公室为例，按我国现行的照明设计标准，一般办公室的照度要求为 300lx；高档办公室为 500lx，同时对光环境的舒适度要求也更高。不同建筑的采光状况也有较大差异，采光的水平和影响区域的范围不同，良好的采光意味着在白天开灯的时间更少，开灯的区域更小，从而更节能。照明节能器具的选用对于照明能耗也有较大的影响，合理的照明设计包括照明控制系统的设置，对于照明的实际运行和能耗有直接的影响。

此外，人的行为也是影响照明能耗的重要因素。同样的建筑，由于使用人员的不同，其照明能耗可能有显著的差异。实际建筑的使用情况，使用者对于光环境的主动控制和调节，开关灯的主动节能意识等对照明能耗有着重要的影响。

以下分别从评价标准、天然采光、照明设计和照明控制等四个方面阐述实践中存在的问题以及实现照明节能的途径。

### 3.8.2　评价标准

（1）节能评价指标

以往的照明节能研究中，重点关注照明产品，以追求产品的能效作为节能的主要途径。我国现行的照明设计标准中，采用照明功率密度作为照明节能评价指标，不能反映采光、控制和人行为的影响，与实际运行情况相差甚远。在欧洲标准ＥＮ 15193 中，提出了以单位面积年照明用电量作为照明节能的评价指标，可综合评价照明系统实际运行的节能效果。

一些公司在宣传其自动（智能）控制系统的节能效果时，往往采用节电率的指标，而计算节电率时假设照明 24 小时开启，这与实际情况不符。由于采用了不合理的照明能耗基准值，造成节能效果的高估，也误导了业主和设计人员。

因此考察照明节能效果不应该直接从省了多少电出发，而应该从实际的照明电耗出发，参考前面图 3-73 中的照明电耗状况，得到与社会平均状况的比较，进而了解实际是否真正节能。

（2）照度标准

刻意追求高标准，认为照度越高就越好。一些新建写字楼内的办公室照度常常达到 700lx 以上，超出标准值 30%~50%，造成了不必要浪费。另外，一些设计师为了营造特殊的照明效果，大量采用间接照明，甚至将此用于功能性照明，使得光的利用效率低，照明水平低且增加了照明能耗。

实践中应合理选择各区域或场所的照明标准（主要是照度水平），不能一味追求高照度，满足标准的要求就能达到满意的照明效果。在同一场所内根据功能特点进行分区，划分为视觉作业区域、非工作区域、走道等，确定不同区域合理的照度水平。

### 3.8.3 天然采光

照明设计时应考虑充分利用天然采光，对于层高较大、单侧采光的场所，侧窗的上半部宜设置定向型玻璃砖或反光板，可有效改善房间内部的采光并提高均匀性（图3-74）。

对于无窗房间或浅层的地下空间，可利用导光管采光系统。该系统克服了传统采光方式的缺陷，通过收集室外的天然光，并利用长距离的管道输送到室内进行照明，不仅有利于节能，还能显著改善室内的光环境，有利于人员身心健康。

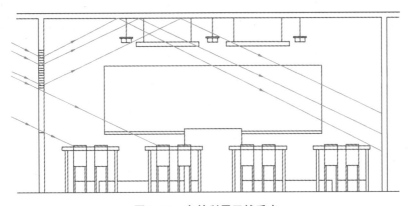

图3-74 有效利用天然采光

### 3.8.4 照明设计

（1）照明产品选型

在保证光环境效果的前提下，选择能效高的光源和灯具产品。近年来我国照明产品的能效显著提高，以最常用的直管荧光灯为例，与前几年相比，光效平均提高了约15%，如表3-12所示。

直管荧光灯光效变化情况　　　　　　　　　　　　　　表3-12

| 光源功率 | 光源光效（lm/W） | | 光效提高比例 |
| --- | --- | --- | --- |
| | GB 19043—2003<br>（2005年的目标能效限定值） | GB/T 10682—2010<br>（初始光效要求） | |
| 14~21W | 53 | 55 | 3.8% |
| 22~35W | 57 | 69 | 21.1% |
| 36~65W | 67 | 74 | 10.4% |

相应的灯具效率和镇流器效率也都有所提高，比如镇流器的能效提高了4%~8%。照明产品性能的提高为降低照明的安装功率提供了可能性。

另外，LED已开始全面进入一般照明领域。LED球泡灯的光效已超过60lm/W，是传统白炽灯的6倍左右；某些LED灯具的系统效能甚至达到100lm/W。目前，除了学校等特殊场所外，各类公共建筑场所均可选用高效的LED灯具产品。如在商店建筑中替代传统的白炽灯、卤钨灯用于重点照明，工业建筑中替换高压汞灯和金卤灯等。

另外，应避免过度使用装饰照明，其所用的光源或灯具效能也应引起足够重视。在照明设计时人们很容易注意到功能性照明的节能问题，而忽略装饰性照明。有时在装饰照明中为了刻意追求效果，大量使用白炽灯，能耗高而照度贡献很小，不利于照明节能。

（2）照明分区

照明设计时未考虑天然采光的状况和实际的运行，照明分区不合理。比如在一个大房间内，没有根据不同区域的工作特点进行合理的划分，全部按这个场所内的最高照度水平设计，造成浪费。

照明控制过于集中或设置不合理。有些案例中，房间内只设置一个照明开关，只能全开或全关，即使窗户附近区域采光良好或者只有少数人在房间时，也只能全部开灯，造成浪费。房间内照明回路设计不合理，照明回路的布置与窗户垂直图3-75（a），即使采光良好，也无法按采光水平的高低顺序开灯。

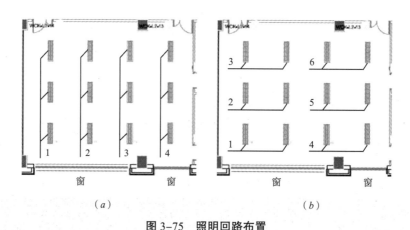

图 3-75 照明回路布置

（a）错误的设计；（b）正确的设计

图3-75（b）中的设计是正确的做法，照明系统的控制应与采光结合。照明回

路与窗平行布置,在采光充足的时段和区域可进行光控开关或调光控制,如图3-76所示。

随着技术的发展,目前已出现了网络化控制和无线控制技术,每个灯具可进行单独的控制,这对于开放式办公室的照明设计提供了非常灵活的解决方案。

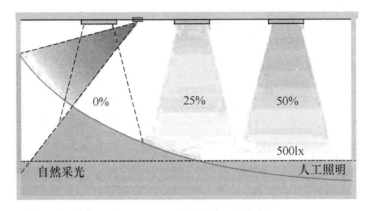

图 3-76 人工照明与采光结合

### 3.8.5 照明控制

随着照明器具能效的提高,照明的安装功率逐渐减少,照明控制成了照明节能的一项重要措施。合理使用照明控制技术,可实现节能30%以上。不同类型的空间应选择适合的控制方式,否则反而会起到相反的效果。

（1）存在问题

一些高档办公室采用了所谓的"恒照度"自动控制技术,在任何时候都保证同样的照度水平。这种控制方式没有考虑人在不同的时段内不同的照明需求,有时造成不必要的浪费。

误认为调光一定比开关的控制方式更节能。调光系统比光控开关方式更为昂贵,节能效果理论上也更好。但是由于照明灯具的限制,调光只能低到一定的程度,在调到最低时也需要消耗一定的能量。当室内采光水平较高,室内照度总高于要求照度时,该系统反而不如光控开关方式更节能。同时,当房间面积较大,不同区域的照度要求不同时,照度传感器数量少或设置不合理时,控制的效果并不理想,有时也无法满足工作面照度恒定的要求。

忽视了人的主动节能意识和控制意愿,采用所谓的全自动照明控制系统,误认为自动控制系统一定比手动控制节能。不恰当的自动控制有时不仅不能起到节能的效果,还会适得其反,甚至由于误动作而影响正常的使用功能。

同时,由于无法进行手动控制,使用者的主动节能意识逐渐丧失,将对人的主动节能行为造成不利的影响。另外,全自动的照明控制系统在人一来时就开灯,没有考虑人对于光环境的差异性需求，往往造成不必要的开灯和浪费。

需要补充的是，应提倡自动控制与手动控制的结合，开灯由人工根据需要完成，而自动控制则在判断无人或亮度足够时自动关灯，弥补人工手动控制的不足。因为如果暗了，人一定会去开灯，但如果亮了或人离开，很容易忘记关灯。（本节属于阐述问题，该部分内容在后面技术措施中已有反映。）

（2）技术措施

不同类型的空间应选择适合的控制方式，如对于大开间办公室等场所推荐采用时间和光感控制；对于没有采光的大型超市，应采用时控开关或调光的方式；而一些小房间，靠近门边设置手动面板开关就可满足使用和节能的要求。

同时，照明控制系统的设计应考虑使用者的特点，充分发挥人的行为节能作用。当人感觉暗时会主动开灯，但除非离开房间，一般不会主动关灯。照明控制系统设计时应充分考虑该特点，可由人负责手动开灯，控制系统负责关灯或降低照度，以防止人忘关灯，弥补手动控制的不足，且并不会影响或降低光环境舒适度。另外，还可以将多种控制方式进行组合，起到更佳的节能效果。图 3-77 给出了各种常见控制方式的照明能耗对比。

可以看到，手动开灯、自动关灯和调光的组合控制方式能耗最低，因此提倡自动控制与手动控制的结合。

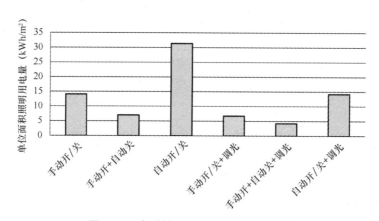

图 3-77　各种控制方式的照明能耗对比

（3）人员不长期停留场所的节能策略

公共建筑中的地下车库、机房和走廊等区域，人员只是通过但不长期停留，如采用传统的照明系统，需要 24h 开灯，照明能耗高，且多数时间为"无效照明"；这类场所宜采取"部分空间、部分时间"的"按需照明"方式。这里以地下车库的照明系统为例，说明系统运行的原理和节能控制策略。

系统由 LED 灯具、传感器和智能控制器组成，根据工程的需要，可将部件集成到单个灯具中，或者组成局部的网络。传感器通过红外、动静或超声等方式，感应是否有人员或车辆在区域内活动，当无人无车时，灯具处于"休眠"状态，输出功率可维持在 2W 左右，区域内处于低照度；当有人或车接近时（< 5m），灯具迅速切换到额定工作状态，提供正常的照明；当人员或车远离，灯具又恢复到"休眠"状态。在这样的工作模式下，灯具大部分时间的输出功率都较低，减少了不必要的照明，减低了电耗。另外，由于减少了开灯的时间，也延长了灯具的使用寿命。根据现有改造项目的经验，其节电率可达到 30% ~60%。

## 3.9 适合于大型办公建筑舒适性环境控制的温度湿度独立控制空调 ❶

此类建筑空间为了满足室内人员的舒适性，不仅要满足温度控制要求，同时还要实现室内湿度的控制并满足室内人员新鲜空气的需要以及排除人员产生的 $CO_2$。

目前许多大型高档写字楼普遍出现的现象是：

1）经常出现室内空气不新鲜、新风量不够的现象，导致室内人员的疲惫；

2）在春秋过渡季节，建筑物内部分过冷、部分过热，难以同时满足各区的需求；

3）湿度不满足要求，过于潮湿或干燥，导致室内人员感到不适。

通过加大新风量，同时在每个室内末端安装再热器（也就是带有末端再热器的变风量系统或 4 管制风机盘管加新风系统），根据要求的室内温度分别调整再热量，可以解决上述问题，基本满足各自的舒适性。这也是目前美国大多数办公建筑以及国内某些高档写字楼采用的方式。但这样一来，空调耗电会增加 50% ~150%。如何提供更好的室内舒适环境，同时还不造成空调能耗的大幅度增加呢？目前看来，温湿度独立控制空调是最有希望解决这一问题的方式。

根据办公室空调标准，要满足新鲜空气的需求和排除 $CO_2$，每个人每小时的室内外通风换气量应不低于 $30m^3/$（h·人）。这些新风应该均匀送到各个局部空间，或者根据人员的密度分配，使每个人得到足够的新风换气量。要维持室内环境的湿度，就要排除室内人员呼吸和皮肤表面蒸发产生的水蒸气，这一般是室内最主要的产湿源。排除的方法也只能是通风换气，通过送入室内较干燥的空气，置换出室内的潮湿空气，从而达到排除室内产湿量的目的。每个人产湿量相差不大，因此为了排除其产生的水蒸气所需要的每人的单位时间通风换气量也大致相同。要维持室内的温

❶ 原载于《中国建筑节能年度发展研究报告2010》第6.1节，作者：江亿，刘晓华。

度，就需要排除室内各类热源产生的热量，这包括人员产热、室内各类设备产热以及通过建筑外墙、外窗通过传热和太阳辐射进入室内的热量。然而，这些热量并不是随着进入室内的人数变化，而是随着建筑空间的使用方式和室外气候状况而变化。例如当强烈的太阳光进入时，室内需要的排热量加大，而当阴天或室外降温时，室内需要的排热量就变得很小，有时甚至反过来需要对室内加热。

然而目前通行的中央空调方式，温度、湿度都是依靠一套通风换气系统控制调节（对于目前在国内广泛应用的风机盘管方式），甚至新鲜空气、温度、湿度都仅靠一套通风换气系统调节（当采用变风量系统时），显然不能同时满足新鲜空气、温度、湿度这三者的要求。对于某些局部空间来说，有时甚至于三个参数中哪一个都不能满足要求。于是，只能靠局部再热来改善室内温度或湿度。

如果分开采用独立的两套系统：室外新鲜空气的换气系统满足新鲜空气和湿度的要求，另外一个独立的系统专门排除室内多余的热量，满足室内温度的要求。由于室内的湿负荷和要求的新风量一般都与室内实际的人数成正比，因此只要把送入室内的室外新风的湿度（空气中的含水量）调节到一定的需要值，然后按照室内实际的人数送入与人数成正比的新风量，就可以同时满足室内的新风和湿度要求。同时另外一套独立的系统根据室内温度独立地调节送入室内的热量或冷量，也就可以有效地满足室内温度的控制需求。按照这样的思路，就有可能使建筑中的每个空间在需要时都能同时满足新鲜空气、温度和湿度的要求。这就是目前空调界在国内、外都在广泛探讨的，并已经在一些工程中成功应用的温度湿度独立控制空调。

同时，如果室内温度要求在 25℃，那么从原理上讲，任何可以提供低于 25℃冷量的冷源都可以充当用于夏季温度控制系统的空调冷源。这样就有可能利用不耗能的自然冷源或效率非常高的高温冷源（出水温度在 15~20℃之间）作为控制室内温度的空调冷源。然而，传统的空调方式在大多数场合却需要温度低得多的冷源，例如一般设计都要求是 7℃或 5℃的冷水作为冷源，这是因为传统空调统一考虑温度控制和湿度控制。为了对室外新风除湿和排除室内湿源产生的水分，采用冷凝除湿，就必须有温度足够低的冷源。在夏季很难找到自然存在的或廉价的 7℃冷源，通过机械制冷获取 7℃的冷量，其制冷效率也远低于制备 15~20℃的高温冷量时的制冷效率。夏季的实际工况中，空调需要的冷量中 60%~80%是用来排除显热满足室内温度要求的，这样，采用温度湿度独立控制方式就可以使产生这部分冷量所消耗的能源大幅度降低。

传统空调因为是同时解决室内温度和湿度的问题，而调节湿度只能通过空气交换，因此都是通过向室内送冷风来实现空调。而当仅考虑排除室内显热，调节室内温度时，就完全没有必要依靠送风来调节室内环境。可以像目前冬季广泛使用的地板埋管辐射采暖方式，或在天花板内设置冷辐射盘管等方式，直接利用水循环和室内直接换热来实现降温和温度控制。由于空气的热容远小于水的热容，因此利用水的循环向室内供冷，既可以使室内冬季夏季都使用统一的末端装置，还可以大大降低通风和空气循环需要的风机电耗，使冷量直接从冷源经水循环系统送到室内，减少一个与空气换热再通过风机驱动空气循环的环节，这既可以大大降低输配系统电耗，还可以有效减少输配系统风道所占用的空间。

为了解决新风除湿和室内湿度控制问题，传统空调方式采用冷凝除湿，把待处理的空气降温到空气的露点以下以凝出水分，达到除湿的目的。然而这样的冷干空气有时会导致室内局部过冷，为此，在温湿度控制要求都很高的场合，往往还需要对进入室内的空气进行再热，以调节温度。这就造成冷热抵消。在美国大多数办公建筑空调都有再热系统，巨大的冷热抵消是美国空调能耗高于我国的主要原因之一。我国大多数办公建筑不采用再热，但牺牲了室内温度湿度的要求，往往经常出现某些空间偏冷、某些空间偏湿的现象。采用温湿度独立控制方式，使用专门的新风调湿设备，避开冷凝除湿，使室外空气直接处理到要求的含水量，而不经过降温冷凝。这样既可完全避免再热从而产生显著的节能效果，同时也避免了除湿过程中出现的潮湿冷表面，从而可彻底根除了空调潮湿冷表面经常滋生霉菌，破坏室内空气质量的问题。

根据上面的讨论，可以认为温度湿度独立控制的空调，解决了目前困扰传统空调方式的多个问题，并可从空调冷源和输配系统两个环节大幅度降低空调能耗，还为有效利用自然冷源提供了可能。因此是一种既节能，又可显著改善室内热湿环境与空气质量的方式，目前被国内外空调界普遍认为是未来空调的主要发展方向。这一系统形式也是国家科技部在"十一五"和"十二五"期间作为"降低大型公共建筑空调能耗"重点科技支撑计划中支持开展系统研究、产品开发和应用推广的主要内容。

图3-78是温湿度独立控制的新型空调的基本构成。如图所示，它包括解决室内湿度控制并提供新鲜空气的新风系统和新风末端风

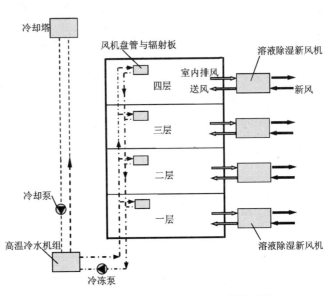

**图3-78 温湿度独立控制空调系统原理图**

口；产生 15~20℃高温冷水的冷源及其输配系统；以及安装在室内通过高温冷水吸收室内显热，实现温度控制的室内显热末端装置。下面分别介绍这些部件或分系统。

### 3.9.1 新风系统

新风系统用于提供足够的室外新鲜空气以保证室内空气质量，同时还承担排除室内余湿的任务。按照满足室内卫生标准的新风量送到室内满足人的卫生要求，则只要把空气湿度处理到 9g/（kg 干空气）就可以满足室内湿度控制的要求。如果适当加大新风系统的设计最大风量，通过变频风机对总的新风量进行调节，还可以在最潮湿的季节按照最小新风量运行，而当室外状态低于 10~11g/（kg 干空气）时，加大新风量，直接向室内送入室外新风，省下新风处理的能耗。如果室内实际人数变化很大，那么应该采用变风量末端，根据室内人数或室内湿度，或者室内空气的 $CO_2$ 含量来调节每个空间的新风量，这样可以在室内人员较少的时候降低新风量，节约新风处理能耗和新风输送能耗。为了维持室内空气的平衡，需要从室内排出同样量的空气。在夏季和冬季这些空气远比室外空气更接近要求的新风送风状态，因此设置足够的排风系统，有组织地引出排风，并对其进行热回收，也可以有效降低新风处理的能耗。

对于温湿度独立控制系统的新风处理，主要就是把室外空气的湿度调节到要求的 8~10g/（kg 干空气）。利用常规的冷凝除湿很难高效地实现这一要求。目前有采用溶液调湿的溶液式新风处理方式，它可以在全年各个季节高效地调节室外新风的湿度，根据要求实现除湿或加湿功能，还可以有效地回收排风中的有用能量。采用转轮全热回收装置或利用高分子透湿膜制作的薄膜式全热回收装置，与进一步的冷凝除湿结合，也可以实现夏季对新风的除湿要求，但在冬季对新风加湿还有一定不足。采用溶液调湿目前可以使得新风机组的 *COP*（空气处理前后的焓差乘以风量／机组耗电量）达到 5.0，是目前各类可能的实现温湿度独立控制系统的新风处理要求的方式中能源效率最高的。

在我国西部地区夏季室外空气湿度很少出现高于 12g/（kg 干空气）的时候，这样直接把室外空气引入室内就可以实现室内排除余湿的目的，因此就不再需要调节湿度的新风机。

### 3.9.2 高温冷源的制备

温湿度独立控制系统需要 15~20℃的冷水作为冷源，替代传统空调 5~7℃的空调用冷水。这样参数的冷水当然可以通过热交换器利用 7℃的冷水来制备。但这样一来就基本丧失了温湿度独立控制系统节能的优势。只有充分利用高温冷水这一特点，才可充分发挥温湿度独立控制方式的节能优势。

在我国长江以北的东部地区（如华北、东北、华中），年均温度一般可在 18℃以下。

此时夏季的地下水温度一般可以在 15~20℃范围内。只要有合适的地质条件能够实现回灌，就可以打井取水，利用地下水的冷量，然后再将其回灌到地下，从而只需要较低的水泵电耗，就可以获得冷源。

当建筑规模较小时，还可以通过在地下埋管形成地下换热器，使水通过地下埋管循环换热，也可以获得不超过 20℃的冷水，并且不存在从地下取水和回灌的问题。如果当地有足够的地表提供埋管空间，并可以解决全年地下热量的平衡问题，这也是一种高效获得这种高温冷量的方式。

在海边、湖边、河边如果夏季海水、湖水、河水的温度不超过 18℃，当然也可以通过换热装置，利用这些作为高温冷源。但要注意此时提升这些地表水或海水的水泵可能功耗会较高，有时甚至高于制冷机电耗，从而丧失其节能的优势。

在不存在上述自然冷源或难以利用上述自然冷源时，当然可以利用制冷机制冷。由于此时要求的冷水温度高，因此制冷机可获得高得多的制冷效率。目前我国已陆续开发出具有自主知识产权的产生高温冷水的离心制冷机和螺杆式制冷机。前者在高温冷水工况下运行，$COP$ 可超过 8.5，后者在高温冷水工况下运行 $COP$ 也可以接近 8.0，都远远高于各种制备 7 ℃冷水的空调用冷水机组。

实际上在我国西部地区（甘肃省以西及内蒙古部分地区）尽管夏季也出现高温，但空气大都处在干燥状态，其露点温度大都低于 15℃。这时可以利用间接蒸发方式利用干空气制备出仅高于露点温度 2~3K 的冷水。不需要制冷压缩机就可以产生所要求的高温冷水，具有显著的节能效果。目前国内已有自主知识产权的间接蒸发冷水机组产品，并已在新疆、宁夏、内蒙古西部等地的大型公共建筑中大规模使用，获得非常好的室内环境控制效果和节能效果。

### 3.9.3　调节室内温度的末端装置

利用 15~20℃的高温冷水吸收室内显热从而控制调节室内温度，需要相应的末端换热装置。由于此时末端只需要承担显热，同时是利用高于室内露点的高温冷水，因此不会出现结露现象，不会产生冷凝水。这样，可以采用辐射方式，也可以采用风机盘管等空气循环换热方式。

近二十年来我国北方地区推广地板辐射采暖，通过低温热水（35~45℃）进入埋于地板内的塑料盘管，向室内放热，获得很好的采暖效果。利用同样的方式，在夏季把 15~20℃的高温冷水送入地板内盘管，可以负担 30~50W/m² 的冷负荷，再加上新风系统承担室外负荷和部分室内人员的热湿负荷，在大部分情况下已经可以满足办公室空调的要求。近年来经过从欧洲引进和国产化开发，还推出了可以通过冷水和热水循环的毛细管隔栅，它可以被安置在天花板表面或垂直墙面，依靠高温冷水和低温热水的循环供冷、供热，实现室内的温度控制。由于毛细管隔栅内的水与辐射表面间的热阻较小，因此可以使表面温度更均匀，从而单位表面的供热、供冷能力大于地板辐射。采用这些辐射供冷末端方式，当供水温度低，室内湿度高，辐射表面温度低于空气的露点温度时，就会在辐射表面出现结露现象。因此，必须有满足除湿要求的新风系统，并严格避免出现高温冷水水温过低的工况。由于湿空气比重低于干空气，因此室内的湿空气总是上浮。当采用置换通风方式从低处向室内送干燥新风时，室内下层空气的湿度会显著低于上层空气。因此地板辐射出现结露的危险要远低于天花板辐射。对进入辐射盘管的冷水或热水采用"通断式调节"，也就是以 20~30 分钟为一个周期，根据室温变化状况确定一个周期内的"通断比"，按照这一通断比打开和关闭水路的通断阀。这是辐射供冷供热方式调节室温的最佳方式，已经在很多工程中实践，并表现出良好的室温调控性能。

按照传统方式，以空气作为介质，用高温冷水通过与空气的换热和空气在室内循环放出热量，同样可以作为末端装置向室内供冷和调节室温。这可以是目前广泛采用的风机盘管方式和最近出现的所谓"冷梁"方式。前者是通过风机驱动空气循环，以空气为介质实现风机盘管内的换热器与室内的热交换，而后者是依靠冷梁周围的冷空气下沉形成的自然对流产生室内空气的循环和实现这一热交换。由于此时的空气—水换热器的工作温度在空气的露点温度以上，因此换热器表面就不会出现结露现象，从而也不会出现凝水。这就不再需要凝水盘和凝水管系统，也避免了凝水溢出泄漏的各种问题，还彻底根除了盘管内凝水造成的潮湿表面滋生霉菌形成对室内环境的生物污染。由于干式风机盘管工作在干工况，且空气与水之间的换热温差小，因此和常规的风机盘管方式相比，此时的风机盘管换热面积应该加大。

近几年来我国已经建成多座大型办公建筑和医院采用了温湿度独立控制的空调系统，它们分布在从华南到华北、从东部沿海城市到新疆和内蒙古西部的各个气候带。经过 1~5 年的实际运行实践，表明这一新的空调系统方式确实可以有效改善室内环境控制效果，并使空调能耗降低 30% 以上，产生很大节能效益。随着全社会对办公建筑室内舒适与健康的关注和建筑节能重要性的日益加强，温湿度独立控制这种新的空调体系将逐渐成为办公建筑空调的主流。

## 3.10　高大空间的舒适性环境控制 ❶

这里的高大空间指大型机场、车站、大型商场以及大型综合建筑的门庭、中庭等。它们的共同特点是：单一室内空间体积大（1 万 m³ 以上），净空高（10m³ 以上）；

---

❶　原载于《中国建筑节能年度发展研究报告2010》第6.2节，作者：江亿，刘晓华。

室内人员密度变化大，可以从 0.5m²/人到 30m²/人；由于室内人员都活动在地表面，因此一般只要求地面附近人员活动区（＜2m）的温湿度环境，而并不要求高空部分的热湿环境；往往有部分可透光围护结构，导致太阳辐射直接进入室内空间。目前这类空间大多采用全空气空调系统，通过安装在空间上部或中部的射流式喷口送风，使人员活动区处于回流区，全面控制室内空间的热湿环境。这种系统导致夏季空调冷量消耗大，瞬态冷量在 150~200W/m²；冬季有时垂直温差太大，尽管耗热量很大，但人员活动的地面附近仍温度偏低；全年风机电耗高，由于一年四季风机都要运行，年风机电耗可达到年制冷机电耗的 2~4 倍。国内目前这类建筑空间的空调系统能耗（不包括采暖热量）一般都在每年 150kWh/m² 以上。

对于仅为了满足在地面活动人员的舒适性要求的高大空间，空调系统节能的关键在于合理的空调末端方式和释放冷量热量的形式。其要点在于：（1）尽可能形成垂直方向的温度梯度，使距地面 2m 以上高度的空间夏季温度高，冬天温度低，从而减少冷热负荷；（2）尽可能采用局部的末端方式提供冷热量，而不采用大范围的空气循环供冷供热，从而大幅度降低风机电耗；（3）设法能够实现局部空间的环境调节，以应对局部位置人员密集、冷负荷过高的状况。全面实现这三点，可以使夏季冷负荷降低 30%，冬季热负荷降低 50%，风机电耗降低 70%，从而使全年空调运行能耗至少降低 50% 以上，使得在全年运行时间为 12 小时的条件下，这类高大空间的全年空调电耗（不包括冬季采暖热量）维持在 70kWh/（m²·a）以内。

采用温度湿度独立控制系统，是全面实现上述要点的有效途径。设置专门的新风系统，把新风处理到：

夏季温度在 18~20℃，湿度在 8~9g/（kg 干空气）；

冬季温度在 22℃，湿度 6 g/（kg 干空气）以上。

通过单独的送风系统送到各个人员聚集区域，采用置换通风或其他下送风方式，使室外新鲜空气直接进入人的活动区，而尽可能减少与空气的混合。新风量根据各区域可能的人员数量确定，根据标准，可以是 20~30m³/（人·h）。这时，依靠新风基本可以排除人体散热散湿。由于风量很小，送风温度又不低，因此下送风不会产生不适的吹风感。新风应有组织地从超过 2m 以上的高处排出，从而在人员活动区域形成自下而上的空气流动，并且使新风在夏季更多地排除空间内的热量。对于可能的人员高密度聚集区域，可以采用局部的带有风机驱动的新风送风装置，根据区域人员数量，通过调整风机转速来调整风量，解决人员密集区局部新风不足的问题。

在空间下部设置采用高温冷水（18~20℃）和低温热水（~35℃）循环供冷供热的末端装置，在夏季排除显热，在冬季提供显热（实际上需求量很少）从而满足人员活动区域的温度要求。这种情况下最合适的末端装置是地板辐射方式。高密度地布置地板下埋管，尽可能减小地板表面与盘管间的热阻，使地板表面温度在20~22℃。在没有被遮挡的条件下，这种冷地板方式可吸收人员、设备等对流放热为主的热源30W/m²，围护结构、设备等以对流和辐射两种方式放热的热源60~80W/m²，灯光、透过玻璃的太阳辐射等以辐射方式放热为主的热源100W/m²以上。由于地板表面温度在2℃以上，而室内人员大都处于活动状态，因此也不会感到脚部过凉。由于有专门的新风系统从下部送入低于22℃的干燥新风，其密度显著低于热、湿空气，因此只要新风送风的露点温度低于地板内盘管中水的温度，地板表面就不会出现结露现象。地板内的埋管可以划分为一个个区域，可以采用"通断控制"的方式，根据各个区域的温度分别调整各自水路在一个时间周期内（如半个小时）"接通"和"切断"的时间比，从而实现对各区域环境温度的有效控制。

对于地板上安置的物体太多，没有足够的有效辐射面积，以及局部设备密集、发热量高的区域，还可以采用局部的风机盘管方式。这时风机盘管内为18~20℃的高温冷水，高于底部区域的空气露点温度，因此将工作在干工况，不会出现凝水。这样的风机盘管只是降温设备，不承担除湿功能，也不必设置凝水排水管。这样的风机盘管应该是落地式安装的柜式或立柱式形式，侧送侧回或侧送顶回。图3-79为一种与置换式新风合用的末端送风装置。

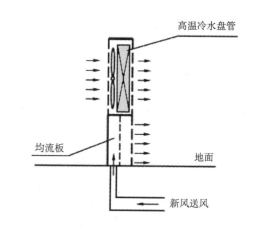

图 3-79　与置换式新风合用的立柜式末端送风装置

通过调节这类干空气盘管风机转速，可以有效调节局部区域的温度，满足局部环境控制要求。

对于采用较多透光围护结构的高大空间，为了减少射入的太阳辐射的影响，可以在空间上部吊装各种装饰物，用这些装饰物来吸收太阳辐射，使其转化为对流形式的热量，散发到上部空间。当这部分热量较高时，可以在上部设局部送排风系统，导入室外风并从上部排走热空气。此时需要仔细校核气流流动状态，防止上下层空气流动的彼此干扰和掺混。

在北方地区，冬季周边外围护结构热负荷高，内表面温度低，外区偏冷。这时可在外区安装常规的暖气装置，消除垂直外墙的冷辐射影响，改善室内热舒适性。

这种方式的高大空间空调目前已经开始在一些工程中应用，并显示出其良好的室内环境性能和节能效果。典型案例是泰国曼谷机场。尽管地处高热高湿气候带，地板辐射的循环水供水温度16℃，但由于除湿后新风的置换通风作用，地板从没有出现过结露现象。立柜式干式风机盘管根据各区域温度决定其"开/停"状态，实现区域的温度控制。候机区的热感觉为中间偏冷，感觉不到下送风造成的吹风感。与通常的全面通风换气方式相比，风机能耗不到常规方式的20%。

深圳招商地产目前的总部办公楼门厅的高大空间也是采用这种方式。在深圳这样的热湿气候带，夏季开启门厅上部的通风窗，利用门厅上部的自然通风排除部分透过玻璃幕墙后被悬挂物吸收的太阳辐射。地板盘管内通过18℃冷水，没有发生过地板结露现象。

西安咸阳国际机场T3航站楼已全面采用这一方式。工程预算和分析表明，由于避免了集中送风系统大规模风道，不仅减少了大量空间占用，同时还大幅度降低了空调系统的初投资。实验结果表明：全年空调系统的电耗为54kWh/（m²·年），能耗远低于采用传统全空气系统的常规空调方式。

## 3.11　数据中心的环境控制 [1]

数据中心指高密度安置和运行电子设备的机房，包括大型服务器、交换机中心机房；政府办公建筑的计算机房；直至散布在各地的移动通信基站等。随着信息产业的发展，此类机房规模和数量都急剧增长，所消耗的电力也飞速增加。据统计，美国全国总用电量的4%都消耗在这类机房中。据国务院有关部门统计，中央在京单位办公楼的用电约40%也是用于数据中心的运行。现在，信息产业已经被认为是一个新的高能耗产业，降低其运行耗电，不仅是节能减排的重要任务，也成为信息产业降低成本提高效益的途径之一。

数据中心用电中，40%~60%是空调用电。尽管其装机容量并不大，但根据其工作性质，常年连续运行，实际耗电量非常大。由于机房设备装机容量大，热量产生密度高，空调系统需要全年排热，即使在华北地区，室外温度降到摄氏零度以下，目前各类机房空调的制冷机仍然制冷运行，空调冷机、风机电耗高，综合COP不到2.5。在很多情况下由于直接蒸发的制冷机蒸发温度低于室内要求的空气露点温度，导致全年蒸发器都处在降温除湿状态。为了满足室内湿度要求，防止相对湿度过低影响IT主机运行，就又要使用电加湿器加湿。这样在需要供热的冬季用制冷机制冷，在对空气进行除湿处理后再加湿，这都造成空调系统大量

---

❶ 原载于《中国建筑节能年度发展研究报告2010》第6.3节，作者：江亿、刘晓华。

不合理的电力消费。当信息产业开始发展时，最初的认识是将其作为高科技产业，能源消耗总量很小，保证高科技的主机设备正常运行是最主要的任务，而忽略了机房空调的节能要求。目前的空调模式就是在当时这样的认识基础上传承下来的。然而当IT成为"高能耗产业"，数据中心机房耗电量在国民用电总量中占到可观的比例时，这样的认识就必须反思了，降低空调系统耗电就成为数据中心、信息机房节能减排的重要任务。

实际上数据中心环境控制的任务就是排除电子芯片运行时发出的大量热量，维持芯片表面温度不超过允许的工作温度。对于一般电子芯片，只要表面温度不超过45℃就可以正常运行。有些军品芯片或可工作在特殊环境下的芯片，表面温度可以允许达到70℃或更高。而我国各地全年室外温度低于30℃的时间大于80%。如果能够利用 $45-30=15K$ 的温差排除芯片的运行散热，那么在80%以上的时间就不需要使用制冷降温，不需要开启制冷机，这将大大降低空调运行能耗。一种立即可以想到的途径就是与室外通风换气，用室外冷空气给机房降温，通过调节通风换气量来控制机房温度。然而数据中心信息机房对室内湿度和空气洁净度也有很高的要求，湿度低容易引起静电，湿度高又影响电器设备绝缘。直接与室外通风换气容易使室外灰尘进入，破坏室内净化，同时还严重影响室内湿度，造成冬季湿度过低，夏季湿度过高。采用空气—空气换热机组的方式，使室外空气与室内空气换热，可以避免湿度失控问题，但室外不洁空气很容易造成换热器堵塞，需要经常维护。同时需要用风道把室内外空气都引到设在一个位置的空气—空气换热器处，在现场实际条件下由于空间紧张，也会出现很多困难。过长的风道还造成风机功耗大，节能效果差。

还有一种技术方案是在室内外分别安装空气—水换热器，再通过水管使水在两个换热器间循环，把室内的热量带到室外散出。这样做可以避免上述大部分问题，可以获得较好的排热效果和节能效果，但仍存在两个致命问题：电子产品机房不希望有水管进入，以防某种事故水管泄漏毁坏昂贵的电子设备；冬季外温很低，空调停止运行时室外换热盘管结冻损坏。

目前研究出的最新的技术方案是利用分离式热管作为室内外输送热量的通道。在室内外分别安装热管换热器，通过风机驱动，实现热管与空气的换热。分离式热管依靠热管内工质的相变来传递热量。在热管的室内侧换热器中，工质吸热蒸发，气态（或气液混合）工质沿上升管上升，进入热管的室外侧换热器中，被室外空气冷却后，工质凝结放热，液态（或气液混合）工质沿下降管流回到室内侧换热器中。通过这样的循环，在不需要机械动力的条件下，可以在几乎没有温差的状况下高密度地实现热量的较长距离（几十米）传输。图3-80是一个采用分离式热管进行机房排热的案例。为了减少冷热空气的掺混，提高排热效率，热管的室内侧换热器通常安装在机柜内。室内空气先通过电子设备带走其产生的热量，升温后的空气通过热管的室内换热器，被冷却降温，最后从机柜排出，回到室内环境中。整个排热过程在机柜内完成，对室内环境几乎没有影响，从室内进入机柜的空气温度与从机柜排出的空气温度基本相等，很大程度上避免了冷热空气的掺混。由于分离式

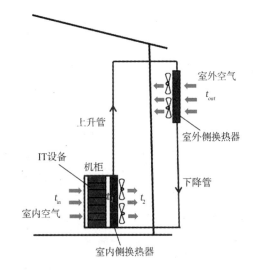

图 3-80　采用分离式热管的数据中心机房环境控制系统

热管在很小的驱动温差（比如 5℃）下就能够正常运行，只要其结构设计合理，在一年中的大部分时间里都可以依靠室外的自然冷源进行排热。例如，为满足各类电子设备的正常运行，机柜中的空气温度需要控制在 40℃ 以下，假设热管排出机柜中产生的热量所需的驱动温差（室内侧换热器进风温度 $t_{in}$ 与室外侧换热器进风温度 $t_{out}$ 之差）为 10℃，那么理论上，只要室外温度不超过 30℃，都可以通过热管系统利用自然冷源直接排热，而不需要开启冷机。只有当室外温度过高，不足以提供热管所需的驱动温差时，才需要配合冷机对室外侧换热器进行冷却。此外，改变室内外换热器的风机转速可以改变室内外空气与热管之间的换热温差，也可以实现小范围内的调节。

采用分离式热管换热器方式，热管内的工质不存在冬季冻结问题，室外机对空气过滤器的要求与目前常规的空调机室外机相同。只要机房保持较好的气密性，不使室外空气渗入室内，就能够维持室内的湿度和清洁度。这种方式尤其适合于常年无人值守、不需要经常维护的通信机房。在室外温度低于 30℃ 的期间内，不需要压缩机制冷，只要运行室内外两台风机，耗电量为同样排热量的分体空调系统的 30%。因此具有非常显著的节能效果。

目前，在北京、上海、四川、山西、新疆等地的部分数据中心中已经安装了这样的系统，室内温湿度满足通信设备运行要求，排热系统可以长期可靠运行，实测的排热系统运行耗电比原有的空调系统降低 70% 左右。在北京中央国家机关某信息机房，目前也采用了这样的排热和环境控制系统，半年来的运行状况显示出它的良好的室内温湿度状况和显著的节能效果。

## 3.12　资料档案文物保管库的环境控制 ❶

资料档案以及文物的长期保存需要提供恒定的温度和湿度条件。目前许多机构的资料档案及文物保管库采用的恒温恒湿空调机组常年连续运行，并常年持续维持一定的室外新风量。由于这类房间实际的室内热湿负荷都很小，机组往往是降温、再热，除湿、再加湿。再加上运行时间长、风机电耗高，导致这类系统的实际运行能耗远高于办公建筑舒适空调，成为某些办公建筑的又一"耗能大户"。

实际上，这类资料档案室由于室内很少有人员进出，也没有过多的其他发热产湿设备，并且通常都不设外窗，无阳光射入，因此热湿负荷都很小。其主要的热湿干扰源往往都源于新风。而所保管的纸质文档、胶片、磁介质文档以及文物都不希望有过量的新风。当室内温湿度适宜时，储存物与室内空气会逐渐形成平衡，这种平衡态有利于储藏物的长期保存。室外空气的进入一定会破坏这种平衡，从而使室内空气中的成分变化，加速储藏物的某种挥发和有害物质的生长。因此在大多数情况下，当室内温度湿度能够维持在要求的范围时，进入室外的空气量越少，越有利于资料文物类储藏物的保存。除了为满足进入室内人员的卫生需求，在有人时适当送入少量新风外，资料档案室应尽可能密闭，做到无风（室外新风）、无光（阳光和人工照明）、无热扰（做好围护结构保温），即可以营造出适合资料档案文物保存的环境。在良好的系统设计和运行的条件下，可以使全年的运行能耗从目前许多资料档案室的每年 50~80kWh/（m²·a）空调能耗降低到 15kWh/（m²·a）以下。

根据上述讨论，对于重要的资料档案室，围护结构的形式成为获取适宜的室内环境和低能耗的重要基础。尽可能将其安排在地下或半地下以获得较好的热稳定；做好防潮隔湿，防止地下和室外水分渗入；尽可能做好周边围护结构的保温，减少外界的热干扰；尽可能不设窗户，避免阳光进入；当不能避开可能受到阳光照射的外墙时，在可能的条件下尽量设法采用外遮阳装置（对外墙外侧）以减少日照的影响。

在满足上述围护结构条件的基础上，室内可以具有很好的恒温恒湿性能。这时空调系统的任务只是三点：1）建立并维持室内要求的温度条件；2）建立并维持室内要求的湿度条件；3）当人进入室内时，提供适量的新风并排除人产生的热量与水分。这三个任务适宜采用温度湿度独立控制系统来实现。可采用一般的多联机系统建立和维持室内温度。但要求调高系统的蒸发温度，使室内机的出风温度高于室内设计的露点温度，从而避免室内机表面出现结露现象，同时也免去了由此导致

---

❶　原载于《中国建筑节能年度发展研究报告2010》第6.4节，作者：江亿、刘晓华。

的加湿任务。选择合适的多联机容量，通过调节室内风机的风量（调节三挡风速或无级变速）可以实现很好的室内恒温效果（±1℃）。第2和第3个任务则可以由专门的新风机组来实现。要求其任何气候条件下处理后的新风出口温度湿度都能维持在恒定值，恰好消除室内人员的产热产湿，并为室内人员提供适量新风。同时设置基本等量的排风，通过新风机组回收其能量后排出。新风机容量应该根据可能进入室内的最大人数确定，防止容量选择过大。新风和排风机可通过变转速的方式实现变风量运行，根据室内湿度调节风机转速。当室内无人房间关闭后，应及时关闭新风机。

目前国内已经开发出的具有全热回收功能的溶液调湿型新风机组完全具备上述调温、加湿/除湿和全热回收功能，是在这种情况下作为新风机的适宜选择。

目前国内外已有的多联机系统，还没有专门满足上述要求的机型。实际只要适当地改变其控制算法就可以满足要求。这包括：提高制冷工况下的蒸发温度使蒸发器工作在干工况下；由各末端风机的风速来调节室温，而由各个末端的膨胀阀维持各个末端换热器的过热度或维持各个末端出风温度；能够灵活地自动进行制冷和制热工况的转换。

## 3.13　溶液除湿技术 ❶

控制室内温度和湿度是空调系统的两大主要任务。目前空调系统大多采用冷凝除湿方式（采用7℃的冷冻水）实现对空气的降温与除湿处理，同时去除建筑的显热负荷与潜热负荷（湿负荷）。去除湿负荷要求冷源的温度低于空气的露点温度，而去除显热负荷仅要求冷源的温度低于空气的干球温度。占总负荷一半以上的显热负荷本可以采用高温冷源排走，却与除湿一起共用7℃的低温冷源进行处理，造成了能量利用品位上的浪费。除湿之后的空气温度偏低，有时候还需要再热，这更造成不必要的能源消耗。此外，冷凝除湿方式产生的潮湿表面成为霉菌等生物污染物繁殖的良好场所，严重影响室内空气品质。

溶液除湿空调方式采用具有吸湿性能的溶液为工作介质，吸湿溶液与被处理空气直接接触实现热量与质量的传递过程，从而实现对于空气处理参数的调节。由于溶液除湿空调可以利用低品位热能、高效的吸湿性能，以及对于空气品质的良好作用，受到越来越多的关注。但在溶液除湿处理过程中，伴随着水分在湿空气和吸湿溶液之间的传递过程会有大量热量释放出来，显著提高了溶液的温度，从而大幅度

---

❶　原载于《中国建筑节能年度发展研究报告2009》第4.4节，作者：刘晓华。

降低了溶液的吸湿性能。这种传热传质相互耦合影响的传递过程，严重制约了溶液除湿空调系统的性能。为了使得传热过程向有利于传质过程的方向进行，目前提出了一种可调温的单元喷淋模块，其工作原理参见图 3-81。溶液从底部溶液槽内被溶液泵抽出，经过显热换热器与冷水（或热水）换热，吸收（或放出）热量后送入布液管。通过布液管将

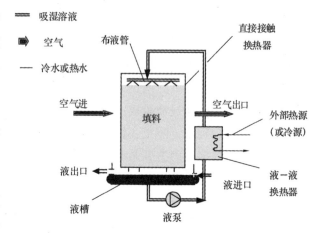

图 3-81　气液直接接触式全热换热装置结构示意图

溶液均匀地喷洒在填料表面，与空气进行热质交换，然后由重力作用流回溶液槽。该装置有三股流体参与传热传质过程，分别为空气、溶液和提供冷量或热量的冷水或热水。通过在除湿／再生过程中，由外界冷热源排除／加入热量，从而调节喷淋溶液的温度，提高其除湿／加湿性能。在此可调温的单元喷淋模块中，空气出口湿度通过调节进口溶液浓度来实现，空气出口温度通过调节进入换热器的外部冷／热源来实现，从而实现了对空气出口温度和湿度的共同调节。以可调温的单元喷淋模块为基础，可以构建出多种形式的溶液除湿新风机组，以下分别介绍以热泵（电）、余热作为驱动能源的溶液除湿新风机组。

（1）热泵驱动的溶液除湿新风机组

热泵驱动的溶液除湿新风机组，夏季实现对新风的降温除湿处理功能，冬季实现对新风的加热加湿处理功能。图 3-82 为一种热泵驱动的溶液调湿新风机组流程图，它由两级全热回收模块和两级再生／除湿模块组成。热泵系统中蒸发器的冷量和冷凝器的排热量均得到了有效的利用，其中蒸发器用于冷却除湿浓溶液以增强溶液除湿能力并吸收除湿过程中释放的潜热；冷凝器的排热量用于溶液的浓缩再生。该新风机组冬夏的性能系数(新风获得冷／热量与压缩机和溶液泵耗电量之比)均超过 5，表 3-13 给出了新风机组的性能测试结果。

热泵驱动的溶液调湿新风机组性能测试结果　　　　　　　　　　　　　　表 3-13

| | 新风温度（℃） | 新风含湿量（g/kg） | 送风温度（℃） | 送风含湿量（g/kg） | 回风温度（℃） | 回风含湿量（g/kg） | 排风温度（℃） | 排风含湿量（g/kg） | *COP* |
|---|---|---|---|---|---|---|---|---|---|
| 除湿工况 | 36.0 | 24.6 | 17.3 | 8.6 | 26.0 | 12.2 | 39.1 | 37.3 | 5.0 |
| 全热回收工况 | 35.9 | 26.7 | 30.4 | 19.5 | 26.1 | 12.1 | 32.6 | 20.3 | 62.5% |
| 加湿工况 | 6.4 | 2.1 | 22.5 | 7.2 | 20.5 | 4.0 | 7.0 | 2.7 | 6.2 |

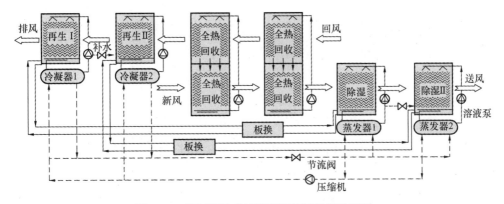

图 3-82　热泵驱动的溶液调湿新风机组流程图

（2）余热驱动的溶液除湿新风机组

溶液除湿新风机组还可采用太阳能、城市热网、工业废热等热源驱动（75℃）来再生溶液。图 3-83 给出了一种形式的溶液新风机组的工作原理，利用排风蒸发冷却的冷量通过水溶液换热器来冷却下层新风通道内的溶液，从而提高溶液的除湿能力。室外新风依次经过除湿模块 A、B、C 被降温除湿后，继而进入回风模块 G 所冷却的空气水换热器被进一步降温后送入室内。该种形式的溶液除湿系统的性能测试结果参见图 3-84，在北京夏季的平均性能系数（新风获得冷量／再生消耗热量）为 1.2~1.5。

在余热驱动的溶液除湿系统中，一般采用分散除湿、集中再生的方式，将再生浓缩后的浓溶液分别输送到各个新风机中。在新风除湿机与再生器之间，经常设置储液罐，除了起到存储溶液的作用外，还能实现高能力的能量蓄存功能（蓄能密度超过 500MJ/m$^3$），从而缓解再生器对于持续热源的需求，也可降低整个溶液除湿空调系统的容量。余热驱动的溶液除湿空调系统可使我国北方大面积的城市热网在夏季也可实现高效运行，同时又减少电动空调用电量，缓解夏季用电紧张状况。

溶液除湿新风机组与高温冷水机组（出水温度在 17℃）结合起来，可以组成新型的温湿度独立调节空调系统。其中，溶液除湿新风机组制备出干燥的新风，承担建筑所有的湿负荷并实现提供新鲜空气的要求；高温冷水机组仅用于承担建筑的显热负荷，满足室内温度的要求。由于湿负荷由新风系统承担，因而冷冻水的供水温度从常规空调系统的 7℃提高至 17℃，空调系统中不再产生凝水，提高了室内空气品质。此温度的冷水为地下水等天然冷源的使用提供了条件。即使采用机械制冷方式，由于供水温度的提高使得制冷机的性能系数也有明显提高。目前，这种温湿度独立调节空调系统已经在多个示范工程中得到应用，并取得了显著的节能效果，约比常规空调系统节能 30%左右。

以下以两个工程案例为例分别介绍热泵驱动的溶液除湿新风机组以及余热驱动的溶液除湿新风机组的工程应用情况。

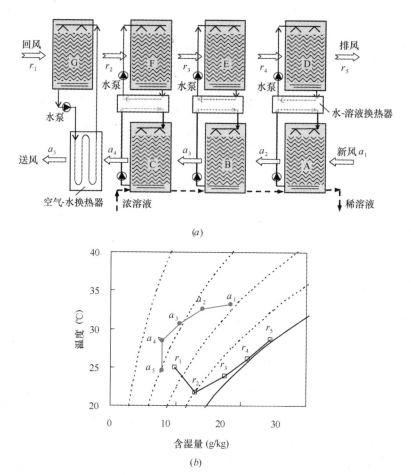

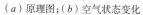

图 3-83 利用排风蒸发冷却的溶液除湿新风机组原理图（余热驱动）

（a）原理图；（b）空气状态变化

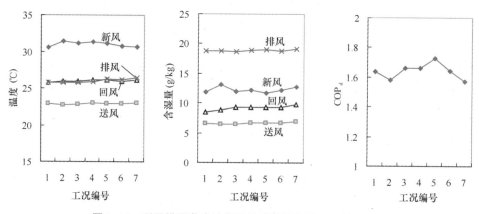

图 3-84 利用排风蒸发冷却的溶液除湿新风机组性能测试

1）热泵驱动的溶液除湿新风机组的工程应用

$(a)$　　　　　　　　　$(b)$　　　　　　　　　$(c)$

**图 3-85　建筑以及设备情况**

（$a$）建筑外观；（$b$）前庭；（$c$）热泵驱动溶液除湿新风机

该办公建筑面积约 20000m²，位于深圳市，参见图 3-85。该建筑主体部位为 5 层，一层为车库等，二～四层为普通办公区域，五层为会议室。建筑物北部设立前庭，中部设中庭，前庭连接二～四层，中庭连接二～五层。由于五层各房间同时使用频率较低，因而空调方式为多联机形式。二～四层的空调系统应用了温湿度独立控制空调系统，采用高温冷水机组（离心机）承担建筑物显热负荷，采用热泵式溶液新风机组承担建筑物的潜热负荷。应用溶液除湿的温湿度独立控制空调系统的原理图参见图 3-86，其中：

二～四层办公区域、一层食堂：由溶液除湿新风机组制备出干燥新风承担室内所有湿负荷，由高温冷水机组制备出 17℃冷冻水输送至干式风机盘管或冷辐射吊顶以承担建筑的显热负荷。

前庭：由溶液除湿新风机组制备出干燥新风承担室内所有湿负荷，干燥新风通过下送风方式送入室内；高温冷水机组制备出的 17℃冷冻水进入地板冷辐射板用于控制室内温度。

2）余热驱动的溶液除湿新风机组的工程应用

该办公建筑面积约 3000m²，位于北京市，参见图 3-87。空调采用风机盘管加新风系统。溶液除湿空调机组处理新风，承担新风负荷和室内潜热负荷；溶液除湿机组以 75℃热水（来自城市热网的热水）作为溶液浓缩再生的热源。室内的风机盘管承担围护结构、灯光、设备、日照和人体显热等负荷。和常规冷水系统相比，由于无需除湿，冷水的温度可提高 10℃左右，该系统设计供回水温度为 18/21℃，相应的风机盘管送回风温度为 22/26℃。由于冷水供水温度高于室内设计露点温度，不会产生凝结水，取消了现有风机盘管系统中的凝结水管。

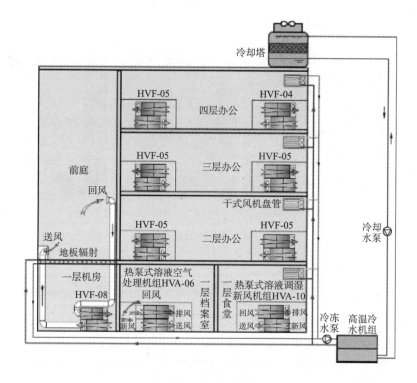

图 3-86　空调系统形式

图 3-87　建筑以及设备情况

新风采用具有吸湿性能的溶液进行处理，这是与常规空调系统的最大区别。夏季新风机组运行在除湿冷却模式下，以溶液为工质，吸收空气中的水蒸气，需不断向新风机组提供浓溶液以满足工作需求，溶液循环系统的工作原理参见图 3-88。浓溶液泵从位于一层机房的浓溶液罐中抽取浓溶液，输送到各层机房的新风机组，溶液和空气直接接触进行热质交换，吸收空气中的水蒸气后，浓度降低了的溶液通过溢流的方式流回稀溶液罐。溶液采取集中再生方式，从稀溶液罐中抽取溶液送入位于五层机房的再生器，浓缩后的浓溶液也通过溢流的方式回到浓溶液罐。热网中的热水提供再生所需的能量，设计供回水温度为75/60℃。进出再生器的溶液管之间有一个回热器，回收一部分再生后溶液的热量，提高系统效率。系统中设计储液量为3m³（约4.5t溶液），可蓄能1070MJ，在不开启再生器的情况下，系统可连续工作3.3h。实际上，系统很少运行在设计负荷下，一般情况下蓄满浓溶液可满足一天的除湿要求。图3-88左半边是水系统原理图，由电动制冷机产生的18℃冷水输送到室内风机盘管。冬季运行时，关闭图右边的溶液循环系统，新风机组通过内部溶液循环，实现对室内排风的全热回收从而有效地降低了新风处理能耗。此时关闭制冷机，热网的热水进入风机盘管向室内供热。

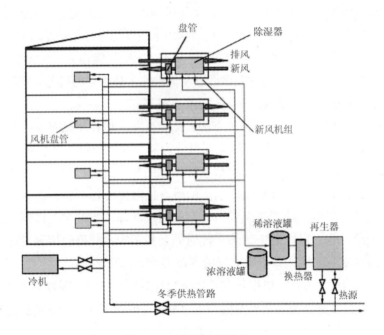

图3-88 空调系统形式

## 3.14 间接蒸发冷却

### 3.14.1 从干空气中获取冷量的原理——干空气能

我国幅员辽阔，由于太阳辐射、地理条件、大气环流等差异，形成了东、西部气候的巨大差异，占国土面积一半以上的西北地区，处在干旱、半干旱区。根据各

❶ 原载于《中国建筑节能年度发展研究报告2009》第4.5节，作者：谢晓云。

气象台站统计数据，得到各地区室外最湿月平均含湿量。

可大致以室外最湿月平均含湿量 12g/kg 干空气画出一条分界线，在该线的上方区域，如新疆、内蒙古、甘肃、宁夏、青海、西藏等地，在空调供冷的夏季，室外干燥空气不仅可直接用来带走房间的余湿，还可以通过蒸发冷却技术制冷带走房间的显热，这使其成为空调系统的驱动能源。

当有水源存在时，通过在干燥空气中补入水分而制冷，这个过程其实是干燥空气蕴含的能量转化为热能的一种方式。而干燥空气蕴含的能量以及能量的表征已经通过热力学的相关理论进行了推导和证明，即当有水源存在时，干燥空气由于其水蒸气处在不饱和状态而具备了对外做功的能力，我们形象地称之为"干空气能"。理论上，干空气能可以转换为任意形式的能量，比如可利用干空气能发电、制热或者制冷，仅是转换为不同形式能量的效率不同，其中利用干空气能通过蒸发冷却尤其是间接蒸发冷却技术制冷可能是最简便且高效的一种方式。干空气能作为一种天然的清洁能源，就类似太阳能和风能一样，成为我国西北干燥地区一种新型的可再生能源。

### 3.14.2　间接蒸发冷却制备冷水技术及其系统

利用干空气能制冷主要有两种方法：直接蒸发冷却和间接蒸发冷却。而根据载冷介质不同，直接或间接蒸发冷却又均可分为制备冷风和制备冷水两种方式。

直接蒸发冷却，即干燥空气和水直接接触的制冷过程，由于过程中空气和水之间的传热、传质同时发生且互相影响，使得直接蒸发冷却制备出冷风或冷水的极限温度仅能达到干燥空气的湿球温度。而间接蒸发冷却，通过在直接蒸发冷却过程中嵌入显热换热过程，可以避免传热、传质的互相影响，使得间接蒸发冷却制备出冷风或冷水的极限温度能达到干燥空气的露点温度。以我国新疆、宁夏、甘肃、青海、西藏五省（自治区）为例，根据各气象台站统计数据，得到最湿月室外平均湿球温度为 15.3℃，最湿月室外平均露点温度为 11.4℃，考虑到实际过程的传热温差和介质输送温差，间接蒸发冷却技术成为我国西北干燥地区最适宜应用的干燥空气制冷技术。

而从载冷介质上看，目前常规的间接蒸发冷却技术均为制备冷风的方式，这就使得应用间接蒸发冷却技术的系统必须为全空气系统，风机电耗高，风道占用空间大，从而限制了间接蒸发冷却技术的应用场合，使得目前我国西北地区约 1 亿 m² 的大型公共建筑中，仍然有 80% 以上的空调采用的是传统机械压缩式制冷系统。从载冷介质出发，冷水系统输配电耗仅为冷风系统的 1/4~1/10。改变载冷介质，利用间接蒸发冷却制备冷水成为真正推广蒸发冷却技术的迫切需要。

利用间接蒸发冷却制备冷水的方法和装置的成功研发，利用室外干燥空气制备出 15~19℃ 的高温冷冻水，使得在干燥地区间接蒸发冷却完全取代常规的电制冷方式成为可能。

以水为载冷剂的间接蒸发冷水机的原理图如图 3-89（a）所示，图 3-89（b）为间接蒸发冷水机制备冷水的过程在焓湿图上的表示。

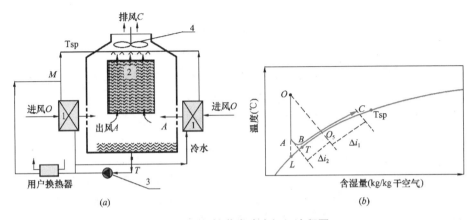

图 3-89　间接蒸发冷水机组流程图

（a）间接蒸发冷水机组原理图（流程Ⅰ）；（b）焓湿图表示冷水产生过程

1—空气水逆流换热器；2—空气水直接接触逆流换热塔；3—循环水泵；4—风机

如图 3-89（a）所示，进风 O 在进入空气水直接接触的逆流换热塔 2 之前，先经过空气水逆流换热器 1 被等湿预冷到 A 状态，而预冷进风的冷水来自于预冷后的空气 A 和水接触直接蒸发冷却所产生冷水（T 状态）的一部分；塔 2 中产生冷水的大部分被送往用户，带走用户的显热；用户的回水和预冷完进风后的冷水出水混合后（Tsp 状态）到塔 2 的顶部喷淋，在塔 2 中，喷淋水和预冷后的空气接触进行蒸发冷却制备出冷水（T 状态）。由于预冷进风的冷水是预冷后的空气自身制备冷水的一部分，这就使得进风接触到系统中最低温度的冷水，从而使得进风在充分预冷后再和空气接触进行直接蒸发冷却，降低制备出冷水的温度。不难证明，在理想工况下，即间接蒸发冷水机组中各换热部件的换热面积无限大，且内部各换热部件均取到合适的风、水流量比时，此间接蒸发冷水机组能达到其极限出水温度——进风露点温度。

2005 年第一台机组研发成功，如图 3-90 所示，并安装在新疆石河子市凯瑞大

图 3-90　间接蒸发冷水机组立面图

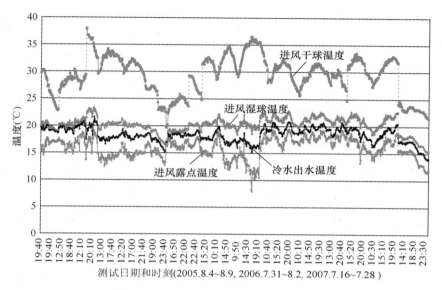

图 3-91　间接蒸发冷水机实测出水温度

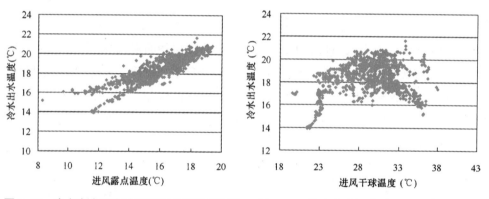

图 3-92　冷水出水温度随进风露点温度变化图　　图 3-93　冷水出水温度随进风干球温度变化

厦，目前已经成功可靠地运行了四年。图 3-91 给出了实测间接蒸发冷水机的出水温度。

实测间接蒸发冷水机组出水低于室外湿球温度，达到室外湿球和露点温度的平均值。实测冷水温度和进风露点温度近似呈线性关系变化，和进风干球温度基本不相关。如图 3-92、图 3-93 所示。

从能量平衡来看，间接蒸发冷水机的排风、进风的焓差代表可从单位干燥空气中制备的冷量。当间接蒸发冷水机制备的冷水仅用来给房间降温时，由于房间温度（比如 26℃）比室外低，使得冷水回水温度低，进而喷淋水温低，排风就被限制在较低的状态，从单位干燥空气中获取的冷量少，干燥空气制冷的效率受到限制。由此，结合空调系统即需对房间降温又需输送新风的任务，设计并应用基于间接蒸发冷水机的串联式空调系统流程，如图3-94所示。

由图3-95，间接蒸发冷水机制备的冷水首先送入房间的风机盘管等末端，带走房间温度下的显热，之后冷水出水送入新风机组的预冷段预冷新风，水温升高后回到间接蒸发冷水机的内部喷淋而制备出冷水，从而完成冷水的循环。应用此串联式的空调系统实现了不同温度的冷水和相应温度的热源相匹配，提高了利用干燥空气制冷的效率。根据房间所需新风量的不同，应用图3-94所示串联式空调系统对干燥空气制冷效率的提升就不同。以投入应用的示范工程——新疆石河子凯瑞大厦为例，实测间接蒸发冷水机组制备的总冷量中，为房间降温的风机盘管侧冷量占到40%～70%，而预冷新风侧冷量占30%～60%。

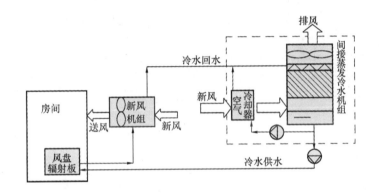

**图3-94　基于间接蒸发冷水机的串联式空调系统流程**

### 3.14.3　同时制备冷水和冷风的间接蒸发制冷机组

除上述基于间接蒸发冷水机的串联式空调系统外，将带走房间显热和输送新风的空调任务相结合，且解决系统中显热换热和空气水蒸发冷却过程各自要求的流量比不同，并进一步充分利用室外空气的干燥特性，同时将机组从立式改为卧式，基于间接蒸发冷却的、可同时制备冷水和冷风的间接蒸发制冷机组被提出，其流程图如图3-95所示。

由图3-95，室外进风依次通过四级的表冷器被等湿降温，而每级表冷器中冷却进风的冷水来自相应级的排风直接蒸发冷却过程，经过四级预冷后的新风进入三级直接蒸发冷却制备冷水模块（E~G）制备出冷水，沿进风方向最后一级冷水制备模块G的出风一部分作为新风送风送入室内，一部分成为机组自身的排风，依次经过四级排风蒸发冷却过程（D~A）预冷新风后最终排出机组外。在三级冷水制备模块中，机组侧冷水回水进入模块G喷淋，由模块G制备出的冷水进入前一级模块F喷淋，以此类推，最后从第一级冷水制备模块E输出冷水。可增加板式换热器，使用户侧冷水和机组侧冷水以逆流方式通过板式换热器换热，制备出用户所需冷水。

对于图 3-95 所示同时制备冷水和冷风的间接蒸发制冷机组，由多级叉流装置实现预冷模块新风和排风、制备冷水模块新风和冷水之间整体换热方式近似逆流，且通过设置排风比例可以实现排风和新风之间整体流量匹配，来提高排风参数；并对于预冷新风过程用多级来解决饱和线的非线性引起的风、水流量不匹配问题。

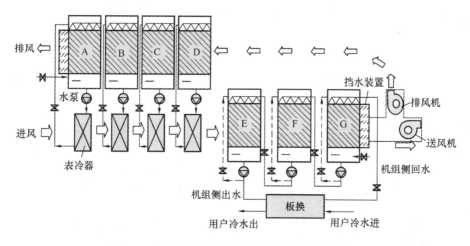

图 3-95 同时制备冷水和冷风的间接蒸发制冷机组

实际研发的间接蒸发冷水冷风机组如图 3-96 所示。

图 3-97 为机组实测冷水出水和新风送风温度，实测进风温度 26.7~37.5℃，进风含湿量 3.6~11.4g/kg 干空气，得到冷水出水温度在 12.5~20.3℃之间；出风温度在 15.9~22.3℃之间，出风含湿量在 9.8~14.8g/kg 干空气之间。且机组的冷水出水温度、出风温度和含湿量均主要受进风露点温度影响，如图 3-98 所示。

图 3-96 同时制备冷水和冷风的间接蒸发制冷机组照片

实际机组，可根据室外湿度状况对排风比例进行调节。对于进风典型的高温干燥状况（37.1℃,4.8g/kg 干空气），排风比例较小（0.24）时，排风参数能达到（30.2℃，24.7g/kg 干空气）。对于一般我国干燥地区的室外干燥条件（6~8g/kg 干空气），冷水出水温度能在 14.5~18℃ 之间变化，从而较好满足了带走室内显热的冷源品位的要求，同时向室内送入新风，送风温度在 17~20℃ 之间变化，送风含湿量在 11~13g/kg 干空气之间，满足新风需求，并承担房间湿负荷。

由此，间接蒸发冷水冷风机组成为集制冷、空调、输送新风于一体的空调设备。由于机组改成卧式结构，机组高度为 2.3~2.7m，使其适于应用的建筑类型更加广泛，尤其适用于小规模的办公建筑，可将其放置于每层空调机房中。且由于机组的冷水系统可改为闭式系统，机组内部设置定压装置，解决了水质和系统定压的问题，节省空间、安装方便。实测系统 EER（制冷量／系统总电耗）在 3~7 之间变化，系统节能潜力更加明显。

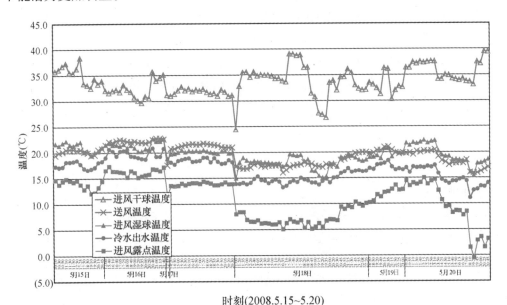

图 3-97　间接蒸发冷水冷风机组的实测冷水出水和送风温度状态

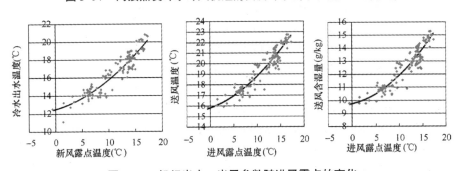

图 3-98　机组出水、出风参数随进风露点的变化

### 3.14.4　间接蒸发冷却式机组应用状况

2005 年至今，基于间接蒸发冷水机、间接蒸发冷却新风机组的串联式空调系统已在石河子市凯瑞大厦（1000m²）、阿克苏人民医院（14725m²）、新疆维吾尔自治区中医院（13000m²）、新疆维吾尔自治区卡子湾医院（8976m²）、新疆医科大学第五附属医院（32450m²）、新疆维吾尔自治区第一人民医院（37995m²）等总建筑面积超过 200 多万 m² 的大型公共建筑中被推广应用，机组及系统均已安全可靠运行 3~10 年。实测房间温度 24~27℃，相对湿度 50%~70%，满足舒适性要求。实测风机盘管室内末端承担室内 40%~70% 的显热，新风承担室内全部湿负荷。2008 年至今，同时制备冷水和冷风的间接蒸发制冷机组在新疆中医院办公楼、巴州医院门诊楼、昌吉新区医院、昌吉体育馆等大型公共建筑中投入使用，实测上述投入实践的间接蒸发冷却式空调系统比传统空调节能 40%~70%。2014 年至今，运送间接蒸发冷风冷水机组至美国西部，正在开展间接蒸发冷风冷水机组在美国的工程示范。

基于间接蒸发冷水机、间接蒸发冷水冷风机组系统的成功实践，体现出干燥地区基于上述间接蒸发冷却技术的新型空调方式相对于传统空调的可行性、可靠性和节能潜力。且验证了我国西北地区的室外干空气能已经成为一种可再生能源，应引起重视并加以高效应用，这将成为缓解我国日益增加的建筑能耗，在干燥地区推进建筑节能的一种有效途径。

### 本章参考文献

[1]　IEANA lighting handbook(10th edition).

[2]　P.J.Littlefair. Predicting annual lighting use in daylit buildings, Building and Environment, Vol.25, 1990.

[3]　Y–J Wen AM Agogino. Control of wireless–networked lighting in open–plan offices, Lighting Res. Technol. 2011; 43 ： 235–248.

[4]　M Chiogna R Albatici A Frattari PE. Electric lighting at the workplace in offices: Efficiency improvement margins of automation systems, Lighting Res. Technol. 2013; 45 ： 550–567.

[5]　Prashant Kumar Soori Moheet Vishwas. Lighting control strategy for energy efficient office lighting system design, Energy and Buildings. 2013; 66 ： 329–337.

[6]　The energy impact of daylighting, ASHRAE Journal, May 1998.

[7]　J A Clarke. Simulating the Thermal Effects of Daylight–controlled Lighting, Building Preformance, 1998.

[8]　Adeline–An Integrated approach to lighting simulation.

[9]　P. J. Littlefair. Daylight linked lighting control in the building regulations, june 1999.

[10]　J A Clarke. Energy Simulation in Building Design.

[11]　Erpelding B. Ultraefficient All–Variable–Speed Building–Introducing a benchmark for entire–building HVAC–system efficiency. Heating/Piping/Air Conditioning Engineering: HPAC, 2008, 80(11).

[12] 射场本忠彦，百田真史. 日本蓄冷（热）空调系统的发展与最新业绩 [J]. 暖通空调 2010，40(6)，13–22.

[13] 方贵银. 蓄冷空调工程实用新技术 [M]. 人民邮电出版社，2000.

[14] 方贵银等. 蓄冷空调技术的现状及发展趋势 [J]. 制冷与空调 2006, 6(1): 1–5.

# 第4章　城镇住宅节能技术辨析

## 4.1　分体空调室外机的优化布置 ❶

### 4.1.1　引言

随着人们生活水平的提高,分体式空调已在城市家庭中普及,而且正在向农村市场推广。以前室外机通常安装于外墙支架上,这样既不美观又不安全(图4-1),然而随着建筑技术的发展,空调室外机的安装位置及安装方式日益受到重视,因为这不仅关系到建筑物及城市市容的美观问题,同时关系到使用者居住环境的舒适、节能、安全等问题。

图4-1　住宅建筑室外机立面

目前在住宅设计中,建筑师为了保证建筑的美观,常会将空调室外机设计安装于凹槽中,并设计百叶进行遮挡。有限的凹槽空间和周围的遮挡物导致室外机散热效果恶化,对系统性能产生不利影响。如何合理布置室外机和优化其周围热环境是值得深入探讨的问题。

---

❶　原载于《中国建筑节能年度发展研究报告2013》第5.4节,作者:李晓峰。

### 4.1.2 分体机安装形式[1]

空调室外机一般安装于建筑立面上，室外机常见的立面安装形式具体有（图4-2）：

| | | |
|---|---|---|
| （a） | （b） | （c） |
| （d） | （e） | （f） |

**图 4-2 住宅建筑室外机立面**

（a）裸装式；（b）吊笼式；（c）挡板式；

（d）假阳台式；（e）凹槽式；（f）其他

（1）裸装式

裸装式即将室外机直接安装于建筑立面上，周围不设任何遮蔽物。由于空调室外机易造成立面视觉上的杂乱，现很少采用此种方式。也有一些建筑将室外机裸装于视觉上不明显的地方，如建筑凹口内侧墙、街道窄巷内等，以上安装环境与完全裸装相比较为狭窄，通风条件稍差。

（2）吊笼式

一般安装于阳台或外墙的悬吊安装架上，以铁花或百叶进行外观修饰。这种安装方式操作较简便，但遮蔽性较差，另外在阳台上安装还可能影响视野，因而较少应用。

（3）挡板式

挡板式即在室外机上部、下部或两侧安装挡板，挡板凸出于建筑外立面，主要用于规范室外机的大体安装位置。挡板构成的线条元素在视觉上占主导，从而一定程度上弱化了室外机对视觉的影响。此种方式对于室外机的遮蔽作用较小，并排安装对回排风有一定影响。

（4）假阳台式

模仿阳台造型而设计的空调机位，由水平底板和透空栏杆构成，室外机放水平底板上，栏杆起外饰作用。这种安装方式可以创造造型丰富的立面，适用仿西式古典风格的建筑，通透的构件对于室外机的散热也是较为有利的。

（5）凹槽式

凹槽式机位凹进建筑内部，一般外加构件遮挡，建筑立面较平整统一，因此成为建筑师设计立面时常用的手法之一。将室外机置于凹槽式的构件中，多与飘窗、阳台结合，开敞面用可透风的饰板进行装饰，如穿孔钢板、铝合金通风百叶、铁花饰栏、不锈钢饰栏等，削弱不同型号的室外机间的视觉差异，建筑立面也较整齐统一。室外机的散热情况取决于室外机左右两侧、上盖板和前挡板的有无以及构件形式。

除了上述几种形式外，还有一些其他形式，如为了装饰而设置的百叶、栏架等空调机位，一般位于内院或屋顶。

### 4.1.3　空调室外机摆放方式对空调能耗的影响

由于暴露式的安装会大大影响建筑立面美观，建筑师为追求建筑整体美感，往往对室外机位采取"隐藏"、"遮挡"等设计方法。这样的安装方式虽顾及建筑立面整体效果的统一协调，但是对安装于其中的空调室外机的正常运行带来严重影响：1）导致夏季室外机回风、排风不畅，回风温度升高，制冷效果不明显，空调的耗电量增加，严重影响空调的正常工作和寿命；2）散热困难使室外机周围环境温度上升；3）有些用户为保证空调良好运行，选择将空调室外机安装在凹槽之外，虽提高了空调室外机工作效率，但使立面显得凌乱无章。

空调设备的运行效率及能耗不仅与设备本身有关，还与室外机周围的环境温度有密切的关系。进入室外机的空气温度越高，为达到同样的制冷效果，压缩机会做更多的功；而压缩机做功越多，室外机向外释放的热量就越多，从而导致室外机附近的空气温度变高，形成恶性循环，空调效率将大大降低。室外机进风温度每上升1℃时，空调能效比$COP$下降3%[2]。当进口温度超过43~46℃时，可能引发压缩机的安全保护，造成空调设备运行中断。

### 4.1.4　改善措施及方法

（1）空调室外机安装条件

对一般的分体式空调器室外机，其周围的遮挡物主要是前面的格栅或百叶、后墙及侧墙。这些遮挡物都会导致空调室外机排出的热风会有一部分短路回流到室外机的进风中（图4-3），会导致空调室外机冷却能力的下降，从而导致机组性能的下降。我们定义这部分热风返回量占室外机总进风的比率为热风返混率，可以简化地认为热风返混率基本与机组制冷性能下降比率相同。

1）与遮挡物的间距

模拟中空调机组容量为 1HP，出风速度为 2.6m/s，室外干球温度 35℃。

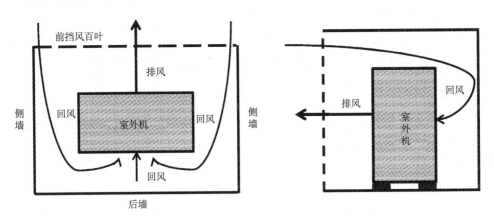

图 4-3　分体机送排风示意图

①后墙

从安装便利考虑，机组离后墙的距离不能太远，但又不能太近，否则机组的回风就会受到后墙的影响，造成回风不畅。试验中只有后墙作为遮挡物，改变室外机与后墙间的距离，使其回风的空间逐渐增大。随着后墙距离的增加，系统的性能有所改善，当后墙距离为 10cm，热风返混率为 12%；当增加到 40cm 时，热风返混率为 6%（图 4-4）。

②侧墙

侧墙与室外机的间距增加到 40cm，机组性能下降可以忽略（图 4-5）。

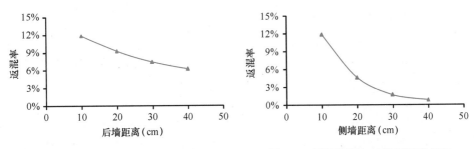

图 4-4　后墙距离与热风返混率关系　　图 4-5　侧墙距离与热风返混率关系

③百叶

从建筑物美观角度考虑，往往在室外机出风处增加百叶窗，百叶的阻挡会造成出风的反射，使局部的环境温度升高，导致空调系统冷凝效果降低。前百叶与出风口间距 40cm，热风返混率约为 6%（图 4-6）。

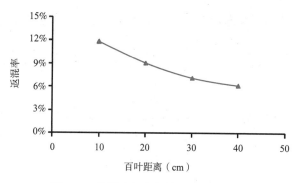

图 4-6　前百叶距离与热风返混率关系

2）百叶的透过率及倾角

①百叶透过率

为了建筑物外观的要求，通常采用百叶将空调室外机的安装平台密封起来。然而，百叶透过率的大小将直接影响到机组的通风与换热性能。增大百叶的透过率将会增加室外机平台的通风能力，能有效降低盘管的进风温度。当百叶透过率从 20% 增加到 80% 时，机组的性能提高了约 79%。为了满足该机组正常运行的要求，百叶的透过率应该不小于 60%（图 4-7）。

②百叶倾角

当百叶向下倾斜时，室外机的返混率随百叶倾角的减小而减小；当百叶向上倾斜时，室外机的返混率随百叶倾角的增大而减小，但效果不明显；百叶向上倾斜时室外机的返混率要好于百叶向上倾斜时室外机的返混率（图 4-8）。然而，在实际设计室外机位时要考虑防雨的功能，向上开启的百叶会使雨水进入室外机位。

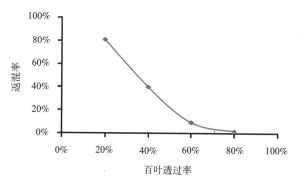

图 4-7　百叶透过率与热风返混率

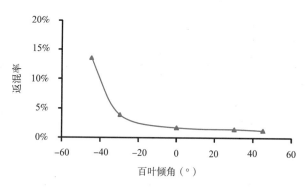

图 4-8　百叶倾角与热风返混率

在设计百叶时，百叶角度最好为水平或略微向下倾斜，可以较好地起到导风的作用，同时对气流的回弹较小，减少了气流"短路"的情况。

（2）空调室外机之间的影响

空调室外机释放的热量将使周围环境的空气温度上升，从而引起热量和空气的自然向上流动,造成上部楼层的外部环境空气温度升高,室外机回风温度升高。此外,空调室外机释放的热量还会被同层其他室外机吸走。因此,应充分重视上升的热量和空气流动现象,并且尽量减小其不利影响,则将有利于保证空调有效地发挥制冷能力和减小能源的消耗。

模拟建筑为 10 层,层高为 3m,室外为静风,每层布置一台室外机,空调机组容量分别为 1HP、1.5HP、2HP,对应室外机出风速度分别为 2.6m/s、3.2m/s、4.0m/s,室外机尺寸:长 × 宽 × 高 = 900mm × 750mm × 300mm,室外平台尺寸:长 × 宽 × 高 = 1500mm × 1000mm × 600mm,室外机与百叶、后墙、侧墙距离分别为 100mm、200mm、300mm。

1)上下层空调室外机之间的影响(图 4-9)

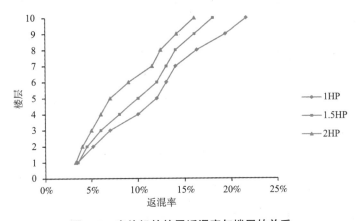

图 4-9  室外机的热风返混率与楼层的关系

室外机的返混率随着楼层的增加不断增大,出风速度越大,下层室外机对上层室外机的影响越小。室外机每上升 1 层,返混率增加约 2%,即机组制冷性能下降约 2%。

2)空调室外机水平间距的影响(图 4-10 和图 4-11)

水平间距越大,同层室外机之间的相互影响越小,下层室外机对相邻上层室外机的影响也越小。水平间距分别为 1m、2m、3m 和 5m 时,楼层每增加 5 层,返混率分别增加约 7.0%、4.6%、2.2%、1%。当水平间距大于 5m 时,空调室外机相互之间基本没有影响。

(3)小结

为了满足空调的高效运行,主要改善方法及措施如下:

1)安装室外机与周围遮挡物的间距不小于 30cm;根据项目实际情况,建议可将室外机位左右两侧围护面用开放式的百叶、镂空栏杆等装饰性通透构件来代替实体墙,扩大凹槽内热量向外扩散的途径。

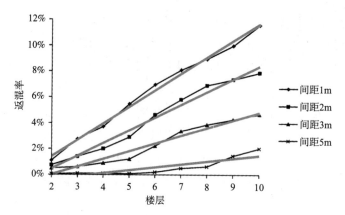

图 4-10 水平间距对室外机返混率影响曲线图

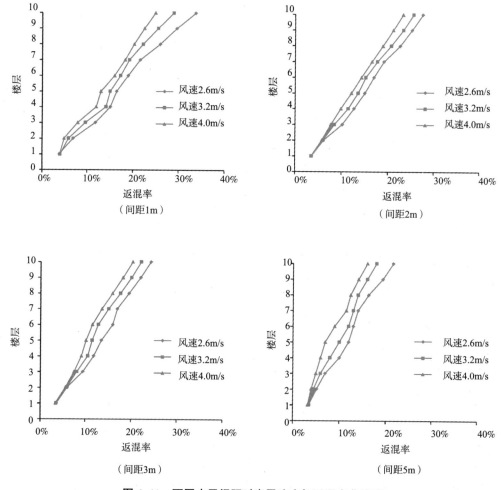

图 4-11 不同水平间距时出风速度与返混率曲线图

2）挡风百叶的透过率应该不小于 0.6。

3）挡风百叶倾斜角度最好为水平或略微向下倾斜。

4）室外机水平间距为 1m 时，室外机每上升 5 层，返混率会上升到 17%，即机组制冷性能下降约 17%；室外机水平间距为 2m 时，室外机每上升 5 层，机组制冷性能下降约 15%；室外机水平间距为 3m 时，室外机每上升 5 层，机组制冷性能下降约 15%；室外机水平间距大于 5m 时，室外机每上升 5 层，机组制冷性能下降约 10%。

### 4.1.5 案例介绍 1

某住宅位于北京市区，建筑高度为 66m，地上 22 层，地下 2 层（图 4-12）。为了保证建筑的美观性，该住宅楼的空调室外机安装形式属于凹槽式，摆放形式有两种：1 台室外机 1 个机位和 2 台室外机 1 个机位。室外机与侧墙的距离为 0.3m，与后墙及前百叶的距离均为 0.1m，前百叶透过率为 85%。

**图 4-12 北京市某住宅建筑**

该建筑属于精装修，空调已经提前为用户安装好。为了优化空调室外机布置方案并保证用户将来使用的舒适稳定性，需要对针空调室外机不同摆放形式的热环境进行模拟分析。

模拟结果表明室外机热回流现象明显（图 4-13），1 台室外机 1 个机位时的热回流情况明显优于 2 台室外机 1 个机位时，所以应该尽量保证 1 台室外机一个机位，避免出现多台室外机放置于 1 个机位。对于 1 台室外机 1 个机位的情况，六~十层的空调机组容量应增大 10%，十层以上的增大 20%；对于 2 台室外机 1 个机位的情况，五层以下的空调机组容量应增大 10%，六~十层增加 20%，十层以上应增大 30%，以保证所有用户的需求。

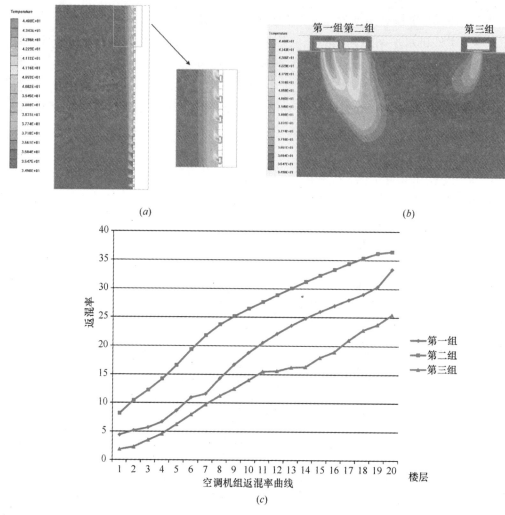

图4-13　北京市某住宅建筑室外机热环境模拟分析

（a）垂直温度场；（b）水平温度场；（c）空调机组返混率曲线

### 4.1.6　案例介绍2

某住宅位于北京市区，建筑高度为56m，地上18层，地下1层。空调室外机安装形式属于凹槽式，摆放形式为：室外机隔层交错摆放，水平间距为4m。室外机与周围遮挡物的距离均为0.3m，百叶透过率为80%。

由于室外机间距较大和隔层摆放的设计，室外机之间的相互相影响有所改善，返混率约下降到常规逐层布置室外机方式的一半（图4-14）。

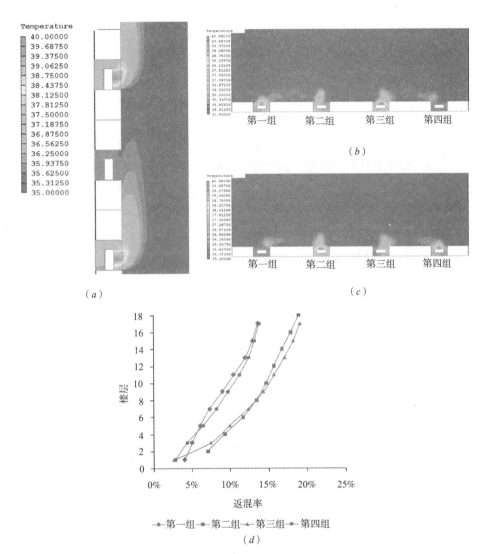

**图 4-14　北京市某住宅建筑室外机热环境模拟分析**

（*a*）局部垂直温度分布；（*b*）奇数层水平温度场分布；

（*c*）偶数层水平温度分布；（*d*）四组空调机组返混率曲线

## 4.2　适合于长江流域住宅的采暖空调方式 [1]

　　长江流域属于夏热冬冷地区，潮湿期长，住宅采暖、空调、除湿与通风需求并存，大多数住宅冬夏室内热环境较差，影响居住者的舒适和健康。随着经济社会的不断

---

[1]　原载于《中国建筑节能年度发展研究报告2013》第5.5节，作者：刘晓华、周翔、张旭。

发展，长江流域人民生活水平的显著提高，对室内环境要求也越来越高，形成了对高效、节能的建筑室内热湿环境控制设备的广泛需求。

### 4.2.1 长江流域住宅建筑热湿负荷特性

在长江流域除湿分为两种情况：一种是室外空气的含湿量高于室内含湿量，且温度也高于室内温度，这种情况下既需要除湿又需要降温，需要对空气进行空调工况处理；另一种情况就是，室外空气的含湿量高于室内含湿量，不过温度低于或者等于室内温度，新风只有湿负荷，而没有显热负荷，这时，只需要对空气进行除湿处理即可。

每年的 5 月 1 日到 10 月 31 日为该地区可能需要除湿的时间。在这段时间内，如果住宅室外温度超过 26℃，则进行降温，将室内温度控制在 26℃；如果低于 26℃，则不需要降温。当室外空气含湿量超过 26℃相对湿度 55％对应的含湿量（11.54g/kg）时，进行除湿。以上海地区 100m² 住宅为例，换气次数为 0.5h⁻¹，除湿量随时间变化情况如图 4-15 所示。

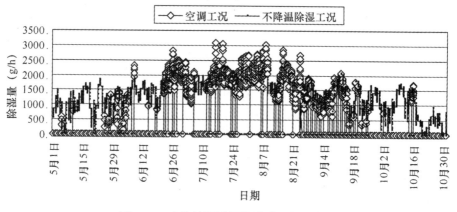

图 4-15　上海地区除湿量随时间变化情况

从全年的不降温除湿量和空调除湿量的统计结果来看（图 4-16 和图 4-17），从 5 月 1 日到 10 月 31 日，不降温除湿量占总除湿量的 46％，而不降温除湿的时间占到需要除湿时间的 63％，这说明不降温除湿在除湿量和除湿时间上都占有较高比例，这也就意味着很多情况下室内仅需要除湿而不需要降温，即可满足人体对于环境的要求。

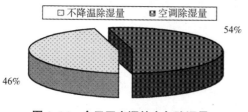

图 4-16　全天开空调的全年除湿量

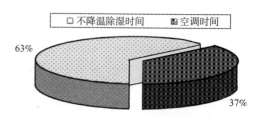

图 4-17　全天开空调的全年除湿时间

对于很多住宅建筑，其白天由于业主外出、工作等原因，空调利用率较低，而主要在夜间开启空调。对于这样的建筑，不降温除湿和空调除湿的计算结果如图4-18~图4-20所示。

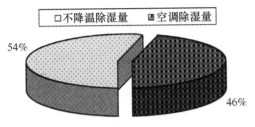

图 4-18 只有夜间开空调时的全年除湿量

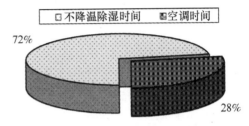

图 4-19 只有夜间开空调时的全年除湿时间

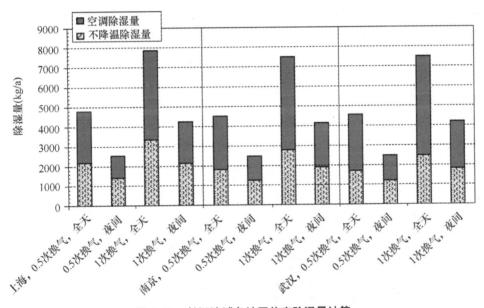

图 4-20 长江流域各地区住宅除湿量计算

从对于长江流域如上海、南京、武汉等城市的除湿量计算结果来看，其全年不降温除湿和空调除湿量接近，在不同的换气次数和空调开启时间下的结果的规律一致。

### 4.2.2 传统户式空调器温湿度调节的局限性

传统的房间空调器采用送风处理室内余热余湿，并且以温度为控制参数。这种空调器在使用时，特别在湿热地区（如长江流域），容易出现以下问题：

（1）湿度高而温度不高时，除湿功能无法运行。在长江流域，当黄梅季节时，由于室外温度低湿度高，此时空调器没有达到启动温度，压缩机不运行而风机运行，从而使室内湿负荷无法处理。

（2）空调系统在间歇运行的除湿量小于稳态运行时的除湿量。夏季制冷时，空调同时降温除湿，但由于室内空调控制是由温度控制的，因此当室内温度达到设定值后，空调不再制冷，只是风机运行通风而达不到除湿的效果。

从上述原因可以看出，传统空调的控制方式是以温度为主要控制参数的，湿度仅仅是被动的调节，而且温度设定值达到后空调机组停运时，就无法对湿度有效地控制。由家用房间空调器控制的房间，室内的湿度在不同热湿负荷比下具有较大差异。在夏季高温时，显热负荷比较大，则房间空调器为了降低房间温度，一直处于工作状态，导致室内相对湿度偏低；在长江流域的黄梅季节，温度不是很高而湿度较大，此时热湿负荷比较小，家用房间空调器以室内温度为控制目标，则在很多情况下室内温度达到设定值而空调器不启动，导致室内相对湿度高；若要达到合适的相对湿度，则室内温度需要降到较低的水平，从而增大了空调负荷和冷不适感。因此，在长江流域这样的湿热地区，实现空调系统对室内温度、湿度的分别调节有助于更好地完成室内热湿环境调节任务，满足不同季节对室内热湿环境的调节需求。

传统家用空调器通过上送风方式来满足室内供冷/热需求，由于冬季热风不易下沉，使得这种方式的冬季热舒适性很差。实测结果表明，如图4-21所示，冬季住宅利用空调器送风供热时，室内温度在垂直方向上存在明显的温度梯度：空调送风口附近及上部区域温度较高，而底部人员活动区温度显著低于顶部，热空气聚积在顶部，难以送达低处的人体活动区。

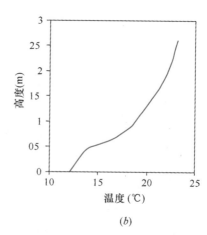

(a)                                    (b)

**图4-21　住宅冬季房间空调器采暖方式温度梯度**

(a) 住宅用空调器；(b) 室内温度梯度

### 4.2.3 适用于长江流域住宅的采暖空调装置

（1）适用于长江流域住宅的室内末端方案

从现有房间空调器的局限性可以看出，冬季应用上送热风方式会导致室内热舒适性较差，寻找长江流域冬季住宅合适的采暖末端方式是满足该地区住宅冬季采暖需求的重要任务。与上送热风的方式相比，利用下送热风的方式可在一定程度上改善室内热舒适性。目前也已有冬季下送热风的房间空调器产品，夏季仍采用上送冷风的方式，冬季则通过下送热风来适当改善热舒适性。

针对现有空调器冬季送热风方式存在的不足，在长江流域住宅室内热湿环境调控中，应用辐射地板等辐射末端方式，也是一种有效的解决途径：冬季利用辐射地板供热，通过辐射、自然对流等方式换热，热舒适性明显优于送热风方式，垂直方向温度梯度显著减小，如图 4-22 所示。

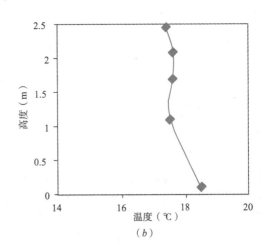

（a） （b）

**图 4-22 长江流域住宅冬季辐射供暖方式温度梯度**

（a）辐射地板敷设；（b）温度梯度实测结果

从上述分析来看，辐射地板末端方式是冬季供暖的一种适宜末端形式。在满足冬季室内供暖需求的基础上，辐射地板可作为冬夏统一的室内末端形式；夏季可利用辐射地板供冷来承担室内温度调节任务，冬季利用辐射地板供暖；也可只在冬季利用辐射地板供暖，而夏季仍利用送风方式作为末端热湿调控手段。目前也已有企业开发出冬季制取热水供给辐射地板而夏季仍制取冷风的空调器。

基于长江流域住宅建筑的热湿负荷特性及常规户式空调器在除湿工况下、冬季供热工况下的不足，亟需开发相应的新型热湿环境调控设备来满足长江流域住宅的冬夏室内环境调节需求。从室内热湿环境调控过程的任务来看，新型的热湿处理装置应满足以下需求：夏季有效排除室内热湿负荷，满足降温除湿需求；黄梅季等时间段内对空气进行有效除湿，满足除湿不降温的需求；冬季工作在热泵工况下制热运行，满足住宅分散采暖需求。同时，应尽量提高装置在不同工况运行时的能效，在满足长江流域住宅热湿环境调控需求的基础上将建筑能耗控制在合理的范围内。

（2）适用于长江流域住宅的采暖空调方案

作为公共建筑集中空调系统的一种可行方式，温湿度独立控制空调系统通常利用新风来承担室内全部湿负荷满足湿度调节需求，并通过相应的室内干式末端来调节室内温度，实现了较好的热湿环境调节效果，显著提高了空调系统的运行能效。从温湿度独立调节的空调理念出发，针对长江流域住宅的特点，可设计新型的热湿环境调控装置，满足其室内热湿环境营造需求。与应用于公共建筑的温湿度独立控制系统相比，住宅的情况存在明显不同：人们长期以来都习惯于开窗通风引入新鲜空气，即使在有空调的情况下，也难以改变人们的这种生活习惯。因此，应用于住宅的温湿度独立控制系统不宜采用机械方式引入新风，新风依然按人们的生活习惯由开窗通风的方式引入，也就是说，空调处理装置不需对新风进行处理，而只对室内回风进行降温或除湿。

1）夏季制冷除湿工作过程

图4-23给出了一种利用两个压缩机构成的双蒸发器住宅空调机组夏季工作原理，其中制冷循环的冷凝器为风冷且串联设置，制冷剂从冷凝器经过冷凝后，分成两部分并经由两个节流装置分别进入两个蒸发器，两个蒸发器工作在不同的蒸发温度下：蒸发器1工作在较低的蒸发温度下，用于对室内回风进行降温除湿处理，承担室内湿度调节任务；蒸发器2工作在较高的蒸发温度下，可制取冷风满足室内温度调节需求，也可制取冷水（16~20℃）供给室内辐射地板末端，利用辐射末端来实现室内温度调节。压缩机1、2分别用来对蒸发器1、蒸发器2出口的制冷剂压缩，并利用冷凝器1、冷凝器2冷凝。

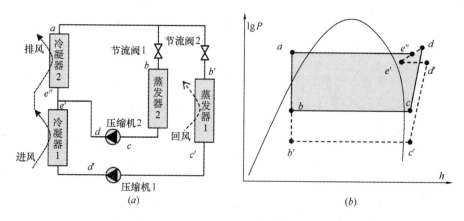

**图4-23　双蒸发器住宅空调机组夏季工作原理**

（a）装置工作原理；（b）压焓图表示

夏季运行时，蒸发器 1 负责对室内回风进行降温除湿，满足室内湿度调节需求；蒸发器 2 则用来承担温度调节任务，可制取高温冷水或冷风。由于蒸发器 1、2 工作的蒸发温度不同，相应的压缩机 1、2 工作的压缩比（制冷剂冷凝压力与蒸发压力之比）也会有所差异。以采用 R 22 制冷剂为例，室外侧冷凝温度为 45℃时，以蒸发器 1、2 的蒸发温度分别为 5℃、14℃为例，压缩机 1、2 工作的压缩比分别为 2.96 和 2.26，即低蒸发温度的蒸发器 1 对应的压缩机 1 工作的压缩比要比蒸发器 2 对应的压缩机 2 高出 30% 以上。因而，由于两个蒸发器的工作任务不同，使得相应的压缩机特性也会有所差别，在实际装置设计、部件选取时，应对这两个压缩机按照需求分别选取。

同时，夏季制冷除湿工况时，由于住宅室内湿负荷通常所占比例较小，仅占总负荷的 10%~20% 左右，因而蒸发器 1 承担的冷量比例要明显小于蒸发器 2。以室外侧冷凝温度为 45℃（对应的室外温度约为 35℃）为例，蒸发器 1 承担的冷量比例为 0.3 时，双压缩机空调机组的 COP 为 4.6（蒸发器 1、2 的蒸发温度分别为 5℃、14℃，制冷循环热力完善度为 0.55）。对于常规的住宅空调器，满足相同的供冷量需求时，尽管其蒸发温度可高于图 5-46 中蒸发器 1 的蒸发温度，但常规空调器制冷循环的 COP 约为 4.0。因而，与常规住宅空调器相比，通过设置双蒸发器、双压缩机来实现室内温湿度分别调节，可使得制冷循环的能效得到一定程度的提高。

当机组在部分负荷运行时，机组的压缩机可采用变冷剂流量技术，从而调节机组所处理的总负荷。同时，节流装置可根据蒸发器出口过热度来调节进入两个蒸发器的制冷剂流量，实现对室内温度、湿度的分别控制，更好地满足室内温湿度调节需求。

2）除湿工作过程

在除湿期内，由于室外空气温度适宜，但是湿度较高，只需要对空气进行除湿即可满足人体舒适要求，而不需要对空气降温。图 4-24 给出了机组不降温除湿工况的工

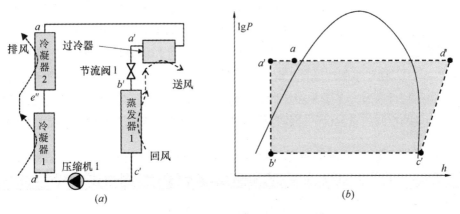

**图 4-24 新型住宅空调机组除湿工作原理**

（a）装置工作原理；（b）压焓图表示

作原理。与图4-23中所示的夏季降温除湿工作过程相比，该工作过程中，机组仅蒸发器1工作，用来对室内回风进行除湿处理。除湿后的空气温度较低，不适宜直接送入室内，需要进行一定程度的再热。图4-24所示的工作过程中，制冷循环设置过冷器，从冷凝器流出的制冷剂再流经节流阀前首先经过过冷器过冷；除湿后的空气则经过过冷器对冷凝器出口的制冷剂进行过冷，而空气经过过冷器后温度升高，作为送风送入室内。

通过在蒸发器1所属的制冷循环中设置过冷器，使得经过蒸发器除湿后的低温空气与冷凝器出口的制冷剂换热，一方面可实现对除湿后空气的再热，满足室内湿度调节需求并避免送风过冷；另一方面可对冷凝后的制冷剂过冷，有助于改善制冷循环的性能。同时，这种利用过冷器再热送风的方式，避免了利用冷凝热再热等再热方式造成的冷热抵消，不会导致能量浪费。

3）冬季供热工作过程

考虑到住宅冬夏采暖空调需求及该装置冬夏运行的特点，推荐采用辐射地板作为冬夏统一的室内末端装置：夏季制取高温冷水通入辐射地板调节室内温度；冬季制取低温热水供给辐射地板满足采暖需求。在冬季供热工况下，对于住宅来说，不需要运行空调装置来实现加湿，仅需制取低温热水（35~40℃）实现低温采暖。对于图4-23所示的新型住宅采暖空调装置，冬季运行时，蒸发器1所在的制冷循环支路不运行，仅运行蒸发器2所在循环。通过四通阀切换，图4-23中蒸发器2转换为冷凝器，制冷循环工作在热泵工况下。

对于采用空气作为夏季运行的冷却介质和冬季运行热源的空气源热泵冷热水机组而言，夏季制冷运行时制备16℃左右的高温冷水，蒸发温度约为14℃；冷凝温度为45~50℃（室外干球温度约35℃），R22的压缩比范围为2.1~2.5。冬季制热运行时，需要的热水温度为35℃时，冷凝温度为38~40℃；蒸发温度一般在2~3℃（室外干球温度7℃），此时R22的压缩比为2.6~2.9，略高于制冷工况。表4-1给出了以R22为制冷剂的空气源热泵装置，在夏季制备16℃高温冷水和冬季制备35℃低温热水时的压缩比和性能参数的计算结果。可以看出，夏季相对制冷量为1.0的机组（蒸发温度16℃、冷凝温度45℃），在冬季制热设计工况下，其相对制热量达到0.75~0.80。从长江流域住宅的冬夏负荷特性来看，冬季采暖负荷单位面积指标（W/m²）要明显小于夏季空调负荷，因而按照夏季空调需求设计的该新型住宅采暖空调装置，冬季运行时可满足采暖需求。

单级压缩空气源热泵运行工况与性能（制冷剂为R22）　　　　　表4-1

| 运行模式 | 制冷运行（16℃高温冷水） | | | 制热运行（35℃低温热水） | | |
|---|---|---|---|---|---|---|
| 外温条件 | 外温＝35℃ | | | 外温＝7℃ | | |
| 性能参数 | 压缩比 | $COP_{制冷}$ | 相对制冷量 | 压缩比 | $COP_{制热}$ | 相对制冷量 |
| | 2.2~2.5 | 4.6~5.5 | 0.9~1.0 | 2.6~2.9 | 5.0~5.4 | 0.75~0.80 |

从以上对长江流域住宅室内热湿环境的特性及适用装置的分析可以看出，该区域的住宅室内环境调节过程中，具有采暖、除湿、空调等多种需求，需要开发相应的新型设备来实现对其室内热湿环境的有效调控。本节提出的新型热湿环境调控装置，可实现夏季室内温湿度独立调节、黄梅季等潮湿季节除湿以及冬季低温采暖等多种热湿调节过程，为利用冬夏统一的冷热源设备、末端装置来解决长江流域住宅的室内环境控制提供了有益参考。从长远来看，仍需要对该地区的住宅环境进行深入研究，对相应的新技术、新装置不断完善优化，开发出适宜的热湿调控装置，更好地满足长江流域住宅的冬夏采暖空调需求。

## 4.3 太阳能生活热水系统 ❶

太阳能生活热水是我国目前最广泛的太阳能应用方式，也是住宅建筑太阳能应用的最主要方式。二十多年来，我国住宅太阳能热水器在很多省市广泛应用，早在 2008 年，我国总太阳能集热面积就已经超过 1.25 亿 $m^2$，成为世界上太阳能热水器应用规模最大的国家。在太阳能热水器住宅应用的初期阶段，我国主要是分户独立系统为主的方式，每户都有独立的集热器、储水箱以及设置在储水箱中的辅助加热器。系统以自然循环方式运行，辅助加热器则采用一些自动或手动的方式控制。这种方式投资低、运行管理简单，也可以保证较好的效果。随着全社会对发展可再生能源的高度重视，大量新建住宅小区开始在新建时就同时设计安装太阳能热水器。当楼层较高，屋顶面积很难满足一户一套的分户独立式系统，要充分利用屋顶面积，最大限度地满足各户的需求，集中式太阳能热水器就成为各地新建住宅太阳能生活热水系统发展的主要方向。然而，不少集中式太阳能生活热水系统案例的实际运行节能效果差强人意，部分系统的能耗甚至高过常规能源热水器。什么因素影响了太阳能热水系统的节能效果？怎样才能真正使住宅太阳能生活热水系统产生预期的节能效果？本节对此进行一些初步分析。

### 4.3.1 分户独立的太阳能生活热水系统的实际能耗

首先看看目前非常成熟和广泛使用的分户独立式太阳能生活热水系统的实际用能或节能效果。表 4-2 为在某住宅小区实测的四户独立式太阳能热水器的使用状况和能耗状况。这四户安装的太阳能热水器型号相同，安装方式相同，并且都采用安装在储水箱内的电加热器辅助方式。

---

❶ 原载于《中国建筑节能年度发展研究报告2013》第5.6节，作者：江亿，林波荣，王者。

四户独立式太阳能生活热水用户用电情况与使用方式　　　表 4-2

| 用户 | 测试期间耗电（kWh） | 测试期间用水量（m³） | 单位用水量的耗电量（kWh/m³） | 辅助电热控制方式 | 洗浴时间 | 洗浴频率 |
|---|---|---|---|---|---|---|
| A | 740 | 15.5 | 47.7 | 自动，全天恒温 | 早上 | 每天一次 |
| B | 65 | 4.2 | 15.5 | 手动 | 晚上 | 每周两次，根据是否有热水决定 |
| C | 315 | 14.7 | 21.4 | 手动 | 夏季早上冬季晚上 | — |
| D | 1025 | 27.1 | 37.8 | 自动，全天恒温 | 早上 | 每天一次 |

　　从表 4-2 中可以看出，尽管每户的太阳能热水装置都相同，但实际的辅助电加热量占热水热量的比例，也就是相对耗电量的差别很大，用户 B 获得很大的节能效果，而用户 A 实际的用电量比不用太阳能的电热水器还高。为什么会是这样的结果？观察表中用户 A 和 B 的差别，可以看到主要是洗浴时间不同。用户 A 每天在早上洗澡，此时前一天储存的太阳能热量基本上已经通过储水箱散尽，所以实际的热量都是靠辅助电加热提供，再加上其他时间水箱的持续散热导致辅助电加热器经常地补热，因此实际用电量竟高于常规的电热水器。而用户 B 是每天晚上洗澡，正好使用一天采集的太阳能热量，而辅助电热器仅在下午和晚上开启，只有当全天阴天时才会真正使用。

　　上述比较表明太阳能热水器的真正节能效果与热水的使用方式和辅助加热器的控制方式很有关系。为了进一步定量分析，设置了表 4-3 所示的六种不同的热水使用方式和电辅助热水器的运行模式。

模拟的六种生活热水使用模式和辅助电热控制模式　　　表 4-3

| 模式 | 洗澡时间 | 洗澡频率 | 电辅助热水器控制模式 |
|---|---|---|---|
| 1- A | 水温最高时洗澡 | 每天 | 手动 |
| 1- B | 下午 9 点洗澡 | 每天 | 手动 |
| 1- C | 早上 6 点洗澡 | 每天 | 手动 |
| 2- A | 水温最高时洗澡 | 每两天一次 | 手动 |
| 2- B | 下午 9 点洗澡 | 每两天一次 | 手动 |
| 2- C | 早上 6 点洗澡 | 每两天一次 | 手动 |

　　在此基础上模拟一周内不同太阳能条件、各使用模式太阳能生活热水系统的补热电耗，见表 4-4。

不同使用模式和天气状况下太阳能生活热水的用电量　　　表 4-4

| 用水模式 \ 太阳能条件 | 丰富 | 一般 | 贫乏 |
|---|---|---|---|
| 1- A | 1.0kWh | 10.8kWh | 25.4kWh |
| 1- B | 5.1kWh | 15.3kWh | 27.6kWh |

续表

| 太阳能条件<br>用水模式 | 丰富 | 一般 | 贫乏 |
|---|---|---|---|
| 1– C | 13.0kWh | 21.9kWh | 30.4kWh |
| 2– A | 0 | 1.1kWh | 9.5kWh |
| 2– B | 0 | 4.3kWh | 13.1kWh |
| 2– C | 1.5kWh | 8.0kWh | 14.7kWh |

从模拟结果可以看出：相同的气象参数下，不同使用模式对太阳能热水系统的能耗影响巨大。而且太阳能条件越差，不同用水模式导致的系统能耗相差也越大，有时用电量甚至超过常规的电热水器。

模拟分析结果进一步表明，太阳能生活热水器的实际耗能量完全取决于热水的使用方式和辅助加热源的控制方式。极端地讲，如果完全根据太阳能热水情况，"有热水就用，没用热水就不用"，则辅助加热装置就永远不用投入，生活热水实现"零能耗"；而不顾太阳能热水器的实际状况，坚持按照每天早上太阳出来之前洗澡的方式，就很难使太阳能热水器产生节能效果。而根据使用方式合理地设定辅助电加热器，在不使用热水的期间不开辅助加热器，从而减少储水箱漏热造成的损失，也对实际用能量有重要影响。

### 4.3.2 集中采热的太阳能热水器

集中采热的太阳能热水器是为了提高屋顶空间的利用率，使更多的住户能够使用太阳能热水。并且可以平衡末端用户需求，使所有的太阳能热量都得到有效利用，不至于像分散独立式系统那样，一户的热水用不完，而另一户不够用，只好依赖于辅助加热。图4-25是典型的集中式太阳能生活热水系统。集热器、蓄热水箱、水箱内的电辅助加热都和分户独立系统相同，只是规模放大，与分户独立系统不同的有两点：（1）从蓄热水箱连接到各用户的热水管连接方式。因为管道距离长，为了避免长期放冷水，造成浪费，设置成循环系统，通过图4-25中的"热水循环泵"驱动，使热水在蓄热水箱和各个用户间循环。因为每个用户使用热水的时间不同，所以循环泵需要全天连续运行。（2）增加分户计量装置。为了促进节水节热，每个用户入口安装热水表，根据实际的热水用量收取费用，作为辅助加热用电、循环泵用电、水费以及日常维护费。为了收费公平，就要使得任何时候的热水温度都不能太低。所以辅助加热器的控制目标是随时保证水箱出口的温度不低于要求

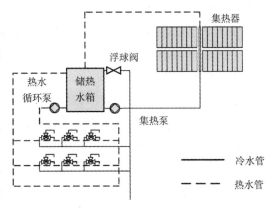

图4-25 传统集中式系统

值，无论此时有无用水量。

尽管这种集中式系统是在分户独立式系统原理上很小的改动，但是实际运行效果却产生巨大变化：

（1）由于是按照热水用量收费，任何时段价格相同，于是不再有用户根据天气状况决定是否洗澡（如表4-2中的用户B），阴天、晴天热水用量变化不大；洗澡时间的选择也不再根据太阳能热量采集情况，而是完全由生活习惯决定，于是早上洗澡的用户增多。这样，由于水量计量收费的原因，用户用热水总量有所减少，反映出用户的省钱意识；但热水使用时段的改变却导致辅助加热量的比例大幅度增加。

（2）热水循环长期连续运行成为新的耗电环节，同时循环管道散热也大幅度增加。在前一天阴天的夜间，尽管没有从集热器得到热量，也没有热用户使用热水，循环泵持续运行、循环管持续散热、电辅助加热器还要不断加热，以维持热水箱的出口温度。

上述两点的结果是造成运行电耗大幅度增加，尤其当末端用户热水用量较小时，循环水泵持续运行，辅助加热器断续工作，而电加热得到的热量又都消耗在循环管网上。一些案例的调查结果表明，当用户热水用量较小的系统（由于入住率低）系统的总耗电量甚至高于采用普通电热水器的用电量。这种太阳能系统成为高能耗系统。一些小区的物业管理部门因为电费远高于收缴的热水费，不得不关闭系统，停止供应热水。当然也有使用这种系统得到较好的节能效果（比完全用电加热省能）的案例，系统得以持续使用。观察这类案例，突出的特点是末端使用量大，循环水管散热量相对较小。也有规定使用时间，夜间12：00到午间12：00不供应热水的案例，这也能减少电加热比例，但给末端用户带来不便。本书第4.7节讨论了集中式生活热水系统的种种实际问题，这些问题在图5-48这种集中式太阳能热水系统中也完全存在。

要使集中采集的太阳能生活热水系统能够继承分户独立式可适应不同用户使用模式之优点，又能提高集热器的利用效率，充分发挥"集中"的好处，就必须对系统形式进行改进。

### 4.3.3　一种改进了的集中集热太阳能生活热水系统

图4-26为目前已经在一些新建住区出现的新式系统。与图4-25的经典方式比，有如下几个显著特点：

（1）集中采热、集中蓄热，但蓄热水箱中不再安装辅助加热器，每个用户供水末端之前安装"即热式"燃气热水器。当从热水箱供应的水温度够高时，直接使用，即热式燃气热水器不工作；当来水温度不够高，不满足使用要求时，即热式热水器

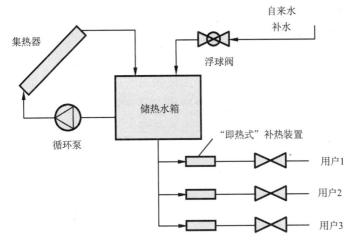

图 4-26 某新建住区集中式系统

启动，把水加热到要求温度。这样，燃气辅助加热器提供的热量完全用在最终使用的热水上，而不会再应付水箱散热和循环管网散热。

（2）取消循环管和循环泵，蓄热水箱中的水以单管方式依靠蓄热水箱的高差直接送到各个末端用户。由于末端有即热式辅助加热，所以不存在"放冷水"的问题，开始使用时辅助加热器自动开启，当热水到达末端用户时，辅助加热器自动关闭，随时可以满足使用者需要。

（3）按照进入各用户的水量收费（不论水温多少），用于上交水费和系统维护。

（4）在蓄热水箱出口处安装温度传感器，同时把温度信号传送到各户显示。用户可随时了解太阳能系统水温状况。

有了上述改进，系统运行状况有了根本的变化。节约型用户会观察太阳能系统的水温，在温度够高时及时洗澡，在阴天时减少洗澡次数。这样他们的辅助加热器很少启动，充分使用了太阳能热水，效果比分户独立系统时还好（因为辅助加热器的热量不会从水箱散失）；而在经济上不太在意的用户，其生活方式并不受到影响，任何时候都可以得到温度合适的热水，只是当太阳能热水温度低的时候不仅要承担辅助加热的燃气费，与常规的即热式燃气热水器相比，还需要多付出太阳能热水与自来水费用的差价。这些使用者如果安装分户独立的太阳能热水器也是这种使用模式的话（如表 4-2 中的用户 A），实际付出的费用可能比现在使用集中式时还高。当采用分户独立的太阳能热水系统时，这种类型的使用者很可能没有意识到在清晨洗澡会增大费用，不去考虑自己的生活习惯对能耗的影响。而采用这种集中式后，每次用热水时看到太阳能系统的供水温度，就会意识到水温的不同造成费用的差异。这样，更多的用户会改变自己的生活习惯，尽可能选择水温高时多用水，水温低时少用水，太阳能热量得到充分利用，辅助加热器的使用自然趋近最小量。这一系统方式可以充分照顾到各种不同类型使用者的需求，任何时间有热水需求都可以得到满足。同一系统，适应各类不同需求的用户。

除了使系统满足各种生活习惯，并促使使用者尽量按照节约型模式使用外，这一方式还避免了循环泵电耗、并大幅度减少了循环管散热。夜间无用户使用时，循环管温度逐渐降低到室温后，就不会再有散热损失，而常规的热水循环系统却要通过水的循环维持循环管内持续的高温，造成巨大的散热损失。对于入住率较低的大型公寓楼，这一损失可以占到系统提供的总热量的一半以上。

这一方式是作者在南昌某商品房小区调研时发现的系统方式。系统获得较好的运行效果和经济收益（物业管理者）。向使用者进行满意程度调查，得到最多的意见是认为收费方式不合理：为什么太阳能系统来的凉水要比自来水贵。这反映出这样的系统确实已经调动起用户对能耗和费用的关注，这是分户独立的太阳能热水系统所不具有的特点。用户的这一问题确实有道理，但也可以认为因为多出的费用是用于维护维修系统，而这些水也确实经过了太阳能系统，经过了就应该缴费，至于为什么水温低是由于用户选择的时间不对。为了使得费用负担方式更合理，减少用户抱怨，还可以在每户进入即热式加热器之前的水管上再加一路自来水供水管。当用户需要热水，而显示的太阳能热水温度又偏低时，可以关闭太阳能供水管，打开自来水管，系统完全工作在常规的燃气热水器模式下，这就不会再有任何抱怨。然而无论如何都不能根据太阳能热水系统的水温来收费，因为这样做不仅使收费变得非常复杂，并且太阳能热水的价格就会与燃气热水器自行制备的价格相差无几，太阳能热水得不到充分利用，这个系统也就不能获得预想的效果。

### 4.3.4　结论

太阳能热水系统的使用效果和节能效果与使用者的生活习惯和节能意识密切相关。对于分户独立式系统，各户之间互不干扰，每户的效果由每户的用法决定，保证了各户的独立调节性，各户自行支付辅助能源费用，这些都是独立系统的优点；但不能共享太阳能集热器，导致集热器的效能不能充分发挥，以及系统的过度复杂（对大型公寓来说）和占用空间过多，则是分户独立系统的问题。

采用集中式系统后，分散方式系统复杂和空间占用过多的问题都得到解决，但马上就出现集中式的普遍问题：不能适应各种末端不同的需要；计量收费方式如何鼓励使用方式上的节约；系统形式如何使用末端节约型使用模式。本节则从住宅太阳能热水系统分析了集中与分散方式的区别。

理想的集中式系统应该是：同时支持和适应各个末端使用者的各种不同需求和

各种不同的生活方式；通过简单可行的计量手段又能促进末端使用者的节约意识、促进他们的节约型使用方式。在满足前面两点要求的基础上，充分发挥集中式系统高效、共享资源的优势，减少或避免集中式必须增加的输配系统的能耗和各种损失。本节介绍的太阳能集中式生活热水系统使用集中采热、集中储热、分散补热、直流输送的系统形式，并且按照流量计量、实时显示温度，应该是对于这个思路的一个非常好的尝试。

## 4.4 热泵热水器 [1]

### 4.4.1 热泵热水器的工作原理

空气源热泵热水器（Air-sourceHeatPump WaterHeater，简称：热泵热水器）是继燃气热水器、电热水器、太阳能热水器之后新近发展起来的一种热水器，由于其节能效果明显，故在热水器市场上日益受到人们的青睐，其技术也逐步走向成熟。

（1）热泵热水器的结构

热泵热水器由压缩机、冷凝器、节流装置、蒸发器等部件构成的热泵装置和储水箱两部分构成，在高寒地区或者特殊机组中，还设有辅助电加热器。热泵热水器有多种分类方法，根据结构形式不同分为整体式（热泵装置设置在储水箱的上部）和分体式（热泵主机与储水箱分离），图 4-27 和图 4-28 是典型的整体式和分体式热泵热水器的外形图；根据加热方式不同又分为静态加热式和动态加热式，其中，动态加热式又分为直接加热式和循环加热式两种形式。

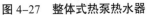

图 4-27　整体式热泵热水器　　　　图 4-28　分体式热泵热水器

分体静态加热式热泵热水器是目前在住宅建筑中应用最广的热泵热水器，该类热水器普遍采用盘管式冷凝器，该冷凝器可以内置于储水箱内，也可紧密缠绕在储

---

[1]　原载于《中国建筑节能年度发展研究报告2013》第5.7节，作者：石文星、李子爱、李宁、陈进。

水箱内胆的外壁,前者的传热效率高,制热性能更好;而后者的显著优点是可避免换热器盘管外侧结垢。

(2)热泵热水器的工作原理

图 4-29 示出了静态加热式热泵热水器的组成和工作原理。

热泵热水器的工作原理与热泵型房间空调器冬季制热运行时完全相同,其结构与空调器极为相似,为了实现在低环境温度时的除霜功能,系统中也需设置四通阀。低温低压的液态制冷剂在蒸发器中吸取环境空气的热量而蒸发,经压缩机压缩后进入冷凝器,释放出的冷凝热加热储水箱中的自来水;冷凝后的高温液态制冷剂经节流装置节流降压后进入蒸发器,完成制热循环;当水箱内的自来水加热到设定温度后,热泵热水器自动停止运行。

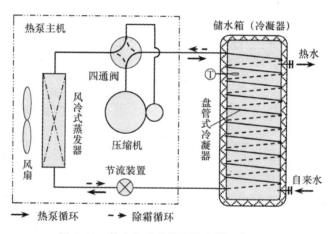

**图 4-29　静态加热式热泵热水器工作原理**

(3)热泵热水器的特点

相对于住宅建筑中常用的电热水器和燃气热水器而言,热泵热水器具有如下特点:

1)使用电能制取热水,但其年运行能耗仅为电热水器的 1/3~1/4,节能效果明显。

2)热泵热水器的安装比较方便。分体式热泵热水器与房间空调器类似,其室外机可安装在阳台、墙面、屋顶,其储水箱以及整体式热泵热水器可安装在厨房、浴室等处。

3)无燃料的燃烧过程和废弃物排放,不污染环境,安全可靠。

4)在阴雨天或冬季均能全天候供应热水,但随着环境温度降低,制热效率降低,供热量减小;当环境温度很低时尚需利用电加热器补热。

### 4.4.2 住宅建筑采用哪种热水器更节能?

在住宅建筑中目前主要采用电热水器、燃气热水器和热泵热水器三类热水器。三类热水器各有其特点,但从能耗角度看,哪种热水器更节能呢?

与电热水器、燃气热水器不同,热泵热水器的实际运行能耗与环境温度(一般为室外温度)密切相关,当制取同温、等量的热水时,环境温度越低,其能耗越大。因此,热泵热水器的实际运行能耗与热水器的使用地区、安装位置以及制热运行的时间段都有很大的关系。

图4-30给出了一种家用静态加热式热泵热水器在不同环境温度条件下制取不同温度热水时的性能曲线(包含了环境温度较低时的除霜能耗)。从图中可知,当制取的热水温度一定时,环境温度越高,热泵热水器的制热效率(能效比 $COP$ )越高,例如:环境温度为20℃,制取40℃的热水时,其 $COP$ 能达到5.0左右;环境温度下降至2℃时, $COP$ 减小至3.0左右;即使环境温度为–7℃时,考虑除霜能耗后, $COP$ 仍有2.0左右。当环境温度一定时,制取的热水温度越高,其 $COP$ 越低,例如,当环境温度为20℃,制取55℃热水时,其 $COP$ 为4.3,比制取40℃热水时降低14%。

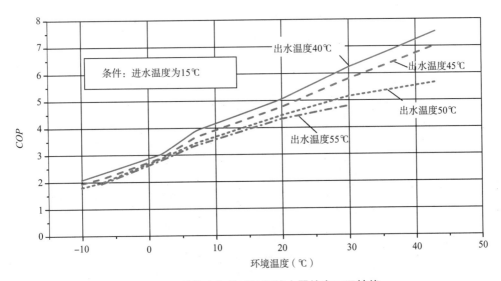

**图4-30 某静态加热式热泵热水器的变工况性能**

数据来源:广东美的暖通设备有限公司 RSJF-33/R(E2)产品资料。

为分析不同气候带使用热泵热水器的能耗大小,下面以图4-30所述性能的静态加热式热泵热水器在北京、上海、广州应用为例,分析其全年运行能耗,并与电热水器和燃气热水器进行对比分析。假定一户3口之家,平均生活热水使用量为40L/(人·天),使用热水温度为40℃。热泵热水器和电热水器分别制备50℃和

75℃的热水，使用再混水至40℃，燃气热水器则直接加热水至40℃，热水均在当天的21：00使用。各地住户的自来水温度采用当地的地下水温度[3]。燃气热水器是直热型热水器，因此无储热损失，而热泵热水器和电热水器都有储热水箱，均有一定的漏热，其漏热量大小与制热开始时刻、储水箱内的水温和热水的使用时刻有关。在不考虑热水管路漏热的条件下，可计算得出如下结论：

（1）热泵热水器宜在下午开始制热

图4-31给出了上述算例条件下，热泵热水器在自北向南三个典型气候城市从不同时刻开始制热时的全年运行能耗情况。从图中可以看出，三个城市均在当天15：00（下午3：00）左右开始制取热水，其热泵热水器的全年运行能耗最低：北京的全年运行电耗约为390kWh，上海约为310kWh，广州仅约240kWh。从下午3：00开始制热能耗低是因为此后2~3h几乎是室外温度全天最高的时段，加之，制取的热水存储时间较短，漏热量小。由于广州的自来水温度和全年下午3：00后的室外温度较上海、北京高，故其运行能耗比上海、北京更低。

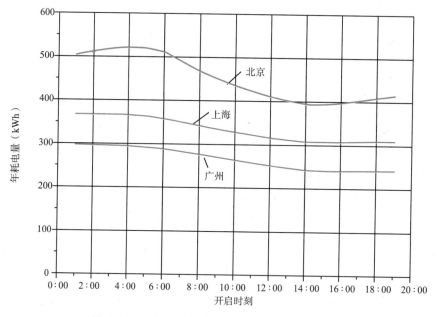

**图4-31　热泵热水器在不同开启时刻的全年能耗**

（2）使用热泵热水器更为节能

图4-32示出了北京、上海和广州分别使用电热水器、燃气热水器和热泵热水器的全年运行能耗的计算结果（热泵热水器均从下午3：00开始制热，燃气热水器的能耗是将消耗燃气量折算为等效电量）。从图中可以看出，在三个典型城市中，热

泵热水器均比电热水器、燃气热水器的运行能耗低。尽管北京的气温较低、低温时间较长，但热泵热水器在外温为 –7℃时仍有较高的制热效率（ $COP$ 仍在 2.0 以上），相对于电热水器和燃气热水器，具有明显的节能效果。

我国南北纬度跨度大，由北往南，年平均气温逐渐升高，使用热泵热水器的节能效果也越来越明显。热泵热水器尽管在 –7℃时还能正常运行，但其低温运行性能偏低制约了其在严寒地区的推广和应用。目前，热泵热水器在我国北方地区的应用还不是很多，但在长江沿线及长江以南的省市已得到推广，且节能效果明显。为解决热泵热水器在低温工况下的适应性问题，已有不少学者在热泵热水器的循环改进、除霜技术等方面开展研究。随着热泵热水器的低温运行性能的改善，其适用地域也将不断扩大，有望成为城镇住宅用户制取生活热水的优先选择。

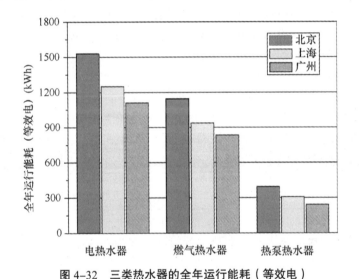

**图 4-32　三类热水器的全年运行能耗（等效电）**

注：天然气热值为 35.9MJ/m³，电热水器热效率为 92%，燃气热水器热效率为 88%。

### 4.4.3　热泵热水器从室外取热还是从室内取热更好？

分体式热泵热水器的热泵机组置于室外，内设冷凝器的储水箱可设置在室外，也可设置在室内的厨房等处，热泵从室外空气中取热。由于室外温度一年及昼夜的波动幅度大、范围广，故热泵热水器的制热效率变化范围大，特别是在冬季或寒冷地区效率较低，有时尚需电加热器补热，甚至在恶劣工况下无法运行（变成了电热水器）。

融热泵机组和水箱为一体的整体式热泵热水器较多设置在厨房、卫生间等室内空间。热泵从室内空气中取热，全年运行工况稳定，压缩机的外压缩比变化范围小，减少了其欠、过压损失，系统的制热效率和可靠性提高；冬季无结霜、除霜损失，故系统中无须设置四通阀，控制简单，成本低；在夏季还可为室内提供免费冷量。但是，整体式热水器在冬季从供暖房间中取热，相当于附加了室内的采暖能耗。

仍以上述家庭用热情况为例，分析在北京地区使用分体式和整体式热泵热水器的运行能耗。均选取 15：00 为热水器制热开始时刻，采暖期室内温度为 20℃，空调期室内温度为 26℃。两种结构形式的热泵热水器全年运行的能耗情况如表 4-5 所示。

计算结果表明，与分体式相比，整体式热泵热水器一年的运行电耗减少了约 15%，同时为夏季房间提供约 370kWh 的冷量，如果这段时间也开空调，则可为空调系统节省约 105kWh 的电能（取夏季空调的平均 $COP = 3.5$）。在一个冬季整体式热泵热水器需从房间内提取约 390kWh 的热量，相当于增加了 131kWh 的采暖耗电量（取冬季采暖热泵的平均 $COP = 3.0$）。从计算得到的综合总能耗可以看出，整体式热泵热水器的全年运行综合能耗比分体式减少了约 9%（参见表 4-5），由于其研发技术难度相对减小，成本降低、可靠性提高，且蒸发器散热片不易积尘且易于维护保养，其制热性能的衰减较小，特别是在外温极低的严寒地区也能高效运行，故是一种值得关注的热水器技术方案。

北京地区 3 口之家使用分体式和整体式热泵热水器时的全年运行能耗　　　　表 4-5

| 热泵热水器类型 | 热水使用量（t） | 制取热水温度（℃） | 使用热水温度（℃） | 热水器耗电量（kWh） | 夏季供冷节电量（kWh） | 冬季取热附加采暖耗电量（kWh） | 总能耗（kWh） |
|---|---|---|---|---|---|---|---|
| 分体式 | 34.4 | 50 | 40 | 390 | 0 | 0 | 390 |
| 整体式 | | | | 330 | 105 | 131 | 356 |

此外，整体式热泵热水器制取热水的时间一般为 2~3h，这段时间需集中从采暖的室内取热，是否会影响室内的舒适性呢？实际上，热水器从室内取热的最大热流量约为 1.7kW，远小于房间的热负荷，且房间围护结构具有较大的热惰性，故热泵热水器在运行期间使室温的下降程度很小，并不会对室内舒适性造成较大的影响。

### 4.4.4　注重发展直热式热泵热水器

直接加热式空气源热泵热水器（即直热式热泵热水器）可将自来水直接加热到使用温度后送出供用户使用，属于即热式热水器类型。它具有突出的优点：1）可省去储水箱，消除了蓄热漏热损失，大幅度降低了热水器的成本；2）直接制取使用温度的热水，不仅能满足卫生要求，还能大幅度提高制热效率。在采用蓄热水箱时，必须保证热水储存的卫生标准（为避免细菌滋生，热水储存需要储存在 55℃以上），但即热式热水器制取的热水无须储存，故直接制取使用温度（如 40℃）的热水即可。采用逆流式冷凝器，使被加热的自来水与压缩机排出的制冷剂过热蒸气逆流换热，将有效降低制热循环的冷凝温度（可低于所制取的热水温度，参见图 4-33），并增加液态制冷剂的再冷度，大幅度提高热泵系统的制热性能。

但是，直热式热泵热水器也存在一些不足：1）当环境温度降低或进水温度条件变差时，直热式热泵热水器制取的热水量将减小，为保证足够的出水量，热泵系统的容量将增大，成本增加；2）需增设一定容量的辅助电热器，从而能够在热水器启动阶段达到用水温度要求；3）为保证不同流量和不同出口水温要求，热水器应具有良好的容量调节能力；4）由于冷水流量减小、流速降低，冷凝器的传热系数减小，故增加了逆流式冷凝器的设计难度。

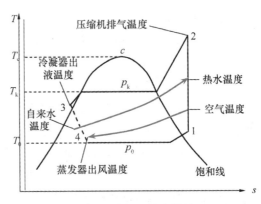

图 4-33　直热式热泵热水器的 $T$-$s$ 图

欲充分发挥直热式热泵热水器的优势，则必须合理设计逆流式冷凝器的结构，以充分利用冷凝器（或气体冷却器）中的变温特性，最大限度地实现等温差逆流换热，降低传热的不可逆损失，降低冷凝压力，增大冷凝器出口高压制冷剂的再冷度，从而提高热泵热水器的制热效率；同时采用变容量调节技术，以提高热泵热水器的调节性能。解决好这两个问题是实现直热式热泵热水器在家庭推广应用的重要技术基础，是进一步提高家用热泵热水器性能的重要发展方向。

当然，直热式热泵热水器和较小容量的储热水箱结合也不失一种可行的方案，不必设辅助电热器，可将制取的热水储存在水箱中，用热水初期从储热水箱中取热水，在使用过程中，制取的热水源源不断流经储热水箱提供给用户，可以解决热泵启动阶段的用水要求，同时保留了直热式热泵热水器的优势。

### 4.4.5　$CO_2$ 热泵热水器

热泵热水器性能除与制取的热水温度、取热环境温度有关外，还与所采用热泵循环形式和制冷剂（工质）有关。目前，我国生产的热泵热水器产品采用的热泵循环为单级压缩热泵循环，其制冷剂主要为 HCFC22 和 HFC134a。单级压缩热泵循环在环境温度很低时，必然造成制热量减小、制热效率降低、压缩机排气温度过高，压缩机排气温度超高将导致热泵热水器不能运行，此时则需要电加热进行补热，热泵热水器变成了电热水器。HCFC22 的消耗臭氧层潜值 $ODP = 0.034$，温室效应潜能值 $GWP = 1900$，HFC134a 的 $GWP = 1300$，均已成为蒙特利尔议定书和京都协议规定的淘汰对象。因此，改进热泵热水器的热泵循环，选择环保、制热性能优越的制冷剂并开展相应的技术研发是今后努力的方向。

为保证空气源热泵热水器在低温环境下安全运行并具有较好的制热性能，采用变压缩比调节技术、制冷剂喷射准双级压缩热泵循环、双级压缩热泵循环和复叠式热泵循环以及 $CO_2$ 跨临界热泵循环等措施，可以有效地拓展分体式热泵热水器的适用范围。特别是，$CO_2$ 跨临界循环热泵热水器，不仅其制冷剂的环保性能优越，而且可以很好地实现自来水与高温制冷剂的逆流换热（参见图4-34），出水温度高，制热性能好，因此，目前在业内已经得到充分的重视。

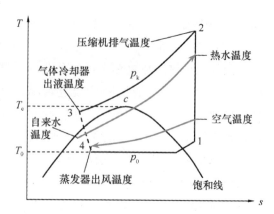

图 4-34  $CO_2$ 跨临界循环热泵热水器的 $T$-$s$ 图

与采用常规工质热泵循环的热泵热水器相比，$CO_2$ 热泵热水器具有优良的环保性能和热水制备性能，其主要优点在于：1）$CO_2$ 是天然工质，$ODP = 0$、$GWP = 1$，且无毒、不可燃，与润滑油和金属材料具有良好的相容性，流动和传热特性较好，单位容积制冷量大，使得热泵热水器结构紧凑、体积小；2）$CO_2$ 的临界温度为 31.6℃，制备热水时采用跨临界循环，由于热泵的放热过程为变温过程，故可以充分利用逆流换热制取更高温度的热水，即使在寒冷地区，采用单级压缩机循环也可制取适宜温度的生活热水。

资料显示，在室外温度 16℃、冷水进水温度 17℃、热水出水温度 65℃ 的工况下，采用转子式压缩机的单级压缩循环时，$CO_2$ 热泵热水器的 $COP$ 为 3.72[4]；将之换算成室外温度 20℃，冷水进水温度 15℃、热水出水温度 55℃ 的工况，其 $COP$ 将达到 4.5 以上。如果通过再冷、回热、双级压缩以及采用膨胀机回收膨胀功等技术手段改进 $CO_2$ 热泵循环，将进一步提高热泵热水器的制热效率。

由于 $CO_2$ 跨临界热泵循环的工作压力很高，故热泵热水器产品的研发则需解决压缩机、换热器及其他部件的承压以及换热器跨临界相变传热与流动等难题，其推广应用主要在于如何降低成本的问题上。$CO_2$ 热泵热水器最初于 2001 年进入日本市场，在日本实现商品化后，产品技术日益完善，产品价格逐年降低，市场规模持续扩大，随后流入欧洲市场，为广大用户所接受。$CO_2$ 热泵热水器在日本的迅速普及，也得益于日本政府和电力公司的强力扶持及其优越的鼓励政策，因此，用户愿意使用（超出常规热水器价格部分）、企业愿意投入更多的力量研发其相关技术。

我国已于 2011 年自主研发出了 $CO_2$ 热泵热水器，已逐渐掌握了超临界流体的传热与流动、$CO_2$ 压缩机、系统承压和系统控制等相关理论和技术问题。随着相关技术的进步，$CO_2$ 热泵热水器在我国将有很好的发展前景。

### 4.4.6 工程案例

**（1）项目简介**

贵州省贵阳市是低纬度高海拔的高原地区，属于亚热带湿润温和型气候，其年平均气温为15.3℃，历史年极端高温为35.1℃，年极端低温为-7.3℃，适宜采用热泵热水器。在贵阳市南明区某新建住宅小区，采用了静态加热式分体式热泵热水器，为各家各户提供生活用热水。

为明确热泵热水器在贵阳市的运行能耗，对该小区某一住户的热泵热水器使用情况进行了记录和测试。该住户为4口之家，住宅面积110m²，选用了KFRS-3.5/A型热泵热水器主机和SX150LC/B储热水箱，制取的热水用于淋浴（无浴盆）和厨房热水。

热泵热水器采用R22为制冷剂，其额定制热量为3500W、额定COP为3.9（采用《家用和类似用途热泵热水器》GB/T 23137-2008国家标准规定的测试条件），额定产水量为75L/h，出水温度为35~55℃（可调）。热水器所配置的储水箱的容积为150L，最高承压能力为0.7MPa，外表面积为2.46m²，保温性能（水箱储满55℃热水，在20℃DB/15℃WB的环境下静置）为24h温降7℃。

该热泵热水器安装在与阳台相通的隔间内，热水器主机与储热水箱紧凑安装，如图4-35所示，其实际安装原理如图4-36所示。

图4-35 热泵热水器的工程安装图

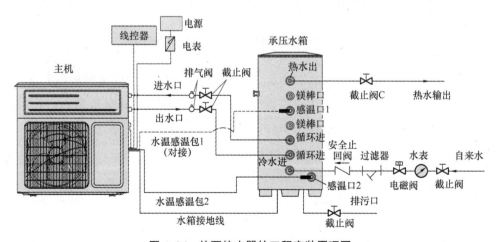

图4-36 热泵热水器的工程安装原理图

（2）实际能耗试验方法和实测结果

1）试验方法

热泵热水器在用户入住前安装完毕，用户于 2011 年 7 月入住。实际能耗测试从 2011 年 8 月 5 日开始到 11 月 5 日为止连续进行了 3 个月（实为 92 天），每隔两天在大致同一时刻由用户读取并记录热水器的用水量（水表）和耗电量（电表）的显示数据，连续两次数据之差则为前两天的热水用量和耗电量。即使某天或某几天未使用热水（热水用量为 0），但由于热泵热水器需要适度运行为储水箱补充漏热所需的热量，故此时仍需记录耗电量。

热水器内的热水温度设定值为 53℃，控制水温回差为 ±5℃，即当水箱内的热水温度到达 58℃时停止制热，当水温低于 48℃时再次启动热泵机组。

2）实测结果

2011 年 8 月 5 日至 11 月 5 日连续 3 个月内贵阳每天的最高气温和最低气温如图 4-37 所示。

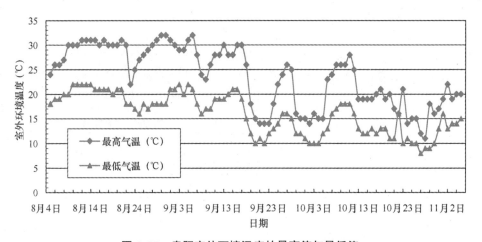

图 4-37 贵阳室外环境温度的最高值与最低值

查阅贵阳市自来水的温度资料可知，此 3 个月内自来水温度的平均值 $t_w$=19℃，取热泵热水器制取的热水温度为设定温度 $t_{set}$=53℃，两天内的耗电量为 $P_{e,2d}$（单位：kWh），则可计算出热泵热水器在采样间隔（2d）内制取的热水热量 $Q_{h,2d}$（单位：kJ）和平均能效比 $COP_{h,2d}$（单位：kJ/kJ）

$$Q_{h,2d} = V_{h,2d} \rho_w c_w (t_{set} - t_w) \tag{4-1}$$

$$COP_{h,2d} = Q_{h,2d} / (3600 P_{e,2d}) \tag{4-2}$$

式中　$V_{h,2d}$——两天的热水用量，L/（2d）；

　　　$\rho_w$——热水的相对密度，$\rho_w = 1.0$kg/L；

$c_w$——热水的比热，$c_w = 4.18\text{kJ/kg}$。

进而可计算出三月内热泵热水器的平均能效比 $COP_{\text{h,3m}}$（单位：kJ/kJ）

$$COP_{\text{h,3m}} = \frac{\sum\limits_{i=1}^{47} Q_{\text{h,2d},i}}{3600 \sum\limits_{i=1}^{47} P_{\text{e,2d},i}}$$

（4-3）

式中，$i$——采样次数，92 天时间，共读数 47 次。

图 4-38 示出了 3 个月内热泵热水器每两天的实际运行数据，包括制备的热水量、

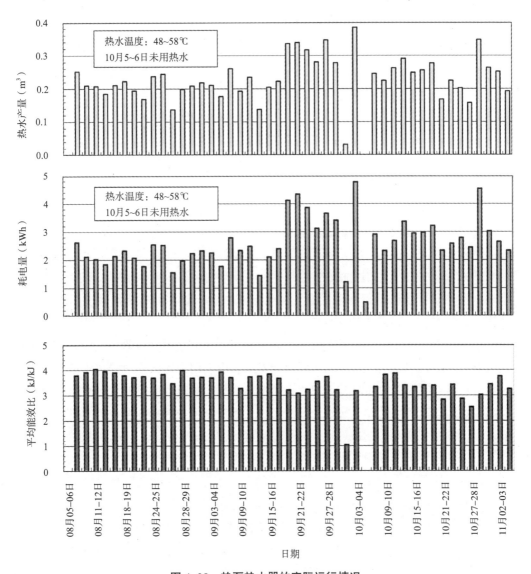

图 4-38　热泵热水器的实际运行情况

耗电量和平均能效比。从图中可以看出，3 个月内该用户的热水使用量为 10.4t，热泵热水器的总耗电量为 119kWh；除 8 月 5、6 日两天未使用热水外，每天使用热水约为 120L/d，耗电量为 1.36kWh；正常情况下，两天内的平均 COP 在 2.5~4.0 之间，扣除储热水箱的漏热损失后，3 个月内的平均 COP 为 3.45。

3）结果分析

分析图 4-37 和图 4-38 的数据，可以得出如下结论：

① 储水箱存在较大的漏热量。为保证储水箱内水温控制在某个温度范围，会增加热泵热水器的运行能耗。即使无须使用热水，只要热水器连接着电源，就会消耗一定的电能，例如：10 月 1~2 日热水用量很小、5~6 日未使用热水，但都需消耗电能，其平均能效比仅为 0~1.0（参见图 4-38）。

② 热泵热水器在外温高时能效比更高。贵阳 8 月份的外温比 10 月份明显偏高（参见图 4-37），对应的热泵热水器的能效比也体现出 8 月高、10 月低的总体趋势（参见图 4-38）。

③ 热泵热水器的容量需根据热水需求量进行选配。对于四口之家，一般而言每天需要 50~55℃的热水用量为 80~160L，故对于我国以 3~4 人为主的家庭，选用 150L 的热泵热水器比较合适。如果热水器容量选择过大，将增加保温用的补热量（漏热量），导致热水器的总体能耗增大。

④ 使用热泵热水器时可适当调低热水温度设定值。人们在实际生活中使用热水的温度一般为 40~43℃，如果将制取的热水温度设定为 45℃，在环境温度为 20℃下，热泵热水器的能效比将比制取 55℃热水时提高约 10%，且由于热水温度降低，储水箱的漏热量减小。值得注意的是，储水箱减小后，蓄存的总热量减小，选型时需适当增大储水箱的容积（约增大 20%）。

⑤ 热水器开发时，不仅应对用户开放热水温度下限的设定权限，还应开放对热泵热水器的启动时间（或用水时间）的设定权限。由于用户每天需求的热水量不大，而热泵热水器的制热能力相对较大，故在研发热泵热水器时，应将储水箱内的最低水温设定和热泵启动时间的设定权限开放给用户，用户则可选择在外温较高时段（如下午 3：00 开始）启动热泵，制取热水，这样可使热泵热水器高效运行，同时减少其漏热量。

（3）热泵热水器在贵阳的全年运行能耗分析

为分析热泵热水器全年能耗，需建立热泵热水器的性能模型和水箱的漏热模型，在此基础上，根据当地的气温、自来水温度和制取的热水温度可模拟分析热泵热水器在贵阳市一年内的运行能耗，并与电热水器进行对比分析，了解其节能效果。

根据上述 92 天的实测试验期间两天内的自来水温度（19℃）、室外空气温度（取两天最高温度和最低温度的平均值）、实际制取热水量、水温（取平均水温 53℃）

为已知条件，用数学模型计算热泵热水器每两天的耗电量，其计算值很好地反映耗电量的变化趋势，模拟总耗电量比实测总耗电量偏小约4%，说明所建模型可以用来分析全年的运行能耗。

以3个月的日平均用水量作为全年的日均用水量，采用典型气象年的逐时外温作为贵阳的气象参数，取自来水温度为19℃、热水温度为53℃，热泵热水器和电热水器全年的运行电耗如表4-6所示。

贵阳市热泵热水器和电热水器全年运行能耗模拟结果　　　　　　表4-6

| 热水器类型 | 热泵热水器 | 电热水器 |
| --- | --- | --- |
| 耗电量（kWh） | 610 | 2150 |

注：电热水器热效率为92%。

从上述实测和模拟分析结果可以看出，8月初~11月初3个月的实测平均COP为3.45，相对于电热水器节能约73%；模拟分析表明，其年平均COP值在3.5以上，相对于电热水器节能约74%。因此，空气源热泵热水器在贵阳地区具有很好的推广应用价值。

### 4.4.7　小结

（1）热水供给已逐渐成为我国住宅建筑的必需功能，降低热水制取和输配的能耗是住宅建筑节能一个不可忽视的组成部分。空气源热泵热水器通过消耗一定的电能，从环境空气中吸热制取热水，相对于电热水器、燃气热水器而言，是一种节能、环保、安全的生活热水制取设备。

（2）空气源热泵热水器的性能与取热环境的温度密切相关，采用分体静态加热式热泵热水器时，应尽量利用午后室外温度较高的时段进行制热，可降低储热水箱的漏热损失，同时提高热泵的制热效率；在寒冷的北方可以采用整体静态加热式热泵热水器，从采暖房间取热，可降低产品造价和研发难度。

（3）直热式、$CO_2$跨临界循环热泵热水器的运行效率高，节能效果明显，今后尚需解决相关技术难题，以推进热泵热水器的技术进步。

## 4.5　地下空间照明 [1]

### 4.5.1　技术介绍

地下车库是住宅小区最主要的公共地下空间，其照明除了满足人们的正常视觉工作需要外，还起到了保证安全、保障人员身心健康的作用。为了提供适宜的光环境，

---

[1]　原载于《中国建筑节能年度发展研究报告2013》第5.9节，作者：罗涛。

地下空间必须提供长时间甚至24小时全天候的照明,照明能耗高,具有巨大的节能潜力。

为了节约能源,同时改善地下空间的光环境,天然采光是首选的节能措施。传统的采光方式包括采光窗、采光天井以及下沉式庭院等,对于浅层的地下空间,这些措施可以将天然光直接引入到室内,因而减少了照明用电。然而,由于受到建筑和地下空间设计中多方面因素的制约,这些措施可以应用的场合以及影响的区域都有限。导光管采光系统作为一种新的技术,克服了传统采光方式的缺陷,可将天然光通过长距离的管道输送到室内,特别适合为无窗建筑或者地下空间提供照明。该系统收集室外的天然光,通过多次反射和长距离传输,再由漫射器将天然光均匀分布于室内进行照明。

### 4.5.2 具体技术及装置

导光管采光系统主要是由集光器、导光管以及漫射器三部分组成,如图4-39所示。集光器的作用是收集光线,阻挡紫外线以及灰尘和雨水进入。

为了提高光的采集效率,通常制作成半球形,有时还设置反射部件和棱镜装置以充分利用直射日光,如图4-40所示。导光管作为传输光线的管道,通常采用的是无缝圆筒状构造,内表面为高反射材料(反射比通常在0.95以上),管道的长度根据工程的实际需要确定,通常可达到3~5m,特殊需要时甚至可达

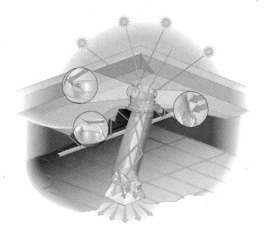

**图4-39　导光管采光系统结构示意图**

到8m左右。漫射器的作用是将光均匀地分配给室内空间,通常采用半透明或棱镜材料,或采用经特殊设计的菲涅耳透镜,以提高效率。

小管径系统　　　　大管径系统

**图4-40　常见的系统形式**

导光管系统的效率随管道长度的增加而降低，随管壁材料反射比的增加而提高，如图 4-41 和图 4-42 所示。

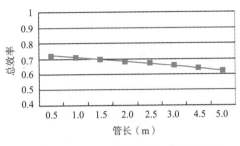

图 4-41　导光管系统总效率与管长的关系

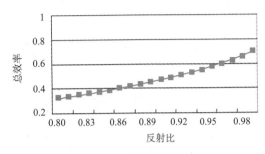

图 4-42　导光管系统总效率与管壁反射比的关系

系统具有较高的光传输效率，在管长为 1.2m 左右时，系统效率能达到 70%。同时具有较好的热工性能。目前，导光管系统的相关技术已较为成熟，实现了产品的商品化和标准化，在国内外的许多项目中得到了广泛应用。

### 4.5.3　技术适用性

导光管采光系统可同时收集天空漫射光和直射日光，适用于我国的大部分地区。我国的天然光资源较为丰富，全年平均每天的天然光利用时数可达 8.5h 以上；但我国地域广大，不同地区的天然光状况差异也较大，根据室外年平均总照度水平可划分为 5 个光气候区。

其中，Ⅰ类光气候区包括西藏和青海部分地区，天然光资源最为丰富；而 Ⅴ 类光气候区则主要是四川和贵州等地，天然光资源较其他地区较为缺乏。为了直观地比较导光管采光系统在不同地区应用时的性能，这里以直径 530mm 管径的导光管系统为例，给出了其在达到同样照明效果时的天然光可利用时数，如表 4-7 所示。

导光管在不同气候区应用时的性能对比　　　　表 4-7

| 光气候区 | 典型城市 | 照明效果 | 天然光利用时数（h） | |
|---|---|---|---|---|
| | | | 全年 | 每天 |
| Ⅰ | 拉萨 | 40W 荧光灯 3200lm | 3410 | 9.3 |
| Ⅱ | 呼和浩特 | | 2894 | 7.9 |
| Ⅲ | 北京 | | 2689 | 7.4 |
| Ⅳ | 上海 | 40W 荧光灯 3200lm | 2345 | 6.4 |
| Ⅴ | 重庆 | | 1834 | 5.0 |

注：导光管采光系统的系统效率为 65%。

在直射日光特别强烈的地区或时段内，为避免室内过亮造成强烈的对比，有时在导光管采光系统的末端还增加了光线调节装置，或者在集光器顶部的内侧设置棱镜，以抵挡夏季正午时接近天顶的直射日光，将室内照度维持在相对稳定的水平，如图 4-43 所示。

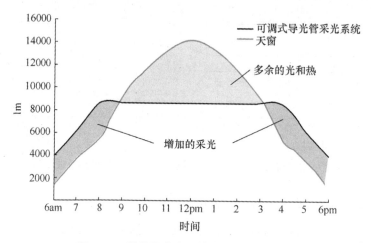

图 4-43　维持恒定光通输出的导光管系统

### 4.5.4　相关案例

（1）项目概况

该项目地处北京市海淀区北部，项目总规划面积 10.7 万 $m^2$。小区地下车库的屋面类型属于钢筋混凝土结构，层高 3.6m，地面覆土层厚 3.0m，共采用 68 套导光管系统在白天为 6800$m^2$ 的地下车库提供照明。

（2）实际效果

图 4-44 是该系统应用的实际效果，通过合理设置，导光管采光系统与周围景观实现了协调统一，同时也保证了照明的效果，如图 4-45 所示。业主对工程的实际效果感到满意，认为在实现照明节能的同时，改善了地下车库的光环境，提升了地下空间的环境品质。

图 4-44　室外景观效果

图 4-45　室内照明效果

（3）照度分布

根据地下车库的使用要求，其室内平均照度不应低于50lx，采光系数约为0.4%。根据室外天然光照度的变化，其全年照度分布情况如图4-46和图4-47所示。

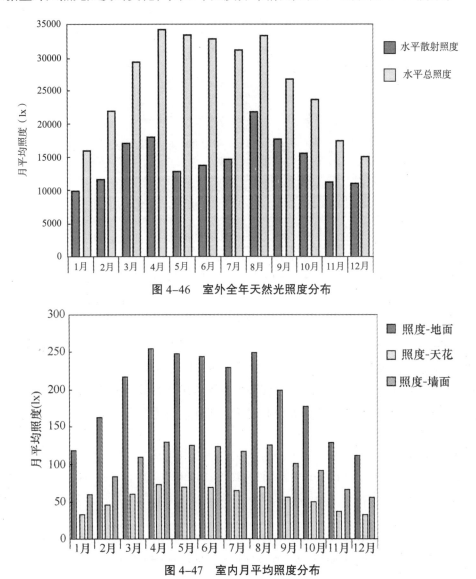

图4-46　室外全年天然光照度分布

图4-47　室内月平均照度分布

在白天天然光充足的时段，导光管系统可为地下车库提供足够的照明，而不需要人工照明。

（4）节能经济性分析

根据全年的室内照度分布情况，可以得到由采光为地下车库提供照明的时间，进而计算照明节能的效果，如图 4-48 所示。

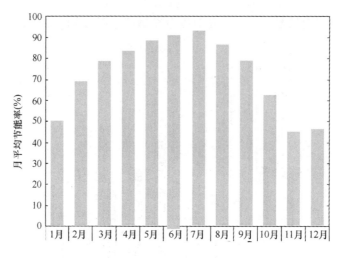

图 4-48　各月的照明节能率

经计算，在 7：00~18：00 主要的采光时段内，导光管系统每年可减少 72.7% 的照明用电，能为地下车库提供平均每天约 8h 的照明，全年可节约用电 99280kWh。同时，由于减少了人工照明的使用，可延长照明器具的使用寿命，每年减少维护费用约 5000 元。按电费 1 元 /kWh 计算，全年节约费用为 10.43 万元，导光管系统的初期投入总共为 38.18 万元，因而项目的投资回收期为 3.7 年。

除住宅小区的地下车库外，导光管采光系统应用于其他需要长时间照明的场所，也具有较好的节能和经济效益，如公共建筑、工业厂房等。

## 本章参考文献

［1］展圣洁.民用分体式空调室外机安装条件对散热影响的研究［D］.杭州：浙江大学，2012.

［2］胡军，王长庆，徐晓环.某高层建筑空调室外机组的散热模拟与优化［J］.建筑节能，2009，10：31-34.

［3］郑瑞澄.民用建筑太阳能热水系统工程技术手册［M］.北京：化学工业出版社，2006.

［4］周子成.二氧化碳热泵热水器［J］.制冷与空调，2005，5（4）：9-18.

# 第5章 农村住宅节能技术辨析

## 5.1 建筑本体节能技术 ❶

### 5.1.1 围护结构保温技术 ❷

建筑围护结构保温是降低建筑冬季采暖需求的重要途径，是实现北方采暖"无煤村"的重要基础。在冬季，建筑的墙体、屋顶、地面、门窗都会向室外传热，因此应针对每一个部位采用合理的保温措施。

**图 5-1 传统窑洞所采用的厚土坯墙**

由于农村居民的生活模式、农宅建筑形式、农村地区资源条件等与城镇地区有着巨大的差异，所以农宅的围护结构保温不应该简单照搬城镇的做法，而应体现农村特色，特别要注重就地取材，因地制宜。

适用于墙体、屋顶等不透明围护结构的保温技术可大致分为以下三种类型：

（1）生土型保温技术

指采用当地的土、石、秸秆、稻壳等低成本材料加工而成的保温材料，例如：

---

❶ 原载于《中国建筑节能年度发展研究报告2012》第4.1节。

❷ 作者：单明，杨铭。

1）土坯墙。土坯是用黄土、麦秸或稻草等混合而成，夯实成为四方的土块。用土坯砌成的墙体一般较厚，有些可达 1m 左右，能够同时满足承重和保温的要求，如图 5-1 所示。1.5m 厚的土坯墙传热系数仅为 0.5W/（m²·K），约为 370mm 砖墙传热系数的一半。而且土坯墙属于重质墙体，蓄热性能好，可以有效减缓室内温度波动。但是，土坯材质的墙体容易粉化，需要定期维护。而且，由于传统土坯房一般外观不美观，通风以及采光条件差等因素，使得土坯房在许多农村居民的眼中是落伍的。但是，可以通过材料的改进，调整房屋结构措施等改善土坯房室内环境问题，使这种传统建筑材料符合现代生活。

2）草板和草砖墙。草板或草砖是将稻草或者麦草烘干后，通过机械压制而成的一种新型建筑材料，用这种材料搭建的房屋也叫草板房或草砖房。干燥的稻草的导热系数为 0.1W/（m·K）左右，与水泥珍珠岩（一种保温材料）的导热系数相差不多，因此草板或草砖的保温性能好，330mm 厚的草砖墙的传热系数仅为 0.3W/（m²·K），是 370mm 砖墙传热系数的 1/3。此外，草砖或者草板墙体还具有造价低、选材容易、不破坏环境、重量轻等优点。

草板或草砖一般不能够承重，所以草板或草砖房一般采用框架结构，如图 5-2 所示。在框架结构中填充草板或草砖，而后整理墙体表面，确保墙体垂直和平整，除去多余的稻草，用草泥填满缝隙，最后在墙体两侧采用水泥砂浆抹灰。根据用户需要，在墙体内外表面贴饰面层。在制作和施工过程中，要注意草砖或草板的防虫、防燃、防潮等问题。

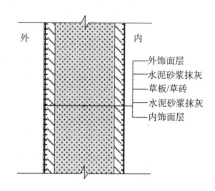

**图 5-2　草板墙**

目前，草砖、草板已经在新农村建筑的部分地区有相应的示范工程建成。例如，黑龙江地区的轻钢龙骨结构纸面草板节能房，其单位建筑面积的整体造价为 600~700 元 /m²，造格比传统砖瓦房略低。

3）生物质敷设吊顶保温。对于有吊顶的农宅房间，在吊顶上敷设保温材料可以有效降低屋顶的热损失。农村地区丰富的稻壳、软木屑、锯末等都具有良好的保温性能，而且价格低廉，如果能够充分利用这些材料实现吊顶保温，可对降低屋顶传热损失起到积极作用。例如，在 10mm 石膏板（常用的吊顶材料）上敷设

100~150mm 厚的稻壳，吊顶的传热系数可由原来的 5.7W/（m²·K）减小至 0.8W/（m²·K）。这类屋顶的做法如图 5-3 所示，将稻壳、软木屑、锯末等散状材料平铺在吊顶上，平整后在其上面附加一层纸质石膏板。这种做法已经在一些北方农宅中实施，通过测试发现，采用该类保温吊顶的屋顶的传热系数基本小于 1.0W/（m²·K），具有较好的保温性能。与草板墙或草砖墙相同，该吊顶保温技术仍采用生物质作为保温材料，要注意生物质材料的防潮、防虫、防燃的问题。

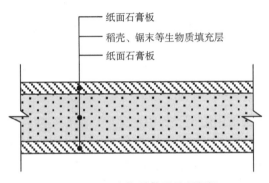

纸面石膏板
稻壳、锯末等生物质填充层
纸面石膏板

图 5-3 生物质敷设吊顶保温

4）坡屋顶泥背结构层保温。双坡屋顶是我国北方农宅常见的一种屋顶形式。结构形式一般是沿房屋进深方向，用柱子支撑大梁，大梁上再放置较短的梁，这样层层叠置而形成梁架。梁架上的梁层层缩短，每层之间垫置较短的蜀柱及驼峰。最上层梁上板的中部，立蜀柱或三角形的大叉手，形成一个类似三角形屋架的结构形式。在这一层层叠置的梁架上，再在各层梁的两端及最上层梁上的短柱上架设中等粗细的檩子，在檩间架设更细的椽子，然后在椽子上依次铺设望板，做泥背，挂屋面防水构件，从而形成一个双坡屋顶的建筑物。屋面防水构件可以采用瓦片或瓦楞铁等，如图 5-4 所示。

（a） （b）

图 5-4 采用不同屋面材料的坡屋顶

（a）瓦片屋面；（b）瓦楞铁屋面

泥背的制作是将泥浆、石灰等用水混合后经碾压而成，并添加少量麦草或麻刀等起到连接作用，以增强整体牢固性。实际施工时还可以向其中添加部分煤灰、麦糠、稻壳等材料，这样既能够增加泥背层的保温性，还能减少整个屋顶的重量。

　　为了进一步提高坡屋顶的保温性能，可以在屋顶结构层内增加一些农村当地的生物质材料，如采用厚度约为 10cm 的芦苇、麦秸等编织成的草苫，像盖"棉被"一样均匀地覆盖到原来的望板上方，然后再做泥背，挂防水构件。这样的屋面将具有良好的保温、隔热以及蓄热性，它对外界的高温和严寒天气都具有防御能力，使室内温度保持恒定、冬暖夏凉。图 5-5 给出了该形式屋顶结构层保温做法的示意图，实际应用时可以向草苫喷洒少量生石灰或者氯化磷酸三钠稀溶液，以达到防霉、防虫的效果。

　　（2）经济型保温技术

　　在不具备条件或无法采用生土类保温的地区，可根据实际情况采用一些低成本的经济型保温方式。以下给出两个经济型保温吊顶和屋面的例子。

　　1）保温隔热包。保温包是由珍珠岩或者聚苯颗粒制成的厚度大于 100mm 的保温层，可以在传统坡屋顶吊顶内增铺这种保温包，从而提高屋面的保温性能，如图 5-6 所示。这种做法具有施工速度快、轻质、保温性能好和造价低等优点。传统坡屋顶采用 100mm 厚袋装胶粉聚苯颗粒进行吊顶保温处理后，其传热系数可由 1.64W/（$m^2 \cdot K$）降低到 0.9W/（$m^2 \cdot K$）。该项技术措施更适用于既有农宅节能改造时采用。但是，这种技术对吊顶上的铺设空间要求较高，且施工过程中要求铺设均匀、不留缝隙，确保施工质量，以避免热桥产生。

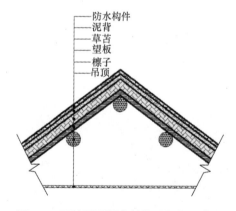

图 5-5　双坡屋顶泥背结构层保温示意图

图 5-6　聚苯颗粒保温包

　　2）泡沫水泥保温屋面。泡沫水泥保温屋面是以废木材、废刨花板、秸秆、荒草、树叶和谷壳等各类农业废弃物为原料，辅以添加剂，并在传统灰泥屋顶上采用现场发泡技术施工而成。该项技术措施适用于新建农宅和既有农宅的节能改造工程。在施工过程中,将秸秆等农业废弃物(原料)、菱镁水泥(基料)和添加剂(改性剂和发泡剂)等按照一定的比例,经混合、搅拌,在传统灰泥屋顶上发泡生成200mm厚(厚度可根据所在地区气候条件确定)泡沫水泥保温层。200mm厚泡沫水泥保温屋面的传热系数可小于0.68W/(m²·K)。现场发泡水泥具有轻质、保温性能好、防火性能好、原材料价格低廉、来源充分、施工效率高等优点。同时,避免了秸秆、荒草、树叶等燃烧时对环境的污染,有利于综合利用废旧资源,节能环保,具有资源综合利用价值。

(3)新型保温技术

指采用新型建材、新型保温材料对围护结构进行保温的技术。这类保温技术相对于生土型保温和经济型保温技术成本更高一些,比较适用于一些经济水平较高的地区。下面简要介绍两种新型墙体材料及其相应的保温技术。

1)新型保温砌块墙体。新型保温砌块相对于传统的保温砌块来说,通过优化原材料及配比,来减小砌块壁厚,增大保温材料层厚度,选择导热系数低、自重轻和吸水率低的保温材料进行内部填充,从而提高新型砌块保温效果,为了避免传统保温砌块在砌筑过程中的热桥问题,采用不同平面形式块型,通过相互连嵌的端部阻断热桥。

图5-7给出了两种新型保温砌块构造示意图。其中T形保温砌块是经过优化原材料及配比并减小砌块壁厚,选择导热系数低、自重轻和吸水率低的保温材料进行内部填充,通过改变填充的保温材料层的厚度来满足不同的保温要求,如图5-7(a)、(b)、(c)所示。SN型保温砌块(图5-7d)是在砌块主体延伸的凸起空腔内填充保温材料,当砌块连锁搭接时,相邻砌块的凸起交错契合,从而使得砌块砌筑的墙体中保温层交错搭接,不会形成热桥,保温效果好。此外,新型保温砌块通过特殊构造,以膨胀聚苯板为芯材,满足了节能要求。保温材料设于砌块内部,寿命得以延长。

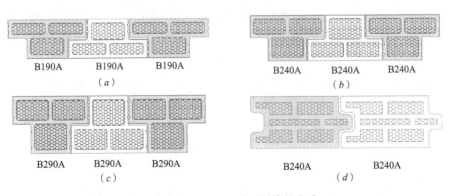

**图5-7 新型保温砌块及其嵌接方式**

(a)T形;(b)T形;(c)T形;(d)SN型

2）结构保温一体化墙体。钢模网结构复合墙体是通过模网灌浆的方式、利用膨胀聚苯板作为保温层的结构保温一体化墙体。这种墙体是由有筋金属扩张网和金属龙骨构成墙体结构，采用模网灌浆工艺及岩棉板等保温材料构成的，其做法如图5-8 所示。这类墙体的突出优势在于利用一体化结构，避免了墙体热桥，而且强度高，抗震性能好，另外具有施工速度快、轻质等特点。但是这类技术应用时间相对较短，且对施工质量要求较为严格，因而其造价比一般的苯板外保温墙体高。

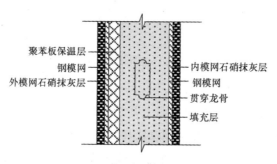

聚苯板保温层
钢模网
外模网石硝抹灰层

内模网石硝抹灰层
钢模网
贯穿龙骨
填充层

图 5-8　钢模网构造示意图

除了墙体、屋顶外，门窗也是建筑围护结构中的重要部件，它具有采光、通风、视觉交流和装饰等多种功能。在白天太阳照射时，窗玻璃是重要的直接获得太阳能的部件；而在夜间或者阴天时，门窗又会向室外传热。此外，门窗还是冷风渗透的主要部件。因此，必须采取有效的措施改善门窗的保温性能，以减少门窗冷风渗透损失及传热损失。

适用于门窗的保温措施主要有以下几种方式：

1）选择保温性能好的外窗

门窗型材特性和断面形式是影响门窗保温性能的重要因素之一。框是门窗的支撑体系，可由金属型材、非金属型材或复合型材加工而成。金属与非金属的热工特性差别很大，木、塑材料的导热系数远低于金属材料。其中，PVC 塑料窗和玻璃纤维增强塑料窗具有良好的保温隔声性能和价格相对低的优势，较为适合农村地区使用。一般 PVC 双层玻璃窗的传热系数为 2.8W/（m²·K），相对于传统的单层木窗（传热系数 5.0W/（m²·K）左右），可有效降低外窗的冬季热损失。

此外，外窗的气密性也是保温性能的重要指标，气密性越好的外窗，房间冷风渗透量越小，越有利于房间保温。例如，平开窗的气密性要好于推拉窗，在严寒以及寒冷地区，宜采用平开窗。在20世纪70~80年代搭建的农宅多采用平开木窗，但由于年久失修，窗缝增大，造成外窗的气密性变差，在此种情况下，除了更换气密性更好的 PVC 双层玻璃平开窗外，还可以在窗缝上贴密封条，通过较为经济的方式提高外窗的气密性。

2）采用保温窗帘

窗帘不仅仅是室内装饰品，起到隐蔽、遮挡作用，它还起到非常重要的保温作用。在寒冷的冬季夜间，窗帘既可遮挡低温窗面造成的冷辐射，增加窗的保温性能，减小窗的热损失，还能降低房间的换气次数。如图 5-9 所示的带有反射绝热材料的保温窗帘，可以使冬季农宅采暖负荷减少 10%～15%。

3）采用多层窗

采用多层窗，其目的不仅仅是增加玻璃的厚度，更重要的是窗与窗之间可以形成一定厚度的空气层，这个空气层具有很好的保温效果。我国北方地区由于冬季十分寒冷，宜采用双层窗，如图 5-10 所示。在一些十分寒冷的地区，还可以采用三层玻璃窗。根据实测数据表明，在室内外温差 44℃时，三层玻璃窗内表面温度比双层玻璃窗的内表面温度高 3℃以上。

4）增加门斗

门斗是在建筑物的进出口设置的能够起到挡风、御寒等作用的过渡空间，门斗可以有效减少室内由于人员进出造成的冷风渗透，是东北地区传统民居常用的一种外门保温措施。

图 5-9　保温窗帘

图 5-10　黑龙江地区农宅使用的双层窗

### 5.1.2　北方地区的集热蓄热墙技术 ❶

被动式太阳能技术是可不依靠任何机械动力通过建筑围护结构本身完成吸热、蓄热、放热过程从而实现太阳能采暖的技术，适用于太阳能资源丰富的地区。传统的被动式太阳能技术有以下三种形式：直接受益式、集热蓄热墙式和附加阳光间式。从 20 世纪 80 年代开始，国内许多科研院所对这些被动式太阳能应用方式进行了细致深入的研究，建立了相关模型以及优化技术。在原有基础上，近年来又开发了一些新型的集热蓄热墙技术，因为使用过程无需额外动力，或者仅消耗非常少的风机

---

❶　作者：陈滨，张雪研，朱佳音，索健。

电耗，因此也可归属于被动式太阳能技术。下面简要介绍两种集热蓄热墙技术。

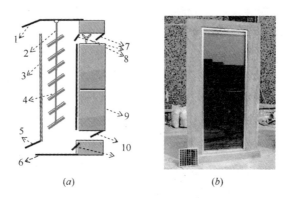

(a)　　　　　　　　　　(b)

图 5-11　新型百叶集热墙结构及外观示意图

（a）百叶集热墙结构；（b）百叶集热墙外观

1—室外上侧出风口；2—连接杆；3—透光盖板；4—百叶；5—室外下侧进风口；

6—框架；7—室内上侧出风口；8—风机；9—墙体；10—室内下侧进风口

（1）新型百叶集热蓄热墙

新型百叶集热墙的结构及外观如图 5-11 所示，其中百叶帘是可控的，由 3mm 厚的普通白色玻璃盖板、105mm 厚的空气夹层、悬挂在空气夹层中可任意调节角度的铝合金百叶帘和 250mm 厚的实心砖墙组成。该系统可利用太阳能实现建筑采暖和墙体遮阳，并且同时具备集热和蓄热的功能。根据实验数据显示，对保温良好的单体农宅，系统运行时，冬季室温可以提升大约 5℃。

（2）新型孔板型太阳能空气集热墙

新型孔板型太阳能空气集热墙由采暖模块、蓄热模块、新风模块三部分组成，如图 5-12 所示。在冬季，这三部分模块是独立运行的。冬季白天太阳辐射较强时，

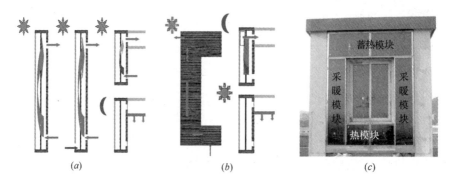

(a)　　　　　　　　(b)　　　　　　　　(c)

图 5-12　新型孔板太阳能集热空气集热墙示意图

（a）冬季；（b）夏季；（c）与建筑集成外观

开启通风器，室外新风由通风器进入新风模块，再经过采暖模块预热后通过送风口送入室内。同时开启蓄热模块风机，间层空气通过回风口进入蓄热模块，经模块加热后送回屋顶蓄热层内，热量一部分释放，一部分蓄存于楼板内在夜间释放。夏季，在蓄热模块开排气孔，将模块内部的热空气排至室外。夜间利用蓄热模块的开孔，引入室外凉爽空气送至楼板，进行结构体蓄冷，降低白天的室内温度。

### 5.1.3 南方地区的被动式隔热技术 ❶

在南方地区，夏季炎热潮湿，通过对建筑本体热性能的改善来实现被动式隔热，改善室内热环境。针对不同的围护结构类型，有不同的被动式隔热技术。例如，可以采用外遮阳等方式来实现夏季隔热，通过建筑布局的改善实现夏季自然通风、遮阳等。下面着重针对墙体和屋顶介绍一些被动式隔热技术。

（1）种植墙体与种植屋面

所谓种植墙体或种植屋面指的是通过种植攀缘植物覆盖墙面或屋面，利用植物叶面的蒸腾及光合作用，吸收和遮挡太阳辐射，降低外墙或屋面温度，进而减少外墙或屋面向室内的传热，达到隔热降温的目的，如图 5-13 所示。

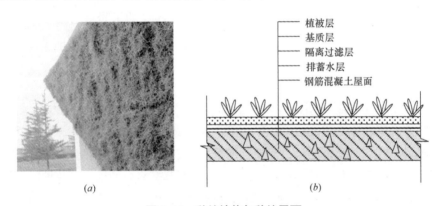

**图 5-13 种植墙体与种植屋面**

（a）种植墙体；（b）种植屋面结构

爬山虎是一种绿色攀缘植物，比较适用于种植墙体。通过实地测试发现爬山虎可以遮挡 2/3 以上的太阳辐射，降低墙体外表面温度。而且冠层内风速为冠层外风速的 15%，挡风作用可阻挡白天高温空气向墙面对流传热。佛甲草是一种景天科属植物，具有根系浅，抗性强，耐热、耐旱、耐寒、耐瘠薄、耐强风、耐强光照，抗病虫害能力强等特点，适用于种植屋面（图 5-14）。

---

❶ 作者：马雅，赵立华，金玲，高云飞，贾佳一。

图 5-14　爬山虎与佛甲草

（a）爬山虎；（b）佛甲草

种植屋面较种植墙体来说，更为复杂一些，其构造和做法要保证植物生长条件和屋面安全，一般在屋面防水保护层上铺设种植构造层，由上至下分别为绿化植物层、种植基质层、隔离过滤层、排（蓄）水层等，构造层如图 5-13（b）所示。在施工过程中，必须考虑到种植屋面的结构安全性、防水性以及降温隔热效果。

种植墙体和种植屋面的隔热效果也已经被大量实验以及理论所证实。实测数据表明，当室内不采用空调降温的情况下，采用种植屋面的房间空气温度要比采用普通屋面房间的空气温度低 3℃ 左右，而且屋顶内表面温度较普通屋面低 4℃，明显改善了室内热环境。

（2）通风瓦屋面

岭南传统民居屋面通风瓦技术也是南方地区屋顶隔热的一种典型形式。岭南传统民居大部分为双坡硬山屋面，采用木屋架上覆陶瓦（又称素瓦）。一般做法为：木屋架上放檩条，檩条上面钉桷板，桷板上覆板瓦，上面再盖筒瓦，筒瓦内外覆灰浆层，用以固定筒瓦和板瓦（如图 5-15 所示）。这种屋面具有良好的综合隔热性能，岭南传统建筑屋面材料本身的热工参数并不具有隔热优势，而是这些热工性能普通的瓦片相互组合形成了一种含有活跃空气层，同时兼有通风与遮阳综合效果的隔热结构层，达到建筑隔热的目的。板瓦的铺设方法一般都为叠七露三的形式，有瓦片铺设层数的差

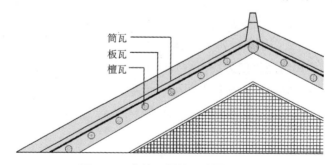

图 5-15　传统民居的双坡覆瓦屋面

别。铺设的瓦片层数越多，室内的热环境越好，但造价比较高，屋面荷载也大。

筒瓦与普通板瓦屋面的主要不同在于筒瓦中的空气层。在白天，屋面构造中的空气层可以大大提高屋面的热阻，增强屋面的隔热性能。在夜晚，由于空气的热惰性极小，屋面温度能够快速下降，改善夜间室内热环境。

此外，瓦垄与瓦坑高低错落，在高出的瓦垄的遮掩下，瓦坑常常处于阴影中（图5-16），这种明暗相间的遮挡，起到了改善屋面隔热与室内热环境的效果。

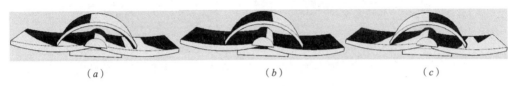

（a）　　　　　　　　　（b）　　　　　　　　　（c）

**图 5-16　夏至日瓦垄与瓦坑阴影示意图**

（a）9 点时的阴影；（b）12 点时的阴影；（c）15 点时的阴影

通过对岭南地区典型农宅的测量数据分析表明：在白天，屋面内表面的温度远远低于外表面的温度，最大温差可以达到 23℃。在夜间，依靠瓦片之间的自然通风，有效降低了室内温度和屋面内表面温度，可以使建筑室内温度与室外温度几乎相当。因此，这种通风瓦屋面有效阻隔了室外热量的流入，适合南方地区，尤其是夏热冬暖地区。

## 5.2　典型农村采暖用能设备

### 5.2.1　省柴灶技术 [1]

（1）农村传统旧灶的主要问题

炕连灶系统是农村地区典型的炊事以及采暖系统，柴灶是该系统的重要组成部分。传统的炊事柴灶热效率低，一般不超过 20%，并且释放大量的污染物，包括颗粒物、一氧化碳、多环芳烃和黑炭等，不仅造成生物质能源的巨大浪费，也严重影响了室内空气品质，给长期暴露在厨房的妇女儿童造成严重的健康影响。传统柴灶主要问题包括：一高（高度高），两大（大灶门，大灶膛），三无（没有灶箅子，没有通风道，有的没烟囱）（图 5-17、图 5-18）。因此引起的弊病是：由于吊火高，火的外焰只能燎到锅底，导致锅底与燃烧面的接触面积少，不能有效加热锅体；由于灶膛大，柴草燃烧火力不集中，造成能源浪费；灶门大，冷空气直接从灶门进入灶膛而降低灶膛温度；没有灶箅和通风道，空气就不能从灶箅下进入灶膛与柴草混合，易造成不完全燃烧；

---

❶　原载于《中国建筑节能年度发展研究报告2012》第4.2节，作者：刘广青，陈晓夫，张伟豪。

没烟囱，柴草燃烧产生的烟气只能从灶门排出，恶化室内空气品质。

图 5-17 农村传统柴灶图

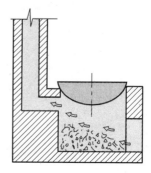

图 5-18 农村传统旧灶的结构图

（2）节能灶的设计

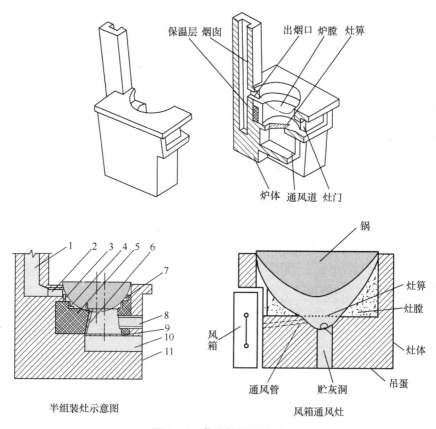

半组装灶示意图

风箱通风灶

图 5-19 节能灶的结构图

1—烟囱；2—出烟口；3—拦火圈；4—三爪锅支架；5—保温层；

6—灶膛；7—回烟道；8—灶门；9—灶箅；10—通风道；11—灶体

节能灶和传统旧灶的主要区别在于利用科学的燃烧技术对炉灶的燃烧室、烟囱、拦火圈、进风道等炉灶结构和部件进行合理设计，使得燃料可以充分燃烧并能向炊事输送更多的热能，同时还能保持较低的污染排放。因此，节能灶设计应注意三个关键点：促进燃料燃烧完全、提高热效率、防止倒烟。

本节所介绍的节能灶的结构示意图如图5-19所示。以下分别从燃烧室、烟囱等部件结构的设计入手，探讨如何设计节能灶。

1）灶膛设计

灶膛是省柴灶的"心脏"，灶膛的好坏，涉及是否能够促进燃料燃烧完全，提高热效率。为了实现这两个目标，应对灶膛内的吊火高度、燃烧室、拦火圈、炉箅子等进行合理设计。

①吊火高度。确定吊火高度就是为了使火的中焰与锅底接触，由于火焰的中焰层温度最高，锅底与中焰接触，易提高锅的温度，进而提高热效率。吊火高度是指锅底中心与灶箅之间的距离（图5-20），该高度与使用锅的大小和使用燃料种类有关。一般农户灶，

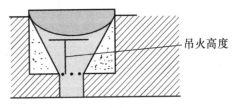

图5-20 吊火高度结构示意图

直径500~600mm，对应得到的烧草灶的吊火高度为16~18cm，烧木灶的吊火高度为13~15cm。

②燃烧室。燃烧室也叫炉芯，指的是灶箅上部到拦火圈下部之间的部位。常见的燃烧室是长方筒形（图5-21），这种燃烧室适合烧薪柴。另一种常用的燃烧室是圆筒形（图5-22），大致有喇叭形、圆柱形、鼓形等几种形式，其特点是燃烧的火力比较集中，有利于提高燃烧热效率。大多数烧草的炉灶都不另设燃烧室，就靠烧火过程存积灰渣形成的临时燃烧室，既起到缩小灶膛容积的作用，又起到保温、防止灶膛热量散失的作用，结构简单，制作容易。

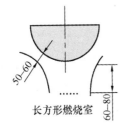

图5-21 长方形燃烧室
结构示意图

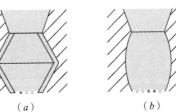 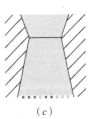

（a） （b） （c）

图5-22 圆筒形燃烧室示意图

（a）圆筒形；（b）腰鼓形；（c）鼓形

③拦火圈（图5-23）。是指燃烧室上部和锅之间的部位，起到调整火焰和烟气流动方向，合理控制流速的作用，延长可燃烟气在灶内的燃烧时间。拦火圈与锅之间的间隙是否合适通过试烧来检查。如果灶膛火不旺，黑烟多而从灶门喷火，说明拦火圈过高，与锅壁间隙太小；如果火焰偏向烟囱方向，而不是扑向锅底中心，说明拦火圈太低，没起到拦火的作用。可以利用黏土掺麻刀或头发、保温材料、黄泥等材料制成拦火圈，价格低廉，经久耐用。

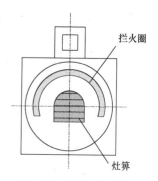

图5-23　拦火圈示意图

④回烟道与出烟口。设置回烟道（图5-24）是为了增加烟气在锅底停留的时间，以便使得锅能够吸收更多的热量，提高热效率。回烟道也被称为回风道，有明烟道与暗烟道之分。一般有暗烟道的灶膛内就不再设置拦火圈，主要依靠烟孔位置和孔径大小来调节烟气的气流组织。在砌筑烟道时应尽量增加锅底的受热面。只要灶膛边缘能够支撑住锅的重量（包括食物重量），应尽量缩小灶体与锅的接触面积，增加烟气与锅底的接触面积，进而增大受热面，提高热效率。

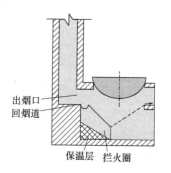

图5-24　回烟道示意图

出烟口，在一些地区也被称为喉咙口。出烟口能够增加烟气流动的动压，进而增加烟气在出烟口处的流速，这样可以增加灶膛内的静压差，起到引射作用。出烟口会增加烟气流动的阻力，如果阻力过大，易出现倒烟现象，因此出烟口的横截面积大小，要根据烟囱的抽力和灶膛的大小来定。出烟口的位置在灶膛的上部、形态以扁宽为宜，不宜高窄。

⑤进风道。灶箅以下的空间称为进（通）风道，它的作用是向灶膛内输入适量的空气，使得氧气与柴草能够充分混合。此外，进风道还有贮灰的作用。进风道有多种类型，如平形、弧形等（如图5-25所示）。一个五口之家的灶，进风道截面积为12mm×12mm即可。在进风道口加个插板可以控制进风量的大小，不烧火时将插板推入，有利于灶膛保温。

⑥灶门。灶门也叫加柴口，柴草是从灶门进入灶膛的。灶门的大小、位置的高低，直接影响燃料燃烧效果。灶门一定要有挡板，在添柴时打开，其余时间要关着，其目的是减少冷空气从灶门中进入，进入灶膛的风（空气）应从进

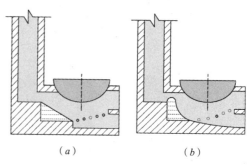

图5-25　进风道示意图

（a）平形；（b）弧形；

风道进。灶门应低于出烟口 3~4cm。

⑦灶箅子。灶箅子也被称为炉箅子、炉排、炉栅、炉桥等,如图 5-26 所示。空气一般通过灶箅子与柴草混合,空气能够与柴草混合均匀,则与灶箅子的空隙大小有密切关系。如果灶箅子空隙面积过小,则易导致烟气系统阻力过大,空气供给不足,如果烟囱抽力不够,则易导致倒烟。如果空隙面积过大,则易使得灶膛温度降低,增加排烟热损失。因此,灶箅子的尺寸以及安装需要根据烟囱的抽力大小以及锅的尺寸确定。

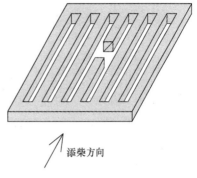

添柴方向

图 5-26　炉箅子

一般情况下,灶箅子的安装位置以锅脐为中心,箅子全长的 1/5~1/3 朝向烟囱,4/5~2/3 背向烟囱。从灶门外向里倾斜安装时最好有个角度,12°~18° 为宜。灶箅子齿条之间的间隙大小与烧的燃料有关,如果是烧柴灶,间隙为 10~15mm。灶箅子的摆放位置的方向也与所烧燃料有关,烧煤的灶箅添煤方向与齿条平行,烧柴草的灶箅添柴方向与齿条垂直。

⑧二次进风。在控制一次进风量的条件下,设置二次风可使燃料得到更充分的燃烧。对二次风应给予预热,以避免降低灶膛温度而引起燃料燃烧不完全。有的柴灶在灶膛外侧安装二次进风管,并与带有若干小孔的一次风环连接,如图 5-27 所示。但目前二次进风技术还有待进一步研究。

⑨灶膛保温。应采用保温材料减少灶体热损失,提高热效率。利用炉灰渣、草木灰、稻壳灰等保温材料,在灶膛和灶门之间增加 5cm 宽的保温层,以及填充在灶体上,有效降低灶体热损失。

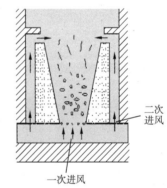

二次进风

一次进风

图 5-27　二次进风示意图

2)节能灶的通风方式

强制通风方式,是利用风箱或鼓风机加强灶内的烟气流动。根据通风方式,又分为前拉风灶和后拉风灶。拉风灶完全靠烟囱的抽力而拉动空气进入灶膛助燃,不用鼓风机或风箱,目前在各地农村普遍使用。在我国南方农村习惯使用前拉风灶,但由于烟囱在灶门的上方,致使拦火圈与灶膛上部之间的间隙不易调整,可燃烟气来不及充分燃烧就被烟囱抽走,并且灶在厨房内占地面积也比较大;北方农村习惯用后拉风灶,烟囱在后灶门之前,放置拦火圈方便,有助于延长可燃气在灶膛里停留时间,而且灶体放在厨房的一侧或一角,烟囱顺墙而上,占地小。因此,建议采用后拉风灶。

3）烟囱

无论烧什么燃料，烟囱都起很大的作用。烟囱可以产生抽力，以克服灶箅燃料层和通风道的阻力，保证灶膛内空气的供给，同时把烟气中的烟尘等有害物质排往室外。烟囱的高度宜高出房脊 0.5~1.0m，过高的烟囱对增加抽力效果并不十分明显。另外，一般农户家中烟囱的位置是固定的。屋顶处空气涡流的影响有时会导致"灶不好烧"的情况出现，为了规避这种现象的发生，可以在烟囱顶端装上一个随风转的"风帽"（图 5-28）。

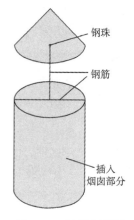

图 5-28 风帽示意图

烟囱横截面积的选择也很重要，过大或过小的横截面积会导致倒烟现象的发生。烟气在烟囱中的流速一般以 1~2m/s 为宜，可以以此为依据选择合理的横截面积。此外，烟气冷却后在烟囱中形成焦油沉淀，易堵塞烟道，因此烟囱也要注意保温和防潮。

4）余热利用

利用烟气余热是提高灶系统热效率的有效措施。例如，北方地区的炕连灶系统就是利用灶的排烟余热加热炕体，在炊事的同时实现采暖，大大提高燃料的综合热效率。除了这种形式外，还可以采用多种其他形式的余热利用方式，如在烟囱或回烟道内安装水箱或水管，在炊事的同时加热水，提供生活热水或采暖，如图 5-29 所示。

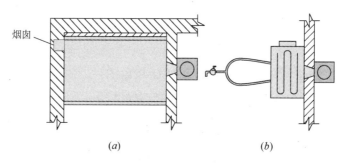

图 5-29 典型的余热回收系统示意图

（a）利用空腔型墙体回收烟气余热；（b）提供生活热水

（3）传统老灶和节能灶的应用效果

节能灶在热效率和污染指标上都远远优于传统老灶。我国有比较完善的柴灶的热性能和污染测试方法和标准，如农业行业标准《民用柴炉、柴灶热性能测试方法》NY/T8—2006 和北京市地方标准《户用生物质炉具通用技术条件》DB11/T 540—2008。

通过实测数据表明（无余热回收的情况下），传统柴炉的热效率为18.4%，而高效省柴灶的热效率可接近40%，同时相对于传统柴灶，炊事期间厨房CO浓度由24.91mg/m³降低至6.47mg/m³，PM2.5浓度由225.66mg/m³降低至131.36mg/m³。

### 5.2.2 炕技术 ❶

（1）传统炕系统存在的主要问题

炕连灶是北方典型的炊事与采暖方式，5.2.1节已经对灶的节能设计进行了介绍，本节将对炕技术进行简要介绍。炕可以视为灶的烟气余热回收设备。当居民烧柴做饭时，燃料产生的热量一部分通过炉灶进行炊事，另一部分通过烟气在炕道内的迂回流动，最终以辐射和对流的形式对室内进行供暖。火炕一般由砖、水泥预制板、水泥砂浆等组成，这些热容较大的材料使得炕板可以在炊事后的一段时间内维持在一定温度水平上，不会很快变凉。此外，火炕一般用做床，供居民夜间睡觉时使用。如果上炕板温度适宜，即使炕体周围热环境稍微寒冷一些，仍然可以保持居民的热舒适性，从而减少空间供暖负荷，从这一角度来说火炕是非常好的一种集采暖、生活于一体的形式，具有保留意义。

但传统火炕存在以下问题：1）烟囱产生的抽力过小或过大，使得炕体有时产生"倒烟、燎烟、压烟"的现象（俗称"炕不好烧"），有时却产生"炕烧不热"的现象。2）炕面温度分布不均，易产生"炕头热、炕梢凉"的现象，影响热舒适性。3）炕洞除灰不便，堵塞后不易检查。4）夏天睡热炕，不舒适。5）落地炕直接与地面接触，易造成热量损失。

经过长期实践摸索，目前已有一些新型炕体用于实践中，能够在一定程度上解决传统炕体所面临的问题。以下着重介绍两种炕体：吊炕和高架灶连炕。

（2）吊炕

吊炕指的是下炕板不与地面接触的火炕。与传统落地炕相比，吊炕具有以下优点：

①吊炕的下炕板不再与地面接触，因此可以减少炕体的热损失。

②下炕板架空的炕体有助于增大炕体的散热面积，进而增大炕体向室内的散热量。

③可以形成床式吊炕。所谓床式吊炕，就是外表看起来像床的火炕，如图5-30所示。其炕体只有炕头部分靠墙，炕头的烟气进口与柴灶的烟气出口连接；炕体的其余表面不与墙体接触，这样有助于加强炕体周围空气的自然对流，有助于提高室温，并且方便人们的日常活动。此外，这种炕体外形美观，更容易被接受。

正是由于上述优势，使得吊炕能够越来越得到农民的青睐。但值得注意的是，吊炕在设计时需要满足以下要求：炕面温度分布均匀、炕体热效率高、满足蓄热性要求、烟道流畅、冬暖夏凉。以下分别针对这几点列出一些简单易行的技术措施。

---

❶ 作者：杨铭，陈滨，张雪妍，朱佳音，索健。

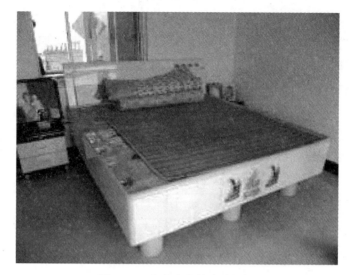

图 5-30　农户家中的床式吊炕

1）提高炕面温度分布均匀性的技术措施

炕面温度分布不均一般指的是"炕头热、炕梢凉"的问题，造成这一现象的主要原因是烟气在炕体内的流动不均匀以及炕面板厚度选择不当等，由此建议采用以下几种方式：

①采用后分烟墙。如图 5-31 所示，炕体采用后分烟墙可以使得炕体入口烟气有效扩散开，烟气流动更加均匀，可以在一定程度上避免炕头烟气聚集，进而导致过热的问题。

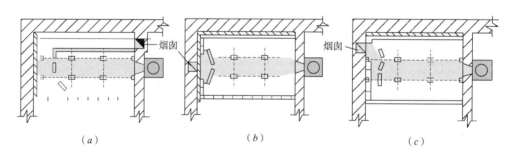

(a)　　　　　　　　　　　　(b)　　　　　　　　　　　　(c)

图 5-31　分烟墙烟气分布示意图

(a)烟囱和灶在一侧（回龙）；(b)烟囱在炕后中间位置；(c)烟囱在炕后一角

②采用引洞分烟的方法。所谓引洞分烟，指的是在进烟口处搭砌长约为 1/3 炕体长的引洞（结构如图 5-32 所示），这样可以将炕体入口的热烟气引至炕体中部，有效提高炕梢温度，有效解决炕头过热的问题。

③减少炕面的支撑点。减少炕面支撑点可以有效减少烟气流动的死角，使得烟气流动更加均匀。炕面下支柱只要能够满足炕板上的重量即可（包括人、被褥以及小饭桌的荷载）。例如，一块炕面板的尺寸为：1000mm×600mm×50mm（长 × 宽 × 高），炕体总尺寸为 3000mm×2000mm×340mm（长 × 宽 × 高），炕内支柱砖宜为 4 块。

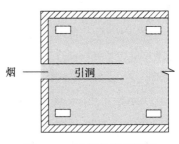

图 5-32 引洞分烟示意图

④适当减小炕体的烟气入口截面积。较小的烟气入口面积可以提高烟气的射流作用，有利于烟气在炕洞内的扩散，使得烟气分布更加均匀。一般来说，炕体的烟气入口截面积适当小于炕体的烟气出口（也是烟囱入口）即可。

⑤炕头抹灰厚度比炕梢稍厚一些。一般来说，炕头部分的烟气温度要比炕梢部分的烟气温度高，如果炕头与炕梢的炕板采用相同的厚度，则易出现"炕头热、炕梢凉"的问题。如果将炕头部分的炕板厚度加大，则可以有效降低炕头部分的温度，进而提高炕面温度分布的均匀性。例如，如果炕面选用 60mm 厚钢筋混凝土板或石板，外侧采用水泥砂浆抹灰。炕头的抹灰厚度要比炕梢厚 25~30mm。值得注意的是，上炕板抹灰后应该是平的，厚薄的余量应在摆炕洞时预留好，保证蓄热和炕面温度均匀。

2）提高炕体热效率的技术措施

如果要提高炕体热效率，就需要让热量尽可能多地传入室内，尽可能减少热损失。建议采用以下几种简单易行的技术措施：

①适当增加炕洞高度。适当增加炕洞高度可以降低烟气在炕体内的流通速度，增大烟气在炕腔内的滞留时间，使得烟气与炕板能够有充分的时间换热，增强换热、提高热效率。例如，炕洞高度宜大于 240mm（一块立砖）。

②增加与建筑外墙相接触的炕体侧的保温。如果炕体的侧墙与建筑的外墙相接触，则应该在炕墙外表面与建筑外墙内壁面之间增加保温措施，以减少炕板的热损失。

③增加烟气余热利用设备。如果炕体排烟温度过高，也会导致炕体的排烟热损失过大，进而影响炕体热效率。在炕体烟气出口以及烟囱入口之间增加一些烟气热回收的措施可以有效降低排烟温度，提高热效率。例如，可以在炕体烟气出口与烟囱入口之间接一段空腔型墙体（类似于火墙），利用部分烟气余热对室内供暖。但是值得注意的是，热回收措施不应造成过大的流动阻力，以免发生倒烟现象，恶化室内空气品质。另外，不要使烟囱内的烟气温度过低，以免焦油阻塞烟道。

3）满足蓄热性要求的技术措施

所谓满足炕体蓄热性要求指的是，上炕板外表面温度在夜间人员睡觉期间能够维持在一定温度水平上，不会出现过热或者过冷的问题。根据调研发现，上炕板外表面较为适宜的温度为 20~40℃。可以通过合理选择上炕板的材质以及厚度实现蓄热性的要求。根据研究表明，上炕板宜选择导热系数大、热容大的材料。材料的选择宜就地取材，例如在石材较多的地区，可以选择石板作为上炕板材料。

此外，炕板的厚度与烧炕模式、燃料量、室内空气温度等因素有关。例如，如果每天的燃料量越大，烟气向炕板的散热量越大，因此需要炕板厚度适当增加，以维持上炕板外表面温度在舒适的范围内。如果室内空气温度越高，则炕板向室内的散热量越小，则应适当增加炕板的厚度以满足温度要求。

4）确保烟道流畅的技术措施

只有烟道流畅，才能保证不出现倒烟现象，确保室内空气品质。炕系统利用热压来克服烟气流动阻力。一旦烟气流动阻力大于热压，则会发生倒烟现象。为了保证烟道流畅，则需要使得热压与系统阻力相匹配。从炕体内烟道的设计角度来说，应该尽量减少炕面的支撑点，减少流通阻力。从烟囱设计的角度来说，烟囱是形成热压（产生抽力）的主要部件，因此应合理设计烟囱的横截面积以及高度，可参见4.2.1。此外，在刚刚烧炕的阶段，内部热压作用并不明显，此时易发生倒烟现象，可以在烟囱出口处放置小风机，先依靠机械通风方式促进炕系统内烟气流动，当热压足够大时，关闭小风机，降低烟气流速，提高炕体热效率。

5）实现炕体冬暖夏凉的技术措施

可以通过改进炕体与灶的连接方式，调节炕体内烟气流量，从而实现炕体的冬暖夏凉。如图 5-33 所示，柴灶中设置两个排烟口，一个排烟口作为炕体的进烟口，另一个排烟口直接连接至烟囱中，在柴灶与烟囱的连接处设置烟插板（与旁通阀类似），通过调节烟插板来调节旁通的烟气流量，进而改变炕体内的烟气流量。在冬季，

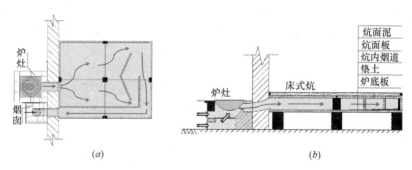

(a)　　　　　　　　　　　　(b)

**图 5-33　烟气可调式炕连灶系统示意图**

（a）平面图；（b）立面图

调节烟插板截断旁通的烟气，柴灶的全部烟气流经炕体后再通过烟囱排出；在夏季，调节烟插板增大旁通烟气的流通，可以减少流经炕体的烟气流量，进而降低烟气对炕体的加热强度，调节炕面温度。虽然烟插板可以灵活调节流经炕体的烟气流量，但要注意插板位置的气密性，以防止烟气泄露，影响室内空气品质。

（3）高架灶连炕

高架灶连炕的原理如图5-34所示。炕体位于二层房间内，通过烟道与位于一层的柴灶相连。在炊事过程中，通过热压的作用，柴灶的排烟通过连通的烟道进入二层的炕体内加热炕板。高架灶连炕最大的特点就是将火炕移至二层房间内，实现了二层房间应用火炕采暖的设想。而且，这种高架灶连炕系统能够产生较强的热压，烟道流畅，烟气能够顺利排出。

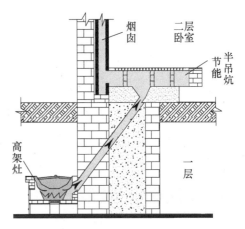

图 5-34　高架灶连炕原理图

高架灶连炕的设计也应该遵循吊炕中的炕体设计要点，以实现炕面温度分布的均匀，满足蓄热性要求、防止倒烟等。此外，灶与炕之间的连接管路尽量砌筑于墙体中，不占用房间空间，同时连接通道截面积不要过大，以免过多的烟气热量传递给墙壁，导致炕面温度过低。

（4）技术小结

火炕在我国具有上千年的历史，是通过长期实践得到的符合农村用能特点的节能技术，不论从农民用能习惯、建筑节能，还是文化传承的角度来说，炕系统是值得保留的。传统炕系统存在炕面温度分布不均、倒烟、夏天睡热炕等问题，在一定程度上影响了炕在农村的发展。针对上述问题，本节从炕体结构设计、材质选择等方面提出了改进炕体热性能的一系列技术措施。

根据示范工程数据显示，采用上述技术措施后，通过配合高效节能柴灶，节能型炕连灶系统的综合热效率可以由45%左右提高到70%以上，每年每铺炕可节约秸秆1400kg或薪柴1200kg，相当于700kgce。此外，炕面温度分布更加均匀，明显改善"炕不好烧"，"炕头热、炕梢凉"及"夏天睡热炕"等问题。

5.2.3　小型供暖锅炉烟气热回收技术 ❶

"土暖气"是重力循环式供暖系统的俗称，依靠供水管与回水管中水的温差引

---

❶　作者：单明。

起的水密度差而形成的水柱重力压差，即作
用压力来推动热水循环流动。与火炕相比，
土暖气系统可以实现整个空间供暖，且不需
要频繁"填火"，因此是北方农村家庭常用
的采暖方式。其工作原理如图 5-35 所示。

　　经测试发现，一般家庭使用的土暖气热
效率不高，根据某典型户用土暖气采暖煤炉
热量分配（表 5-1）所示的各部分热量分配，
其中炉体自身散热损失和排烟热损失是引
起土暖气效率较低的主要原因，其他部分的
散热损失比例相对较小。

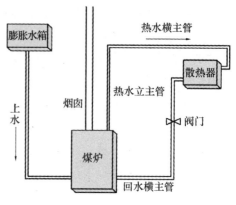

图 5-35　重力循环供暖系统示意图

某典型户用土暖气采暖煤炉热量分配

　　　　　　　　　　　　　　　　　　　　　　　　　　　　　　　　　　　　　　表 5-1

| 项目 | 热量分配（%） | 项目 | 热量分配（%） |
|---|---|---|---|
| 有效利用 | 32 | 燃料不完全燃烧 | 13 |
| 排烟热损失 | 23 | 炉体散热损失 | 28 |
| 气体不完全燃烧 | 3 | 灰渣热损失 | 1 |

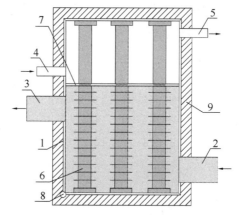

图 5-36　小型煤炉烟气热回收装置原理示意图

1—壳体；2—烟气进口；3—烟气出口；4—水箱进口；5—水箱出口；

6—热管；7—分隔板；8—合页；9—保温材料

　　由此可见，提高土暖气热效率的工作重点在于减少排烟热损失和炉体散热损失
两部分。由于炉体散热损失涉及炉子结构和材料的应用问题，经过多年的发展，这
部分技术改进已经更新换代多次，目前要想进一步提高的难度越来越大；相反，排
烟热损失部分节能潜力依然较大，实施难度也相对较小。在日常使用中，排烟温度

经常在200℃以上，采用烟气热回收装置是一种提高煤炉整体采暖效率的有效方式。

与大型燃煤锅炉的热回收装置不同，小型煤炉的烟气热回收装置适用于小循环流量下的低温烟气余热回收。针对这一特点，相关研究单位开发了一款烟气热回收装置，其结构如图5-36所示。运行原理为：煤炉烟气从土暖气烟囱排出，进入热回收装置，并横掠带翅片的热管，与热管换热后，从烟囱中排出。烟气侧热管（热管下部）从烟气中吸收热量，将热量传给热管中的传热介质（水），使得热管中的水变成水蒸气上升进入到水侧热管（热管上部），被热回收装置上部水箱中的水冷却后，重新凝结成水，沿管壁流回管底；上部水箱中的水吸收热量而升温。

该烟气热回收装置有两种较为典型的应用模式：1）预热土暖气的回水（如图5-37所示）；2）提供生活热水（如图5-38所示）。"预热回水"模式能够提高采暖系统供水温度，进而增大采暖系统供热能力，而"提供生活热水"模式可以在采暖的同时提供日常生活热水，如洗菜、洗手、洗刷碗筷等。但是生活热水温度需要尽量恒定，而热回收装置的热水出水温度受烧煤时间以及烧煤量的影响较大，因此需要采用间断式使用热水的方式。

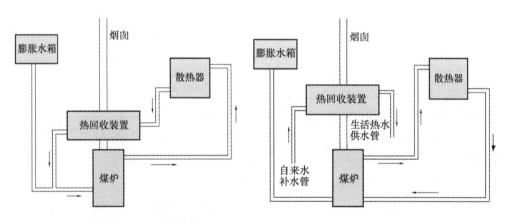

图 5-37 预热煤炉回水模式示意图　　　　图 5-38 提供生活热水模式示意图

目前该技术已经完成了两种模式下的实验室开发和测试研究工作，并在北京市郊区的农户中开展了小规模示范。根据示范工程实际运行数据显示，"预热回水"模式下该烟气热回收装置可以使排烟温度从数百度降低到100℃左右，如图5-39所示，折算一天内平均回收的热量占煤炉所消耗燃料总热值的8%左右。对于一般北方农户来说，每年可以节省250kg左右的煤炭，如果按照煤价800元/t，每年节省供暖费用200元左右，而该热回收装置成本约为300~400元，则投资回收期约为两年，经济性较好。

实际应用过程中，由于该装置会增加采暖系统的流动阻力，对于一些原本循环性能不好的系统，需要增加水泵来提供足够的循环动力；还要使装置的换热能力与煤炉型号达到合理匹配，不要将烟气温度降到过低的范围，而且每年采暖季结束后需要利用装置下方安装的合页将底部盖板打开，清理其内部积灰，从而有效避免装置长期运行后烟气侧沉降的灰尘所导致的换热效率降低和酸液腐蚀问题，以维持装置的正常运行，并延长使用寿命。

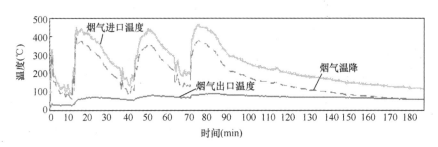

图 5-39　烟气热回收装置进出口温度变化曲线

## 5.3　新能源利用技术 [1]

### 5.3.1　户用太阳能热水系统 [2]

户用太阳能热水系统根据用户使用太阳能的方式可以分为：太阳能生活热水系统（即目前广泛应用的太阳能热水器）以及太阳能热水采暖系统。两种系统都采用太阳能集热器作为集热部件，生产热水，但是系统使用目的不同，前者是全年提供生活热水，而后者以冬季供暖为主要目的，可以兼顾提供生活热水。

（1）户用太阳能生活热水系统

由于农村市场的特点，太阳能生活热水多采用自然循环型热水系统。这种热水系统形式简单，由太阳能集热部件、保温水箱和辅助热源（根据实际情况选用）等组成。目前太阳能生活热水系统类型包括紧凑式真空管太阳能热水器、分离式真空管太阳能热水系统和平板型太阳能热水系统等。其中紧凑式真空管太阳能热水器市场占有率在 90% 以上。太阳能集热部件是系统的核心部分，其中真空管在低温条件下的集热效率更高，在我国南北方地区均适用；而平板则具有结构简单、安装方便、易与建筑结合等优点。

当太阳能辐射较好时，集热器中的水被加热后，密度减小上升至顶部的保温水

---

❶　原载于《中国建筑节能年度发展研究报告2012》第4.3节。

❷　作者：杨铭，章永杰，叶建东。

箱中，同时保温水箱中温度较低的水由于密度较大，不断补充至集热器内，如此不断循环，逐步加热储水箱中的水，从而满足家庭的生活热水需求。

太阳能生活热水系统具有以下特点：

①我国太阳能热水集热器的生产已经达到较高的产业化水平，一个集热面积在 $2m^2$ 的集热器售价在 1000~2000 元，在太阳能资源丰富地区，能够满足 3~5 口之家的生活热水需求，符合目前农村的经济水平。

②集热器产生的热水可以直接利用，中间无其他转化环节，热量损失小。

③使用过程中基本不需要频繁维护。

④集热器在天气晴好空晒时温度较高，对集热器的热性能及密封性都会产生不好的影响，因此在使用过程中应尽量避免空晒现象发生。

⑤系统可靠性一般。在冬季较为寒冷的地区连续多日阴天，有可能存在冻结问题。这种情况下，夜晚及不使用时需要采用管道排空、加伴热带等防冻措施。

根据以上几点，太阳能生活热水系统基本符合农村实际情况，应该加以推广。

目前农村用户对太阳能生活热水系统有比较高的接受程度，在一些地区"家电下乡"中也推广了太阳能热水器。此外，近年来在我国部分农村地区已经开始安装并投入使用以村为单位的太阳能浴室系统，利用太阳能与电辅助加热系统提供洗浴用水，由村里安排经过培训的人员负责管理。

农村太阳能生活热水系统的利用在现阶段还存在两个问题。第一，在农村地区销售的产品质量参差不齐，存在集热器性能不佳、保温水箱保温性能不好、水箱内胆材料以次充好等问题均会影响太阳能热水系统的使用效果。第二，农村地区缺乏完善的售后服务体系，当系统发生质量问题后，难以得到有效的维护。因此，在推广过程中监管部门应注意督促厂商保证产品质量并建立完善的售后服务体系。

（2）户用太阳能热水采暖系统

1）系统组成及工作原理

太阳能热水采暖系统是利用太阳能热水集热器收集太阳能辐射热量并结合辅助能源满足采暖（可同时提供生活热水）的系统。与生活热水系统不同，采暖系统组成较为复杂，主要设备包括：太阳能热水集热器、储水箱、辅助热源、采暖末端、水泵以及控制箱。系统运行原理示意图如图 5-40 所示，系统运行一般基于温差控制。以真空管集热器热水循环系统为例，当真空管出水温度高于水箱中水温 5~7℃（对于平板型集热器采暖系统，吸热板监测点温度高于水箱中水温 10~15℃）时，启动热水循环泵，利用太阳能辐射热量加热流经太阳能集热器的水，并将热水储存在水箱中，以维持水箱中的水温在 40~50℃。如果单纯依靠太阳能不足以达到水温要求时，则启动辅助热源以满足水箱水温要求。在末端循环系统中，当室温过低时（一般设定 14~18℃），启动末端循环泵，应用分集水器将热水送至末端供热盘管中（如地板辐射盘管）加热室内空气。

2）系统特点

太阳能热水采暖系统具有以下特点：

①系统的可控性较好。储水箱的设置可以实现短期蓄热功能，在需要热量时再实现放热功能。此外，系统可以通过控制箱实现自动控制，减少人员操作，提高系统的便利性。

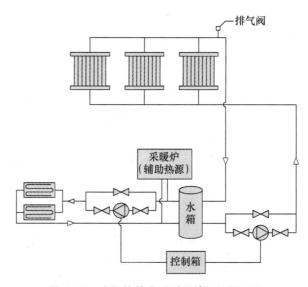

图 5-40 太阳能热水采暖系统运行原理图

②同时解决采暖和生活热水供应。虽然该系统被称为太阳能热水采暖系统，但也可以同时实现生活热水的供应，利用一套系统实现两种功能。

③系统初投资高，经济性欠佳。目前户用太阳能热水采暖工程增量投资在 $250\sim400$ 元 $/m^2$（建筑面积），也就是说，对于供热面积在 $100m^2$ 的农宅来说，用户初投资在 25000~40000 元，这接近于甚至超过一般农村家庭年收入，初投资远高于其他常规能源采暖设施，从经济性角度看，太阳能热水采暖很难作为首选的采暖形式。

④运行维护较为复杂。太阳能热水采暖系统较为复杂，因此需要的维护工作也较多，需要的维护水平较高，例如更换破损的真空管、更换热水系统中的水处理装置、检修管路、维护控制箱等。此外，系统在寒冷地区使用时有冻结的风险，需要采取合理的防冻措施。

⑤冬季得热量不足而其他季节过剩。综合考虑系统初投资等因素，目前用于农宅的冬季太阳能热水采暖系统的设计保证率为 30% 左右，其余 70% 要靠辅助热源

提供。而其他季节因太阳能系统的产热量无处利用，使得系统处于闲置状态，其年有效利用时间仅为太阳能生活热水系统的 1/4 左右，经济性较差。

　　3）实际应用效果

　　为了解系统在实际运行中的效果，于 2008 年对部分北京郊区的太阳能热水采暖示范工程进行实地测试。以下以其中一户为例进行说明。

　　该户太阳能热水采暖工程于 2005 年安装完成，农宅建筑面积为 150m²，太阳能集热系统集热面积 20m²。集热器采用热管式真空管集热器，由 110 根 $\phi 58mm \times 2200mm$ 的真空管组成，镶嵌于南坡屋顶，集热器水平倾角 30°，采用电补热辅助系统。供暖末端为地板辐射形式，在房间一层、二层地板预埋了供热盘管，采用旋转布管方式。该系统初投资约 5 万元，全部由政府出资，示范工程相关示意图见图 5-41。

(a)　　　　　　　　　　(b)　　　　　　　　　　(c)

**图 5-41　某太阳能热水采暖示范工程**

（a）建筑外观；（b）自动控制设备；（c）储水箱

　　根据一周的测试结果得到该太阳能系统的全天平均集热效率为 33.3%，由于实际应用时的安装倾角不佳、表面落灰、系统散热等问题造成该值远低于其实验室测定效率。当房间平均温度为 15℃时，太阳能的保证率约为 40%，整个采暖季还需要约 2000kWh 的补热量，运行费用超过 1000 元，致使该系统在整个寿命周期内无法回收初投资。

　　因此，从该典型示范工程中，可以看到目前太阳能热水采暖系统在农村地区应用的主要问题：

　　①太阳能热水采暖系统不是简单地将太阳能热水集热器面积扩大，并把储水箱、采暖末端、水泵等部件进行拼装就可以形成适用于农村地区的太阳能采暖系统。在系统设计上，要注意辅助能源形式的合理选择、集热面积与供热负荷的合理匹配、储热水箱与集热系统的合理匹配、防冻等问题。在系统推广上，由于系统的初投资高，失去了市场化运营机制的前提条件，目前主要依靠政府投资这一推广路径。

　　②另外，农村地区缺少售后服务体系，系统的日常维护如集热器表面清洁、系

统保温维修等简单问题都无人负责，使得系统供热实际效果不佳，最终严重影响系统的经济性和在农村用户中的口碑，进一步影响了系统的推广。

（3）技术总结

1）太阳能生活热水系统由于成本低、集热效率高、运行维护简单，其生产已经达到较高的产业化水平，适合在农村地区大力推广。

2）太阳能热水采暖系统初投资高，高于一般农村家庭的经济承受能力，且在农村地区尚未建立售后服务体系，易导致系统供暖效果变差，严重影响系统的经济性，因此目前不适合在农村地区大规模推广。

5.3.2　太阳能空气集热采暖系统 ❶

（1）系统组成及运行原理

太阳能空气集热系统是一种采用空气作为传热介质的太阳能光热转换系统。该系统主要由太阳能空气集热器、风机、温度控制器、风管、散流器等构成。图 5-42 给出了典型农宅的太阳能空气集热系统示意图，空气集热器倾斜安装在屋顶上，风机安装在集热器入口管路上，进出风口通过风管与集热器连接，整个系统的运行控制由集热器出口监测点的温度控制器控制风机启停来实现。当白天太阳辐照较好时，空气集热器吸热板温度不断升高，其内部的空气通过自然对流加热并依靠浮升力驱动流至集热器出口，当出口监测点的温度控制器的监测温度超过 25~30℃（根据实际工况确定送风温度值）时，控制风机开启，室内空气通过风机的驱动，流经太阳能空气集热器，被加热后再送入室内，提高室温。当太阳能辐照较弱时，若温度控制器的监测温度低于 20℃（可根据实际工况适当调整停止运行的控制温度），温控器则控制风机停止工作，整个系统停止循环。

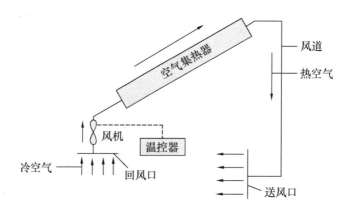

图 5-42　空气集热系统示意图

---

❶　作者：杨铭。

（2）空气集热器设计要点

空气集热器是太阳能空气集热采暖系统的核心部件，其热性能的优劣决定了集热系统热效率的高低。

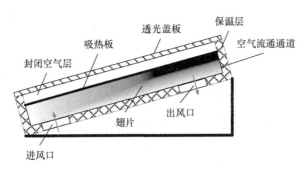

图 5-43 Ⅰ型平板型空气集热器示意图

空气集热器一般以平板型集热器为主，下面介绍一种典型实用的平板空气集热器，其结构如图 5-43 所示，由透光盖板、吸热板、保温层、封闭空气层、空气流通通道等部件组成。在白天太阳能辐照较好时，太阳辐射的一部分通过空气集热器透光盖板的透射，到达吸热板并被吸收，提高吸热板的温度，另一部分被透光盖板反射而散失。较低温度的空气在风机驱动下流经空气流通通道，通过对流换热的方式，将吸热板吸收的一部分热量带走，空气沿着流动方向温度不断升高，最终通过出风口，变成热风被送入室内，提高室温。空气集热器的有效得热与热损失示意图如图 5-44 所示。

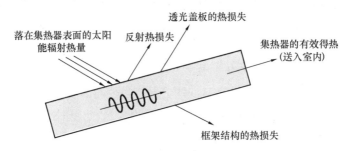

图 5-44 空气集热器的有效得热与热损失

该空气集热器的技术要点如下：

1）透光盖板应尽量采用高透过率、低反射率、低吸收率的透光材料。

2）合理选择封闭空气层的厚度，使其达到最优的保温效果。较小或者较大的封闭空气层厚度均会增大透光盖板的热损失，使集热器效率变低。

3）在吸热板与保温背板之间合理增加翅片扩展表面结构的设计，强化流动空气与吸热板、翅片表面之间的换热效果，同时兼顾集热器内部流动空气的压降不宜过大。

4）保温背板、周围框架应采用良好的保温措施，并在加工过程中避免热桥。

5）保持集热面清洁。平板型透光盖板表面容易积灰，导致透光盖板透过率降低，影响集热器效率，因而集热器表面应尽量保持清洁。通常，集热器置于屋顶时，人工清理不便，可采用一些自动清洁措施。

（3）系统特点

太阳能空气集热采暖系统具有以下特点：

1）系统形式简单，单位采暖供热量的初投资低

太阳能空气集热采暖系统仅包括空气集热器、一个小型风机和管路，系统形式非常简单，初投资约在 400~500 元 /m²（集热面积），相当于热水集热采暖系统初投资的 1/4 左右。即使空气集热系统的集热效率为热水系统的一半，单位有效输出热量的投资也仅为热水系统的 1/2。

2）系统运行的可靠性高

集热系统形式简单，直接将加热空气送至室内，末端采用散流器等装置，不需要经过二次换热环节，也不需要阀门等过多的管路配件。同时，与水系统相比，空气系统即使出现泄漏，也不会造成使用的不便。另外，空气集热供热系统不存在太阳能热水系统可能发生的冻结问题，保证了系统运行的可靠性。

3）加工方便，可以实现模块化生产

系统所使用的空气集热器产品的生产工艺也比较简单，且可以实现模块生产。根据采暖需求，用户可以购买不同数量的集热模块，有效控制初投资，这也为未来的市场推广奠定良好的基础。该系统不仅适用于新建农宅，还可以用于既有农宅。

4）施工以及运行维护方便

系统形式简单的另一大好处在于施工方便，可以减少施工费用，进一步提高系统的经济性。另外，除了需要定期清洗过滤网、保持集热面清洁之外，不需要其他维护。系统采用了温控器来控制系统的启停，不需要手动开关风机，提高了系统使用的便利性。

5）夜间需要其他辅助采暖措施

但与热水系统相比，该系统蓄热能力较差，仅能够依靠房间围护结构以及家具等进行蓄热，当太阳能辐射强度由强变弱时，室内空气温度有较为明显的降低。因此夜间需要其他采暖措施，如炕、电热毯等局部采暖措施。

经过优化的太阳能空气集热器的全天光热转换效率可以达到 30% ~40%。在北方地区，1m² 集热面积向 4~5m² 建筑供暖，即可以满足白天采暖需求。对于北京地区供热面积为 60m² 的农宅来说，可以采用 12m² 集热面积，配以功率 100W 左右风机，12 月 ~2 月风机运行电费约 50 元。相对于使用煤炭采暖来说，系统投资回收期约为 5~6 年。

（4）系统在农村地区的适用性

根据调研，我国农村居民并不是要求室内温度恒定不变，而是由于经常进出室内外，可以接受的温度范围也较大，这使太阳能空气集热采暖成为可能。而且，在北方地区的农宅中，炕是一种较为普遍的采暖设施，可以保证晚上房间的局部热舒适，与太阳能空气集热系统恰好形成了良好的互补。

以往的研究和工程实际应用中，往往将太阳能集热系统关注的焦点放在集热效率上，认为空气集热器的集热效率低于热水系统，没有太大的利用价值。因而，到目前为止，空气集热器在工程实际中并没有得到很好的应用和推广，相应的集热器产品结构设计技术开发、构件模块市场的标准化等也处于相对低的水平。

然而，根据北方农宅太阳能空气集热系统示范工程的实测结果发现，即使集热效率仅有 20% 的太阳能空气集热系统（未经任何优化），其获得"单位供热量的费用"指标依然优于热水系统。空气集热系统由于其较低的初投资和运行费用，以及较高的可靠性以及运行维护的方便性，使其在农村地区具有很好的适用性。如果能够积极引导农民采用这种系统，将有可能打破目前太阳能建筑采暖受限的僵局，走出一条适合于北方农村地区的清洁采暖的新路。

### 5.3.3　太阳能光电照明 [1]

（1）原理与特点

太阳能照明灯是以白天太阳光作为能源，利用太阳能电池板作为发电系统，太阳能电池板电源经过大功率二极管及控制系统给蓄电池充电，夜间需要照明时，控制系统自动开启，输出电压，使各式灯具达到设计的照明效果。

一套基本的太阳能照明系统包括太阳能光伏电池板、充放电控制器、蓄电池和光源。结构如图 5-45 所示。

太阳能光伏电池板是太阳能发电系统中的核心部分，也是太阳能光电照明系统中价值最高的部分。其作用是将太阳的辐射能转换为电能，然后送往蓄电池中存储起来，或者直接用于照明。太阳能光伏电池板由太阳能电池片经串并组合，形成不同规格的电池板，分单晶硅、多晶硅和非晶硅三种。

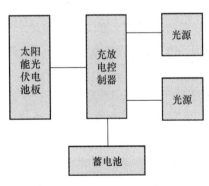

图 5-45　太阳能照明系统结构框图

充放电控制器主要目的是保证系统能正常、可靠地工作，延长系统部件（特别

---

[1]　作者：章永杰，叶建东。

是蓄电池）的使用寿命。它必须包含蓄电池过充保护电路、过放保护电路、过流保护电路和防反充保护电路等。

蓄电池是光伏电源系统的关键部件，目前我国用于光伏发电系统的蓄电池多数是铅酸蓄电池（其中包括胶体蓄电池），只在高寒户外系统采用镉镍电池。其作用是在有光照时将太阳能电池板所发出的电能储存起来，到需要的时候再释放出来。

蓄电池容量应在满足夜晚照明的前提下，把白天太阳能电池组件的能量尽量存储下来，并能存储满足连续阴雨天夜晚照明需要的电能。但若容量过大，使蓄电池处在亏电状态，将影响蓄电池寿命，造成浪费。

太阳能灯一般选用高效、节能的光源。目前多选用 LED 和 12V 直流节能灯。

光电照明的一些特点：

1）光伏板初投资过高导致光电照明系统成本昂贵。目前太阳能电池板的成本过高。例如，一盏 100W 左右的太阳能 LED 路灯，初投资大约为 8000 元左右，每 kWh 电的成本在 3~5 元之间，相对于 0.3~0.5 元的常规供电价格，价格差距明显。

2）太阳能照明设施不能长效稳定地运行，需要专业人员的维护，包括更换蓄电池，保证光伏板表面清洁等。这在一定程度上也会增加光伏板的运行费用。

3）目前在国家的光电补贴政策下，太阳能光伏技术发展很快，产品生产厂家如雨后春笋。但是有些产品没有形成系列，质量参差不齐，太阳能电池板的设计、制造技术较差，使得光电转换效率不高，太阳能电池组件寿命都比较短。

以上这些因素都导致在国家电网能够覆盖的地区，太阳能光电照明的经济性差。

（2）运行现状及发展方向

我国光伏电池的地面应用始于 1973 年，但在农村地区照明应用还处于刚刚起步阶段，目前主要以政府机构、公益组织和企业的示范性推广为主。

北京市委自 2006 年起在北京郊区实施"三起来"工程，其中让农村"亮起来"，在乡镇道路、村镇居住区设置"太阳能光伏室外照明装置"，旨在提高村镇道路、街区的照明质量，提高村镇居民的居住条件，在 823 个村镇安装了太阳能光伏照明装置近 80000 套(图 5-46)，总投资约 5 亿元。昆明市 2008 年作为实施"绿色光亮工程"的启动年，自 2008 年启动至今，项目总投入 3150 多万元，在全市 74 个乡（镇）、103 个村安装太阳

图 5-46　太阳能路灯

能光伏照明系统 5000 多套[2]。

根据实际调研发现，由于缺乏维护，光伏板以及蓄电池破损较多，导致光电路灯或户用光电设备不能正常运行，因此在北京等国家电网完全覆盖的地区，或四川、重庆等太阳能资源并不丰富的地区，光伏照明技术并没有发挥其优势，反而有可能增加政府后期的维护投资和负担。太阳能光电照明的最大优点在于可以实现独立照明，不需要依赖地方电网的支持，因此在一些太阳能资源丰富的偏远地区具有一定优势。

### 5.3.4 生物质固体压缩成型燃料加工技术 ❶[3][4][5][6]

（1）技术原理与产品特点

生物质固体成形燃料加工技术是通过揉切（粉碎）、烘干和压缩等专用设备，将农作物的秸秆、稻壳、树枝、树皮、木屑等农林剩余物挤压成具有特定形状且密度较大的固体成型燃料。

生物质固体压缩成型燃料加工技术是生物质高效利用的关键。不加处理的生物质原料由于结构疏松、分布分散、不便运输及储存、能量密度低、形状不规则等缺点，不方便进行规模化利用。通过压缩成型技术，可大幅度提高生物质的密度，压缩后的能量密度与中热值煤相当，方便运输与储存。压缩成型燃料在专门炊事或采暖炉燃烧，效率高，污染物释放少，可替代煤、液化气等常规化石能源，满足家庭的炊事、采暖和生活热水等生活用能需求。

（2）压缩成型燃料的生产

1）加工原料

压缩成型燃料的原料来源广泛，主要包括农作物秸秆（玉米秸、稻草、麦秸、花生壳、棉花秸、玉米芯、稻壳等）和林业剩余物（树枝、树皮、树叶、灌木、锯末、林产品下脚料等）。但由于不同类型的加工原料在材料结构、组成成分、颗粒粒度和含水率等方面存在很大的差异，因此其加工方法与加工设备存在差别，加工难度也不相同。

2）加工方法与工艺

根据加工原料与产品的不同，生物质固体压缩成型技术可以分为多种类型。根据物料加温方式的不同可分为常温湿压成型、热压成型和碳化成型；根据是否添加粘接剂可分为加粘接剂和不加粘接剂的成型；根据原料是否预处理可分为干态成型与湿压成型。下面介绍三种不同的加工方法。

①常温湿压成型。这种加工方式的工艺流程包括浸泡、压缩和烘干三个步骤。首先将原料在常温下浸泡一段时间，由于纤维发生水解发生腐化，从而变得柔软易于压缩成型。然后再通过模具将水解后的生物质进行压缩，脱水后成为低密度的生

---

❶ 作者：王鹏苏，李定凯。

物质压缩成型燃料。常温湿压成型技术的优点是加工工艺和设备简单，存在的主要问题是由于加工原料含水率高、温度低，导致设备磨损较大，且燃料烘干能耗较高，产品燃烧性能欠佳。

②热压成型。热压成型是目前使用较为普遍的生物质压缩成型工艺，其工艺流程包括原料铡切或粉碎、原料（模具）加热、燃料成型和冷却晾干四个步骤。主要通过将生物质加热到较高温度来软化和熔融生物质中的木质素，从而发挥其粘接剂的作用，形成固体压缩燃料。根据加热对象的不同，又分为非预热热压成型和预热热压成型两种方式，前者首先将成型机的模具加热，间接加热生物质以提高其温度；后者在生物质进入成型机之前直接进行预热处理。虽然两者加热方式不同，但都提高了生物质温度，使成型压力有所降低，且得到的固体压缩燃料质量较高、燃烧特性较好。但存在成型机成本较高、预热能耗较大等问题。

③冷态压缩成型。在常温下，利用压辊式颗粒成型机将粉碎后的生物质原料挤压成圆柱形或棱柱形，靠物料挤压成型时所产生的摩擦热使生物质中的木质素软化和黏合，然后用切刀切成颗粒状成型燃料，与热压成型相比，不需要原料（模具）加热这个工艺。该工艺具有原料适应性较强、物料含水率使用范围较宽、吨料耗电低、产量高等优点。

3）加工设备

成型燃料的加工设备包括成型机、粉碎机、烘干机，及其配套的输运系统和电力控制系统，其中成型机是核心设备。国内外最常见的压缩成型设备主要包括螺旋挤压式成型机、活塞冲压式成型机和压辊式颗粒成型机，如图 5-47 所示。

（a）　　　　　　　　　　（b）　　　　　　　　　（c）

**图 5-47　常见的生物质固体压缩成型机**

（a）螺旋挤压式成型机；（b）活塞冲压式成型机；（c）压辊式颗粒成型机

螺旋挤压式成型机是开发应用最早的成型机。它通过加热使成型温度维持约 150~300℃，让生物质中的木质素和纤维素软化，依靠螺杆挤压生物质原料形成致密块状燃料。具有运行平稳、连续生产、成型燃料易燃等优点，加工的成型燃料密度较高，约 1100~1400kg/m³。存在的主要问题是原料含水率要求高，需控制在 8%

~12%左右,因此一般要配套烘干机;螺杆磨损严重,成型部件寿命短;生产能耗偏高,每吨成型燃料的生产能耗约90kWh。

活塞冲压式成型机是靠活塞的往复运动来实现生物质原料的压缩成型,产品包括实心棒状或块状燃料,燃料密度约为800~1100kg/m³。按驱动力类型,活塞冲压式成型机可分为机械式和液压式两种,前者利用飞轮储存的能量,通过曲柄连杆机构带动冲压活塞将原料压缩成型;后者利用液压油缸所提供的压力,带动冲压活塞使生物质冲压成型。活塞冲压式成型机的成型部件磨损比螺杆式小,寿命相对较长;对原料含水率的要求不高,可以高达20%,通常不需要配备烘干设备,生产能耗约为70kWh/t。但成型燃料密度稍低,冲压设备振动较大,系统稳定性不够,生产噪声较大。

压辊式颗粒成型机的工作部件包括压辊和压模。压辊可绕轴转动,其外侧有齿和槽,可将物料压入并防止打滑;压模上有一定数量的成型孔。在压辊的作用下,进入压辊和压模之间的生物质原料被压入成型孔内后挤出,在出料口处被切断刀切成一定长度的成型燃料,成型燃料的密度一般为1100~1400kg/m³。按照结构不同,压辊式颗粒成型机可分为平模造粒机和环模造粒机,其中环模造粒机又可分为卧式和立式两种机型。压辊式成型机一般不需要外部加热,依靠原料和机器部件之间的摩擦作用可将原料加热到100℃左右,使原料软化和黏合,加工每吨成型燃料的耗电量约为50kWh,比螺旋挤压和活塞冲压两种方式都低。且对物料的适应性最好,对原料的含水率要求最宽,一般在10%~30%之间均能很好的成型。但压辊式成型机存在的主要问题是易堵塞,设备振动和工作噪声大。

4)压缩成型燃料

固体成型燃料主要包括块状燃料和颗粒燃料。块状燃料主要以农作物秸秆为原料,生产工艺比较简单,生产成本较低,但使用范围较窄,较多作为锅炉燃料。颗粒燃料的原料范围较宽,生产工艺比较复杂,生产成本较高,但用途广,适用于户用炊事炉、采暖炉或炊事采暖一体炉。图5-48所示为不同类型的生物质固体压缩

(a)　　　　　　　　　(b)

**图5-48　不同类型的生物质固体压缩成型燃料**

(a)生物质颗粒燃料;(b)生物质块状燃料

成型燃料。根据北京市地方标准《生物质成型燃料》DB11/T 541—2008 中规定，颗粒燃料的直径小于 25mm，长度小于 100mm。块状燃料的直径大于 25mm，长度不大于直径的 3 倍。加工成型的燃料全水分不高于 15%，灰分不高于 10%，挥发分大于 60%，全硫含量低于 0.2%，低位热值高于 13.4MJ/kg。

生物质在通过压缩成型后，其体积大约可以缩小到原来的 1/8~1/6 左右，燃料密度从 700~1400kg/m³ 不等，主要受加工工艺与加工设备的影响。密度在 700kg/m³ 以下的为低密度成型燃料；介于 700~1100kg/m³ 之间的为中密度成型燃料；在 1100kg/m³ 以上的为高密度成型燃料。由于加工原料不同，生物质成型燃料的热值也各不相同，一般秸秆类的成型燃料热值约为 15000kJ/kg，木质类的成型燃料热值一般在 16000kJ/kg 以上。同时，由于生物质中所含的硫元素与氮元素比例较小，硫的含量约为干重的 0.1% 左右，远低于煤中硫的含量，氮的含量一般不超过干重的 2%，因此在燃烧过程中产生的 $SO_2$、$NO_x$ 等污染气体极少，正常燃烧过程中 $SO_2$ 和 $NO_x$ 的排放质量浓度分别约为 10mg/m³ 和 120mg/m³，能够显著减少燃烧对室内外环境的污染。

（3）技术推广和应用模式

生物质固体成型燃料是生物质能利用的最佳方式之一，但是在成型燃料加工过程中，还面临着诸多挑战，具体表现在以下方面：

1）加工工艺较复杂。生物质固体成型燃料的加工需要通过闸切（粉碎）、烘干、压缩等多个步骤，需要配套的厂房、专用的设备和经过培训的工人才能完成生产和加工。

2）技术运行模式欠佳。目前生物质成型燃料主要通过大型企业进行集中加工，需要进行分散收购、集中加工和分散销售三个过程。虽然通过商品化运作模式，一定程度上推动了生物质成型燃料技术的发展，但过高的运输成本和成型燃料价格极大地限制了生物质成型燃料的推广。

3）终端使用设备推广不足。生物质固体成型燃料一般需要配合专用的燃烧设备进行利用，在农村地区推广使用，农民需要付出一定的经济代价，如何让农民接受并购买，以及如何进行技术指导和设备维护都是迫切需要解决的问题。

针对生物质固体成型燃料技术推广所面临的以上问题，需要下面三个方面入手进行解决：

在加工工艺和技术层面，需要各企业和研究院所加大科研和产品开发力度，不断改善成型机的生产性能，减少加工能耗，增强加工质量，提高设备寿命，改善加工条件，同时强化系统的自控能力，降低设备操作难度。在技术运行模式上，通过政府的政策倾斜与资金补贴，在农村地区逐步推广生物质固体压缩成型技术的"代加工模式"，通过建立以村为范围的小型加工点，缩小生物质的收集范围，通过农民自行收集、村内代加工的方式生产生物质成型燃料，并供自家生活使用。由此可以降低生物质收集和运输费用，避免将生物质在农村地区商品化，保留生物质廉价、易得的特点，让农户能够用得了、用得起、用得好这些生物质资源。在终端设备上，由于生物质压缩成型燃料与其他能源形式比较具有明显的性能或经济优势，在解决了燃料加工与供应的问题后，通过国家政策引导和财政补贴能够有效地推动终端设备的普及，同时，各村设立的小型加工点可以为农户解决设备使用指导和设备维护等相关问题，可以使生物质固体成型燃料得到充分、有效和合理的利用。

### 5.3.5 生物质压缩成型颗粒燃烧炉具 ❶

（1）工作原理、分类和特点

户用生物质压缩成型颗粒燃烧炉具一般采用半气化燃烧方式。这种新型炉具可以使用生物质颗粒燃料、薪柴、玉米芯、压块等密度较高的生物质原料，燃料适用范围较广，一般称为户用生物质炉具，其结构如图 5-49 所示。生物质燃料在炉膛里燃烧，为了增加燃烧效率，一次风从炉排底部进入，在炉具上部出口处增加了二次风喷口，这样将固体生物质燃料和空气

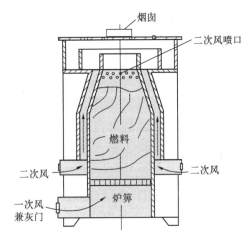

图 5-49　炉具结构原理图

的气固两相燃烧转化为单相气体燃烧，这种半气化的燃烧方法使燃料得到充分的燃烧，减少了颗粒物和一氧化碳排放，明显地降低了污染物的排放。使用时，燃料一般从炉子的上部点燃，自上而下进行燃烧，与空气的流动方向相反。从开始点火到燃尽都可以做到不冒黑烟，可以把焦油、生物质炭渣等完全燃烧殆尽。因此，生物质颗粒燃料炉具具有较高的燃烧效率。

户用生物质炉具按照功能可主要划分为生物质炊事炉具、生物质采暖炉具以及生物质炊事采暖两用炉具等几种形式；按照进风方式可划分为自然通风炉具和强制通风炉具。自然通风炉具完全靠烟囱的抽力和外界大气自然进风方式为燃烧供氧，该类型炉具的特点是设计简单，操作简便，容易控制，但缺点是火力大小和供氧量不可调。强制通风炉具是使用电机和风扇将外界大气进行强制通风为燃烧供给氧气，该类型炉具特点是供氧效果好，火力大小可调，但缺点是设计较为复杂，需经一定培训后才能正确操作。对于以颗粒燃料为主的户用炊事炉具，一般采用的是强制通风方式。图 5-50 为不同类型的生物质颗粒燃烧炉具。

---

❶　作者：李定凯，刘广青，陈晓夫，张伟豪。

图 5-50 不同类型的生物质颗粒燃烧炉具

（2）炉具的热性能与大气污染排放测试及指标

户用生物质炉具的主要技术指标包括热效率和大气污染排放指标。北京市在 2008 年出台了地方标准《户用生物质炉具通用技术条件》DB11/T 540—2008，国家能源局 2011 年出台了能源行业标准《民用生物质固体成型燃料采暖炉具通用技术条件》NB/T 34006—2011 和《民用生物质固体成型燃料采暖炉具试验方法》NB/T 34005—2011。目前《生物质炊事采暖炉具通用技术条件》、《生物质炊事采暖炉具试验方法》、《生物质炊事烤火炉具通用技术条件》、《生物质炊事烤火炉具试验方法》等多个国家能源行业标准将陆续出台发布。

对于户用生物质炊事炉，其炊事火力强度不能低于 1.5kW，炊事热效率不能低于 25%，对于炊事采暖炉具，其综合热效率不能低于 70%。各类炉具的大气污染排放指标要求是一致的，户用生物质炉具大气污染排放指标如表 5-2 所示。

户用生物质炉具大气污染排放指标 表 5-2

| 污染物 | 指标 | 污染物 | 指标 |
|---|---|---|---|
| 烟尘（mg/m³） | ≤ 50 | 一氧化碳（%） | ≤ 0.2 |
| 二氧化硫（mg/m³） | ≤ 30 | 林格曼烟气黑度（级） | 1 |
| 氮氧化物（mg/m³） | ≤ 150 | | |

如图 5-51 所示，目前开发的生物质颗粒燃料炉具具有较高的热效率以及低污染排放，不仅有利于生物质能源的高效利用，同时有利于室内外环境的改善。

（3）炉具的生产与推广

目前，我国生物质颗粒燃料炉灶生产企业产量规模在 5000 台 / 年以上的约有 100 多家，分布在我国北京、河北、山西、河南、湖南、四川、贵州等地，2010 年度全国年生产生物质炊事炉具和生物质炊事采暖炉具约 50 万台，截至 2010 年累积推广 100 多万台。单纯生物质炊事炉具的价格一般在 200~800 元，生物质炊事和采

| 火力强度（kW） | 2.03 |
| --- | --- |
| 炊事热效率（%） | 35.6 |
| 烟尘折算排放浓度（mg/Nm³） | 16 |
| SO₂折算排放浓度（mg/Nm³） | 0 |
| NOx折算排放浓度（mg/Nm³） | 65 |
| CO折算排放浓度（mg/Nm³） | 300 |
| 林格曼黑度（级） | ≤1 |

(a)

| 燃料消耗量（kg/天） | 3~4 |
| --- | --- |
| 热烟气温度（℃） | 350~500 |
| 烟尘折算排放浓度（mg/Nm³） | 低 |
| SO₂折算排放浓度（mg/Nm³） | 0 |
| NOx折算排放浓度（mg/Nm³） | 低 |
| CO折算排放浓度（mg/Nm³） | ≤1000 |
| 林格曼黑度（级） | ≤1 |

(b)

| 输出热功率（kW） | 12 |
| --- | --- |
| 热效率（%） | 75 |
| 烟尘折算排放浓度（mg/Nm³） | 21 |
| SO₂折算排放浓度（mg/Nm³） | 0 |
| NOx折算排放浓度（mg/Nm³） | 82 |
| CO折算排放浓度（mg/Nm³） | 700 |
| 林格曼黑度（级） | ≤1 |

(c)

**图 5-51　几种典型的生物质颗粒燃料炉具及其实验室测试结果**

（a）炊事炉具及其测试结果；（b）烧炕炉及其测试结果；（c）户用热水采暖炉及其测试结果

暖炉具的价格一般在 700~2000 元。

对于农村地区来说，生物质颗粒燃料炉具还是新兴技术，现阶段其推广方式主要以政府为主导，有政府完全补贴模式、政府和农户分摊补贴模式和碳交易资金补贴模式，均对生物质颗粒燃烧炉具的普及起到了一定的推动作用。但限制生物质颗粒燃烧炉具广泛使用的主要原因是生物质颗粒燃料的供应。目前生物质颗粒燃料的供应主要采用了商品化运作模式，通过大型加工企业集中收购生物质原料，加工后以商品的形式进行销售，价格可达 600 元 /t 以上，折合到单位热值的价格与煤相当，并不具有明显的价格优势，较高的使用费用限制了生物质颗粒燃烧炉具的推广和使用。如果能够实现生物质颗粒燃料的代加工运作模式，解决颗粒燃料的供应问题，将能够极大的促进生物质炉具的普及，实现农村地区生物质能源的合理利用。

### 5.3.6　秸秆天然气集中式生产及分布式供气集成技术 ❶

（1）技术原理

本技术以秸秆为主原料，原料经过快速化学预处理后与农业有机废物畜禽粪便及城市有机生活垃圾等多元物料进入厌氧发酵罐进行厌氧发酵，产生的沼气经提纯技术后的天然气用于车用、民用和工业用。所产的沼液沼渣经过固液分离后沼渣做成有机复混肥，沼液作为液面肥施于农作物上。提纯后分离出来的 $CO_2$ 可以用于生产工业级和食品级 $CO_2$。该技术包括原料收储运、快速化学预处理、多元混合物料协同厌氧发酵、环境友好的沼气纯化技术、沼渣沼液综合利用和远程在线自动控制等六大系统，技术路线如图 5-52 所示。

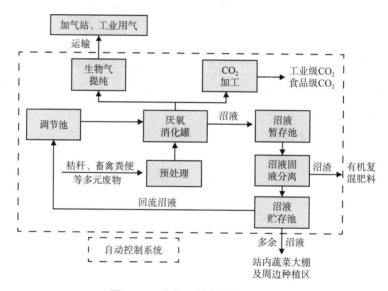

图 5-52　生物天然气技术路线图

1）原料收储运技术

由于秸秆分布分散、收获季节性强，秸秆收集、储存和运输成为大规模利用的主要瓶颈。由于现有的分散型和集约型秸秆收储运模式存在利润最大化的竞争因素，导致秸秆收运成本过高，城镇集中供气工程承担不起高昂的原料成本费用。因此，根据新型城镇集中供气工程需要的原料量和供气规模来确定原料成本价格范围，采用"农机作业置换"、"农保姆"和"产品置换"等收运模式来控制收运量和收运成本等，以此来提高收运效率、降低收运成本以及收运量与收运成本条件下的最优收运距离等关键问题。

---

❶　作者：李秀金。

2）低成本的快速预处理技术

利用一种常温、固态化学预处理技术，可使秸秆的产气量提高 50%~120%，使得秸秆的单位干物质产气率超过了牛粪的产气率。其处理过程如下：用专门的搓揉机对玉米秸秆进行搓揉处理，以破坏玉米秸秆的物理结构，并便于化学药剂的浸入和对玉米秸秆中的木质纤维素进行化学作用。把搓揉后的玉米秸秆与一定量的专门的化学药剂拌合在一起，并堆放到预处理池中。通过化学药剂的浸入和对玉米秸秆中的木质纤维素进行化学作用，破坏木质素与纤维素和半纤维素的内在联系，改变纤维素的结晶度，增大玉米秸秆与厌氧菌的接触面积，从而提高玉米秸秆的可生物消化性和产气率。在常温下保持 3 天即可出料，进入厌氧罐中进行厌氧发酵。

3）多元物料近同步协同发酵技术

由于秸秆、粪便和生活垃圾等多元物料的理化特性差异较大，在原料特性和原料组成上有明显区别，如秸秆原料的碳含量高，而禽畜粪便的氮含量高，生活垃圾的有机质含量高。混合后如何能让每种原料尽可能的实现同步或近同步发酵，考察如何将发酵周期较长的原料缩短产气周期和寻找不同原料的最佳厌氧消化配比，使各种原料可以在几乎同时的条件下各自发挥出其最大优势，通过相分离方法来实现定向酸化，考察调节碳/氮和碳/磷的比例以及添加微量元素对混合原料产气性能的影响，分析人为添加和控制微量元素来协同作用的机理。

4）环境友好的水洗提纯技术

用压力水洗法脱除 $CO_2$ 和 $H_2S$ 是根据沼气中各种组分在水中具有不同的溶解度这一原理进行的。压力水洗技术工艺包括脱 $CO_2$ 和脱硫、冷凝脱水、水的再生系统三部分（图 5-53）。原料沼气在常压下由风机增压泵增压、一定温度下进入原料气

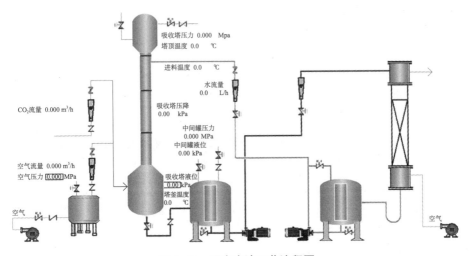

图 5-53 压力水洗工艺流程图

缓冲罐,保持一定压力,从吸收塔底部进入吸收塔,水从顶部进入进行反向流动吸收,脱除其中的 $CO_2$ 和 $H_2S$,净化气从塔顶排出,再经冷凝脱水系统脱除其中的游离水,最后获得合格的产品气。富液由吸收塔底部排出,进入再生塔利用减压或空气吹拖再生,再生后的水再进入吸收塔,循环往复。压力水洗技术是一种绿色环保技术。水作为吸收剂不仅可以循环使用,而且是零排放,不会对环境产生二次污染。同时,用水吸收 $CO_2$ 和 $H_2S$,甲烷的损失量小,提纯浓度高,投资运行成本也低。除此之外,水对设备也没有腐蚀,可以减少设备费用。

5)沼渣沼液综合利用系统

由发酵罐排出的沼渣和沼液进行固液分离。沼渣进一步加工成复合有机肥料销售。50.9% 的沼液回流用做进料调节用水。剩余 20% 的沼液排放到沼液池中贮存,作为液态肥直接使用。沼液作为液态有机肥,可直接施用于厂内蔬菜大棚中,多余的沼液施用于周边的农田,作为农田土壤改良用。颗粒有机无机复混肥加工成套设备主要由堆肥发酵系统、配料混合系统、制粒系统、烘干系统、冷却筛分系统、打包系统和控制系统等组成,如图 5-54 所示。由发酵罐排出的沼渣和沼液进行固液分离。

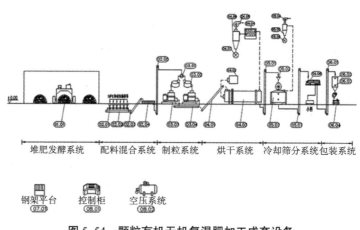

图 5-54　颗粒有机无机复混肥加工成套设备

6)远程在线自动控制

生物天然气项目自动化控制系统实现对秸秆厌氧发酵系统和沼气提纯系统过程的工艺参数、电气参数和设备运行状态进行监测、控制、联锁和报警以及报表打印,通过使用一系列通信链,完成整个工艺流程所必需的数据采集、数据通信、顺序控制、时间控制、回路调节及上位监视和管理作用。整个系统主干传输网采用 100Mbps 工业以太网,支持 IEEE802.3 规约和标准的 TCP/IP 协议;也可采用工业级专用控制局域网,该控制网具备确定性和可重复性及 I/O 共享,实现数据的高速传输和实时控制。

（2）技术特点

1）提出了低成本快速常温湿式固态化学预处理方法。可显著改善秸秆的可厌氧消化性能，解决秸秆难以厌氧消化、产气率低这一难题。与未处理秸秆相比，经化学处理后，秸秆的产气量可提高 50%~120%；固态化学预处理不产生任何废液，没有任何环境问题，而且在常温下进行，处理方法简单，处理成本低。

2）提出了混合原料近同步协同发酵的方法。采用多种混合原料作为厌氧消化的原料，厌氧发酵之前首先通过各种预处理包括物理、化学预处理方法等分别针对不同特性的原料进行前处理，使其发酵周期缩短或发酵周期可控，从而实现混合原料同步或近同步发酵，并在厌氧发酵过程中产生优势互补，使其产生协同效应。

3）采用北京化工大学自行研制的压力水洗沼气提纯技术，可高效提纯沼气，把沼气中甲烷的含量提高到 96%，达到国际车用燃料的标准。提纯过程只使用水，而且所有用水都可以循环利用，不会产生任何污染，是目前最具环保性的提纯方法。

4）可实现真正意义上的生态循环和高效利用。厌氧发酵生产出的沼气提纯出 $CH_4$ 注入天然气管网或作为车用。秸秆沼气产生的沼渣呈固态，可直接作为有机肥料使用，也可按照各种不同作物的需求制成复混有机肥料；沼液一部分循环利用，一部分用于蔬菜大棚或农田，是一个完全符合循环经济要求的清洁生产过程。与以畜禽粪便为原料生产沼气相比，彻底解决了其沼渣、沼液难以处理和利用，容易造成二次污染的问题；与秸秆热解气化相比，秸秆沼气生产不产生焦油、废水和废气等污染物，产生的沼气热值高、品位好，是一个环境友好的生物加工过程。

（3）应用模式

生物天然气工程以农作物秸秆为主要原料，混以畜禽粪便及其他有机废物。用快速化学预处理技术将秸秆进行预处理，然后利用多元混合物料协同厌氧发酵技术进行厌氧消化，产生的沼气利用压力水洗提纯技术将沼气进行提纯，沼渣用来生产有机肥，沼液一部分回用于厌氧发酵系统，另一部分作为液体有机肥施用于农作物上，整个系统实现远程自动控制。系统流程图如图 5-55 所示。

（4）应用案例

"阿旗生物天然气工程"坐落于内蒙古赤峰市阿鲁科尔沁旗天山镇新能源产业集中区内，由赤峰富龙能源建设有限责任公司出资建设，北京化工大学提供技术支持和工程设计。项目占地面积 300 亩，包括预处理、沼气发酵、分离提纯、有机肥料生产、办公管理区，以及种植、绿化、原料堆放、生物肥堆放区等。目前，项目一期主体工程 2 万 $m^3$ 发酵罐已完成建设，项目全部工期预计 2016 年底全部建成。项目共有 12 个发酵罐，单体发酵罐容积 5000$m^3$，总发酵容积 6 万 $m^3$。建后日产沼气可达 60000$m^3$、提纯生物天然气 3 万 $m^3$。沼气提纯后一部分注入城镇天然气网管用于民用，供阿旗镇居民使用，一部分压缩罐装进入加气站，用做出租车和公交车的车用燃料。建成后效果如图 5-56 所示。

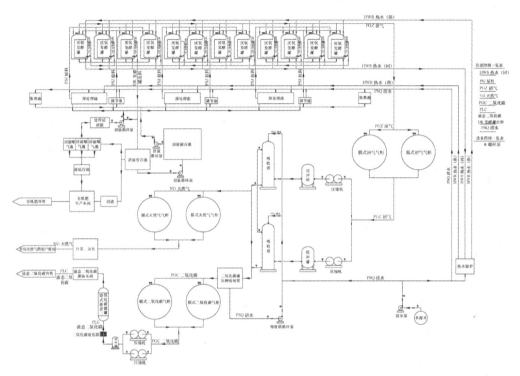

图 5-55　秸秆生物燃气工艺流程图

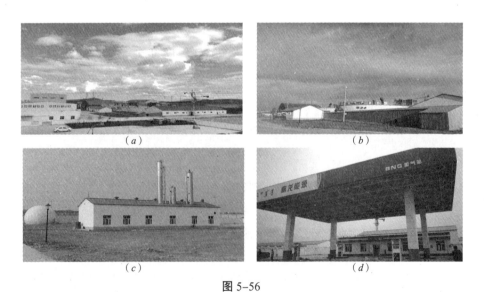

图 5-56

（a）场区全貌；（b）厌氧发酵系统；（c）提纯系统；（d）加气站

（5）技术小结

该技术利用农业及其他有机废物生产生物天然气，将低品位的沼气利用提纯技术将其变成具有高附加值的高品位能源——生物天然气，将其做大，使其具有规模效益，实现专业化管理，效率高，具有广阔的利用前景。同时将沼渣沼液回用于农作物，使整个系统形成闭合循环，实现了可循环的持续性全产业链式发展。

厌氧消化产生的沼气的成分是 $50\%\sim65\%CH_4$，$30\%\sim38\%CO_2$，$0\%\sim5\%N_2$，$<1\%H_2$，$<0.4\%O_2$，$500ppmH_2S$，此外还含有一定量的水分。经提纯后的沼气需满足国家车用天然气标准《车用压缩天然气》GB18047–2000，高位发热量 $>31.4MJ/m^3$，硫化氢 $\leq15mg/m^3$，二氧化碳 $\leq3.0\%$，氧气 $\leq0.5\%$。

### 5.3.7　低温沼气发酵微生物强化技术 ❶

沼气是我国农村目前应用范围较广的可再生能源形式之一。在国家的大力支持下，截至2014年9月，我国已建成的户用沼气池总数为4521万。但是伴随着沼气建设的迅速发展，沼气低温发酵问题也日益突出。低温条件下沼气池启动慢、原料转化率低、产气不足甚至不产气，导致沼气池每年有数月不能正常使用，难以保证农村居民的持续用能需求，造成了很多沼气池闲置，同时也影响了农村居民对沼气使用的积极性。低温沼气发酵技术在一定程度上改善了低温对沼气发酵的影响，在促进农村废物利用、节能减排、保护和改善农村生态环境，对推进沼气事业的推广具有积极的影响。

（1）技术原理

低温沼气发酵微生物强化技术通过选育低温沼气发酵功能微生物，研发耐低温沼气发酵复合菌剂，配合使用可提高微生物代谢活性的添加剂，并采取适当的保温措施，从而提高沼气池低温环境下的产气量。在气温不低于 $–5\sim–10℃$ 的情况下，该技术在不需要提供额外能耗的前提下，既可快速启动新装池，缩短冬季沼气池的启动时间，还能显著提高低温条件下的原料转化率和沼气产量。该技术的核心部分为低温沼气发酵复合菌剂和添加剂。复合菌剂含有大量高活性耐低温纤维素分解菌、蛋白质分解菌及产甲烷菌；添加剂作为厌氧微生物的生长代谢的辅助因子，可以提高微生物的代谢活性。将二者配合使用，保证了低温条件下沼气发酵微生物协调增殖、活跃代谢。

1）低温沼气发酵复合菌剂

用于沼气发酵复合菌剂生产的功能菌系种源选择参与沼气发酵过程的耐低温菌株或菌系。生长营养液依据各功能菌株生长所需微量元素按比例配制。固体底物的选择可结合当地的实际情况选用农村户用沼气池的常用原料，如稻草、麦秆、玉米秆、

---

❶　作者：马诗淳。

谷壳、麸皮、生活垃圾等作为碳源，禽畜粪便等作为氮源，碳氮比为 25∶1。选择颗粒污泥作为载体。

沼气发酵复合菌剂所需种源主要通过以下两种途径获得：

一是定向选育和驯化低温沼气发酵功能菌株，依据微生物之间的代谢关系和应用需求，选择不同的菌株进行配伍，组成在低温环境中高效水解有机质产甲烷的功能菌系。

二是从特定的低温环境中采集样本，对微生物群落进行定向低温驯化，从而使耐低温的特殊功能菌群得到富集。低温沼气发酵复合菌剂生产的关键步骤是常温厌氧发酵的控制。在常温状态下，厌氧液态发酵使功能菌迅速增殖后，接种于固态发酵基质，提供高浓度营养供给。固态发酵过程中严格监测发酵状况，为微生物低温代谢提供适宜的生长环境，实现沼气发酵微生物的协调增殖，获得高生物量、高活性的复合菌剂。

低温沼气发酵复合菌剂成品各类功能微生物含量：总菌数 $3 \times 10^9$ 个 /g，产甲烷菌含量约为 $1 \times 10^7$ 个 /g，厌氧纤维素水解菌 $4 \times 10^8$ 个 /g。

2）沼气发酵添加剂

沼气发酵添加剂是由硫酸亚铁和硫酸锌，锰、钴、镍等微量元素组成。依据微生物代谢的需求，按一定比例混合，粉碎后保存，使用量为 0.25kg/ 口沼气池。

（2）技术特点

低温沼气发酵微生物强化技术在了解自然规律的基础上，通过加强参与沼气发酵过程的微生物之间的协同作用，提高沼气发酵原料转化率和产气量，是逐步实现沼气发酵从自然发酵过程到可控性发酵过程转变的技术，可用于解决我国北方地区沼气使用难和南方地区冬季产气率低等问题。

与传统沼气自然发酵技术相比，该技术具有三个方面的优势，一是在低温条件下加速厌氧发酵启动，将启动时间缩短约三分之一。二是可以提高原料转化率，沼气产量平均增加 20% 左右。三是工艺简单，操作过程易于掌握。由于该技术主要是利用微生物改善沼气发酵状况，因此，其应用效果受制于影响微生物生长代谢的相关因素（如温度、酸碱度、氧化还原电势等）。

本技术仅仅是改善并促进了低温沼气发酵状况，并非"一劳永逸"的低温沼气发酵技术，选育和驯化高效的低温沼气发酵微生物资源及研发高效低排的保温、增温设施是解决其技术瓶颈的重要途径。在使用同时，应配合适当的管理、维护措施，才能保证沼气池在低温条件下的正常运行。用于传统水压式沼气池时应特别注意，在气温较低或者气温波动较大的情况下，必须辅以适当的保温措施，如覆盖杂草、秸秆、塑料薄膜等保温材料，必要时采取辅助增温。同时，应随时关注沼气发酵的硬件设施及沼气池的运行状况，认真维护管理，及时进、出料。

（3）应用模式

1）模式1

传统水压式沼气池启动时加入 5kg 沼气发酵复合菌剂和 0.25kg 添加剂，启动及管理方法参照《农村户用沼气池技术手册》。菌剂及添加剂使用时需分别用沼液搅拌均匀，从进料口加入，并使用潜污泵保持沼液回流循环 15min 以上，以保证菌剂和添加剂与发酵料液充分混匀。

在气温较低地区，该技术可与耐低温发酵沼气池配套使用。如图 5-57 所示，

耐低温发酵沼气池为双层夹心砖墙，夹芯层填充珍珠岩、聚苯颗粒、废旧泡沫、泡沫加气混凝土炉渣、粉碎的颗粒塑料垃圾等材料。夹层厚度可以根据所处地区的气候条件选择。

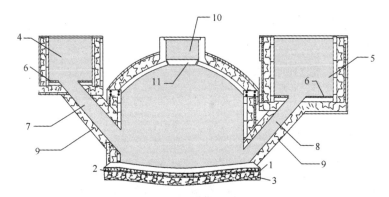

**图 5-57　耐低温发酵沼气池剖面图**

1—池底保温层；2—池底防水层；3—砂石垫层；4—进料口；5—水压间；6—防水层；

7—进料管；8—出料管；9—保温层；10—蓄水圈；11—活动盖

目前该模式在我国南方"猪－沼－果"（"三位一体"）及西藏高原型太阳能沼气池（"四位一体"）能源生态模式中推广应用 1 万余户，取得了良好的应用效果。在我国南方"猪－沼－果"应用模式中，$8m^3$ 水压式沼气池的池温为 8~16℃ 时，以 100kg 秸秆为原料的新装沼气池启动时间为 4 天；气温 –6~15℃，池温 12~20℃，累计以 1t 猪粪与 50kg 稻草混合发酵原料的沼气池，启动时间为 2~3 天，发酵 120 天的累计沼气产量为 $180m^3$，以每立方米沼气完全燃烧产生 25075kJ 热量计算，共计产生 $4.5 \times 106kJ$ 的热量。

目前我国建造的沼气池多数为水压式沼气池，因此，该模式可在我国多数地区普遍推广。北方地区的"四位一体"能源生态综合利用体系和西北"五配套"生态果园模式都是以太阳能为动力的农村能源生态模式，从发酵原料来源、硬件设施条

件和用能需求等方面考虑,低温沼气发酵微生物强化技术均可满足需求。同时在日光暖棚的保温和增温作用下,该技术对低温沼气发酵的促进效果应该更显著。

2)模式 2

干式厌氧发酵容积小,发酵时养分损失小,无污水排放,沼渣可直接用做固体有机肥、发酵副产物易处理。但是由于其发酵浓度高,对菌种的要求高,发酵工艺难控制;进出料困难,对发酵设备的技术条件要求高等原因,目前在我国农村户用沼气发酵中应用较少。农村户用干发酵沼气池为敞口式砖墙构造,顶部安装软体储气装置,进出料方便,密封性好,保温效果较好,如图 5-58 所示。为提高沼气池的保温效果,可以结合耐低温发酵的水压式沼气池的夹层式设计,借助夹芯层提高沼气池的保温性。

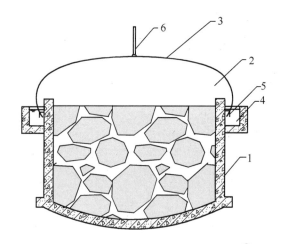

图 5-58　农村户用干发酵沼气池剖面图 ❶

1—发酵池体;2—储气室;3—塑料薄膜;4—水密封槽;5—挂钩;6—导气管

干式沼气发酵流程如下:以粉碎、堆沤等方法对原料进行预处理,将其与低温沼气发酵菌剂均匀混合,分装入池后覆盖保温层,安装软体储气膜。发酵原料总固体(TS)浓度 ❷ 为 20%~40%,碳氮比 25 ∶ 1。原料接种入池后可在池体顶层和外围覆盖废旧材料,作为沼气池的保温层。

户用干式沼气发酵的关键是进出料方便,延长发酵过程中的均衡产气时间。解决这两个问题可分别通过以下途径实现:一是将接种后的发酵物料混合均匀,以不同的发酵单元装池。二是通过改变不同发酵单元的物料特性和接种量,保证不同发酵单元依次达到产气高峰。

---

❶ 农村户用干发酵沼气池(专利号ZL.20100202682.3)。

❷ TS浓度指TotalSolid,TS浓度即总固体浓度。

该技术可用于农村生活垃圾及其他农业废弃物的资源化、能源化处理，几乎不产生液体副产物，固体副产物可直接作为有机肥使用。不同地区可根据农业生产、生活特点选择发酵原料。目前，该技术在四川和河北分别进行了食用菌菌渣和生活垃圾能源化利用示范。–5~15℃，以食用菌菌渣，猪粪和草粉按照 5∶3∶2 混合，低温菌剂接种量为 20%~30%，$8m^3$ 干发酵沼气池日均产气量为 $1.5m^3$/ 天，发酵周期 150 天，总产气量 $225m^3$。

（4）应用案例

1）案例一

低温沼气发酵微生物强化技术在四川省丹棱县石河村（海拔 516m，北纬 30°、东经 103°)18 口农村户用水压式沼气池进行应用。应用时间为 2009 年 11 月至次年 3 月，气温为 –3~15℃。采用废弃农用塑料薄膜对沼气池的发酵间进行覆盖保温，沼气池出料间温度为 10.5~19.5℃。运行期间，沼气池发酵 pH 值控制在 6.5~7.5。为提高沼气池冬季的产气效率，TS 浓度控制在 10% 左右，挥发性脂肪酸浓度维持在 1000mg/L 以上。

记录沼气池每天的气温、沼气池的发酵温度、产气量、压力表读数、pH 值。每周通过循环回流的方式采集发酵液检测挥发酸浓度。

监测结果显示，添加沼气发酵复合菌剂前，各沼气池的日产气量为 0.29~2.85$m^3$/ 天，平均日产气量为 1.14$m^3$/ 天；应用后，沼气池的日均产气量为 0.59~3.27$m^3$/ 天，平均为 1.78$m^3$/ 天。投加菌种和添加剂之后与之前相比，日均增加产气量 0.64$m^3$/ 天。

2）案例二

西藏自治区达孜太阳能沼气及集中供气示范工程位于解决桑珠林乡一组朗木寨村，用于奶牛养殖场的牛粪及农田秸秆的能源化利用。

该沼气工程由 700$m^3$ 储料池、150$m^3$ 发酵罐、70$m^3$ 储气罐及 200$m^2$ 太阳能供热系统组成，如图 5-59 所示。

图 5-59　达孜太阳能沼气及集中供气示范工程

工程运行工艺参数如表 5-3 所示。

达孜太阳能沼气及集中供气示范工程运行工艺参数　　表 5-3

| 项目 | 参数 | 项目 | 参数 |
|---|---|---|---|
| 发酵罐容积 | 150m³ | 搅拌速率 | 200r/min |
| 进料量 | 6m³/ 天 | 搅拌时间 | 1~2h |
| TS 浓度 | 8% | | |

工程于 2009 年 10 月下旬启动，启动时采用低温沼气发酵微生物强化技术，加入 30%（w/w）[1] 沼气发酵复合菌剂和 3% 添加剂（w/w）[2]，启动时间缩短 60%。工程启动情况如表 5-4 所示。西藏地区 4~5 月，对该工程的运行状况监测 50 天，运行状况如表 5-5 所示。

沼气工程启动情况　　表 5-4

| 平均气温 | 太阳能水箱平均温度 | 发酵罐温度 | 启动时间 |
|---|---|---|---|
| 4℃ | 29℃ | 16℃ | 30 天 |

沼气工程运行情况　　表 5-5

| 气温（℃） | 太阳能水箱温度（℃） | 发酵罐温度（℃） | 日均产气量（m³） | 容积产气率 [m³/（m³·d）] | 供气户数（户） |
|---|---|---|---|---|---|
| 11~20 | 32~44 | 22~26 | 35.8 | 0.24 | 32 |

沼气工程利用太阳能保温，发酵温度可保持在 24℃左右，平均日供气 35.8m³，每天可产生热量约 9×106kJ。每天可为当地 32 户居民供气，分早、中、晚三个时段累计 9h，平均每户供气量为 1.2m³，每户每天相当于节约薪柴约 2kg。

（5）技术小结

低温沼气发酵微生物强化技术在气温 -6~15℃、池温 10~20℃时，用于以秸秆及禽畜粪便为原料的 8m³ 户用沼气池，120 天总产气量约为 180m³，也就是说该沼气池的容积产气率为 0.19m³/（m³·d），原料产气率为 0.45m³/（kg·TS）。以每立方米沼气完全燃烧产生 25075kJ 热量计算，共计产生 4.5×106kJ 的热量，约 0.15tce。同时可产出约 0.8t 沼渣和 6t 沼液用做有机肥。

在气温不低于 -5~-10℃的情况下，该技术在不需要提供额外能耗的前提下，既可快速启动新装池，缩短冬季沼气池的启动时间，还能显著提高低温条件下的原料

---

[1]　此处w/w指沼气发酵复合菌剂与发酵原料的质量百分比。

[2]　此处w/w指添加剂与发酵原料的质量百分比。

转化率和沼气产量。因此，该技术可广泛用于我国农村户用沼气池及集中供气沼气工程，特别适用于我国南方地区沼气池的秋冬季启动和越冬。在北方寒冷地区，可配合太阳能等辅助加温措施，保证和加强该技术的实施效果。对于不同的沼气发酵原料，可依据原料特性差异改进复合菌剂和添加剂配方，保证原料转化率和沼气产量。使用时应结合各地区可再生能源利用方式，有效耦合菌种资源与保温、增温措施，从而发展以太阳能等可再生能源为热量来源的低温沼气发酵应用模式。目前该技术已在四川、重庆、江西、湖南、河北、贵州及西藏等地区进行了 1 万余户农村户用沼气池和农村中小型集中供气沼气工程应用示范及推广。

### 5.3.8 风力制热技术

（1）技术原理与特点

利用风能制热是近年来发展起来的风能利用方式。根据热力学定律，由机械能转化为热能，理论上可以达到100%的效率。同时热转换可以利用油泵、压缩机、搅拌机等设备，这些设备的扭矩与转速的二次方成正比，可以较好地与风力机匹配，在较宽的风速范围里可取得高效率。而且，在所有风能利用系统形式中，风能直接热利用系统的综合效率是最高的。此外，风能制热技术还兼具投入成本低、维护方便、清洁环保等一系列优点，在风力资源较好的地区具有一定的应用前景。

一般来说，风力制热有两种转换方式，一种是间接制热方式，一种是直接制热方式。间接致热是通过风力机发电，再将电能通过电阻发热，变成热能，虽然电能转换成热能的效率是100%，但是风能转换成电能的效率较低，而且由于风力发电成本较高，不适合农村地区使用；直接制热方式是将风能直接转换成热能，其制热效率高，成本低适合于广大农村地区使用。

风能直接制热利用系统可以划分为能量吸收、能量转换及能量储存和控制系统三个子系统。原理如图 5-60 所示。

1）能量吸收系统

能量吸收系统是把风能转换为机械能的系统，该系统主要包括：风车、塔架等部件。通过理论分析和实验，依照安全，经济耐用的原则，并结合我国农村地区的技术应用水平，现已设计出一些结构简单，维护方便，一次性投资少的风能吸收装置。

2）能量转换系统

能量转换系统就是把机械能转换为热能的系统，直接制热方式由于不需要通过风力发电，节省了中间环节，使风力制热的成本大为降低，是当前主要的能量转换模式。直接制热模式当前应用较为广泛，主要有搅拌液体制热以及液压式制热。

---

❶ 作者：李里特，肖若福。

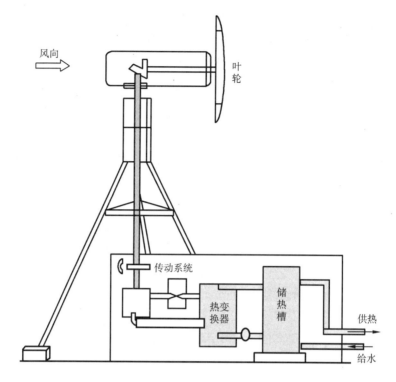

图 5-60 风能热利用系统原理示意图

搅拌液体制热是将机械能直接转换为热能的方法。它是通过风力机驱动搅拌器转子转动,转子叶片搅拌液体容器中的载热介质,使之与转子叶片及容器摩擦、冲击,液体分子间产生不规则碰撞及摩擦,提高液体分子温度,将制热器吸收的功转化为热能。该制热方式具有不需要辅助装置搅拌制热装置,结构简单,价格便宜,容易制造,体积小,无易磨损件,对载热介质无严格要求等优点。

液压式制热装置是由液压和阻尼孔组合起来直接进行风能 – 热能能量转换的制热装置。风力机输出轴驱动液压泵旋转,使液压油从狭小的阻尼孔高速喷出,高速喷出的油和尾流管中的低速油相冲击。油液高速通过阻尼孔时,由于分子间互相冲击、摩擦而加速分子运动,使油液的动能变成热能,导致油温上升。这种制热方式由于是液体间的冲击和摩擦,故不会因磨损、烧损等问题损坏制热装置,其可靠性较高。

3)能量储存和控制系统

能量贮存和控制系统是风力制热装置必不可少的组成部分,否则可能出现低速风能无法利用、高速风能导致制热装置过热的问题。考虑我国的实际情况和转换后的热能应用特性,能量的储存一般采用温水蓄热储能。

（2）应用领域及发展趋势

风力直接制热系统可以应用于风力资源丰富地区农宅采暖、制备生活热水、农副产品加工、水产养殖、沼气池的增温加热等农村用能领域。但目前我国风力制热技术仍处于研究阶段，主要产品尚未定型，距离规模化推广还有较大的距离。

在风力发电机组的研发中应注意，风力制热负载等特性与风力发电机组系统特性区别较大，风力发电机组的风力机设计理论与方法不适合于制热用风力机的设计，需要进一步开展制热用风力机的设计及试验工作，特别是应开展多翼帆布材料的风力机叶片空气动力学特性的研究。

此外，搅拌制热装置结构简单，价格便宜，容易制造，体积小，无易磨损件，对载热介质无严格要求等特点，是适合于风力制热系统的理想选择，但应进一步研究如何提高单位时间内制热装置内的油液温升，如何与风力机输出功率特性相匹配等关键问题。

### 5.3.9　位于拉萨地区的一种新型分散式太阳能供暖系统 ❶

（1）背景介绍

拉萨地处青藏高原中部，冬季气候寒冷，昼夜温差极大。与此同时，拉萨地区海拔较高，空气稀薄，空气中水汽、灰尘含量较低，具有丰富的太阳能资源。图 5-61 给出了拉萨市冬季某典型日的逐时室外干球温度及太阳辐射强度。

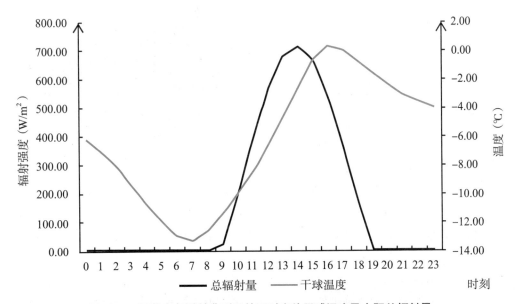

图 5-61　拉萨市冬季某典型日的逐时室外干球温度及太阳总辐射量

---

❶　作者：项翔坚。

考虑到拉萨的冬季气候特点，利用太阳能热源为建筑供热成了拉萨地区冬季采暖的优先选择之一。但在利用太阳能进行供热时，也存在一些问题。太阳能是一种不稳定且具有较大间断性的热源。在太阳能热源与空调末端结合供暖时，必须设置相应的蓄热构件以作为中间热源，缓解太阳能热源不稳定和间断性较大带来的室温波动和昼夜差异问题。建筑围护结构和混凝土地板（楼板）等可以蓄存热量，经过衰减后可以延迟释放热量，是比较合适的蓄热构件。

对于分散式太阳能供暖系统，传热媒介主要包括水和空气两种。在使用水作为传热媒介时，真空管太阳能水集热器中的水在低温下容易结冰，可能使管路冻坏；循环管路为水环路，结构比较复杂，运行期间需要不间断维护。空气集热器的传热媒介为空气，低温下不会发生冻结，且维护成本较低，运行期间基本不需要维护。但同时也需要进行合理的设计，解决集热过程中空气温度随室外条件波动较大的问题。

（2）系统介绍

基于拉萨市的气象条件及太阳能热源的特点，下面给出了一种新型的分散式太阳能供暖系统，如图5-62所示。

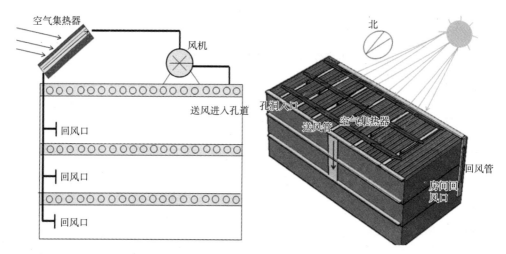

图5-62　太阳能空气集热器结合房间蓄能的分散式供暖系统示意图

利用平板式太阳能空气集热器加热流动空气制备热空气，通入混凝土楼板中的预制孔道，加热楼板后的空气再送入进入室内，使得空气在空气集热器、混凝土楼板和室内之间循环。白天时，太阳能集热器开启，混凝土楼板蓄存热量；夜间，集热器关闭，楼板蓄存的热量缓慢地释放到房间。相比于将热空气直接送入室内的形式，这种系统可以实现温度的梯级利用，提高系统效率；同时依靠楼板的热容，减小房间昼夜室温差异，避免室温剧烈波动，是一种比较适宜的分散式供暖形式。

（3）系统模拟计算结果

为了对这种供暖系统的效果进行评估，利用数值计算对其进行模拟分析。模拟所给定房屋每层长20m，宽10m。建筑参数和太阳能空气集热器主要输入参数如表5-6所示。

房屋建筑和太阳能空气集热器的输入参数　　　　　　　　　　　表5-6

| 系统部件 | 输入参数 |
|---|---|
| 太阳能空气集热器 | 长2m，宽1m，流通空气层高度0.2m，集热器热损失系数6W/(m²·K)，透光盖板透射率0.83，吸热板吸收率0.9，集热器放置倾角为34.6°，开启时间11:20~17:20，集热器铺设总面积为54m² |
| 房间顶板 | 预埋管管径40mm，管间距120mm，顶板厚250mm，管道空气流速2m/s |
| 外墙 | 厚0.4m，墙体传热系数为0.7W/(m²·K) |
| 窗户 | 南外墙开窗，总窗墙比0.2，窗户遮挡系数0.5，透射率0.8，房间渗风换气次数为1 |

从模拟结果可以看出，全天室内温度保持在17~23℃之间，顶板表面温度在23~28℃之间，如图5-63所示。房间全天温度水平适宜，供暖效果良好。

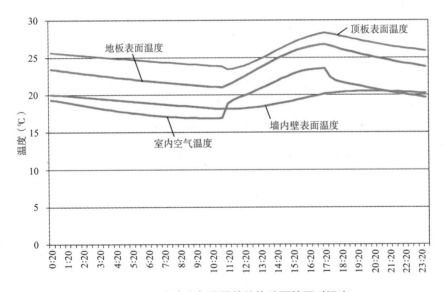

图5-63　室内空气及围护结构壁面的逐时温度

而在太阳能空气集热器开启的时间段中，空气集热器的出口温度范围为35~63℃，集热器的平均集热效率为48.9%，如图5-64所示。

（4）系统应用前景

上述分析及模拟结果表明：对于拉萨地区的建筑，在良好的外墙、外窗保温情况下，这种分散式太阳能供暖系统可以实现全天室内空气温度不低于17℃，混凝土楼板的表面温度不低于23℃。系统实现了对建筑围护结构的蓄放热动态特性的充分利用，有效了提高系统的能源利用效率；昼夜温差较小，人体舒适度较高。

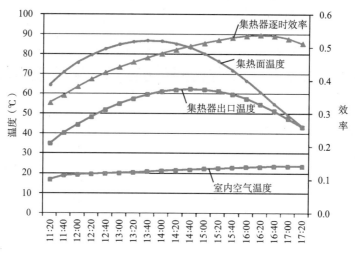

图 5-64　太阳能空气集热器的进、出口温度及集热效率

根据模拟结果，$1m^2$ 集热器可以为大约 $4m^2$ 房间供暖，即该系统适合用于 3~4 层的建筑。而青藏高原地区城镇建筑多为 2~4 层，符合该系统的适用范围。系统中，空气的循环通过轴流式风机实现，整个供暖系统的设备只有平板式太阳能空气集热器、空气管道及轴流式风机，系统形式简单、操作维护方便，不会出现低温下冻结、设备损坏等问题，同时成本低廉，适宜在拉萨地区应用。

## 5.4　生态节能型农宅村落综合改善技术典型案例分析 ❶

目前，与农村建筑相关的节能技术可以说是多种多样，传统与现代技术在不断地进行着角逐，社会各界对各种技术的优劣性也各执一词，致使农户在选择时也很难分清主次。

总体来说，可以将农村的各种技术分成两大类，即被动式技术和主动式技术。所谓被动式技术是指在不依靠其他能源的基础上，通过对农村建筑自身热特性的改善来提高建筑的隔热与保温性能，达到节能的目的；主动式技术是指利用一定的技术手段对各种能源消耗系统进行改进或替代，实现能源的高效综合利用。两类技术在投资和运行成本、节能效果及成熟程度等方面各有所长，实际应用过程中应根据

---

❶　原载于《中国建筑节能年度发展研究报告2009》第4.8节，作者：杨旭东。

实际情况结合各种技术的优缺点合理采用。本节将结合清华大学建筑节能研究中心2006年以来在北京市房山区所开展的实际示范工程，对相关的生态节能型农宅村落综合改造技术的理念、方法和效果等做一介绍。

### 5.4.1 改善理念和原则

生态住宅作为生态建筑的一个分支，是综合运用当代建筑学、生态学以及其他科学技术的成果，把住宅建成一个微生态系统，为居住者提供富有自然气息、方便节能、没有污染的居住环境。农村住宅由于量多面广且接近自然，在生态化上有着得天独厚的优势，农村住宅的生态化是一个涉及建筑、能源和环境等多个方面的系统工程，其中能源是关系到建筑和环境的重要一环，能源使用种类、数量的多少以及效率的高低将会直接影响到建筑的舒适水平和室内外环境的好坏。

农村由于多以聚居村落形式为主，各户对能源的使用情况会产生相互的影响，所以不能单从一户来谈"生态节能"的概念，应该以村为单位进行评价，所以提出"生态节能型农宅村落"的改善理念，体现在以下几个方面：

（1）村落规划设计方面

尊重农村的地域特征和文脉传承，运用建筑技术措施，规划合理的空间和布局，设计符合农村生产、生活方式的农宅建筑，合理配套基础设施，使新农村建设更加理性化、秩序化，从而达到村落生态化、建筑绿色化、设施完善化、建设秩序化的目标。

（2）节能和能源利用方面

农村生态住宅的单体节能设计，应充分考虑所选基址和材料的特点。在保留传统设计排水通畅、自然通风等优势的前提下，适当做些改进，极力消除目前农宅设计中普遍存在的两级化倾向（盲目模仿城市住宅和完全照搬老传统），以经济可行的绿色节能技术提高室内舒适环境水平。节能型农宅是对农村环境深入调查后产生的，应该满足生态设计的4R原则，即："reduce"，减少建筑材料、各种资源和不可再生能源的使用；"renewable"，尽可能多的利用可再生能源和材料；"recycle"，利用回程材料，设置废弃物回收系统；"reuse"，在结构充分的条件下重新使用旧材料，使建筑和自然共生，通过建筑节能技术减轻环境的负担，创造出健康舒适的居住环境。

（3）农宅室内外环境方面

生态节能型农宅室内热环境标准应该根据农村的实际生活特点进行制定，尽可能满足人体舒适性要求；同时要做到室内通风良好、空气清新，生活用能过程中污染物排放少。院落整洁，无生活垃圾和污水问题困扰。

基于上述理念，首先对整个房山区的农村建筑及能源使用现状做了详细的入户调研和实地测试工作，一方面可以确定改善原则和工作重心，同时可以更好地选择出具有代表性的示范点。共选取了房山区21个村作为规划重点，此21个村为房山区较典型农村，其中包括初级、中级、高级建设标准村，也包括了深山区、浅山区、平原区的村庄。此次调研，共发放调研问卷 9218 份，回收有效问卷 6490 份，问卷回收率达到了 71%。入户访谈 84 户，并选取 65 户对其室内温度进行了详细测试。

基于调研和测试结果总结出所存在的问题如下：该地区废弃农作物秸秆等资源化利用程度低，煤、液化气等商品能源在总能耗中占绝对比例；农村住宅建筑水平较低，能耗高，舒适性差，旧有农宅基本没有合格的节能保温措施；采暖、做饭等炉具简陋，能效很低，缺少实用的能源利用技术与设备，污染较为严重；随着煤炭、液化气价格上涨，农民负担越来越大。因此确立了以对农村既有建筑进行节能改造并结合可再生能源利用来解决农村冬季采暖，进而大大降低农村居民的冬季采暖负担，提高农村建筑室内舒适度的基本改善原则，兼顾农宅室内生活环境改善、农村区域环境改善、卫生设施和公共设施建设等其他方面。改善目标是建设一个立足于北方农村的、有一定规模的资源节约型和生态保护型综合示范村。

### 5.4.2　改善技术和方法

为了更好地实现建设生态节能型农宅村落的目标，充分发挥示范效果，本项目选择了一个较为典型的自然村作为示范点，并进行了更为详细的调研和测量准备工作，该示范村在坚持上述建设原则的同时，统一规划，积极采用生态、环保、节约的适宜技术方法和措施，并按照"被动式节能为主，主动式节能为辅"的节能策略，充分考虑二者的融合。

北方地区农村住宅冬季采暖能耗高、室内舒适性差是一个普遍问题，造成这种现象的根本原因是农村住宅普遍没有采取适当的保温措施、门窗漏风严重、建筑布局不合理等原因，因此改善农村住宅的围护结构保温性能是解决能耗高舒适度差最有效的措施，将农宅节能改造作为示范工程的主要工作内容。

该村的农宅节能改造采取的是"以点带面、分期进行"的方式，第一期采取政府补贴、自愿报名的原则进行，最终选定了 10 户农户做为初期改造示范对象，其中包括两户新建户。这些农户所采用的各种不同技术方案如下：

墙体：聚苯板外保温、聚苯板内保温、聚苯颗粒保温砂浆内保温、岩棉内保温、内外保温结合，相变蓄热保温材料；

窗户：单层玻璃改双层玻璃，增加保温窗帘或阳光间；

屋顶：聚苯板吊顶保温、袋装聚苯颗粒吊顶保温、陶粒混凝土屋顶、膨胀珍珠岩外保温屋顶；

地面：地板辐射采暖；

其他：节能吊炕。

图 5-65~ 图 5-70 给出了一些节能技术的施工图片。

图 5-65　墙体聚苯板外保温

图 5-66　墙体岩棉内保温

在工程实施之前，就考虑到了该技术成果的推广应用问题，集成多种技术方案，一方面可以比较实际效果，另一方面可以为农户提供更多的选择，这些方案多是一些简单易行或者当地原材料丰富的方案，使农民将来能够自己实施。同时邀请农户积极参与到工程施工中来，使农户在学习的同时，还能起到检查监督的作用。

图 5-67　屋顶珍珠岩外保温

图 5-68　袋装聚苯颗粒吊顶保温

图 5-69　窗户内加保温窗帘

图 5-70　窗户外加阳光间

另外,该村还开展了垃圾收集和污水处理设施建设,用三格式水冲厕所替换旱厕,太阳能热水器、秸秆气化等可再生能源利用,提高基础设施服务水平等方面的工作,极大地改善了农民的居住环境和质量。同时,还深入进行了一些理论基础研究,此处由于篇幅限制不能一一列出。

### 5.4.3 改善效果

为了对农宅节能改造后的实际效果有一个全面深入的了解,2007 年 10 月份首批改造工程完工后,利用智能型温度自记仪对各改造农户冬季室内温度进行了长期监测,得到了各主要房间温度的实时变化情况。同时,还专门给各户发放了详细的调研问卷,里面有农户全天的生活模式记录,包括开窗通风、炊事及采暖规律等,以此来探求影响农宅能耗的主要因素。

各户改造前及改造后的总烧煤量、室内温度情况如表 5-7 所示。

**改造户与对比户整个采暖季用煤量与室内温度情况**  表 5-7

| 农户 | | 改造户编号 | | | | | | | | 未改造户 | |
| --- | --- | --- | --- | --- | --- | --- | --- | --- | --- | --- | --- |
| | | 1 | 2 | 3 | 4 | 5 | 6 | 7 | 8 | A | B |
| 烧煤量（t） | 改造前 | 4.5 | 4 | 3 | 7 | 3 | 5 | 3 | 2 | 3 | 4 |
| | 改造后 | 2.5 | 2.5 | 2 | 4 | 2 | 2.8 | 2.2 | 0 | | |
| 室内温度（℃） | 改造前 | 10 | 10 | 10 | 12 | 12 | 12 | 10 | 12 | 11.4 | 10.7 |
| | 改造后 | 16.0 | 16.3 | 15.8 | 20.0 | 14.1 | 17.1 | 15.8 | 9.4 | | |

所有改造户的综合节能率最低的可以达到 55%,最高的可以达到 70%,改造效果非常明显。由于其中一些农户只是增加了墙体保温,另外一些农户在增加墙体保温之外还增加了阳光间,所以综合节能率并不相同。

图 5-71~图 5-73 分别给出了几户具有代表性农户整个冬季室内温度情况,从图中可以看出,未改造农户整个冬季室内温度明显低于改造后的农户,平均温度只有 11.4℃,最高也只有 15℃;改造后的农户有阳光间和无阳光间时的室内温度分布情况明显不同,没有阳光间时,由于受太阳直接辐射的影响,室内温度波动较大,改造户 5 的最冷月最高室温也能达到 26℃,最低室温为 15℃,室温波动幅度达到10℃以上,这样势必给人体带来不舒适感,而且室温过高时农户会通过开窗通风来缓解,造成了能源的白白浪费;增加阳光间时,太阳辐射的影响得到了缓冲,室温波动幅度明显减小,改造户 1 最冷月的最高室温 18℃,最低室温为 13℃,波动幅度只有 5℃左右,人体感觉会更舒适。

通过实地走访发现,示范效果不仅仅体现在能耗数字的变化上,还体现在农民自身的思想认识上,改造的农户都反应自己的房子从来没有像这样暖和过,烧煤量也少了很多，对改造效果非常满意，村里的其他一些农户也都充分认识到了节能改造的重要性，纷纷要求参加后续的改造工作。

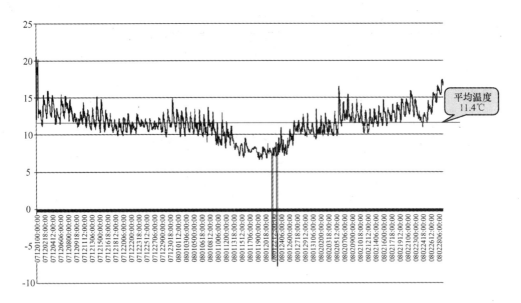

图 5-71 未改造户 A 整个冬季室内温度分布曲线

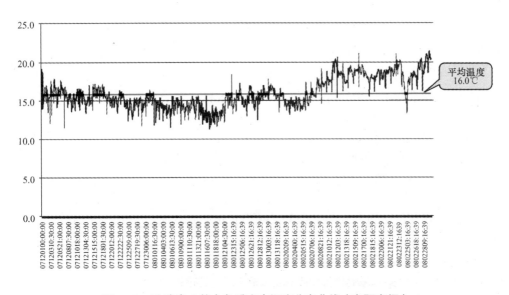

图 5-72 改造户 1 整个冬季室内温度分布曲线（有阳光间）

综上所述，通过对生态节能型农宅村落综合改善技术的研究和实施，取得了以下几方面成果，这些成果的获取可以为其他地区开展类似工作提供参考。

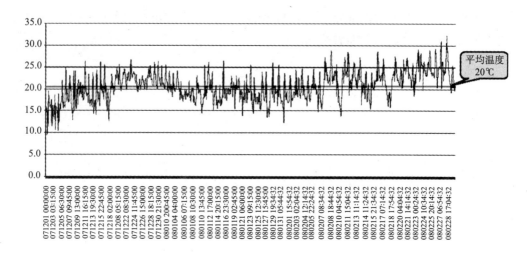

**图 5-73 改造户 4 整个冬季室内温度分布曲线（无阳光间）**

（1）在对整个房山地区农村建筑和能源现状进行充分调研分析的基础上，总结出了该地区农村住宅和能源发展过程中所面临的实际问题，并制定了相关改善原则、理念和工作内容；

（2）开展了农宅不同节能技术集成与工程实践研究，将生态节能的理念应用到村落整体上，以此做为测试研究平台，对其进行了长期跟踪对比测试，为后续优化设计、综合评价及相关标准的制定提供了充分的参考依据；

（3）通过实测与模拟相结合的方法，对农宅墙体保温、被动式太阳能利用及行为模式节能进行了优化分析，给未来该地区农村住宅的热指标体系提出了建议。

## 本章参考文献

[1] 郝芳洲，贾振航，王明洲. 实用节能炉灶. 北京：化学工业出版社，2004.

[2] 昆明投入 3150 多万元实施"绿色光亮工程"，http：//www.cn-tyn.com/info/detail/1 — 8909. html.

[3] 罗娟等. 典型生物质颗粒燃料燃烧特性试验【J】. 农业工程学报，2010，26（5）：220-226.

[4] 陈彦宏等. 生物质致密成型燃料制造技术研究现状【J】. 农机化研究，2010（1）：206-211.

[5] 周春梅等. 生物质压缩成型技术的研究【J】. 科技信息，2006（8）：72-75.

[6] 陈永生等. 生物质成型燃料产业在我国的发展【J】. 太阳能，2006（4）：16-18.